分坐标跟踪理论与应用

Tracking Theory and Application on Independent Coordinates

刘进忙　贺正洪　甘林海　著

国防工業出版社

·北京·

图书在版编目(CIP)数据

分坐标跟踪理论与应用/刘进忙,贺正洪,甘林海著．—北京:国防工业出版社,2019.1

ISBN 978-7-118-11660-1

Ⅰ.①分…　Ⅱ.①刘…　②贺…　③甘…　Ⅲ.①定位跟踪-目标跟踪-研究　Ⅳ.①TN953

中国版本图书馆 CIP 数据核字(2018)第 249286 号

※

新时代出版社

国防工业出版社出版发行

(北京市海淀区紫竹院南路 23 号　邮政编码 100048)

三河市腾飞印务有限公司印刷

新华书店经售

*

开本 710×1000　1/16　**印张** 16¾　**字数** 289 千字

2019 年 1 月第 1 版第 1 次印刷　**印数** 1—2000 册　**定价** 68.00 元

国防书店:(010)88540777　　发行邮购:(010)88540776

发行传真:(010)88540755　　发行业务:(010)88540717

致　读　者

本书由中央军委装备发展部**国防科技图书出版基金**资助出版。

为了促进国防科技和武器装备发展,加强社会主义物质文明和精神文明建设,培养优秀科技人才,确保国防科技优秀图书的出版,原国防科工委于 1988 年初决定每年拨出专款,设立国防科技图书出版基金,成立评审委员会,扶持、审定出版国防科技优秀图书。这是一项具有深远意义的创举。

国防科技图书出版基金资助的对象是:

1. 在国防科学技术领域中,学术水平高,内容有创见,在学科上居领先地位的基础科学理论图书;在工程技术理论方面有突破的应用科学专著。

2. 学术思想新颖,内容具体、实用,对国防科技和武器装备发展具有较大推动作用的专著;密切结合国防现代化和武器装备现代化需要的高新技术内容的专著。

3. 有重要发展前景和有重大开拓使用价值,密切结合国防现代化和武器装备现代化需要的新工艺、新材料内容的专著。

4. 填补目前我国科技领域空白并具有军事应用前景的薄弱学科和边缘学科的科技图书。

国防科技图书出版基金评审委员会在中央军委装备发展部的领导下开展工作,负责掌握出版基金的使用方向,评审受理的图书选题,决定资助的图书选题和资助金额,以及决定中断或取消资助等。经评审给予资助的图书,由中央军委装备发展部国防工业出版社出版发行。

国防科技和武器装备发展已经取得了举世瞩目的成就,国防科技图书承担着记载和弘扬这些成就,积累和传播科技知识的使命。开展好评审工作,使有限的基金发挥出巨大的效能,需要不断摸索、认真总结和及时改进,更需要国防科技和武器装备建设战线广大科技工作者、专家、教授,以及社会各界朋友的热情支持。

让我们携起手来,为祖国昌盛、科技腾飞、出版繁荣而共同奋斗!

国防科技图书出版基金

评审委员会

前　言

空中目标跟踪与融合对防空作战有重要的作用。战场上广泛使用的红外、光学、二维雷达等传感器的测量,属于缺维测量或称为信息不完全的测量;复杂环境下敌方干扰和我方的维修也可能使传感器的测量维数动态变化;特别是在远距离或近距离跟踪目标时,需要保持高精度的测量通道以有利于跟踪不同的群内多目标;为适应这些需求,应从测量序列出发重新建立目标运动和量测模型,依据测量序列实现目标测量序列滤波与跟踪。应用传统目标跟踪方法在处理上述问题时:一方面将遇到非线性处理、坐标转换、协方差耦合和计算复杂等问题;另一方面,为弥补缺维测量,传感器被要求具有时空同步、多站协同等能力,组网系统还存在虚假交叉点、多站缺维测量点迹相关难、系统误差补偿难等问题。以前的处理方法未综合、系统地考虑这种复杂的战场干扰背景下传感器通道测量维数、测量误差、测量范围、多目标区分空间等方面动态变化的问题。这些问题会造成各种滤波融合算法难以有效工作,是战场目标跟踪亟待突破的关键难题。

十多年来,作者团队在国家自然科学基金、陕西省自然科学基础研究计划项目的支持下,通过雷达、红外传感器组网等相关项目的研究与实践,提出了一种新的专门处理目标缺维测量序列的解决方案,将测量坐标序列进行分组或组合处理,简称为分坐标处理。主要思想是充分利用单站测量得到的不完全(缺维)坐标信息,建立测量通道的目标运动模型,分别进行分坐标滤波和平滑处理,计算其航迹参数,进而实现目标测量值的预测和相关波门建立,判断后续测量是否落入波门以决定目标运动模型。量测与波门相关确认后,进行新的滤波与跟踪,将目标运动的航迹参数实时送组网中心或其他测量站。组网系统采用参数航迹分布式融合技术,判断与站址无关的航迹参数是否基本相同,若相同则融合基本相同的参数,解算单站不能确定的部分航迹参数(不影响单站的目标跟踪),从而实现目标的多维跟踪。该方法在组网条件下,利用给定时刻对各站参数航迹计算实现时空同步,保持了战时军事信息系统应具有的相对自主性,支持的测量搜索的快速性。应用该方法可较好地化解复杂干扰和对抗战场环境下,目标测量坐标维度的动态变化带来的组网跟踪难题,放松了对多传感器时空同步的严格要求,减小了组网系统数据通信的压力,可分离不同坐标的系统误差,实现按坐标的系统误差补偿。该方法在充分利用各种信息资源、应对战场的特殊干扰和对抗环境、灵活方便地实现各传感器的分布式组网等方面有重要的作用,具有重要的理论价值、军事应用和工程实践意义。目前,国内还没有系统研究该领域的专著公开出版。

全书共分7章,第1章为绪论,主要介绍了目标分坐标处理的发展现状以及测量坐标处理基本框架和研究进展;第2章从几何关系的角度分析了目标信息处理的原理;第3章研究了基于单站单坐标的目标参数航迹跟踪原理;第4章研究了基于单站复合坐标的目标参数航迹目标跟踪原理;第5章研究了基于多站融合的目标参数航迹融合方法;第6章介绍了分坐标处理的目标运动模型与航迹滤波估计技术,并对全书中分坐标跟踪的噪声抑制方法做了分析;第7章介绍了分坐标跟踪的部分应用与实践。

本书内容紧密结合战场的信息融合工程实际,采用数学推导与仿真实验相结合的研究思路,较好地确保了模型和算法的正确性和有效性,初步解决了空中目标分坐标跟踪中的若干关键问题,取得了一些具有原创性的研究成果。

本书可以作为高等院校电子信息、信息与通信工程等专业的本科生、硕博研究生的教学参考书,也可以供目标跟踪、信息融合、信息处理等领域的工程技术人员和研究人员参考。

本书在编写出版过程中,得到了国内著名专家信息融合大会主席何友院士、西北工业大学自动化学院潘泉院长的出版推荐,西安交通大学韩崇昭、西安电子科技大学杨万海、姬红兵、许录平等教授的热情指导,以及空军工程大学防空反导学院领导的大力支持和国防科技图书出版基金的资助,在此深表感谢。课题研究组的李涛、张雅珣、吴中林、李超、肖涛鑫、刘永兰、李振兴等硕博研究生,做了部分较细致的工作,在此深表感谢。

由于作者理论和学术水平有限,书中肯定有不足之处,恳请读者批评指正。

著　者

2018年10月

目　　录

CONTENTS

第1章　绪　　论

1.1　引　　言

在当前防空作战的背景下,以传统防空雷达为主的地面传感器及其网络系统的生存状况面临各种先进作战武器的严峻挑战。电子干扰、隐身目标攻击、低空突防和反辐射武器攻击的威胁,迫使我方更多地采用被动传感器(如红外、光学等传感器,能够测量目标的方位、仰角信息及其网络化技术;战场预警方面的二维(距离、方位)雷达以及其他测量缺少仰角或高度信息(具有不完全性)的雷达还会在较长时间内服役;有些目标指示雷达测量目标的仰角信息精度较方位测量精度差一至几个数量级。这些传感器测量数据无法有效转换到笛卡儿坐标系,使目标跟踪面临重大挑战。

复杂的电磁环境和战场态势导致传感器测量信息缺维的问题也不容忽视。战场环境下,敌方释放的干扰和破坏(如电磁脉冲弹攻击)可使我方传感器的某些测量通道误差突然激增而无法利用,造成测量通道降维,即三维测量传感信息可能变成二维信息,二维可能变成一维,甚至测量通道完全丧失。这种降维可能是暂时或永久的,随着时间的推移、战时维修的进展和作战态势的变化,一些测量通道可能在某种程度得到恢复。一些自然形成的图像如流星余迹在某方向红外测量精度很高,在其他方向精度很差,一些人为的干扰也有类似的特性。若进行分坐标处理,对缺失的通道可以保持在最后的测量或预测值,对其他测量维序列继续滤波估计,当缺失通道恢复时,再搜索缺失数据,由于搜索维数相对范围小,可以迅速抓住目标,这对跟踪高速、高机动目标极为有利。许多常用的航迹处理方法在处理各通道测量(测量维数、测量误差、断续点迹等)动态变化的传感器数据时存在较多的问题,传感器组网则使问题更加复杂(主要表现在时、空同步与时延,不完全信息的相关与融合,交叉的虚假点,系统误差补偿等)。过去基本未综合、系统地考虑这种复杂的战场干扰背景下,传感器通道测量维数、测量误差、测量范围、多目标区分空间等方面的动态变化问题。这些问题会造成各种滤波融合算法难以有效工作,甚至不能进行坐标转换,不能持续地跟踪空中目标,难以在传感器网内实现信息融合。从而出现了一方面作战系统急需战场实时情报,另一方面系统不能充分利用已有数据的现象。

近年来,以空天高速飞行器为代表的高动态目标(如临近空间攻击型无人飞行器、高超声速巡航导弹及空天飞机等)逐渐引起各国的高度重视。超远距离目标跟踪成为空天高速飞行器及中段弹道导弹的反击作战所必须面临的重大课题。远程预警和多功能相控阵雷达作用距离较远(如"萨德"(THAAD)系统的雷达探测距离达2000km),这种雷达的距离测量精度很高而角度误差引起的线偏差(角度精度乘探测距离)很大。一般的坐标转换方法不能保持距离通道的高精度,若将目标的测量序列按传统方法(转换到笛卡儿坐标)处理,高精度的距离与低精度的角度信息的耦合,必然导致距离维的高精度优势丧失于坐标转换过程中,不利于整体精度提高(较好的光学设备在测量距离传感器1000km的目标时,其距离定位精度为几米至十几米,角度测量精度可达0.001rad,由角度测量引起的线偏差为1000m,假设目标进行二维测量,目标的方位角为45°,则线偏差转换到二维直角坐标中后,每一维的坐标误差达到707m,而高精度的距离信息得不到体现。)较近距离目标的跟踪又存在角度线偏差远比距离的误差小的问题。针对这两类特殊问题,为了保持高精度信息,不宜将测量信息转换到直角坐标中处理,需要在高精度测量通道跟踪目标,并与其他高精度测量通道信息融合,这样就可以实现按精度分层的信息融合,有利于对目标的进一步跟踪和识别。

针对上述问题,我们通过十多年在雷达、红外组网领域的项目研究实践,深入分析所涉及的大量理论问题,提出了一种新的专门处理缺维测量序列的方案,将测量坐标序列进行分组或组合处理,简称为分坐标处理。主要思想是充分利用单站测量得到的不完全(缺维)坐标信息,分别进行分坐标滤波和平滑处理,建立分坐标的目标参数(如有些参数是比值,可根据测量序列估算,其分子或分母未知,但不影响单站建立目标参数航迹,实现目标跟踪)航迹,预测下一时刻的目标分坐标位置,进而实现对目标的分坐标跟踪。在组网条件下,实现多站目标参数航迹的相关判断,进而解算出目标其他未知的航迹参数,实现目标的全维(无不确定参数)跟踪。这种处理为单传感器适应战场环境和组网适应多目标环境奠定了良好的理论基础。当然,还存在超坐标的情况(如传感器测量目标信息有方位角、仰角、距离,并有径向速度或回波幅度等信息),国内外对此研究较多。

为更好地说明分(独立的测量)坐标处理思路,引入观测域的概念,即:观测域为任意传感器可测量空中目标的方位角、仰角、距离、径向速度、距离和、回波幅度等各种信息序列的集合。一般的传感器只能得到观测域中部分信息序列,称为传感器观测子集,可根据战场传感器的实际情况,考虑最恶劣、严重干扰和不利的情况发生，将传感器的观测集分为最小(单、两个)的信息序列子集(称为测量坐标)。根据战场的动态情况，对能得到的测量序列，实现测量坐标滤波与参数航迹的目标跟踪，在此基础上可实现对多站目标参数航迹的分布式融合与组网跟踪。一般来说，对于经过严格校正的各测量通道，测量噪声是相对独立的，分坐标也称为(噪声)独立的测量坐标。

不论是雷达、红外传感器，还是其他有源、无源探测设备，测量目标的各坐标信息都是运动目标的最基本测量信息，充分利用目标的测量坐标信息，对确定目标的运动状态、建立测量坐标航迹、实现对目标的测量坐标跟踪，压缩其他传感器的协同时空等方面都是十分必要的。

由于目标的单个(或两个、三个等)坐标信息是目标的缺维信息，其观测模型存在着严重的非线性，可使滤波发散和出现病态问题，存在观测盲区(或不可观测区，如纯方位的目标信息序列滤波，当目标的投影方位序列数值不变，该目标航向为不可观测航向)、多目标相关复杂等问题。分坐标参数航迹处理方法，需要研究各坐标的特点，建立测量坐标的参数航迹模型，较好地化解模型中的非线性难题，充分利用测量的坐标序列实现非线性测量坐标滤波；寻找并利用航迹不变量对目标位置进行预测、相关与跟踪等处理。在组网条件下，实现参数航迹的分布式融合，由于是航迹融合，可利用航迹参数进行时空同步(给一个参考时间，计算各参数航迹在该时刻目标的空间位置，这种方法可称为软同步)，它放松对各站(缺维点迹)测量的时空同步的严格要求，避免了各传感器间需要较长时间来协同(调)的问题，使各传感器按正常速率测量目标。这样，对目标空间位置可完成各个航迹参数的实时相关、解算、融合。

目标不完全信息的传统处理方法，是通过自身运动状态的改变，或是尽可能协同其他传感器测量信息，弥补自身缺失的信息。如被动红外只能测量目标的角度信息，可利用单站有规律运动和多站交叉定位的方法，得到目标的距离信息，随后按正常的方法实现信息处理。而分坐标信息处理方法，与传统处理方法不同，他放弃传感器缺失的信息通道，充分利用可测得的测量坐标序列，建立目标的(假设几种目标运动模型)参数航迹，估计和计算目标的各航迹参数，根据下一时刻测量值是否落入预测波门内来判断目标运动模型，通过对预测值和测量值加权平均实现滤波和跟踪，为组网系统提供对目标航迹的参数估计和参数的估计精度。该方法以参数航迹的形式为目标测量坐标建模，能较好地化解复杂干扰和对抗战场环境下目标测量坐标的动态变化带来的组网跟踪难题，放松了对多传感器时空同步的严格要求和对数据实时通信率的要求，可分离不同坐标的系统误差，实现按坐标的系统误差补偿，对充分利用各种信息资源，适用战场的特殊干扰和对抗环境，灵活方便地实现各传感器的分布式组网等有重要的作用。因此,该处理方法具有重要的理论价值、军事应用和工程实践意义。

由于目标的各坐标信息都是目标跟踪需要的最基本测量信息,分坐标按最基本测量序列分类、分维处理,处理方法是将战场各种异类/同类传感器纳入一个**整体的处理框架**,不论是受干扰还是正常工作的各种传感器(包括具有不完全维数的传感器,如二维雷达,光学、红外侦察,观察哨等)都能处在"**即插即用**"的工作状态。战场上很可能出现的各种极端情况,都在分坐标处理范围之内。可将纯方位、纯仰角、纯距离、纯角度等纳入**统一处理体系**,建立分坐标处理框架,对现有的信息融合系统进行有效补充和完善。应用该处理体系,可有效地简化时空同步、通信速率、点迹相关、系统误差补偿等难题的处理,在一定程度上满足了战时军事信息系统应具有相对自主性的特殊要求。强调相对自主性可以提高部队整编制的装备和指战员的生存概率,特别是组网内有运动传感器平台参与时,具有相对自主性对保持有效的作战能力是十分必要的。分坐标处理是在其他方法失效情况下采用的一种不得已而为之的方法。传统方法能处理三维测量信息,分坐标处理也可以完成,但后者效果略不如前者,这也正说明多维联合处理具有更好的效果,但分坐标能处理缺维的测量信息,这是传统方法在单站静止传感器条件下无法适用的。该处理方法不求在常规跟踪场景中能达到或超越传统跟踪方法的效果,而是寻求以嵌入的方式接入现有融合体系,在传统方法不能处理或处理不好的方面进行补充完善。但由于研究时间相对较短,该方法还存在较多不足,需要进一步改进提高。

1.2 目标运动分析研究现状

目标运动分析(Target Motion Analysis,TMA)常指运动平台上的单被动传感器被动地监测匀速运动目标,通过对目标的连续观测,并将观测值进行批处理来估计目标的位置和速度。TMA 在理论和应用两方面都得到了广泛的研究,根据观测值类型的不同可以分为三类:仅利用角度观测来跟踪目标的方法,称为纯角度跟踪(Angle-Only Tracking,AOT);利用测量多普勒频率实现对目标跟踪的方法,称为纯频率跟踪(Frequency-Only Tracking,FOT);既利用角度量测又利用频率量测来跟踪目标的方法,则称作测角测频跟踪(Angle/Frequency Tracking,AFT)。AOT 是被动单传感器目标跟踪的主要方法,随着频率测量精度的日益提高,FOT 与 AFT 及联合处理越来越受到重视,并且纯距离的跟踪方法(Range-Only Tracking,ROT)也有较多的应用。纯方位目标运动分析(Bearing-Only Target Motion Analysis,BO-TMA)在跟踪地面目标和海面目标方面取得了很多进展。单站纯方位目标运动分析所面临的主要问题是系统的可观测问题和定位模型的非线性问题,他们造成了定位与跟踪算法初始化困难、收敛速度慢、跟踪滤波器的稳定性差。采用运动单站的纯方位跟踪(Bearing-Only,Tracking,BOT)主要存在的技术问题有:①单站纯方位目标运动分析中目标状态是否可观测;②单站纯方位目标定位与跟踪中的非线性滤波算法性能(模型适应性、滤波算法的定位性能及稳定性)较差;③单站机动航路对定位与跟踪的影响,主要体现在目标定位与跟踪的精度依赖于系统的可观测性。

1978年A. G. Lingren设计了基于线性伪观测方程的拟线性估计方案(PLE,Pesudo-Linear Esitmator)[1],并提出了消除PLE估计有偏修正的辅助变量法(IVPLE,Instrumental Variables PLE)[2]。这些方法很难消除解的有偏性。L. K. Raju等人[3]针对基于单个基本模型和最小二乘技术利用方位信息实现了对目标散射源的定位。Logothetis[4]研究应用马尔可夫模型跟踪纯方位目标问题。J. Kim等人[5]假设可获得关于目标的速度、距离或航线的不等式约束,引入不等式约束的目标运动分析,推导满足约束的目标状态,提出了一种用于纯方位目标运动分析的不等式卡尔曼滤波方法。

国内开展单站纯方位目标运动分析的研究始于1977年,中国船舶重工集团公司第七一六研究所的董志荣研究员,给出了单站纯方位目标与跟踪有解(状态可观测)的条件。其中包括观测方位序列的最低个数,以及方位变化规律等方程有解的必要条件,系统地研究了BOT中的参数估计与航路优化问题[6]。石章松[7]用图解的方式,给出四个方位法解的存在性的充要条件,并对单站纯方位目标定位和跟踪算法,以及观测器机动航路的优化进行了系统的研究。郁涛[8]基于几何和时差约束条件研究了纯方位观测的解析方法,突破了现有的仅利用距离与速度之间的关系的固定单站纯方位无源探测仅能获得目标航向,以及速度与初始距离比值的局限性。陈喆等[9]基于目标相对运动三角形和一元线性回归理论,利用固定单基地被动声纳实现了对匀速直线运动目标较高精度的航向估计。在纯方位目标跟踪方面,海军工程大学刘忠教授和他的团队,在国家自然科学基金项目的资助下,在结合目标跟踪和信息融合等方面取得了较大的进展[10,11]。在被动红外目标跟踪方面,西安电子科技大学姬红兵教授和他的团队结合粒子滤波、随机集等,在国防预研基金和国家自然科学基金项目的资助下,取得了重大的进展[12-16]。

1.3 目标被动航迹滤波跟踪融合发展现状

国内被动传感器系统大体上可分为测时差定位系统、测向测时差定位系统和测向交叉定位系统三大类。网状测向交叉定位系统通过高精度的测向设备在多个观测点对目标进行测向,各个测向线的交点就是目标的位置。针对多站测向交叉定位这一特殊问题,文献[17]提出了一种观测线交叉目标定位法,采用观测线与其公共垂线的交点确定目标位置,较好地解决了测向交叉定位系统中机动目标的跟踪问题。文献[18]利用波达方向的正弦值和余弦值构建交叉定位方程组,且对信号源与观测站之间的距离参数进行正性约束,而非将波达方向的正切值作为斜率,避免了 DOA 前向/后向模糊,在测量误差较大的情况下具有更好的定位精度。针对测量值与目标状态之间存在的非线性关系,目前在理论上还没有形成一套完整的滤波理论,而通常的方法是进行局部线性化近似,主要是扩展卡尔曼滤波(Extended Kalman Filter,EKF)、二阶滤波、统计线性化滤波和迭代滤波等,而这些方法在进行线性化的同时,也引入了较多的误差项,从而得不到目标信息的最佳估计。

近年来,研究发现非线性函数的概率密度分布的近似值,比近似非线性函数的近似值更容易求解。很多学者使用采样方法近似非线性函数的概率分布来解决非线性问题,提出了基于采样的非线性滤波算法。如 Julier 提出的无迹卡尔曼滤波(Unscented Kalman Filter,UKF)算法[19]取得了比 EKF 更好的滤波性能[20]。自 Gordon 将重采样引入粒子滤波后,出现了大量基于粒子滤波的目标跟踪方法,它们从不同方面对粒子滤波做了大量的研究[21,22],目前粒子滤波已成为非线性滤波算法研究的主流方向。Ho 等提出运用最小二乘法,解决含有位置参数二次约束非线性方程,得到纯方位和纯多普勒目标运动分析的渐近无偏估计[23]。F. Bavencoff 等通过马尔科夫链的蒙特卡罗方法,解决约束纯方位目标运动分析[24]。S. K. Rao 将修改增益扩展卡尔曼滤波的方法[25]和 UKF[26]应用于被动纯方位机动目标跟踪。G. Chalassani 等研究了纯方位跟踪问题中的 Gauss-Hermite 滤波方法,在估计精度、航迹丢失概率、计算效能等方面同 EKF 和 UKF 进行了比较,在不增加额外计算负担的前提下,提高了估计精度和在大的初始误差条件下的鲁棒性[27]。文献[28,29]分别将粒子滤波(PF)方法和容积卡尔曼滤波(CKF)方法应用于纯方位目标跟踪中,解决了纯方位目标的非线性跟踪问题。Hongrui Li 和 J. M. C. Clark 在纯方位目标跟踪方面,提出了各自的新方法[30,31]。E. B. Mazomenos 提出基于无线传感网络的纯距离目标跟踪算法[32]。G. L. Soares 通过多元静态雷达搜集的纯距离测量信息,运用区间分析法,解决机动目标跟踪问题[33]。Gongjian Zhou 研究了两站超视距雷达使用距离和多普勒信息实现目标的定位与跟踪的方法[34]。对于多被动传感器目标跟踪,Kaplan[35,36]提出了三种节点选择方法(最近邻法、等效最近邻法和单纯形法)和一种自治的传感器选择方法。R. Mahler 提出了多传感器 CPHD 势平衡概率假设密度(Cardinalized Probability Hypothesis Density,CPHD)及概率假设密度

(Probability Hypothesis Density,PHD)方法[37]。Cheng Ouyang在被动传感器目标跟踪方面,应用随机集(Random Set)和PHD取得较大的进展[38-40]。

国外代表性理论专著有:B. Ristic的*Beyond Kalman Filters:Particle Filters for Target Tracking*[41], Bar-Shalomi Y的*Multitarget Multisensor Tracking:Principles and Techniques*[42],*Estimation with Applications to Tracking and Navigation*[43],*Multitarget Multisensor Tracking:Applications and Advances*[44],Doucet A和Freitas N D的*Sequential Monte Carlo Methods in Practice*[45],Farina A的*Radar Data Processing*[46],Goutsias J. 的*Random Sets Theory and Applications*[47]等。

国内的相关技术研究起步较晚。20世纪80年代末海湾战争后,信息融合才受到有关部门的重视。1995年在长沙召开了第一次信息融合学术会议,进入20世纪90年代以来,各高校和有关研究所在目标跟踪技术领域开展了新的研究,并取得了较多的成果。孙仲康教授在雷达制导、单/多传感器被动定位技术方面,提出了平方根卡尔曼滤波和利用单被动传感器的方位观测及其变化率,对固定辐射源的无源定位等算法[48]。上海交通大学的周宏仁、敬忠良教授提出的机动目标跟踪"当前"统计模型、基于神经网络的机动目标跟踪算法等[49],得到了广泛的使用。海军航空工程学院的何友、王国宏教授在多传感器信息融合、分布检测理论及应用[50,51]等方面的研究有重大的进展。西安交通大学的韩崇昭教授在多源信息融合及多传感器目标跟踪方面取得了重要成果[52]。西北工业大学的潘泉教授在多目标跟踪与识别、信息融合等领域做了大量的工作,推动了国内相关领域技术的发展[53,54]。西安电子科技大学的杨万海教授在雷达信号模拟、多传感器数据融合方面取得了大量的研究成果[55,56]。哈尔滨工业大学的权太范教授在多目标跟踪理论中引入了计算智能方法,取得了较多的研究成果[57]。

文献[58]为克服伪线性估计方法在纯方位目标跟踪中估计参数的有偏性,通过曲线拟合前几个时刻的方位角测量序列来获得当前时刻目标方位角的估计值,提出了一种改进的辅助变量算法,获得目标参数的无偏估计。文献[59]针对杂波(虚假量测)环境下的目标无源跟踪问题进行了研究,利用角度测量数据计算落入波门内的有效测量数据的概率,并以这些概率值作为权值对目标状态进行加权融合,实现杂波环境下对目标的实时纯方位无源跟踪。文献[60]研究了一种用于被动声纳跟踪的纯方位多假设跟踪算法,分析了其在低门限条件下目标检测跟踪和多目标自动跟踪的应用。文献[61]建立笛卡儿坐标系下多被动传感器的高斯-厄密特滤波模型,提出了一种基于高斯-厄密特滤波的动态多维分配方法,动态分配传感器测量角度与目标角度的预测值,提高了关联效率。随着随机有限集理论在目标跟踪领域受到越来越多的关注,其被动目标跟踪方面也得到了相关应用。文献[62]考虑多目标跟踪中量测源的不确定性,推导了距离参数化高斯混合概率假设密度(PHD)滤波器的递推公式和距离参数化高斯混合势概率假设密度(CPHD)滤波器的势分布和强度的递推公式,并针对目标新生问题提出了一种自适应 BOT 新生目标强度的建立方法。文献[63]考虑多目标随机新生和消亡下存在杂波和传感器漏检所导致的量测源不确定性,针对纯方位跟踪问题,提出一种多距离假设伯努利滤波器。

尽管取得了较多的研究成果,在目标跟踪技术的理论研究和应用实践方面,国内的发展水平与国外先进国家相比仍有较大的差距。

1.4 分坐标处理基本框架和研究进展

国内外在利用纯方位、纯角度、纯距离等信息,实现目标滤波与跟踪方面有许多研究,但仍然存在一些研究缺项,如纯仰角(Elevation-only)、纯距离和(差)、纯多普勒、纯回波幅度等方面几乎找不到参考文献;各自小范围研究较细,针对战场的动态变化特性,尚未形成一整套对测量坐标体系的研究思路和利用方法。对被动红外传感器采用两站交叉定位已取得多项研究成果,但不能说明两站角度交叉可以解决其他测量坐标问题,如两站的两个仰角或两个距离等点迹坐标是无法进行处理的,其相关性计算又较复杂。在深入研究测量坐标处理原理方面还不尽如人意。如被动红外依靠单站运动观测目标估计距离,多站组网依靠交叉定位估计距离,可能产生非线性方程和交叉虚点的组合爆炸等问题。文献[64]探讨了利用目标辐射特性估计航迹上某点的距离。对空中目标(高速运动)采用运动单站方式是不合适的,对远距离目标测量的辐射特性误差较大无法利用。大多系统采用集中式处理点迹方式,测量的缺维序列导致不能充分利用传感器的测量坐标信息,测量坐标点迹的相关与解算的实现难度较大,不易实现目标的测量坐标跟踪与融合。无需否认,国内外研究纯方位目标跟踪,用到了参数航迹的概念,但在纯角度和纯距离等目标跟踪方面没有继续保持参数航迹的处理思路。有关参数航迹方面及多站应用还远未达到纯方位的水平。针对分布式航迹参数的解算、融合方面的研究较少,没有从体系角度分析建立模型,对分析和处理技术还没有找到完全适应的数学基础,虽然在纯方位目标跟踪方面,处理过程有点参数航迹的处理思路,但纯角度目标跟踪则是用多站协同完成距离计算,又回到了传统的处理方法上。在研究应用于静止单站缺维测量坐标的滤波方面,建立并行分布式参数航迹、多参数航迹相关、多不完全信息航迹跟踪与融合等方面基本上未见到有关整体研究报道。

作者多年从事多传感器组网和多源信息融合等方面的项目和课题研究,经过深入独立研究,改进了多种组网试验的原理方法,提出了测量坐标滤波与参数航迹等新概念和处理方法,并就相关问题的解决方法发表了多篇学术论文[65-67]。该方法主要针对复杂战场干扰与对抗环境下的目标不完全(缺维)信息的动态跟踪问题,系统地提出了测量坐标滤波与参数航迹融合的目标跟踪新思路。通过认真分析目标在飞行航迹中存在的不变参数关系,研究了纯方位、纯距离、纯仰角等不完全信息条件下的目标参数航迹规律,建立了目标匀速、匀加速、转弯等运动形式的测量坐标参数航迹模型,并对复合坐标的参数航迹解算、多站目标参数航迹分布式融合等问题进行了深入的研究,取得了较多的研究成果。

先从目标跟踪谈起。在许多文献中目标跟踪与递推滤波容易相混,其实两者有一定的区别,可以给出一个目标跟踪的描述形式:

目标跟踪=(前序列)滤波+(航迹)预测+(新点迹与航迹)相关

上式中,若没有预测称为追踪。分析卡尔曼滤波公式,不难比较出两者的不同点。在卡尔曼滤波器中,对新息部分需要建立误差波门,新的测量值若落入误差波门,对测量值和预测值进行加权平均(或称为预测+更新)处理称为滤波,这种相关和滤波的过程称为目标跟踪。若未落入误差波门,继续放大波门外推等待下一次测量。多次相关和滤波的点迹称为航迹,点迹和航迹的主要区别是航迹有航迹批号(间距近,无法分辨的目标称为批),而点迹没有批号。有关航迹起始、分批、合批、终止等方面有一套完整理论,需要了解可参考有关教科书。

只要能够较好地根据前面序列,建立目标的测量坐标参数航迹,计算和估计目标的航迹参数,预测出新时刻的测量坐标位置和精度,采用相关波门的形式判断,即可实现目标的滤波与跟踪,如图1.1所示。不考虑相关波门的滤波是不严密的,也许只有单目标和基本没有杂波的情况下才勉强可行,实际上考虑相关波门是必需的。由于特大的干扰值可能严重影响滤波值和预测值,甚至出现目标航迹的大偏离情况,即不是所有的测量值都能进行滤波的,只有在测量值落入相

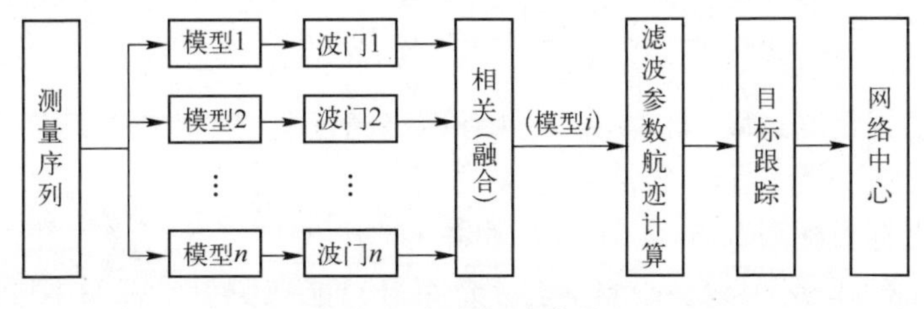

图1.1 分坐标跟踪原理

关波门内(满足某个较大的概率)的数据才可谈滤波。

卡尔曼滤波器的状态方程和量测方程都是线性矩阵方程,各方程所加噪声为正态不相关白噪声,状态之间是一步递推关系,主要假设在一些领域是很难满足的。对于跟踪空中目标,传统状态方程和量测方程之间需要非线性转换,量测方程在测量坐标系中,各测量通道的前后序列是函数相关的,测量的加性噪声之间是独立的。在笛卡儿坐标系的状态方程,目标运动规律可以表示为各坐标前后是线性,测量坐标和笛卡儿坐标之间需要非线性坐标变换,用测量转换的噪声是各通道相关的。可描述如下:

$$\begin{bmatrix} x \\ y \end{bmatrix} = \begin{bmatrix} r\cos\beta \\ r\sin\beta \end{bmatrix} \tag{1-1}$$

$$\begin{bmatrix} \sigma_x^2 & \sigma_{xy} \\ \sigma_{yx} & \sigma_y^2 \end{bmatrix} = \begin{bmatrix} \cos\beta & -\sin\beta \\ \sin\beta & \cos\beta \end{bmatrix} \begin{bmatrix} \sigma_r^2 & 0 \\ 0 & r^2\sigma_\theta^2 \end{bmatrix} \begin{bmatrix} \cos\beta & -\sin\beta \\ \sin\beta & \cos\beta \end{bmatrix}^{\mathrm{T}} \tag{1-2}$$

$$\begin{bmatrix} x \\ y \\ z \end{bmatrix} = \begin{bmatrix} R\cos\varepsilon\sin\beta \\ R\cos\varepsilon\cos\beta \\ R\sin\varepsilon \end{bmatrix} \tag{1-3}$$

$$\begin{bmatrix} \sigma_x^2 & \sigma_{xy} & \sigma_{xz} \\ \sigma_{yx} & \sigma_y^2 & \sigma_{yz} \\ \sigma_{zx} & \sigma_{zy} & \sigma_z^2 \end{bmatrix} = \boldsymbol{M} \begin{bmatrix} \sigma_R^2 & 0 & 0 \\ 0 & R^2\sigma_\varepsilon^2 & 0 \\ 0 & 0 & R^2\cos^2\varepsilon\sigma_\beta^2 \end{bmatrix} \boldsymbol{M}^{\mathrm{T}} \tag{1-4}$$

$$\boldsymbol{M} = \begin{bmatrix} \cos\varepsilon\sin\beta & -\sin\varepsilon\sin\beta & \cos\beta \\ \cos\varepsilon\cos\beta & -\sin\varepsilon\cos\beta & -\sin\beta \\ \sin\varepsilon & \cos\varepsilon & 0 \end{bmatrix} \tag{1-5}$$

式中:r,R,ε,β 分别为测量的二维距离、三维距离、仰角、方位角;σ_x^2 为 x 坐标的方差,其他类同。在测量坐标系中,测量噪声是(正态分布不相关的)独立的,转换到笛卡儿坐标后各通道噪声互相耦合。特别是随着距离变化,各测量通道对笛卡儿坐标的影响是不一样的。按照工程的要求,可设小于 $10n$ 倍的方差可以被忽略,则

$$\frac{1}{\sqrt{10n}}\max\left(\frac{\sigma_R}{\sigma_\varepsilon},\frac{\sigma_R}{\sigma_\beta\cos\varepsilon}\right) \leqslant R \leqslant \sqrt{10n}\min\left(\frac{\sigma_R}{\sigma_\varepsilon},\frac{\sigma_R}{\sigma_\beta\cos\varepsilon}\right) \tag{1-6}$$

可以根据情况选取,如 $n \geqslant 20$ 时为保持高精度通道不宜坐标转换,需要考虑采用其他方法。

在分坐标目标跟踪方面,处理的对象是缺维信息,有组合(如纯角度)可应用笛卡儿坐标建模,但较多的测量坐标及组合只能在测量坐标系中进行建模和滤波,不能像传统方法那样将测量转换到笛卡儿坐标中(如去偏量测转换、目标

运动模型等都只能在量测坐标系中进行)。尽管测量坐标建模将会遇到严重的时变非线性,也可用泰勒级数展开取前几项来近似,但各通道测量噪声是不相关的,各通道测量时间序列的前后是函数相关的,有些函数关系是多步递推的关系,现代有许多处理方法基本都是马尔可夫模型,需要经过修改才能应用。为了增强实用性,需要对过去放弃的许多算法重新整理和改进,如数据批处理、有限记忆滤波、样条平滑滤波等。由于目标可能机动,需要对一些参数模型进行更新,测量序列处理窗口也不是越大越好,而是适可而止,或采用渐消记忆的方法使较旧测量减少影响。

分坐标处理原理流程如图1.2所示,当测量序列输入系统后,依据测量的所有可能通道分别进行处理,在每个通道中分别假设不同的目标运动模型(如匀速直线、匀加速直线、二次函数曲线、圆周、加速圆周等),假设模型应与测量特性匹配,如高速采样的测量序列可以用匀速直线模型来分段逼近机动目标。选择的原则是曲线次数不宜过高,最好采用样条函数分段逼近机动曲线。计算各模型航迹参数并进行预测,根据处理精度和目标机动模型设置相关波门,新的测量来到后判断落入哪个相关波门,然后进行滤波和目标跟踪。一般根据预测点和波门确定关联区域,称落入该区域的点迹与航迹是相关联的。落入相关波门的测量数越多,航迹的跟踪效果越好。由于目标一般为非合作目标,只能猜测目标的运动方式,可以采用几种模型同时跟踪目标,哪种模型跟踪效果最好,目标运动最有可能为该模型。其实,预测中心和波门相关是检验模型的最主要标准。若连续多个回波落入某个相关波门,就基本可以确定该假设的运动模型是当前目标的运动模型。测量序列处理窗口的大小需要适中,窗口太长则对目标运动状态的改变反应灵敏度差,不利于目标机动的检测,窗口太短则受噪声影响比较大。多站的分坐标处理可以进行相关、解算融合等。各通道假设的目标运动模

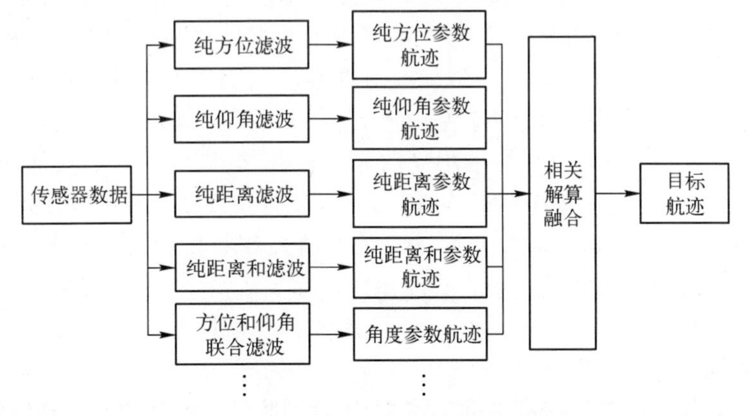

图1.2 分坐标处理的工作流程图

型中含有一些参量称为航迹参数,每组模型的多个航迹参数表示目标的一个参数航迹,给定较近的时刻代入参数航迹就可得到该时刻的测量预测值。

目标航迹参数分为两类,如图 1.3 所示。一些与站址无关的航迹参数,如目标运动速度、加速度、运动平面等,可以用于多站目标航迹的相关,当然是在给定的误差范围内判断是否基本相同,这是由于各参数是用带噪声的测量值估计和滤波得到的,不可避免带有误差。若判断两站的某个航迹参数基本相同,可以再加权平均以提高精度。由于各站航迹参数仍存在一些微小差别,需要进一步对各站的航迹参数进行融合处理,以确认真实的航迹。有些航迹参数可以作为各站系统误差校正的依据。

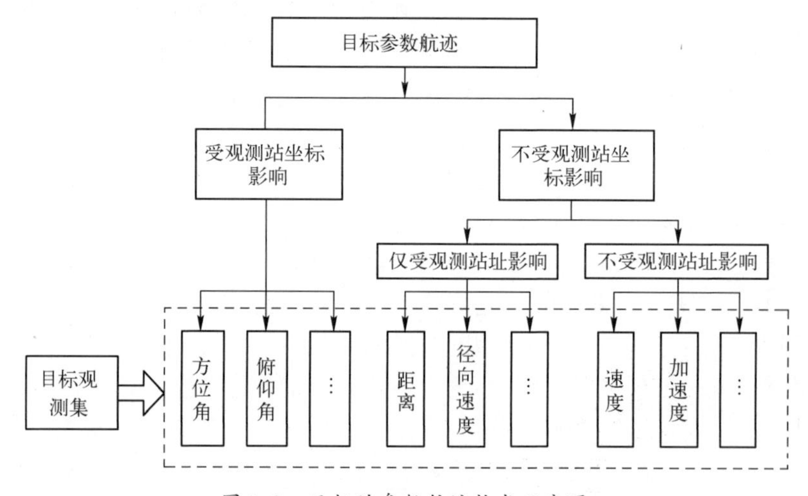

图 1.3　目标的参数航迹构成示意图

另一些与站址有关的航迹参数,如航迹与测量站的(垂直、某时刻)距离、直线航迹与测量站某时刻的测量夹角等,可以用于多站目标航迹参数的解算。在假设的不同目标运动模型中,可以用航迹曲线表示测量通道的目标轨迹。凡是在航迹曲线上保持不变的量(包括比值、差值、导数等)即为不变量,这些不变量是航迹参数(这些参数中有的采用分数方式存在,分数在序列参数估计中可整体被确定,但分子或分母均不能分别确定,不影响分数在预测中的应用,可以实现目标跟踪)。各站需要先将与站址无关的航迹参数作为目标相关的依据,满足相关性后再计算与站址有关的航迹参数。待多站相关(依据与站址无关的参数是否基本相同)后判为同一目标时,可以解算与站址有关的航迹参数中不能确定的数值。

为建立分坐标处理的理论框架体系,作者团队从几何代数结构基础研究起,在提出的余切关系定理和纯距离代数结构的基础上,总结出并肩三角形结构、多距离代数结构等,以二次函数、圆周运动为例讨论了目标航迹不变量在纯角度、纯距离条件下的几何性质。建立多种机动方式的测量坐标跟踪模型,提取单站目标航迹信息的不变量,进而在一定程度上解决了分坐标的非线性滤波与目标参数航迹的跟踪难题。在完善测量坐标信息处理的理论框架时,采取的基本技术路线如图 1.4 所示。

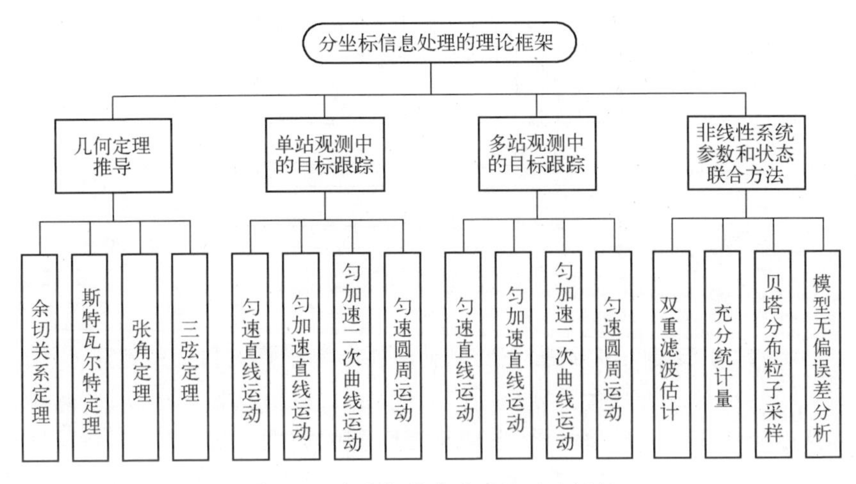

图 1.4 分坐标信息处理的理论框架

主要研究思路为:深入了解战场跟踪目标的运动特征和缺维测量传感器应用特点,建立适应目标运动特征的运动模型和传感器测量模型,依据运动和测量的几何代数关系寻找目标航迹的分坐标特征不变量作为航迹参数,以测量的分坐标序列滤波和计算目标的航迹参数,根据这些参数和前面的滤波序列实现对后续目标的分坐标预测和波门计算,完成对空中目标的有效跟踪。需要将目标航迹参数送融合中心或其他测量站,中心和各站根据需要对目标的参数航迹进行相关、解算、融合等。

一般来说,分坐标目标跟踪方法可分为直接方法和间接方法。如图 1.5 所示。

直接方法就是直接处理能够测量到的目标距离序列、方位序列、仰角序列等一个或多个序列,可采用正交函数拟合、多项式函数拟合、多通道积分比较自适应计算参数、灰色系统模型累积拟合方法等。由于各个序列为真实值和噪声相加,真实值为有时间的非线性函数,拟合求解航迹参数遇到较多的非线性计算难题,可以采用迭代方法逐步计算,其效率不高。灰色系统无需任何先验信息,其预测精度不够高,可以设法改进算法,增加先验信息。考虑到分坐标处理的特殊情况,提出的多步递推卡尔曼滤波方法经仿真实验表明其具有有效性。

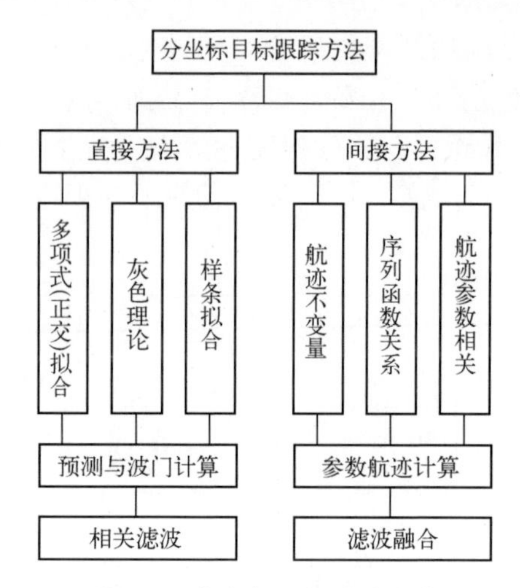

图 1.5　分坐标目标跟踪方法

另外一种方法是间接方法，主要是利用能够测量到的目标距离序列、方位序列、仰角序列及其各种复合坐标序列的时间函数，分析其目标运动规律，结合传感器的特点，建立运动模型假设，采用与之匹配的数据处理方法，寻找函数前后的不变代数关系，实现目标的参数航迹跟踪。由于各个序列函数为真实值和噪声的非线性函数，函数的非线性有所降低，但噪声分析的难度增大。好在处理的目标维数较低，计算难度不高。

目标运动一般根据目标的特性和传感器的性能（精度、测量周期、测量空间区域等）而定。选取目标运动模型的原则是：目标运动速度越快、传感器测量周期越大，应该选取越高阶的模型，反之，应该采用低阶模型（如红外每秒可以采样十多次，可以假设匀速直线运动、匀加速运动目标模型）。函数的代数不变结构与假设的模型有关，不同的目标模型有不同的代数不变结构，寻求其结构对目标跟踪有重要的作用。在测量序列中，估计代数不变结构可以初步确定目标运动模型。

为此，整个分坐标处理思路主要是先理想后实际的处理方法，即在理想环境下，寻找假设模型航迹的代数不变结构，再在有噪声条件下进行滤波、平滑等处理，减小噪声的影响。主要思想是建立目标运动的理想模型，计算航迹的主要参数，实现测量坐标的预测，根据误差模型实现滤波，再进行精度分析并进一步改进算法。

在参数航迹的处理过程中，选择航迹参数的原则是：参数个数合适为好，研究发现存在可以没有参数实现目标预测，但这样处理不利于多站联合处理，需要一定量的相关不变航迹参数和解算的未知参量，太多的航迹参数可能需要高维矩阵运算,计算量增大,所以使误差增大。

分坐标处理方法需要经历数个阶段,起始阶段主要是提出框架,研究和提出数学基础;发展阶段主要完善理论体系;应用阶段主要是在应用中改进完善。现阶段处于发展阶段。

参考文献

[1] Lingren A G. Position and velocity estimation via bearing observation [J]. IEEE Transactions on Aerospace and Electronic Systems,1978,14(4):564-577.

[2] Lingren A G,Gong K F. Properties of nonlinear estimator for determining position and velocity from angle-of-arrival measurements[C]. Proceeding of the 14th Asilomar Conference on Circuits Systems and computer,Pacific Grove,CA ,USA. 1980,(4):394-401.

[3] Raju L K,Ibrahim F,Muralikrishna P. Distributed target localization and tracking using distributed bearing sensors[J]. Procedia Computer Science,2016,93:728-734.

[4] Logothetis A,Evans R J,Sciacca L J. Bearings-only tracking using hidden Markov models[C]. Proc. 33rd Conf. Decision & Control,Orlando,FL,Dec. 1994,vol. 4:3301 - 3302.

[5] Kim J,Suh T,Ryu J. Inequality constrained Kalman filter for bearing-only target motion analysis[C]// Interational Conference on Control,Automation and Systems. IEEE,2015:1607-1611.

[6] 董志荣. 舰艇指控系统的理论基础[M]. 北京:国防工业出版社,1995.

[7] 石章松,刘忠. 目标跟踪与数据融合理论及方法[M]. 北京:国防工业出版社,2010(7):145-217,66-67.

[8] 郁涛. 固定单站纯方位目标运动参数的解析方法[J]. 电波科学学报,2014,29(4):634-638+652.

[9] 陈喆,戴卫国,王易川. 固定单基地被动声纳目标航向估计方法研究[J]. 仪器仪表学报,2017,38(2):320-327.

[10] 刘忠,周丰,等. 纯方位目标运动分析[M]. 北京:国防工业出版社,2009:29-52.

[11] 黄波,刘忠,吴玲. 纯方位目标运动状态的极大似然估计及迭代算法[J]. 海军工程大学学报,2013,25(1):54-58.

[12] Li Liangqun,Ji Hongbing,Gao Xinbo. Maximum entropy fuzzy clustering with application to real-time target tracking[J]. International Journal of Signal Processing Nov. 2006,86(11):3432-3447.

[13] 李倩,姬红兵,郭辉. 拟蒙特卡罗-高斯粒子滤波算法研究及其硬件实现[J]. 电子与信息学报,2010,32(7):1737-1741.

[14] 杨柏胜. 被动多传感器探测目标跟踪技术研究[D]. 西安:西安电子科技大学,2009,7.

[15] 张俊根. 粒子滤波及其在目标跟踪中的应用研究[D]. 西安:西安电子科技大学,2010,1.

[16] 欧阳成. 基于随机集理论的被动多传感器多目标跟踪目标跟踪[D]. 西安:西安电子科技大学,2012,1.

[17] 宋骊平,姬红兵,高新波. 多站测角的机动目标最小二乘自适应跟踪算法[J]. 电子与信息学报,2005,27(5):793-796.

[18] 沈晓峰,徐保根,邹继锋,等. 基于正性约束的测向交叉定位方法[J]. 电子科技大学学报,2014,43(6):834-837.

[19] Julier S J, Uhlmann J K. A general method for approximating nonlinear transformations of probability distributions[R]. Technical report, RRG, Dept. of Engineering Science, University of Oxford, 1996.

[20] Allotta B, Chisci L, Costanzi R. A comparison between EKF-based and UKF-based navigation algorithms for AUVs localization[C]. 2015, IEEE.

[21] Zahir M, Mourad O. Multiple target tracking using particle filtering and multiple model for maneuvering targets[J]. Int. J. Automation and Control, 2015, 9(4): 303-332.

[22] Tao Y, Richard S L, Prashant G M, etc. Multivariable feedback particle filter[J]. Automatica, 2016, 71: 10-23.

[23] Ho K C. Chan Y T. An asymptotically unbiased estimator for bearings-only and doppler-bearing target motion Analysis[J]. IEEE Transaction on Signal Processing, 2006, 54(3): 809-822.

[24] Bavencoff F, Pierre J, Cadre LE. Constrained bearings-only target motion analysis via Markov chain Monte Carlo methods[J]. IEEE Transactions on Aerospace and Electronic Systems, 2006, 42(4): 1240-1263.

[25] Rao S K. Modified gain extended Kalman filter with application to bearings-only passive manoeuvring target tracking[J]. IEE Proceedings, Radar, Sonar and Navgation. 2005, 152(4): 239-244.

[26] Rao S K. Unscented Kalman filter with application to bearings-only passive manoeuvring target tracking [C]. IEEE International Conference on Signal processing, Communicatoins and Networking. 4-6 Jan 2008: 219-224.

[27] Chalasani G, Bhaumik S. Bearing Only Tracking Using Gauss-Hermite Filter [C]// Industrial Electronics and Application. IEEE, 2012: 1549-1554.

[28] Keshavarz-Mohammadiyan A, Khaloozadeh H. Adaptive IMMPF for Bearing-Only Maneuvering Target Tracking in Wireless Sensor Networks[C]// Interational Conference on Control, Instrumentation, and Automation. IEEE, 2016: 6-11.

[29] Liu M, Zhang D, Zhang S. Bearing-Only Target Tracking using Cubature Rauch-Tung-Striebel Smoother [C]// Control Conference. IEEE, 2015: 4734-4738.

[30] Li Hongrui. Two-Step Modeling and Observability for Bearings-Only Tracking[C]. International Conference on Mechatronics and Automation, August 9-12, Changchun, China. 2009: 691-695.

[31] Clark J M C, Vinter R B, Yaqoob M M. Shifted Rayleigh Filter: A New Algorithm for Bearings-Only Tracking[J]. IEEE Transactions on aerospace and electronic systems, 2007, 43(4): 1373-1384.

[32] Mazomenos E B, Reeve JS, White N M. A Range-Only Tracking Algorithm for Wireless Sensor Networks [C]. IEEE International Conference on Advanced Information Networking and Applications (AINA) Workshops, Bradford, U. K. 26-29 May 2009: 775-780.

[33] Soares G L, Jaulin L. An Interval-Based Target Tracking Approach for Range-Only Multistatic Radar[J]. IEEE Transactions on magnetics, 2008, 44(6): 1350-1353.

[34] Zhou Gongjian. Bi-station OTH Radar Locating and Tracking Using Only Range and Doppler Measurements[C]. International Conference on Computer Application and System Modeling. 2010. (V9): 88-92.

[35] Kaplan L M. Node selection for target tracking using bearing measurements from unattended ground sensors[C]. IEEE Aerospace Conference Proceedings. Piscataway, NJ, USA, 2003: 2137-2152.

[36] Kaplan L M. Transmission range control during autonomous node selection for wireless sensor networks

[C]. IEEE Aerospace Conference Proceedings. Piscataway,NJ,USA:2004:2072-2087.

[37] Mahler R. Approximate multisensor CPHD and PHD filters[C]. The 13th conference on Information Fusion,2010:1-8.

[38] Ouyang Cheng,Ji Hongbing. Weight over estimation problem in the GMP-PHD filter [J],Electronic Letters. 2011,47(2):139-141.

[39] Ouyang Cheng,Ji Hongbing. Modified cost function for passive sensor data association [J],Electronic Letters. 2011,47(6):383-385.

[40] Ouyang Cheng,Ji Hongbing. Scale unbalance problem in the product multisensor PHD filter [J],Electronic Letters. 2011,47(22):1247-1249.

[41] Ristic B,Arulampalam S,Gordon N. Beyond Kalman filters:particle filters for target tracking[M]. Norwood,MA:Artech House. 2004.

[42] Bar-Shalom Y,X R Li. Multitarget multisensor tracking:principles and techniques[M]. Storrs,CT:YBS Publishing. 1995.

[43] Bar-Shalom Y,Li X R,Kirubarajan T. Estimation with applications to tracking and navigation[M]. Hoboken,NJ:Wiley. 2001.

[44] Bar-Shalom Y. Multitarget multisensor tracking:applications and advances[M]. Boston,MA:Artech House. 1992.

[45] Doucet A,Freitas N D,Gordon N. Sequential Monte Carlo methods in practice[M]. New York:Springer. 2001.

[46] Farina A,Studer F. A. Radar data processing[M]. Vol. III. England:Researches Studies Press. 1985.

[47] Goutsias J,Mahler R,Nguyen H. Random sets theory and applications[M]. New York:Wiley. 2003.

[48] 孙仲康,周一宁,何黎星．单多基地有源无源定位技术[M]. 北京:国防工业出版社,1998.

[49] 周宏仁,敬忠良．机动目标跟踪[M]. 北京:国防工业出版社,1986.

[50] 何友,王国宏,陆大琻,等．多传感器信息融合及应用[M]. 北京:电子工业出版社,2000.

[51] 何友,王国宏,关欣,等．信息融合理论及应用[M]. 北京:电子工业出版社,2010.

[52] 韩崇昭,朱洪艳,段战胜,等．多源信息融合[M]. 北京:清华大学出版社,2010.

[53] 潘泉,梁彦,杨峰,等．现代目标跟踪与信息融合[M]. 北京:国防工业出版社,2009.

[54] 潘泉,叶西宁,张洪才．广义概率数据关联算法[J]. 电子学报．2005,33(3):467-472.

[55] 杨万海．多传感器数据融合及应用[M]. 西安电子科技大学出版社,2004.

[56] 杨万海．雷达系统建模与仿真[M]. 西安电子科技大学出版社,2007.

[57] 权太范．目标跟踪新理论与技术[M]. 北京:国防工业出版社,2009.

[58] 蔚婧,文珺,李彩彩,等．辅助变量纯方位目标跟踪算法[J]. 西安电子科技大学学报(自然科学版),2016(1):167-172.

[59] 修建娟,何友,修建华．杂波环境下目标无源跟踪算法[J]. 系统工程与电子技术,2012,34(2):227-230.

[60] 朱鲲．被动目标自动跟踪技术研究[D]. 中国舰船研究院,2014.

[61] 李彬彬,冯新喜,李鸿艳,等．纯方位被动多传感器多目标跟踪算法[J]. 红外与激光工程, 2012,41(5):1374-1378.

[62] 陈辉,韩崇昭．纯方位距离参数化概率假设密度和势概率假设密度滤波器[J]. 控制理论与应用,2015,32(5):579-590.

[63] 陈辉,韩崇昭. 多距离假设纯方位伯努利滤波器的设计[J]. 控制与决策,2015(7):1269-1276.

[64] 辛云宏. 红外搜索与跟踪系统的点目标定位及跟踪算法研究[D]. 西安电子科技大学,2005:21-32.

[65] 刘进忙,姬红兵,樊振华. 一种新的单站红外目标纯方位参数航迹滤波方法[J]. 电子与信息学学报,2010,32(9):2253-2256.

[66] 刘进忙,杨万海,杨柏胜. 一种新的目标仰角信息航迹不变量参数估计原理[J]. 西安电子科技大学学报,2008,35(6):986-988.

[67] 刘进忙,罗红英. 基于几何关系的目标信息分坐标处理原理研究[J]. 空军工程大学学报,2009,10(3):27-31.

第2章　基于几何关系的目标信息处理原理

针对当前防空作战所面临的复杂电磁背景，为实现雷达组网与红外传感器网的信息融合，本章提出了余切关系定理和距离关系的几何定理，讨论了分坐标目标运动规律和测量特点，归纳与总结这些代数关系，定义了矩阵的不变结构，讨论了方位角、仰角、距离等信息的参数约束关系[1]；给出了二面角的约束关系和单、多站观测跟踪原理，介绍几种组网条件下的纯方位、纯距离、纯仰角的应用形式，这些理论对防空作战的信息融合具有重要的理论意义。

2.1　几种类似的几何定理及推论

2.1.1　平面三角形的几何定理

1. 余切关系定理

定理 2.1

定理 2.1.1(余切关系定理 1)　如图 2.1(a)所示，设 B 点把$\triangle APC$ 的 AC 边分成 l_1, l_2 两段，则有[1]

$$\begin{cases} l_2\cot\theta_1-(l_1+l_2)\cot\theta_2+l_1\cot\theta_3=0 \\ \dfrac{l_1-l_2}{H}=\cot\theta_1-2\cot\theta_2+\cot\theta_3 \end{cases} \tag{2-1a}$$

或

$$\begin{cases} l_2\cos(-\theta_1+\theta_2+\theta_3)-(l_1+l_2)\cos(\theta_1-\theta_2+\theta_3)+l_1\cos(\theta_1+\theta_2-\theta_3)=0 \\ \dfrac{l_2-l_1}{H}\sin\theta_1\sin\theta_2\sin\theta_3=\cos(-\theta_1+\theta_2+\theta_3)-2\cos(\theta_1-\theta_2+\theta_3)+\cos(\theta_1+\theta_2-\theta_3) \end{cases} \tag{2-1b}$$

可用两段测高公式证明式(2-1a)，根据三角公式推导式(2-1b)，在此略。

推论：

(1) 当 $\theta_1=\pi-\theta_1'$，$\theta_2=\pi-\theta_2'$，$\theta_3=\pi-\theta_3'$，对 θ_1'，θ_2'，θ_3'，式(2-1)仍成立。

(2) 当 $l_1=l_2$，则有

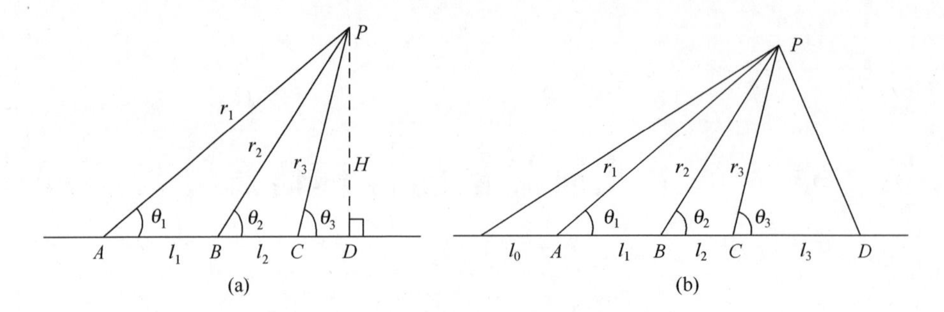

图 2.1
(a) 三角几何关系示意图;(b)平面并肩三角形示意图。

$$\cot\theta_1-2\cot\theta_2+\cot\theta_3=0 \tag{2-2}$$

(3) 当 PB 是 $\angle APC$ 的角平分线,由**角平分线定理**有

$$\begin{cases}\theta_1+\theta_3=2\theta_2\\ \dfrac{l_1}{l_2}=\dfrac{r_1}{r_3}\end{cases} \tag{2-3}$$

将后式代入式(2-1a)可得式

$$r_3\cot\theta_1-(r_1+r_3)\cot\theta_2+r_1\cot\theta_3=0 \tag{2-4}$$

(4) 测高公式:

$$H=\frac{l_1}{\cot\theta_1-\cot\theta_2}=\frac{l_2}{\cot\theta_2-\cot\theta_3}=\frac{l_1+l_2}{\cot\theta_1-\cot\theta_3}=r_2\sin\theta_2 \tag{2-5}$$

进一步可以求得中距公式:

$$r_2=\frac{(l_1+l_2)\sin\theta_1\sin\theta_3}{\sin(-\theta_1+\theta_2+\theta_3)+\sin(\theta_1+\theta_2-\theta_3)}$$

(5) 设 BD 距离(D 为 H 的垂足)为 Δ,则有

$$\Delta=H\cot\theta_2=\frac{(l_1+l_2)\cot\theta_2}{\cot\theta_1-\cot\theta_3} \tag{2-6}$$

余切关系 1 的直线差和比与各角度的关系为

$$\frac{l_2-l_1}{l_2+l_1}=\frac{\cos(-\theta_1+\theta_2+\theta_3)-2\cos(\theta_1-\theta_2+\theta_3)+\cos(\theta_1+\theta_2-\theta_3)}{\cos(-\theta_1+\theta_2+\theta_3)-\cos(\theta_1+\theta_2-\theta_3)} \tag{2-7}$$

(6) 若在图 2.1(a)的 C 点右边再增加一个新的点 E,连线和角度的关系可类似标注,$\angle PEC=\pi-\theta_4$,线段 CE 的长度为 l_3。重复利用式(2-1)可得到

$$\frac{l_3-2l_2+l_1}{H}=\cot\theta_4-3\cot\theta_1+3\cot\theta_2-\cot\theta_3 \tag{2-8a}$$

$$\frac{l_3-2l_2+l_1}{H}\sin\theta_1\sin\theta_2\sin\theta_3\sin\theta_4$$
$$=\sin(-\theta_1+\theta_2+\theta_3+\theta_4)-3\sin(\theta_1-\theta_2+\theta_3+\theta_4)+3\sin(\theta_1+\theta_2-\theta_3+\theta_4)$$
$$-\sin(\theta_1+\theta_2+\theta_3-\theta_4)+4\sin(\theta_1-\theta_2+\theta_3-\theta_4)+2\sin(-\theta_1-\theta_2+\theta_3+\theta_4) \tag{2-8b}$$

上式对匀速、匀加速直线运动目标跟踪有很好的作用。

定理 2.1.2(余切关系定理 2) 如图 2.1(a)所示,设$\angle APB=\beta_1$,$\angle BPC=\beta_2$,则有

$$\begin{cases} l_1\cot\beta_1-l_2\cot\beta_2=(l_1+l_2)\cot\theta_2 \\ \cot\beta_1+\cot\beta_2=\left(\dfrac{1}{l_1}+\dfrac{1}{l_2}\right)\dfrac{r_2^2}{H} \\ \cot\beta_1-\cot\beta_2=\dfrac{l_2-l_1}{l_2l_1H}r_2^2+2\cot\theta_2 \end{cases} \tag{2-9}$$

证明:在$\triangle ABP$和$\triangle BCP$中有

$$\cot\beta_1=\frac{r_1^2+r_2^2-l_1^2}{2l_1H},\cot\beta_2=\frac{r_3^2+r_2^2-l_2^2}{2l_2H}$$

因此

$$l_1\cot\beta_1-l_2\cot\beta_2=\frac{r_1^2+r_2^2-l_1^2}{2H}-\frac{r_3^2+r_2^2-l_2^2}{2H}=\frac{r_1^2-r_3^2+l_2^2-l_1^2}{2H}$$
$$=\frac{(r_2^2+l_1^2+2l_1r_2\cos\theta_2)-(r_2^2+l_2^2-2l_2r_2\cos\theta_2)+l_2^2-l_1^2}{2H}$$
$$=\frac{2(l_2+l_1)r_2\cos\theta_2}{2H}=\frac{(l_1+l_2)\cos\theta_2}{\sin\theta_2}=(l_1+l_2)\cot\theta_2$$
$$\cot\beta_2+\cot\beta_1=\frac{r_3^2+r_2^2-l_2^2}{2l_2H}+\frac{r_1^2+r_2^2-l_1^2}{2l_1H}=\frac{l_1r_2^2+l_2r_2^2}{l_2l_1H}=\left(\frac{1}{l_1}+\frac{1}{l_2}\right)\frac{r_2^2}{H}$$
$$-\cot\beta_2+\cot\beta_1=-\frac{r_3^2+r_2^2-l_2^2}{2l_2H}+\frac{r_1^2+r_2^2-l_1^2}{2l_1H}=\frac{l_2-l_1}{l_2l_1H}R_2^2+2\cot\theta_2$$

推论:

(1) 当$l_1=l_2$,则有

$$2\cot\theta_2=\cot\beta_1-\cot\beta_2 \tag{2-10}$$

请注意θ_2位置和Δ的符号对应关系。式(2-10)可以看成是极坐标条件下目标运动轨迹的切线与径向夹角连续关系$\cot\theta=\rho_\theta'/\rho_\theta$(其中$\rho_\theta$为径向距离,$\rho_\theta'$为对$\theta$求导运算)的分段推广。

(2) 根据式(2-2),当 $l=l_1=l_2=l_3=l_4=\cdots$,推广式(2-9)可得到约束关系

$$\cot\beta_4-3\cot\beta_3+3\cot\beta_2-\cot\beta_1=0 \tag{2-11}$$

(3) 沿 ΔAPC 两边作并肩三角形[2],如图 2.1(b)所示。当 $l_0+l_1=l_2+l_3$,其中,l_0 为 ΔAPC 左边并肩三角形在 BA 延长线上的一条边的长,则有

$$2\cot\theta_2=\cot(\beta_0+\beta_1)-\cot(\beta_2+\beta_3) \tag{2-12}$$

在计算时,$l_i(i=0,1,2,3)$ 应根据测量值及误差的大小调整。

当 $l=l_0=l_1=l_2=l_3=l_4=\cdots$,根据式(2-10)有

$$2\cot\theta_2=\cot\beta_1-\cot\beta_2,\quad 2\cot\theta_1=\cot\beta_0-\cot\beta_1,\quad 2\cot\theta_3=\cot\beta_2-\cot\beta_3$$

前三个公式相加,再依据式(2-2)可得

$$6\cot\theta_2=\cot\beta_0-\cot\beta_3 \tag{2-13}$$

该公式可进一步推广,如 $10\cot\theta_2=-\cot\beta_{-1}+\cot\beta_4$ 等。再合并 $l_0+l_1=l_2+l_3$ 与式(2-13),可得

$$18\cot\theta_2=\cot\beta_{-1}+\cot\beta_0+\cot\beta_1-\cot\beta_2-\cot\beta_3-\cot\beta_4 \tag{2-14}$$

若考虑各测量 l_i 的值不同时,仿照式(2-1)、式(2-5)可解方程求出 θ_2 的值,只是计算更复杂。

(4) 当 PB 是 $\angle APC$ 的角平分线,有 $\beta_1=\beta_2=\beta$

$$\cot\theta_2=\frac{l_2-l_1}{l_2+l_1}\cot\beta \tag{2-15}$$

当 $l_1=l_2$ 时,$\theta_2=90°$。

(5) 余切关系定理 2 的直线差和比与角度关系

$$\frac{l_2-l_1}{l_1+l_2}=\frac{\cot\beta_1-\cot\beta_2-2\cot\theta_2}{\cot\beta_1+\cot\beta_2} \tag{2-16}$$

已知目标测量 β_1、β_2 序列及相对应的相邻间距之间的和差比,应用余切关系定理 2 可直接计算航迹主要参数 θ_2。这对减少目标跟踪的中间过程有一定作用。

2. 斯特瓦尔特(D. Stewart)定理[3]

定理 2.2 如图 2.1(a)所示,则有

$$l_2r_1^2-(l_1+l_2)r_2^2+l_1r_3^2=l_1l_2(l_1+l_2) \tag{2-17}$$

推论:

(1) 当 $l_1=l_2=l$,则有**巴布斯**(Pappus)**定理**或**中线**(r_2)**定理**:

$$r_1^2-2r_2^2+r_3^2=2l^2 \tag{2-18a}$$

$$r_2^2=\frac{r_1^2+r_3^2}{2}-l^2 \tag{2-18b}$$

(2) 当 PB 是 $\angle APC$ 的角平分线:

$$l_1=\frac{r_1}{r_1+r_3}(l_1+l_2) \tag{2-19a}$$

$$l_2=\frac{r_3}{r_1+r_3}(l_1+l_2) \tag{2-19b}$$

代入式(2-18),有

$$r_1r_3-r_2^2=l_1l_2 \tag{2-20}$$

(3) 测高公式($l_1=l_2=l$)

$$H=\frac{\sqrt{2}}{4}\sqrt{\frac{(r_1^2+4r_2^2+r_3^2)^2-2(r_1^4+16r_2^4+r_3^4)}{r_1^2-2r_2^2+r_3^2}} \tag{2-21}$$

(4) 设 BD 距离为 Δ,则有

$$\Delta=r_2\cos\theta_2=\frac{r_1^2-r_2^2}{2(l_1+l_2)}-\frac{l_1-l_2}{2} \tag{2-22}$$

(5) 采用余弦定理和推导可得

$$\begin{cases}(l_1+l_2)(l_1-l_2+2r_2\cos\theta_2)=r_1^2-r_3^2\\(l_1-l_2)(l_1-l_2+2r_2\cos\theta_2)=r_1^2+r_3^2-2r_2^2-2l_1l_2\end{cases} \tag{2-23}$$

其直线差和比与各距离关系为

$$\frac{l_1-l_2}{l_1+l_2}=\frac{r_1^2+r_3^2-2r_2^2-2l_1l_2}{r_1^2-r_3^2} \tag{2-24}$$

该定理对纯距离目标定位与跟踪有重要的作用。

3. 张角定理

定理 2.3　如图 2.1(a)所示,设$\angle APB=\beta_1$,$\angle BPC=\beta_2$,利用面积公式,可证明

$$\begin{cases}\dfrac{\sin\beta_1}{r_3}+\dfrac{\sin\beta_2}{r_1}-\dfrac{\sin(\beta_1+\beta_2)}{r_2}=0\\[2ex]\dfrac{\cos\beta_1}{r_3}+\dfrac{\cos\beta_2}{r_1}-\dfrac{\cos(\beta_1+\beta_2)}{r_2}=\dfrac{r_2^2+l_1l_2}{r_1r_2r_3}\end{cases} \tag{2-25}$$

利用三角形面积公式、余弦定理不难证明上式。

推论:

(1) 当 $l_1=l_2=l$,则有中线(r_2)关系

$$r_2=\frac{r_1^2-r_3^2}{2(r_1\cos\beta_1-r_3\cos\beta_2)} \tag{2-26}$$

(2) 当 PB 是$\angle APC$ 的角平分线,即 $\beta_1=\beta_2=\beta$ 有

$$\frac{2\cos\beta}{r_2}=\frac{1}{r_1}+\frac{1}{r_3} \tag{2-27}$$

当 $\beta=60°$ 即 $\angle APC=120°$，则由式(2-27)可得

$$\frac{1}{r_2}=\frac{1}{r_1}+\frac{1}{r_3} \tag{2-28}$$

(3) 测高公式：

$$H=\frac{r_1r_3\sin(\beta_1+\beta_2)}{\sqrt{r_1^2+r_3^2-2r_1r_3\cos(\beta_1+\beta_2)}} \tag{2-29}$$

(4) 线段差和比与距离、夹角关系：

$$\frac{l_1-l_2}{l_1+l_2}=\frac{r_2}{\sin(\beta_1+\beta_2)}\left(\frac{\sin\beta_1}{r_3}-\frac{\sin\beta_2}{r_1}\right) \tag{2-30}$$

张角定理可应用于海面或雷达对目标的定位与跟踪等方面。

4. 圆周三弦定理

定理 2.4 如图 2.2 所示，设 A、B、C 为圆上三点，P 点位于弧 BC 上，则有

$$r_1\sin\alpha_2-r_2\sin\alpha_3+r_3\sin\alpha_1=0 \tag{2-31}$$

推论 式(2-31)等价于

$$l_2\sin\theta_1-l_3\sin\theta_2+l_1\sin\theta_3=0 \tag{2-32}$$

同理，$\theta_1,\theta_2,\theta_3$ 对应的补角 $\theta_1',\theta_2',\theta_3'$ 也能满足上式。根据正弦定理和圆内角关系，不难证明。

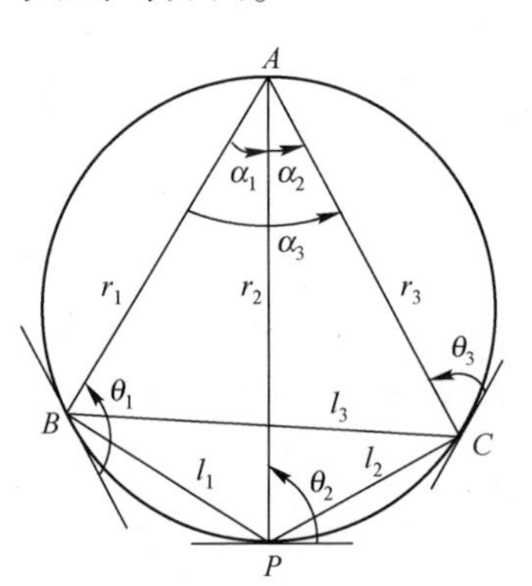

图 2.2 圆上三角关系图

图 2.1 和图 2.2 中的 r_2 是不同的，为方便起见，用 r_2' 表示图 2.2 中的 r_2，一般情况下，由式(2-25)、(2-31)可导出

$$r_2'r_2=r_1r_3\frac{r_1\sin\alpha_2+r_3\sin\alpha_1}{r_3\sin\alpha_2+r_1\sin\alpha_1} \tag{2-33}$$

若 $\alpha_1=\alpha_2$，即 PA 为 $\angle BAC$ 的平分线，有 $r_2'r_2=r_1r_3$(等角 $\alpha_1=\alpha_2$)。

若 $r_1=r_3=r$，ΔABC 为等腰三角形，有：$r_2'r_2=r_1r_3=r^2$(等腰 $r_1=r_3$)。

通过比较这几个类似的几何定理，在只考虑角度的条件下，余切关系定理更加简单、实用，主要用于处理纯角度跟踪的问题。斯特瓦尔特定理主要用于处理纯距离跟踪的问题。张角定理可以用于方位与距离的复合目标跟踪场景。

2.1.2 平面并肩三角形的几何定理

为统一描述纯角度、纯距离的处理方法，作者提出**平面并肩三角形**的概念：平面上共用一条边的两个三角形，如果各自另有一条对应边共线，则称这两个三角形并肩，并称它们是并肩三角形。

图 2.3 给出了平面三角形的几何关系，其中，点 A、B、C、D 在同一条直线上，l_1，l_2，l_3 分别表示 AB、BC、CD 的长度，点 P 与 A、B、C、D 点的距离分别为 R_A、R_B、R_C、R_D，$\angle APB=\beta_1$，$\angle BPC=\beta_2$，$\angle CPD=\beta_3$，$\angle PAB=\theta_A$，$\angle PBC=\theta_B$，$\angle PCD=\theta_C$，$B_\perp$，$C_\perp$，$D_\perp$，$P_\perp$ 为垂足，线段 $AB_\perp$，$BC_\perp$，$CD_\perp$，$DP_\perp$，$PP_\perp$ 的长度分别为 Δ_1，Δ_2，Δ_3，x，H。

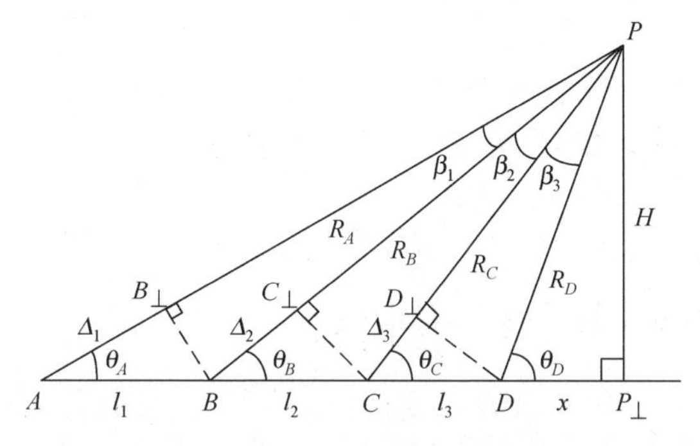

图 2.3　平面三角形的几何关系图

定理 2.5　如图 2.3 所示，并肩三角形的纯角度约束关系为

$$\cos\theta_A\sin\beta_2+\cos\theta_C\sin\beta_1=\cos\theta_B\sin(\beta_1+\beta_2) \tag{2-34}$$

证明：设

$$\begin{cases}\Delta_1=l_1\cos\theta_1=l_1\cos(\theta_B-\beta_1)=l_1\cos\theta_B\cos\beta_1+l_1\sin\theta_B\sin\beta_1\\ \Delta_2=l_2\cos\theta_2\\ \Delta_3=l_3\cos\theta_3=l_3\cos(\theta_B+\beta_2)=l_3\cos\theta_B\cos\beta_2-l_3\sin\theta_B\sin\beta_2\end{cases}$$

用 Δ_2 代换 Δ_1，Δ_3 中的有关部分，则有

$$\begin{cases}\Delta_1=\Delta_2\dfrac{l_1\cos\beta_1}{l_2}+l_1\sin\theta_B\sin\beta_1\\ \Delta_3=\Delta_2\dfrac{l_3\cos\beta_2}{l_2}-l_3\sin\theta_B\sin\beta_2\end{cases}$$

消去上式中后项，可得

$$l_3\Delta_1\sin\beta_2+l_2\Delta_3\sin\beta_1=\Delta_2\frac{l_1l_3\cos\beta_1\sin\beta_2+l_1l_3\cos\beta_2\sin\beta_1}{l_2}=\Delta_2l_1l_3\frac{\sin(\beta_1+\beta_2)}{l_2}$$

两边同除 l_1l_3，且有关系 $\Delta_i=l_i\cos\theta_i(i=1,2,3,\cdots)$，即有式(2-34)。

结论：当 $l_1=l_2=l_3=\cdots=l_i$ 时，仍然满足上式。

当 $\beta_1=\beta_2=\beta$，有 $\cos\theta_A+\cos\theta_C=2\cos\theta_B\cos\beta$。

当 R_A，R_B，$R_C\to\infty$ 或 $\beta\to0$，有 $\cos\theta_A+\cos\theta_C=2\cos\theta_B$，或 $\theta_A=\theta_B=\theta_C$。

总结 2.1　平面三角形的几种关系定理有两种结构

结构 2.1　$[\cdot]l_1+[\cdot]l_2=[\cdot](l_1+l_2)$

如：$R_C^2 l_1+R_A^2 l_2=(R_B^2+l_1 l_2)(l_1+l_2)$ （斯特瓦尔特定理）

$(\cot\theta_C)l_1+(\cot\theta_A)l_2=(\cot\theta_B)(l_1+l_2)$ （余切关系定理）

结构 2.2 $[\cdot]\sin\beta_1+[\cdot]\sin\beta_2=[\cdot]\sin(\beta_1+\beta_2)$

如：$\dfrac{\sin\beta_1}{R_C}+\dfrac{\sin\beta_2}{R_A}=\dfrac{\sin(\beta_1+\beta_2)}{R_B}$ （张角定理）

$\cos\theta_C\sin\beta_1+\cos\theta_A\sin\beta_2=\cos\theta_B\sin(\beta_1+\beta_2)$ （纯角度约束关系）

$R_C\sin\beta_1+R_A\sin\beta_2=R_B\sin(\beta_1+\beta_2)$ （圆周三弦定理）

式中的边角关系如图 2.3 所示。

上述定理主要用于处理纯角度、纯距离等目标跟踪问题。

2.1.3 球面三角形的几何定理

如图 2.4 所示，A、B、C、D、P 位于球面上。其中，弧线 PD 垂直弧线 CD 于点 D，长度为 $R_\perp$，图中其他边角关系与图 2.3 中对应项相同。类似 2.1.2 节，可有球面并肩三角形。

1. 球面三角形的余切关系定理

定理 2.6

$$\cot\theta_A\sin l_2+\cot\theta_C\sin l_1=\cot\theta_B\sin(l_1+l_2) \tag{2-35}$$

证明：根据球面三角形的余切定理，有球面三角形 ABP、BCP。分别求余切定理：

$$\begin{cases}\cot R_B\sin l_1=\cos l_1(-\cos\theta_B)+\sin\theta_B\cot\theta_A\\ \cot R_B\sin l_2=\cos l_2\cos\theta_B-\sin\theta_B\cot\theta_C\end{cases}$$

消去两式左端项，经化简可得式(2-35)。

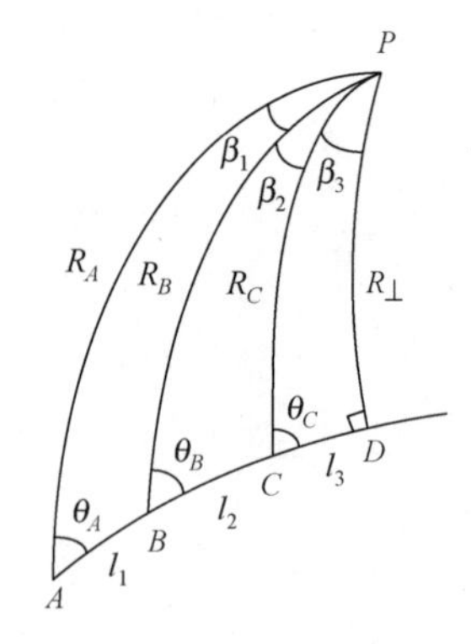

图 2.4 球面并肩三角形示意图

2. 球面三角形的纯边长、纯角度定理

定理 2.7

$$\sin l_1\cos R_C+\sin l_2\cos R_A=\sin(l_1+l_2)\cos R_B \tag{2-36}$$

证明：分别采用球面三角形的余弦边定理

$$\begin{cases}\cos R_A=\cos l_1\cos R_B-\sin l_1\sin R_B\cos\theta_B\\ \cos R_C=\cos l_2\cos R_B+\sin l_2\sin R_B\cos\theta_B\end{cases}$$

消去两式后项可得式(2-36)。

定理 2.8

$$\cos\theta_C\sin\beta_1+\cos\theta_A\sin\beta_2=\cos\theta_B\sin(\beta_1+\beta_2) \tag{2-37}$$

证明：分别采用球面三角形的余弦角定理(注意负号)，有

$$\begin{cases}\cos\theta_A=\cos\beta_1\cos\theta_B+\sin\beta_1\sin\theta_B\cos R_B\\-\cos\theta_C=-\cos\beta_2\cos\theta_B+\sin\beta_2\sin\theta_B\cos R_B\end{cases}$$

消去两式后项可得式(2-37)。

3. 球面三角形的边角关系定理

定理 2.9

$$(\cos\theta_C\sin R_C)\sin l_1+(\cos\theta_A\sin R_A)\sin l_2=(\cos\theta_B\sin R_B)\sin(l_1+l_2) \quad (2-38)$$

证明:根据球面三角形的五元素边公式,有

$$\begin{cases}\sin R_A\cos\theta_A=\cos R_D\sin l_1+\sin R_B\cos\beta_1\cos\theta_B\\-\sin R_C\cos\theta_C=\cos R_B\sin l_2-\sin R_B\cos\beta_2\cos\theta_B\end{cases}$$

消去两式右边第一项可得式(2-38)。

定理 2.10

$$\sin\beta_1(\sin\theta_C\cos R_C)+\sin\beta_2(\sin\theta_A\cos R_A)=\sin(\beta_1+\beta_2)(\sin\theta_B\cos R_B) \quad (2-39)$$

证明:根据球面三角形的五元素角公式,有

$$\begin{cases}\sin\theta_A\cos R_A=-\cos\theta_B\sin\beta_1+\sin\theta_D\cos\beta_1\cos R_B\\\sin\theta_C\cos R_C=\cos\theta_B\sin\beta_2+\sin\theta_B\cos\beta_2\cos R_B\end{cases}$$

消去两式右边第一项可得式(2-39)。

定理 2.11

$$\begin{cases}\sin R_A\cos\theta_A=\cos R_\perp\sin\theta_{A\perp}\\\sin R_B\cos\theta_B=\cos R_\perp\sin\theta_{B\perp}\\\sin R_C\cos\theta_C=\cos R_\perp\sin\theta_{C\perp}\end{cases} \quad (2-40a)$$

$$\begin{cases}\cos R_A\sin\theta_A=\cos R_\perp\sin\beta_{A\perp}\\\cos R_B\sin\theta_B=\cos R_\perp\sin\beta_{B\perp}\\\cos R_C\sin\theta_C=\cos R_\perp\sin\beta_{C\perp}\end{cases} \quad (2-40b)$$

总结 2.2　在球面并肩三角形中,几何关系定理有两种结构。

结构 2.3　$[\cdot]\sin l_2+[\cdot]\sin l_1=[\cdot]\sin(l_1+l_2)$

如:$\cot\theta_A\sin l_2+\cot\theta_C\sin l_1=\cot\theta_B\sin(l_1+l_2)$　(余切关系定理)

$\cos R_A\sin l_2+\cos R_C\sin l_1=\cos R_B\sin(l_1+l_2)$　(纯边约束关系)

$(\cos\theta_A\sin R_A)\sin l_2+(\cos\theta_C\sin R_C)\sin l_1=(\cos\theta_B\sin R_B)\sin(l_1+l_2)$

(角边余弦定理)

结构 2.4　$[\cdot]\sin\beta_2+[\cdot]\sin\beta_1=[\cdot]\sin(\beta_1+\beta_2)$

如:$\cos\theta_C\sin\beta_1+\cos\theta_A\sin\beta_2=\cos\theta_B\sin(\beta_1+\beta_2)$　(纯角度约束关系)

$(\sin\theta_C\cos R_C)\sin\beta_1+(\sin\theta_A\cos R_A)\sin\beta_2=(\sin\theta_B\cos R_B)\sin(\beta_1+\beta_2)$

(边角余弦定理)

球面并肩三角形对海上目标跟踪有重要的作用。

2.2 空间目标运动曲线的测量约束关系

2.2.1 目标直线运动的测量向量约束关系

为进一步考虑纯角度、纯距离等关系，采用立体解析几何中的共线向量描述方法。设直线上多点，用 $P_i, i=1,2,3,\cdots$ 描述，其间距为 $l_i, i=1,2,3,\cdots$，观测站为 O，用 $\boldsymbol{P}_i, i=1,2,3,\cdots$ 描述从观测站 O 到直线上各点的（三维或二维）向量，用 $L_i, i=1,2,3,\cdots$ 描述 $\boldsymbol{P}_i, i=1,2,3,\cdots$ 的单位向量，即 $\boldsymbol{P}_i=r_i\boldsymbol{L}_i$。测量向量间的夹角为 $\beta_i, i=1,2,3,\cdots$，目标运动直线与测量向量的夹角为 $\theta_i, i=1,2,3,\cdots$，先考虑直线上三点的向量形式。采用定比分点关系，可得到：$(l_1+l_2)\boldsymbol{P}_2=l_2\boldsymbol{P}_1+l_1\boldsymbol{P}_3$ 或 $(l_1+l_2)r_2\boldsymbol{L}_2=l_2r_1\boldsymbol{L}_1+l_1r_3\boldsymbol{L}_3$；由于直线与 O 点的高 h 相等，与 $\theta_i, i=1,2,3,\cdots$ 有关，简单计算可得到

$$\frac{l_1+l_2}{\sin\theta_2}\boldsymbol{L}_2=\frac{l_2}{\sin\theta_1}\boldsymbol{L}_1+\frac{l_1}{\sin\theta_3}\boldsymbol{L}_3$$

利用面积关系可得：$\sin(\beta_1+\beta_2)\boldsymbol{L}_2=\sin\beta_2\boldsymbol{L}_1+\sin\beta_1\boldsymbol{L}_3$

还可得到纯角度约束关系：$\sin(\beta_1+\beta_2)\cos\theta_2=\sin\beta_2\cos\theta_1+\sin\beta_1\cos\theta_3$ 等。反复利用等高、点积等方式和余弦定理关系，很容易得到余切关系定理 1、斯特瓦尔特公式等标量形式。

当 P_2 在 P_1P_3 直线的内（或外）侧（仍在 OP_1P_3 平面内）时，如图 2.5 所示。

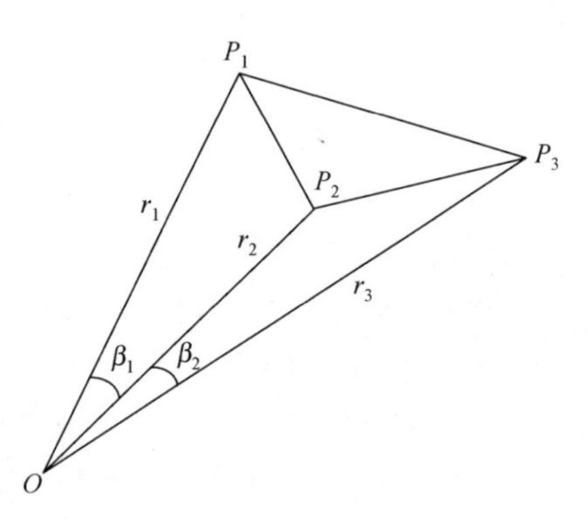

图 2.5 平面测量角度和距离关系图

设三角形 $P_1P_2P_3$，OP_1P_2，OP_2P_3，OP_1P_3 的面积分别为 S_{123}，S_{012}，S_{023}，S_{013}。有

$$S_{013}\boldsymbol{P}_2=S_{023}\boldsymbol{P}_1+S_{012}\boldsymbol{P}_3 \tag{2-41}$$

式中：$S_{013}=S_{023}+S_{012}+S_{123}$，假设 P_2 在 P_1P_3 直线的内侧时，$S_{123}\geqslant 0$，在 P_1P_3 直线外侧时，$S_{123}\leqslant 0$。可以推出 $\sin(\beta_1+\beta_2)\boldsymbol{L}_2=\sin\beta_2\boldsymbol{L}_1+\sin\beta_1\boldsymbol{L}_3$ 仍然成立。代入面积计算经化简可得其标量形式为

$$\frac{\sin(\beta_1+\beta_2)}{r_2}=\frac{\sin\beta_2}{r_1}+\frac{\sin\beta_1}{r_3}+\frac{2S_{123}}{r_1r_2r_3} \tag{2-42}$$

式(2-42)为张角定理的推广形式。这是由于 r_2 不同于到达直线 P_1P_3 的 r_2'。r_2' 满足张角定理。

四次测量目标的射线,O 点四条射线与 L 的交线距离关系如图 2.6 所示。

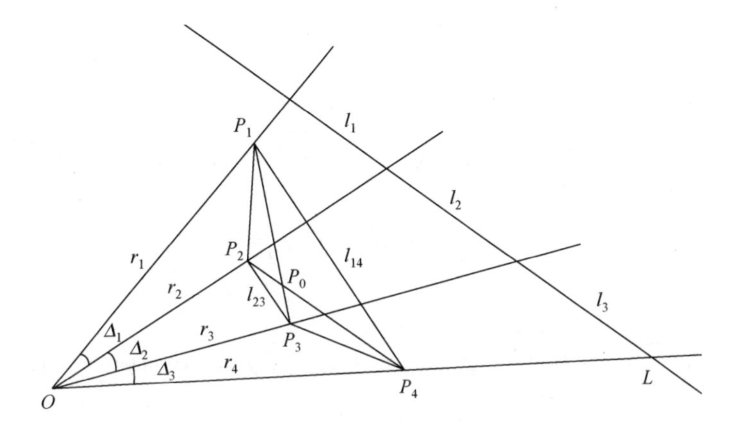

图 2.6　平面四条射线的几何关系图

根据高等几何中关于交比的定义为

$$J_4=\frac{\sin(\Delta_1+\Delta_2)\sin(\Delta_2+\Delta_3)}{\sin(\Delta_2)\sin(\Delta_1+\Delta_2+\Delta_3)}=\frac{(l_1+l_2)(l_2+l_3)}{l_2(l_1+l_2+l_3)} \tag{2-43}$$

交比反映了测量角度的比值关系等价射线与任一条相交直线的截距的比值关系,与测量距离的值无关,可以看成是纯角度关系的巧妙应用。计算交比在几何理论中有极其重要的作用。多个观测站同步观测时交比有传递性,计算很方便。特别地,对匀速运动的目标而言,$l_1=l_2=l_3=l$ 时,$J_4=4/3$,可以证明只要各站等间隔采样,观测不需要同步,式(2-43)始终成立。若目标匀加速直线运动,有 $l_1=l_2-\delta, l_3=l_2+\delta$ 时,$J_4=4/3-\delta^2/(3l_2^2)$。若 $\delta\neq0$,给定测量角度,同一条直线不可能同时满足匀速和匀加速直线运动的交比约束。该方法的主要问题是无法分辨不同斜率的直线。而前面介绍的余切关系定理无法分辨相同斜率的直线。若是直线运动目标,增加新的测量方向,需要(近似)满足(前后相同的)交比约束测量的角度,或用前面的直线参数进行约束。

当目标圆周转弯或二次曲线转弯时,采样点需要满足 P_1P_4 与 P_2P_3 平行关系,并设 $l_{14}=kl_{23}$,有 $S_{123}=S_{234}=S, S_{124}=S_{134}=kS$。

设梯形面积为　　$S_{1234}=S_{012}+S_{023}+S_{034}-S_{014}=(1+k)S$

假设在二次曲线中,$k=3$;圆周运动 $k=1+2\cos(2\theta)$,$1\leqslant k\leqslant3$。若梯形在 P_1P_4 直线外部时,$S<0$。

两次利用式(2-41)可得到

$$\boldsymbol{P}_2=\frac{S_{023}\boldsymbol{P}_1+S_{012}\boldsymbol{P}_3}{S_{013}}=\frac{S_{024}\boldsymbol{P}_1+S_{012}\boldsymbol{P}_4}{S_{014}} \tag{2-44}$$

式中：$S_{013}=S_{012}+S_{023}+S$；$S_{014}=S_{024}+S_{012}+kS$，$S_{014}$ 和 S_{024} 分别为 DP_1P_4 和 DP_2P_4 的面积。

分别可以得到两个纯角度的相关方程，消去 S，得到四点的**面积约束方程 1**

$$(kS_{023}-S_{024})\boldsymbol{P}_1-(kS_{023}-S_{024}+(k-1)S_{012})\boldsymbol{P}_2+kS_{012}\boldsymbol{P}_3-S_{012}\boldsymbol{P}_4=0 \tag{2-45}$$

两次利用式(2-41)可得到

$$\boldsymbol{P}_3=\frac{S_{034}\boldsymbol{P}_2+S_{023}\boldsymbol{P}_4}{S_{024}}=\frac{S_{034}\boldsymbol{P}_1+S_{013}\boldsymbol{P}_4}{S_{014}} \tag{2-46}$$

式中：$S_{024}=S_{023}+S_{034}+S$；$S_{014}=S_{013}+S_{034}+kS$。

分别可以得到两个纯角度的相关方程，消去 S，得到四点的**面积约束方程 2**

$$-S_{034}\boldsymbol{P}_1+kS_{034}\boldsymbol{P}_2-((k-1)S_{034}+kS_{023}-S_{013})\boldsymbol{P}_3+(kS_{023}-S_{013})\boldsymbol{P}_4=0 \tag{2-47}$$

面积约束方程 1 与方程 2 相等共解可得

$$(k-1)\{S_{023}\boldsymbol{P}_1-S_{014}\boldsymbol{P}_2+S_{014}\boldsymbol{P}_3-S_{023}\boldsymbol{P}_4\}=S\{\boldsymbol{P}_1-k^2\boldsymbol{P}_2+k^2\boldsymbol{P}_3-\boldsymbol{P}_4\} \tag{2-48}$$

利用面积关系和梯形的性质对式(2-48)的约束关系可进一步化简。

利用纯角度关系

$$\boldsymbol{L}_3=\frac{\sin\beta_3\boldsymbol{L}_2+\sin\beta_2\boldsymbol{L}_4}{\sin(\beta_2+\beta_3)}=\frac{\sin\beta_3\boldsymbol{L}_1+\sin(\beta_1+\beta_2)\boldsymbol{L}_4}{\sin(\beta_1+\beta_2+\beta_3)}$$

化简可得**纯角度关系 1**

$$\begin{aligned}&\sin\beta_3\sin(\beta_2+\beta_3)\boldsymbol{L}_1-\sin\beta_3\sin(\beta_1+\beta_2+\beta_3)\boldsymbol{L}_2\\&+(\sin(\beta_1+\beta_2)\sin(\beta_2+\beta_3)-\sin\beta_2\sin(\beta_1+\beta_2+\beta_3))\boldsymbol{L}_4=0\end{aligned} \tag{2-49}$$

利用纯角度关系

$$\boldsymbol{L}_2=\frac{\sin(\beta_2+\beta_3)\boldsymbol{L}_1+\sin\beta_1\boldsymbol{L}_4}{\sin(\beta_1+\beta_2+\beta_3)}=\frac{\sin\beta_2\boldsymbol{L}_1+\sin\beta_1\boldsymbol{L}_3}{\sin(\beta_1+\beta_2)}$$

化简可得**纯角度关系 2**

$$\begin{aligned}&(\sin(\beta_1+\beta_2)\sin(\beta_2+\beta_3)-\sin\beta_2\sin(\beta_1+\beta_2+\beta_3))\boldsymbol{L}_1\\&-\sin\beta_1\sin(\beta_1+\beta_2+\beta_3)\boldsymbol{L}_3+\sin\beta_1\sin(\beta_1+\beta_2)\boldsymbol{L}_4=0\end{aligned} \tag{2-50}$$

联立式(2-49)与式(2-50)可实现纯角度的目标跟踪。

以上得到的约束方程需要引入 r_1 与 r_4 的比值关系才能表示为纯角度的约束关系。这一点在预料之中，因为梯形旋转一个角度仍然满足各项要求。当 r_1 与 r_4 的比值不变时，相当于梯形在四条射线中平行移动，纯角度处理是不可区分的。

以 P_0 为参考点，连接 P_1, P_2, P_3, P_4 的直线段分别记为 $l_{10}, l_{20}, l_{30}, l_{40}$，均为正值。$l_{13}$、$l_{24}$ 分别为线段 P_1P_3 和 P_2P_4 的长度。两段直线 $P_1-P_0-P_3$，$P_2-P_0-P_4$ 六各点分别利用斯特瓦尔特定理，消去 P_0 与测量站的距离，可得

$$l_{13}l_{20}r_4^2-l_{24}l_{10}r_3^2+l_{13}l_{40}r_2^2-l_{24}l_{30}r_1^2=l_{24}l_{13}(l_{20}l_{40}-l_{10}l_{30}) \tag{2-51}$$

这是目标平面转弯或作圆周运动（因为对称，右项为零）时的**纯距离约束关系**。

2.2.2　空间平面曲线的测量约束关系

在图 2.5 中，若 $\angle P_1OP_3<(\angle P_1OP_2+\angle P_2OP_3)$，相当于目标在空间平面上做曲线运动。设目标做二次曲线运动或圆周运动，从后面分析可知，等时间间隔测量四个点，中间两点和另外两点形成的两条线段平行，四点为梯形结构。一般四点所在的平面不过观测站，若过观测站为上面讨论的平面情况。

为了更好地讨论目标的曲线运动，先介绍二次曲线运动的描述和特点。

1. 目标曲线运动的描述和特性

设雷达站站址为 (X_A, Y_A, Z_A)，目标以二次曲线形式运动，测量目标的方位、仰角、距离分别为 $\beta_i, \varepsilon_i, R_i, i=1,2,\cdots,n$。相对 A 站计算目标的笛卡儿坐标为

$$X_t-X_A=R_i\cos\varepsilon_i\sin\beta_i=\frac{a_2}{2}t^2+a_1t+a_0-X_A=\frac{a_2}{2}t^2+a_1t+a_0'$$

$$Y_t-Y_A=R_i\cos\varepsilon_i\cos\beta_i=\frac{b_2}{2}t^2+b_1t+b_0-Y_A=\frac{b_2}{2}t^2+b_1t+b_0'$$

$$Z_t-Z_A=R_i\sin\varepsilon_i=\frac{c_2}{2}t^2+c_1t+c_0-Z_A=\frac{c_2}{2}t^2+c_1t+c_0'$$

其速度向量、加速度向量分别为

$$\begin{cases}\dot{X}_t=a_2t+a_1=V_{X_t}, & \dot{Y}_t=b_2t+b_1=V_{Y_t}, & \dot{Z}_t=c_2t+c_1=V_{Z_t}\\ \ddot{X}_t=a_2, & \ddot{Y}_t=b_2, & \ddot{Z}_t=c_2\end{cases} \tag{2-52}$$

速度与加速度向量平面的法向量为

$$\begin{vmatrix} i & j & k\\ a_1 & b_1 & c_1\\ a_2 & b_2 & c_2\end{vmatrix}=\begin{bmatrix} b_1c_2-b_2c_1\\ a_2c_1-a_1c_2\\ a_1b_2-a_2b_1\end{bmatrix} \tag{2-53}$$

该平面与观测站的垂直距离为

$$H=\frac{\begin{vmatrix} a_0' & b_0' & c_0' \\ a_1 & b_1 & c_1 \\ a_2 & b_2 & c_2 \end{vmatrix}}{\sqrt{\begin{vmatrix} i & j & k \\ a_1 & b_1 & c_1 \\ a_2 & b_2 & c_2 \end{vmatrix}^2}} \tag{2-54}$$

可以计算目标的抛物线航迹的顶点时刻为

$$t_{\perp}=-\frac{a_2 a_1+b_2 b_1+c_2 c_1}{a_2^2+b_2^2+c_2^2} \tag{2-55}$$

此时垂直加速度向量的速度为

$$V_{t_{\perp}}=\frac{\begin{vmatrix} i & j & k \\ a_1 & b_1 & c_1 \\ a_2 & b_2 & c_2 \end{vmatrix}}{\sqrt{a_2^2+b_2^2+c_2^2}} \tag{2-56}$$

目标在空中飞行出一段抛物线(平面)曲线,除抛物线航迹的顶点外,加速度和速度向量一般不垂直。当速度和加速度向量平行时,垂直加速度为零,目标运动为沿加速度方向的匀加速直线运动。

若在空间的平面曲线上采样四个点,(x_i,y_i,z_i),$i=1,2,3,4$,且任何三点不在一条直线上,前面三个点和后面三个点的面积相同,曲线朝一个方向偏移,由于四点都在一个平面上,若要求

$$\begin{vmatrix} i & j & k \\ x_1-x_2 & y_1-y_2 & z_1-z_2 \\ x_3-x_2 & y_3-y_2 & z_3-z_2 \end{vmatrix}=\begin{vmatrix} i & j & k \\ x_2-x_3 & y_2-y_3 & z_2-z_3 \\ x_4-x_3 & y_4-y_3 & z_4-z_3 \end{vmatrix} \tag{2-57}$$

则需满足平行线要求

$$\frac{x_4-x_1}{x_3-x_2}=\frac{y_4-y_1}{y_3-y_2}=\frac{z_4-z_1}{z_3-z_2} \tag{2-58}$$

2. 空间平面二次曲线的计算模型

可以证明,在抛物线上等时间间隔采样,相邻采样值形成的三角形的面积是相同的,每个三角形与观测站形成的四面体体积是等同的,这是因为抛物线所在的平面上任何三角形与测量站是等高(H)的。

为方便起见,将空间平面的二次曲线转换到二维平面,以二次曲线(抛物线)航迹的顶点为原点,以曲线加速度方向(a_2,b_2,c_2)为 y 轴,以垂直加速度向

量的速度方向为 x 轴。

设 $x_t=V_{t_\perp}(t-t_\perp)$，$y_t=(a(t-t_\perp)^2)/2=(ax_t^2)/(2V_{t_\perp}^2)$，$a=\sqrt{a_2^2+b_2^2+c_2^2}$，等间隔采样，曲线上任意两点的直线距离为

$$l_{t_it_j}=V_{t_\perp}(t_i-t_j)\sqrt{1+\left(\frac{a}{2V_{t_\perp}^2}\right)^2(t_i+t_j-2t_\perp)^2} \tag{2-59}$$

抛物线中被称为焦点的坐标 $P_0(0,V_{t_\perp}/(2a))$，焦点位置是抛物线航迹的一个不变量位置。

在曲线上按时间等间隔（$t_1,t_2=t_1+\Delta,t_3=t_2+\Delta,t_4=t_3+\Delta$）采样四点，等效在二次曲线平面主要是为方便计算相对面积，用以下平面四点描述

$$P_1(x_1,kx_1^2),P_2(x_2,kx_2^2),P_3(x_3,kx_3^2),P_4(x_4,kx_4^2),k=\frac{a}{2V_{t_\perp}^2}$$

由第 P_i,P_j,P_k 三点构成的三角形面积可以写成

$$S_{ijk}=\frac{1}{2}\begin{vmatrix}x_i & x_j & x_k\\ y_i & y_j & y_k\\ 1 & 1 & 1\end{vmatrix}=\frac{k}{2}\begin{vmatrix}x_i & x_j & x_k\\ x_i^2 & x_j^2 & x_k^2\\ 1 & 1 & 1\end{vmatrix} \tag{2-60}$$

经推导可得

$$S_{123}=k(\Delta^3)=S_{234},S_{124}=k(3\Delta^3)=S_{134}=3S_{123} \tag{2-61}$$

三角形面积可用梯形面积和差计算得到

$$S_{0ij}=\frac{x_j-x_i}{2}\left(\frac{1}{4k}+kx_jx_i\right),x_j>x_i \tag{2-62}$$

式中：S_{0ij} 为焦点 P_0 与 P_i,P_j 点构成的三角形的面积。

设测量站的位置为 $O(X_0,Y_0,Z_0)$，测量空间平面上目标的四个点相对测量站的目标球坐标位置：$(R_i,\beta_i,\varepsilon_i)$，$i=1,2,3,4$，$R_i,\beta_i,\varepsilon_i$ 分别为目标相对测量站的距离、方位、仰角。

也可表示为测量目标的直角坐标

$$\boldsymbol{P}_i=[R_i\cos\varepsilon_i\sin\beta_i,R_i\cos\varepsilon_i\cos\beta_i,R_i\sin\varepsilon_i]^{\mathrm{T}}=R_i\boldsymbol{L}_i,i=0,1,2,3,4,\cdots \tag{2-63}$$

式中：$\boldsymbol{L}_i$ 为纯角度的测量笛卡儿坐标单位向量。

依据立体解析几何中空间四点共面定理，有以下关系成立

$$\boldsymbol{P}_4=\frac{S_{234}\boldsymbol{P}_1+S_{134}\boldsymbol{P}_2+S_{124}\boldsymbol{P}_3}{S_{123}} \tag{2-64}$$

根据目标运动平面上四个点中每三个点的面积的比例关系，可将第四个点的测量向量用前面三个点的测量向量的线性组合表示，即

$$P_4 = 3P_3 - 3P_2 + P_1 \tag{2-65}$$

式(2-65)对匀加速直线运动同样成立。

空间三点与观测站的四面体的体积公式为

$$\begin{aligned} V_{o-ijk} &= \frac{1}{3}S_{ijk}H = \frac{1}{6}\begin{vmatrix} x_i - x_0 & x_j - x_0 & x_k - x_0 \\ y_i - y_0 & y_j - y_0 & y_k - y_0 \\ z_i - x_0 & z_j - x_0 & z_k - x_0 \end{vmatrix} \\ &= \frac{R_iR_jR_k}{6}\begin{vmatrix} \cos\varepsilon_i\sin\beta_i & \cos\varepsilon_j\sin\beta_i & \cos\varepsilon_k\sin\beta_k \\ \cos\varepsilon_i\cos\beta_i & \cos\varepsilon_j\cos\beta_j & \cos\varepsilon_k\cos\beta_k \\ \sin\varepsilon_i & \sin\varepsilon_j & \sin\varepsilon_k \end{vmatrix} \\ &= \frac{R_iR_jR_k}{6}f_{ijk} \end{aligned} \tag{2-66}$$

体积之间的比值关系与面积的比值关系相同。下面用抛物线上四点的比例关系,直接求距离比值关系

$$\begin{cases} R_1 = R_4\dfrac{f_{234}}{f_{123}} \\ R_2 = R_4\dfrac{f_{134}}{3f_{123}} \\ R_3 = R_4\dfrac{f_{124}}{3f_{123}} \end{cases} \tag{2-67}$$

这一组比值关系极为重要,可将距离和角度分开计算。代入角度方向,可计算空间平面的法向量。

设抛物线所在平面的法向量为 $\boldsymbol{L}_\perp = [\cos\varepsilon_\perp\sin\beta_\perp, \cos\varepsilon_\perp\cos\beta_\perp, \sin\varepsilon_\perp]^{\mathrm{T}}$,则有

$$\begin{bmatrix} \cos\varepsilon_1\sin\beta_1 & \cos\varepsilon_1\cos\beta_1 & \sin\varepsilon_1 \\ \cos\varepsilon_2\sin\beta_2 & \cos\varepsilon_2\cos\beta_2 & \sin\varepsilon_2 \\ \cos\varepsilon_3\sin\beta_3 & \cos\varepsilon_3\cos\beta_3 & \sin\varepsilon_3 \end{bmatrix}\begin{bmatrix} \cos\varepsilon_\perp\sin\beta_\perp \\ \cos\varepsilon_\perp\cos\beta_\perp \\ \sin\varepsilon_\perp \end{bmatrix} = \frac{Hf_{123}}{R_4}\begin{bmatrix} (f_{234})^{-1} \\ 3\ (f_{134})^{-1} \\ 3\ (f_{124})^{-1} \end{bmatrix} \tag{2-68}$$

式(2-68)计算中,由于计算的向量为单位向量,右边的未知比值不会影响计算。

将距离比值关系式(2-67)代入测量向量的线性组合式(2-65)并约去 R_4,可得到纯角度测量向量序列关系:

$$f_{123}\boldsymbol{L}_4 = f_{124}\boldsymbol{L}_3 - f_{134}\boldsymbol{L}_2 + f_{234}\boldsymbol{L}_1 \tag{2-69}$$

在式(2-69)中,面积比值系数(其值为 3)没有出现,其目标的运动规律已经包含在测量序列的矩阵行列式之中。

根据式(2-66)以及式(2-69)可以得到焦点的观测向量与采样点的观测向量之间满足

$$S_{123}\boldsymbol{P}_0=S_{012}\boldsymbol{P}_3-S_{013}\boldsymbol{P}_2+S_{023}\boldsymbol{P}_1 \tag{2-70}$$

通过采样点可以估计焦点的观测向量。该点位置是抛物线外的特征点,属于航迹不变位置。代入距离约束关系,可以得到纯角度的焦点估计关系。

需要计算空间曲线上四点中 A_1A_3 与 A_2A_4 的交线点,计算交点到各点的距离关系,根据斯特瓦尔特定理分别计算出两条线上三点测量的距离关系,消去交点的距离后可得

$$R_4^2-3R_3^2+3R_2^2-R_1^2=\frac{3}{4}(l_{t_2t_4}^2-l_{t_1t_3}^2)=\frac{3}{4}(2\Delta)^3\left(\frac{a}{2}\right)^2(t_1+t_2+t_3+t_4-4t_{\perp}) \tag{2-71}$$

多次测量纯距离,可以表示成矩阵形式,计算航迹的主要参数,进而对航迹作纯距离预测。

3. 空间平面圆周运动曲线的计算模型

同样的方法可以处理目标作空间平面圆周运动,O_1 为目标运动的圆心,等时间间隔采样,各直线距离相同。

如图 2.7 所示,等时间间隔采样,由于圆周上四点的对称性,容易计算出各三角形的面积

$$\begin{aligned}&S_{ABC}=r^2\sin2\theta(1-\cos2\theta)=S_{BCD},\\&S_{ABD}=r^2\sin2\theta(1-\cos2\theta)(1+2\cos2\theta)=S_{ACD}=(1+2\cos2\theta)S_{ABC}\end{aligned} \tag{2-72}$$

面积比例值可表示为

$$\frac{S_{ABD}}{S_{ABC}}=1+2\cos2\theta=\frac{\sin(3\theta)}{\sin\theta}$$

根据目标运动平面上四个点中任意三个点的面积关系,可将第四个点的测量向量用前面三个点的测量向量的线性组合表示为

$$\boldsymbol{P}_D=(1+2\cos2\theta)\boldsymbol{P}_C-(1+2\cos2\theta)\boldsymbol{P}_B+\boldsymbol{P}_A \tag{2-73}$$

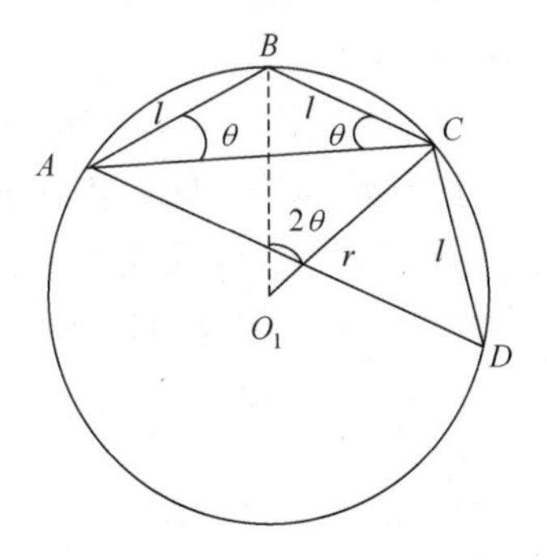

图 2.7　空间某平面圆周等间隔采样点示意图

根据圆周运动面积比值关系,重新计算距离比值关系,代入式(2-73),可求出圆周目标四点纯角度的约束关系

$$f_{123}\boldsymbol{L}_4=f_{124}\boldsymbol{L}_3-f_{134}\boldsymbol{L}_2+f_{234}\boldsymbol{L}_1 \tag{2-74}$$

在式(2-74)中,面积比值或圆周的参数没有出现,其目标的运动规律已经包含在测量序列的矩阵行列式之中。这与二次曲线运动约束关系相同,各自计算的行列式值是不同的。

根据圆心与圆周任意两点的面积可求出圆心的测量向量

$$2(1-\cos 2\theta)\boldsymbol{P}_{O_1}=\boldsymbol{P}_C-2(\cos 2\theta)\boldsymbol{P}_B+\boldsymbol{P}_A \tag{2-75}$$

这也是一个目标圆周运动的航迹不变量位置(目标位置随着运动发生改变,但其航迹的圆心保持不变)。将圆周测量距离比值关系代入式(2-75),可以得到纯角度的约束关系。这里包含了两个航迹不变参数($\boldsymbol{P}_{O_1}$,θ),再增加测量次数可以计算这些参数。

综合二次曲线运动和圆周运动规律,可以得出:曲线上测量点之间的纯角度约束关系(式(2-69)和式(2-74))不包含航迹参数,不能分辨目标的运动形式。若能在曲线外找到一特殊点,使得该特殊点与曲线上测量点之间的纯角度约束关系包含了不变量(式(2-70)和式(2-75)),则可通过该特殊点计算纯角度的曲线运动航迹参数。

计算圆心的纯距离关系:计算 AC 与 BO_1 直线的交点与各点之间的距离,采用斯特瓦尔特定理,分别计算出两条线上任意三点和测量站的距离关系,消去交点的距离后可得

$$\begin{aligned}2(1-\cos 2\theta)R_{O_1}^2+l^2&=R_C^2-2(\cos 2\theta)R_B^2+R_A^2\\&=R_D^2-2(\cos 2\theta)R_C^2+R_B^2\end{aligned} \tag{2-76}$$

式中:$l=2r\sin\theta$。

在 AD 与 BC 分别取中间,与 O_1 分别计算三点的测量距离,采用斯特瓦尔特定理,可得到

$$4(R_{O_1}^2+r^2)\sin 2\theta=(R_A^2+R_A^2)\cos\theta-(R_C^2+R_B^2)\cos 3\theta;\quad l=2r\sin\theta \tag{2-77}$$

圆周平面的法向向量和前面抛物线平面计算相同,在此略。

计算圆周的纯距离关系:计算圆周上四点中 AC 与 BD 的交线点,依据梯形的对称性,AC 与 BD 的距离长度相同,计算交点到各端点线段的长度,采用斯特瓦尔特定理,分别计算出两条线上任意三点和测量站的距离关系,消去交点的距离后可得

$$R_D^2-(1+2\cos 2\theta)R_C^2+(1+2\cos 2\theta)R_B^2-R_A^2=0 \tag{2-78}$$

不难求出纯距离时目标作圆周运动的主要航迹参数 θ 满足

$$(1+2\cos 2\theta)=\frac{R_4^2-R_1^2}{R_3^2-R_2^2} \tag{2-79}$$

通过式(2-79)可进一步估计出 $\hat{\theta}$。若 T 为采样等间隔时间,得到对匀速圆周运动的角频率的估计为

$$\hat{\Omega}=\frac{2\hat{\theta}}{T} \tag{2-80}$$

估计了航迹参数,可以根据测量序列分别实现纯距离、纯角度的目标跟踪。

2.3　目标测量的几何代数约束关系

2.3.1　两种典型测量图形的约束关系

1. 二面角约束关系

二面角关系式在单站、多站目标航迹解算和点迹相关方面有重要的作用。

如图 2.8 所示,设 φ 为 MOP_t 与 MOE 所在的两平面之间的二面角,EP_t 的高度为 h,DE 距离为 $h\cot\varepsilon_0\sin(\pi-\alpha_0-\theta)$,或 $h\cot\varepsilon_0\sin(\theta+\beta_t)$,容易推导出二面角关系

$$\cot\varphi=\sin(\theta+\beta_t)\cot\varepsilon_t=\sin(\theta+\alpha_0)\cot\varepsilon_0 \tag{2-81}$$

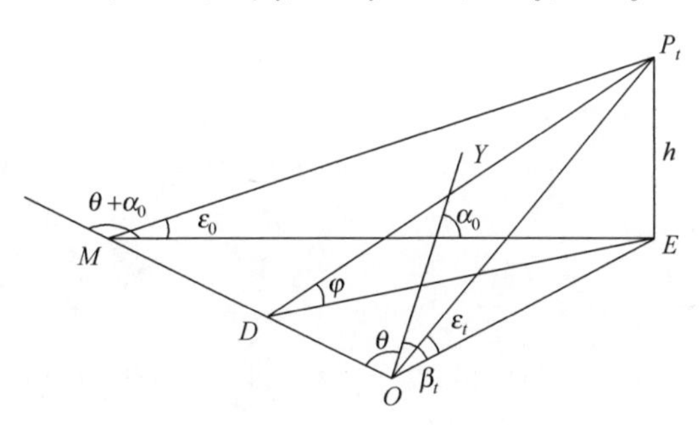

图 2.8　空间二面角模型

当 O 为观测站,目标沿 MP_t 直线飞行时,以目标航迹的不变量 φ,可对目标航迹进行有效的跟踪。

当 O,M 为观测站,可采用式(2-81)初步判断两个观测站观测的是否为同一批目标。

设 $\angle OP_tM=\gamma$,$\angle OEM=\gamma_0$,则有

$$\begin{cases}\cos\gamma=\sin\varepsilon_0\sin\varepsilon_t+\cos\varepsilon_0\cos\varepsilon_t\cos\gamma_0\\ \sin\gamma\cos\varphi=\cos\varepsilon_0\cos\varepsilon_t\sin\gamma_0\end{cases} \tag{2-82}$$

式中:γ_0 为 MP_tE 与 OEP_t 所在的两平面之间的二面角,γ_0 随着时间在变化。

对式(2-82)的第2式略作变形,可得到 P_t 为顶点的三面角 γ 满足的正弦关系,其与三角形面积公式特别相似。

2. 多基地测量图形约束关系

设发射站、接收站分别为 $A(x_A,y_A,z_A)$,$B(x_B,y_B,z_B)$,其两站中点为:$O\left(\frac{x_A+x_B}{2},\frac{y_A+y_B}{2},\frac{z_A+z_B}{2}\right)$,记为$(x_0,y_0,z_0)$,$AB$ 之间长度为 L,某时刻目标到 A、B 两测量站的距离分别为 R_A,R_B,$\theta_A=\angle A$,$\theta_B=\pi-\angle B$,则两站测量目标的距离和为 $R_\Sigma=R_A+R_B$ 或距离差为 $R_\Delta=R_A-R_B$,根据正切定理有

$$\begin{cases}\dfrac{R_\Sigma}{L}=\dfrac{\cos\left(\dfrac{A-B}{2}\right)}{\cos\left(\dfrac{A+B}{2}\right)}\\[2ex]\dfrac{R_\Delta}{L}=\dfrac{\sin\left(\dfrac{A-B}{2}\right)}{\sin\left(\dfrac{A+B}{2}\right)}\end{cases}\tag{2-83}$$

显然

$$\frac{R_\Sigma R_\Delta}{L^2}=\frac{\sin(A-B)}{\sin(A+B)}\tag{2-84}$$

目标航迹的多普勒频率为

$$\begin{cases}f_{\Sigma t}=\dfrac{V}{\lambda}\left[\cos\left(\delta+\dfrac{A+B}{2}\right)+\cos\left(\delta-\dfrac{A+B}{2}\right)\right]=\dfrac{2V}{\lambda}\cos\delta\cos\dfrac{A+B}{2}\\[2ex]f_{\Delta t}=\dfrac{V}{\lambda}\left[\cos\left(\delta+\dfrac{A+B}{2}\right)-\cos\left(\delta-\dfrac{A+B}{2}\right)\right]=-\dfrac{2V}{\lambda}\sin\delta\sin\dfrac{A+B}{2}\end{cases}\tag{2-85}$$

式中:V,λ,δ 分别为目标运动速度、发射信号波长、目标点到两测量站射线夹角的平分线(向内)与目标速度方向的夹角。

根据余弦定理与距离和的几何关系,在无噪声的理想情况下可计算

$$R_B=\frac{R_\Sigma^2-L^2}{2(R_\Sigma-L\cos\theta_B)};\quad R_A=\frac{R_\Sigma^2-L^2}{2(R_\Sigma-L\cos\theta_A)}\tag{2-86}$$

其测量约束条件为

$$\frac{1}{(R_\Sigma-L\cos\theta_A)}+\frac{1}{(R_\Sigma-L\cos\theta_B)}=\frac{2R_\Sigma}{R_\Sigma^2-L^2}\tag{2-87}$$

用余弦定理可以证明存在距离和与角度的等效性关系:

$$\frac{2LR_\Sigma}{R_\Sigma^2+L^2}=\frac{\cos\theta_A+\cos\theta_B}{1+\cos\theta_A\cos\theta_B}\tag{2-88}$$

根据余弦定理和距离差的几何关系，在无噪声的理想情况下可计算

$$R_B=\frac{L^2-R_\Delta^2}{2(L\cos\theta_B+R_\Delta)};\quad R_A=\frac{L^2-R_\Delta^2}{2(L\cos\theta_A-R_\Delta)} \tag{2-89}$$

其测量约束条件为

$$\frac{1}{L\cos\theta_A-R_\Delta}-\frac{1}{L\cos\theta_B+R_\Delta}=\frac{2R_\Delta}{L^2-R_\Delta^2} \tag{2-90}$$

用余弦定理可以证明存在距离差与角度关系的等效性关系

$$\frac{2LR_\Delta}{R_\Delta^2+L^2}=\frac{\cos\theta_A-\cos\theta_B}{1-\cos\theta_A\cos\theta_B} \tag{2-91}$$

经过详细的推导，设目标的笛卡儿坐标为 $P_t(x_t,y_t,z_t)$，t 时刻的测量的距离和或差用 $R_{\Sigma/\Delta}$ 描述。以两站中点为重心、AB 为两焦点的椭圆旋转面（或双曲面旋转面）方程为

$$\begin{bmatrix}x_t-x_0\\y_t-y_0\\z_t-z_0\end{bmatrix}^{\mathrm T}\left\{R_{\Sigma/\Delta}^2\begin{bmatrix}1&0&0\\0&1&0\\0&0&1\end{bmatrix}-\begin{bmatrix}x_A-x_B\\y_A-y_B\\z_A-z_B\end{bmatrix}\begin{bmatrix}x_A-x_B\\y_A-y_B\\z_A-z_B\end{bmatrix}^{\mathrm T}\right\}\begin{bmatrix}x_t-x_0\\y_t-y_0\\z_t-z_0\end{bmatrix}=\frac{R_{\Sigma/\Delta}^2(R_{\Sigma/\Delta}^2-L^2)}{4} \tag{2-92}$$

设以两站中点为原点的测量距离和角度分别为 R_t，θ_t，式（2-92）的标量形式为

$$R_t=\frac{R_{\Sigma/\Delta}}{2}\sqrt{\frac{R_{\Sigma/\Delta}^2-L^2}{R_{\Sigma/\Delta}^2-L^2\cos^2\theta_t}} \tag{2-93}$$

式（2-93）适用于椭圆、双曲线等旋转面和球面。

2.3.2　目标测量的多距离定位代数结构

距离测量是雷达系统的主要能力。目标的距离信息对防空反导作战具有极其重要的作用，特别是各雷达站所测量的目标距离无需坐标转换，可以直接用于组网中的目标定位，而且根据这一信息可以对雷达的其他坐标进行系统误差校正，获得比较精确的目标位置。尽管国内有学者认为纯距离处理的作用不大，信息可用性差，且在战时距离信息的来源不可能只有距离，但在宽带雷达测量的情况下，距离的精度远高于其他维信息，若将距离、方位、仰角序列联合处理，可能使距离的高精度得不到充分发挥，对后续处理极为不利。国内外有很多学者研究弹道目标的微动特性和一维距离像多年，那种认为纯距离信息没有多大价值的观点不够全面、系统，反倒是充分利用这一特性有重要的军事意义。

本部分以前期提出的三距离几何定位与跟踪的新思路为基础，推导出两站、四站及多站几何信息处理方法，构建了多站目标定位的代数结构，对传统方法形成一个新的补充完善，具有数学模型概念清晰、关系简单、运算方便、不存在变量耦合、易于工程实现的特点。给出的多距离的代数结构，只要将几个测量距离代入该结构（甚至不需矩阵求逆）就可以得到目标的空间位置，该结构对纯距离条件下雷达组网跟踪定位目标有重要的作用。

1. 二站测量纯距离目标定位

设 A,B 二站的站址为 (x_A,y_A,z_A)、(x_B,y_B,z_B)，站址距离为 l_{AB}（或用 c 描述），分别测量同一目标（位置 P）的距离 R_A、R_B，P 点到 AB 直线上的投影点为 P_1，且与 A,B 的距离分别为 r_A、r_B，P 点到 P_1 为 h_{AB}，可用代数公式定义二距离函数 f_2 和三距离函数 f_3

$$f_2(l_{AB}^2)=2l_{AB}^2 \tag{2-94}$$

$$\begin{aligned}f_3(R_A^2,R_B^2,l_{AB}^2)&=(R_A^2+R_B^2+l_{AB}^2)^2-2(R_A^4+R_B^4+l_{AB}^4)\\&=2R_A^2R_B^2+2R_A^2l_{AB}^2+2R_B^2l_{AB}^2-R_A^4-R_B^4-l_{AB}^4\\&=[R_A^2\quad R_B^2\quad l_{AB}^2]\begin{bmatrix}-1&1&1\\1&-1&1\\1&1&-1\end{bmatrix}\begin{bmatrix}R_A^2\\R_A^2\\l_{AB}^2\end{bmatrix}\end{aligned} \tag{2-95}$$

因此，三角形面积公式可表示为

$$S_{ABP}=0.25\sqrt{f_3(R_A^2,R_B^2,l_{AB}^2)}=0.5l_{AB}h_{AB}$$

利用海伦公式，有

$$f_3(R_A^2,R_B^2,l_{AB}^2)=4l_{AB}^2h_{AB}^2=2f_2h_{AB}^2$$

当 $R_A^2=r_A^2+h_{AB}^2$，$R_B^2=r_B^2+h_{AB}^2$，显然有

$$f_3(r_A^2,r_B^2,l_{AB}^2)=0$$

定理 2.12 设 A,B 二站的站址为 (x_A,y_A,z_A)、(x_B,y_B,z_B)，站址距离为 l_{AB}，分别测量同一目标（位置 P）的距离 R_A、R_B，经过简单的推导，可得到目标位置的二维或三维计算公式

$$\begin{bmatrix}x_P\\y_P\end{bmatrix}=\begin{bmatrix}x_A&x_B\\y_A&y_B\end{bmatrix}\begin{bmatrix}k_1\\k_2\end{bmatrix}\pm\frac{h_{AB}}{\sqrt{(y_B-y_A)^2+(x_A-x_B)^2}}\begin{bmatrix}y_B-y_A\\x_A-x_B\end{bmatrix} \tag{2-96a}$$

或

$$\begin{bmatrix}x_P\\y_P\\z_P\end{bmatrix}=\begin{bmatrix}x_A&x_B\\y_A&y_B\\z_A&z_B\end{bmatrix}\begin{bmatrix}k_1\\k_2\end{bmatrix}\pm\frac{h_{AB}}{\sqrt{l^2+m^2+n^2}}\begin{bmatrix}l\\m\\n\end{bmatrix} \tag{2-96b}$$

其中

$$\begin{bmatrix} k_1 \\ k_2 \end{bmatrix} = \frac{1}{f_2}\left\{\begin{bmatrix} -1 & 1 \\ 1 & -1 \end{bmatrix}\begin{bmatrix} R_A^2 \\ R_B^2 \end{bmatrix} + \begin{bmatrix} l_{AB}^2 \\ l_{AB}^2 \end{bmatrix}\right\} = \frac{1}{f_2}\left\{\boldsymbol{M}_2\begin{bmatrix} R_A^2 \\ R_B^2 \end{bmatrix} + \boldsymbol{d}_2\right\} = \frac{1}{f_2}\boldsymbol{M}_2\begin{bmatrix} R_A^2 \\ R_B^2 \end{bmatrix} + \frac{1}{2}\begin{bmatrix} 1 \\ 1 \end{bmatrix}$$

$$h_{AB} = \sqrt{\frac{1}{2f_2}\begin{bmatrix} R_A^2 & R_B^2 & 1 \end{bmatrix}\begin{bmatrix} \boldsymbol{M}_2 & \boldsymbol{d}_2 \\ \boldsymbol{d}_2^{\mathrm{T}} & -l_{AB}^4 \end{bmatrix}\begin{bmatrix} R_A^2 \\ R_A^2 \\ 1 \end{bmatrix}} = \sqrt{\frac{1}{2f_2}\begin{bmatrix} R_A^2 & R_B^2 & l_{AB}^2 \end{bmatrix}\begin{bmatrix} -1 & 1 & 1 \\ 1 & -1 & 1 \\ 1 & 1 & -1 \end{bmatrix}\begin{bmatrix} R_A^2 \\ R_A^2 \\ l_{AB}^2 \end{bmatrix}}$$

式中：l,m 可任意取值；$n=-[l(x_B-x_A)+m(y_B-y_A)]/(z_B-z_A)$。相当于取过垂直于 A,B 二站连线的平面上的任意方向。根号下的值需要满足非负值约束，当根号下小于零时说明三距离 l_{AB},R_A,R_B 不能构成一个三角形，其解无效。

结论 2.1：两站纯距离条件下目标位置点在两站直线上的投影点系数是二距离平方的线性组合。

2. 直线三站测量纯距离目标定位

设 A,B,C 三站在一条直线上，站址分别为 (x_A,y_A,z_A)、(x_B,y_B,z_B)、(x_C,y_C,z_C)，$l_{AB}+l_{BC}=l_{AC}$，R_A,R_B 和 R_C 为三站同时刻所测量目标 P 的距离，P 在观测站所在平面的投影与观测站 A,B,C 的距离分别为 r_A、r_B、r_C。根据斯特瓦尔特定理，同一目标的各距离平方应满足线性约束关系：$l_{BC}R_A^2-l_{AC}R_B^2+l_{AB}R_C^2=l_{AB}l_{BC}l_{AC}$，在无噪声情况下，该约束关系可判断三站测量所得是否为同一目标。当 $l_{AB}=l_{BC}=l$，则有巴布斯定理：$R_A^2-2R_B^2+R_C^2=2l^2$。由于测量的距离存在误差，需要充分利用三站对同一目标测量距离，采用每两个站（AB,BC,AC）测量目标距离的方法，得到三组目标 P 的位置，再进行加权平均。若采用最简单的形式，取三组计算目标 P 的位置重心

$$\begin{bmatrix} x_P \\ y_P \\ z_P \end{bmatrix} = \begin{bmatrix} x_A & x_B & x_C \\ y_A & y_B & y_C \\ z_A & z_B & z_C \end{bmatrix}\begin{bmatrix} k_1 \\ k_2 \\ k_3 \end{bmatrix} \pm \frac{h_{AB}+h_{BC}+h_{AC}}{3\sqrt{l^2+m^2+n^2}}\begin{bmatrix} l \\ m \\ n \end{bmatrix} \tag{2-97}$$

其中

$$\begin{bmatrix} k_1 \\ k_2 \\ k_3 \end{bmatrix} = \frac{1}{6l_{AB}^2l_{BC}^2l_{AC}^2}\begin{bmatrix} -l_{BC}^2(l_{AB}^2+l_{AC}^2) & l_{BC}^2l_{AC}^2 & l_{AB}^2l_{BC}^2 \\ l_{BC}^2l_{AC}^2 & -l_{AC}^2(l_{AB}^2+l_{BC}^2) & l_{AB}^2l_{AC}^2 \\ l_{AB}^2l_{BC}^2 & l_{AB}^2l_{AC}^2 & -l_{AB}^2(l_{BC}^2+l_{AC}^2) \end{bmatrix}\begin{bmatrix} R_A^2 \\ R_B^2 \\ R_C^2 \end{bmatrix} + \frac{1}{2}\begin{bmatrix} 1 \\ 1 \\ 1 \end{bmatrix}$$

式中：h_{BC},h_{AC} 分别为其他的两种情况所计算的垂直距离。这种简单平均的处理方法后续不再讨论。

平面四站为 A,B,C,D，且 AC 与 BD 的交点为 O。四站同时观测空中目标

P,其中 AOC 与 BOD 观测距离平方分别满足斯特瓦尔特定理。消去交叉点与目标的距离可得到四个观测距离的约束公式。如平面四站按长方形的顶点布站,有简洁的表示形式:$R_{PC}^2+R_{PA}^2=R_{PD}^2+R_{PB}^2$。

2.3.3 平面布站的目标三(多)距离定位代数结构

1. 平面三站测距离

设 A,B,C 三站的站址为(x_i,y_i,z_i),$i=A,B,C$,站址间的距离三角形对边规范描述。三站同时测量同一目标(位置 P)的距离 R_A,R_B,R_C,P 点到 ABC 平面上的投影点为 P_1,且与 A,B,C 的距离分别为 r_A,r_B,r_C,P 点到 P_1 的距离为 H,可用代数公式定义六距离函数。

如图 2.9 所示,可以定义四点六距离函数:

$$
\begin{aligned}
f_4(R_A^2,R_B^2,R_C^2,a^2,b^2,c^2)=&(a^2R_A^2+R_B^2R_C^2)(b^2+c^2-a^2)+(b^2R_B^2+R_A^2R_C^2)(a^2+c^2-b^2)\\
&+(c^2R_C^2+R_A^2R_B^2)(a^2+b^2-c^2)-(a^2R_A^4+b^2R_B^4+c^2R_C^4+a^2b^2c^2)\\
=\frac{1}{2}\begin{bmatrix}R_A^2\\R_B^2\\R_C^2\\1\end{bmatrix}^{\mathrm{T}}&\begin{bmatrix}-2a^2 & b^2+a^2-c^2 & a^2+c^2-b^2 & (b^2+c^2-a^2)a^2\\ b^2+a^2-c^2 & -2b^2 & b^2+c^2-a^2 & (a^2+c^2-b^2)b^2\\ a^2+c^2-b^2 & b^2+c^2-a^2 & -2c^2 & (b^2+a^2-c^2)c^2\\ (b^2+c^2-a^2)a^2 & (a^2+c^2-b^2)b^2 & (b^2+a^2-c^2)c^2 & -2a^2b^2c^2\end{bmatrix}\begin{bmatrix}R_A^2\\R_B^2\\R_C^2\\1\end{bmatrix}
\end{aligned}
\tag{2-98}
$$

式中:a,b,c 分别为边 BC,AC,AB 对应的长度。

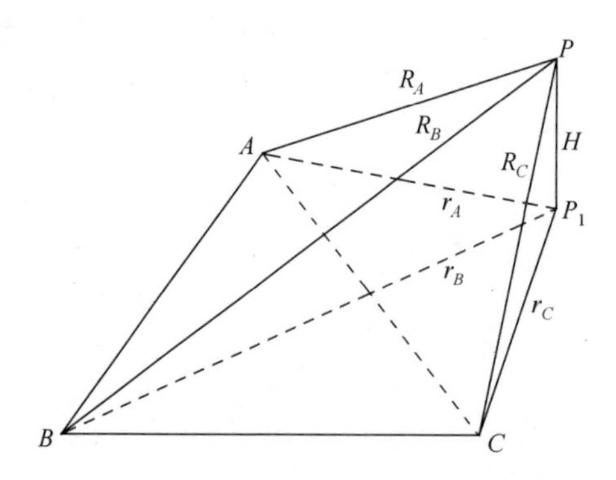

图 2.9 空间任意点与平面三角形的几何关系图

根据目标 P 点与 A,B,C 站的几何关系,采用距离 $R_i^2=r_i^2+H^2$,$i=A,B,C$,代入式(2-98)经化简可得

$$f_4(R_A^2,R_B^2,R_C^2,a^2,b^2,c^2)=[(a^2+b^2+c^2)^2-2(a^4+b^4+c^4)]H^2=f_3(a^2,b^2,c^2)H^2 \tag{2-99}$$

f_3 的表达式见式(2-95)。这是非线性约束关系,确定三站所测量的距离能否交到一点。当三站在一条直线上时,四点六距离函数可以表示成斯特瓦尔特关系的平方。

$ABCP$ 四面体体积公式为

$$V_{ABCP}=\frac{1}{12}\sqrt{f_4(R_A^2,R_B^2,R_C^2,a^2,b^2,c^2)} \tag{2-100}$$

当根号下小于零时说明六距离 R_A,R_B,R_C,a,b,c 不能构成一个四面体,其解无效,因此,根号下的值需要满足非负值约束。显然,$f_4(r_A^2,r_B^2,r_C^2,a^2,b^2,c^2)=0$ 是一个平面约束关系,采用二次型的描述方法对目标的纯距离判断有重要的作用。

定理 2.13　如图 2.9 所示,对文献[4]中的三距离定位算法进一步深入研究,推导出 P 点新的坐标解析式

$$\begin{bmatrix} x_P \\ y_P \\ z_P \end{bmatrix}=\begin{bmatrix} x_A & x_B & x_C \\ y_A & y_B & y_C \\ z_A & z_B & z_C \end{bmatrix}\begin{bmatrix} k_1 \\ k_2 \\ k_3 \end{bmatrix}\pm\frac{H}{\sqrt{l^2+m^2+n^2}}\begin{bmatrix} l \\ m \\ n \end{bmatrix},\quad k_1+k_2+k_3=1 \tag{2-101}$$

式(2-101)右端第一项为 P_1 的位置,已知其位置可以接触系数,条件是三站不在一条直线上,矩阵非奇异。根据在目标平面的上下分别取正负号。等号右端前半部分为平面投影点 P_1 的坐标,第二部分为目标与 A,B,C 三站平面的垂直向量(大小为 H),正负两种情况对应空间中位于平面上下的两个解。

$$\begin{bmatrix} k_1 \\ k_2 \\ k_3 \end{bmatrix}=\begin{bmatrix} x_A & x_B & x_C \\ y_A & y_B & y_C \\ z_A & z_B & z_C \end{bmatrix}^{-1}\begin{bmatrix} x_{P_1} \\ y_{P_1} \\ z_{P_1} \end{bmatrix} \tag{2-102}$$

已知测量目标的距离,可以求出各系数

$$\begin{aligned}\begin{bmatrix} k_1 \\ k_2 \\ k_3 \end{bmatrix}&=\frac{1}{f_3}\left\{\begin{bmatrix} -2a^2 & (b^2+a^2-c^2) & (a^2+c^2-b^2) \\ (b^2+a^2-c^2) & -2b^2 & (b^2+c^2-a^2) \\ (a^2+c^2-b^2) & (b^2+c^2-a^2) & -2c^2 \end{bmatrix}\begin{bmatrix} R_A^2 \\ R_B^2 \\ R_C^2 \end{bmatrix}+\begin{bmatrix} (b^2+c^2-a^2)a^2 \\ (a^2+c^2-b^2)b^2 \\ (b^2+a^2-c^2)c^2 \end{bmatrix}\right\} \\ &=\frac{1}{f_3}\boldsymbol{M}_3\begin{bmatrix} R_A^2 \\ R_B^2 \\ R_C^2 \end{bmatrix}+\frac{1}{f_3}d_3\end{aligned} \tag{2-103}$$

$$H=\sqrt{\frac{1}{2f_3}[R_A^2 \quad R_B^2 \quad R_C^2 \quad 1]\begin{bmatrix}\boldsymbol{M}_3 & \boldsymbol{d}_3\\ \boldsymbol{d}_3^{\mathrm{T}} & -2a^2b^2c^2\end{bmatrix}[R_A^2 \quad R_B^2 \quad R_C^2 \quad 1]^{\mathrm{T}}} \tag{2-104}$$

式中:$f_3(a^2,b^2,c^2)=(a^2+b^2+c^2)^2-2(a^4+b^4+c^4)$。$(l,m,n)$为$A,B,C$平面的法向量,且选$n>0$的方向,可由下列行列式计算得到

$$l=\begin{vmatrix}y_B-y_A & z_B-z_A\\ y_C-y_A & z_C-z_A\end{vmatrix},\quad m=\begin{vmatrix}z_B-z_A & x_B-x_A\\ z_C-z_A & x_C-x_A\end{vmatrix},\quad n=\begin{vmatrix}x_B-x_A & y_B-y_A\\ x_C-x_A & y_C-y_A\end{vmatrix}$$

性质 2.1 由于式(2-104)中$\boldsymbol{M}_3$矩阵的特殊结构(每行、列和为零),即在各距离平方项再增加(或减少)相同的值(如任意值H_1^2)则无效,该结构可称为平面与空间的共用不变结构。该结构对多站组网中纯距离利用方面有重要作用。

性质 2.2 当$R_A=R_B=R_C$时,$\boldsymbol{M}_3$矩阵可使式(2-103)右端的第一项为零,第二项的意义是目标点在ABC平面上的投影点为过A,B,C三点的外接圆心坐标。

当A,B,C为正三角形(三边相等)时,目标投影点P_1坐标与垂直距离分别为

$$\begin{bmatrix}x_{P_1}\\ y_{P_1}\\ z_{P_1}\end{bmatrix}=\frac{1}{3}\begin{bmatrix}x_A & x_B & x_C\\ y_A & y_B & y_C\\ z_A & z_B & z_C\end{bmatrix}\left\{\frac{1}{a^2}\begin{bmatrix}-2 & 1 & 1\\ 1 & -2 & 1\\ 1 & 1 & -2\end{bmatrix}\begin{bmatrix}R_A^2\\ R_B^2\\ R_C^2\end{bmatrix}+\begin{bmatrix}1\\ 1\\ 1\end{bmatrix}\right\} \tag{2-105}$$

$$H=\sqrt{\frac{1}{6a^2}[R_A^2 \quad R_B^2 \quad R_C^2 \quad a^2]\begin{bmatrix}-2 & 1 & 1 & 1\\ 1 & -2 & 1 & 1\\ 1 & 1 & -2 & 1\\ 1 & 1 & 1 & -2\end{bmatrix}\begin{bmatrix}R_A^2\\ R_B^2\\ R_C^2\\ a^2\end{bmatrix}} \tag{2-106}$$

结论 2.2:三站纯距离条件下目标位置点在三站平面上的投影点坐标是三距离平方的线性组合。

远距离目标平面方向的估计:当目标在A,B,C平面的投影点P_1与A,B,C间的距离远远大于A,B,C之间的距离时,可取式(2-101)右端的第一部分讨论,在式(2-104)中,设$R_i=R_0+\Delta_i$,$i=A,B,C$,R_0为一常数。略做推导可估计出在A,B,C平面上的目标单位方向:

$$\begin{bmatrix} l_{P_1} \\ m_{P_1} \\ n_{P_1} \end{bmatrix} = \frac{1}{R_0}\begin{bmatrix} x_{P_1} \\ y_{P_1} \\ z_{P_1} \end{bmatrix} \approx \frac{2}{k}\begin{bmatrix} x_A & x_B & x_C \\ y_A & y_B & y_C \\ z_A & z_B & z_C \end{bmatrix}\boldsymbol{M}_3\begin{bmatrix} \Delta_1 \\ \Delta_2 \\ \Delta_3 \end{bmatrix} \tag{2-107}$$

2. 平面四站测距离约束关系

若A,B,C平面上再有第四个测量点D，站址为(x_D,y_D,z_D)，d_A、d_B和d_C为A,B,C三站与点D的距离，且$ABCD$四面体体积为零，$f_4(d_A^2,d_B^2,d_C^2,a^2,b^2,c^2)=0$。

设D点在A,B,C三点坐标系的三点重心坐标为

$$\begin{bmatrix} x_D \\ y_D \\ z_D \end{bmatrix} = \begin{bmatrix} x_A & x_B & x_C \\ y_A & y_B & y_C \\ z_A & z_B & z_C \end{bmatrix}\begin{bmatrix} k_1 \\ k_2 \\ k_3 \end{bmatrix} \tag{2-108a}$$

$$\begin{bmatrix} k_1 \\ k_2 \\ k_3 \end{bmatrix} = \frac{1}{f_3}\boldsymbol{M}_3\begin{bmatrix} d_A^2 \\ d_B^2 \\ d_C^2 \end{bmatrix} + \frac{1}{f_3}\begin{bmatrix} d_1 \\ d_2 \\ d_3 \end{bmatrix}, \quad 1=k_1+k_2+k_3 \tag{2-108b}$$

根据解析几何关系，可推导出P_1点相对D点的位置

$$\begin{bmatrix} x_{P_1}-x_D \\ y_{P_1}-y_D \\ z_{P_1}-z_D \end{bmatrix} = k_1\begin{bmatrix} x_{P_1}-x_A \\ y_{P_1}-y_A \\ z_{P_1}-z_A \end{bmatrix} + k_2\begin{bmatrix} x_{P_1}-x_B \\ y_{P_1}-y_B \\ z_{P_1}-z_B \end{bmatrix} + k_3\begin{bmatrix} x_{P_1}-x_C \\ y_{P_1}-y_C \\ z_{P_1}-z_C \end{bmatrix} \tag{2-109}$$

左端向量求转置后分别乘式(2-109)两端，并用点积和余弦关系整理可得等效平面距离约束关系(具有平面和空间的不变结构)，并扩展到空间目标P点的等效距离约束关系

$$R_{DP}^2=k_1R_{AP}^2+k_2R_{BP}^2+k_3R_{CP}^2-(k_1d_A^2+k_2d_B^2+k_3d_C^2), \quad 1=k_1+k_2+k_3 \tag{2-110}$$

这是斯特瓦尔特定理的高维(平面四点测量)推广。可以证明，当D点在A,B,C外接圆上时，式(2-110)括号中值为零，当D点在A,B,C外接圆的圆心时，括号中值为圆半径的平方。当D点为A,B,C三角形的重心、内心、垂心等，可以推导出很有用的公式。若平面上有更多的观测站时，特别是已知多个距离和或距离差，代入关系很容易求出某个测量距离。比较文献[4]有与站址有关的四个常数的求法，式(2-110)非常清晰。

当平面上有四个站点(不在一条直线上)测量空间目标，若在连接各站点直线上能找到一个交叉点，两次采用斯特瓦尔特定理，消去交叉点的距离，可得到四个点的测量距离的约束关系。

平均交叉点的距离即将四个测量距离的组合等效为交叉点(未测距)的测

量距离。

2.3.4 空间立体布站的目标四(多)距离定位代数结构

1. 空间四站十距离函数及约束关系

定理 2.14 三维空间四站测量目标的距离平方约束关系：如图 2.10 所示，设 A,B,C 不在一条直线上，D 站不在 ABC 的平面上，且 AD 的距离为 d_A，BD 的距离为 d_B，CD 的距离为 d_C，四站测量目标 P 的距离分别为 R_A,R_B,R_C,R_D，利用式(2-101)分别求出 D,P 点的空间位置，然后相减求模平方，经过复杂推导，可得到四站测量目标距离平方的约束关系，及定义的距离函数

$$f_4(R_A^2,R_B^2,R_C^2,R_D^2,d_A^2,d_B^2,d_C^2,a^2,b^2,c^2)=\boldsymbol{R}_1^{\mathrm{T}}\boldsymbol{A}_5\boldsymbol{R}_1=0 \tag{2-111}$$

式中：$\boldsymbol{R}_1=[R_A^2 \quad R_B^2 \quad R_C^2 \quad R_D^2 \quad 1]^{\mathrm{T}}$；$\boldsymbol{A}_5$ 为 5×5 的对称矩阵，令 $\boldsymbol{A}_5=(a_{ij}) \quad i,j=1,2,\cdots,5$，则

$$a_{11}=a^4+f^4+g^4-2a^2f^2-2a^2g^2-2g^2f^2$$
$$a_{12}=-2c^2g^2+(b^2+g^2-e^2)f^2+(e^2+g^2-b^2)a^2+(b^2+e^2-g^2)g^2$$
$$a_{13}=-2b^2f^2+(c^2+f^2-e^2)g^2+(e^2+f^2-c^2)a^2+(c^2+e^2-f^2)f^2$$
$$a_{14}=-2a^2e^2+(b^2+a^2-c^2)f^2+(a^2+c^2-b^2)g^2+(b^2+c^2-a^2)a^2$$
$$a_{15}=-2a^2f^2g^2+(f^2+g^2-a^2)a^2e^2+(a^2+g^2-f^2)b^2f^2+(a^2+f^2-g^2)c^2g^2$$
$$a_{22}=b^4+g^4+e^4-2b^2e^2-2b^2g^2-2g^2e^2$$
$$a_{23}=-2a^2e^2+(b^2+e^2-g^2)f^2+(e^2+g^2-b^2)c^2+(b^2+g^2-e^2)e^2$$
$$a_{24}=-2b^2f^2+(b^2+a^2-c^2)e^2+(b^2+c^2-a^2)g^2+(a^2+c^2-b^2)b^2$$
$$a_{25}=-2b^2e^2g^2+(b^2+g^2-e^2)a^2e^2+(e^2+g^2-b^2)b^2f^2+(b^2+e^2-g^2)c^2f^2$$
$$a_{33}=c^4+f^4+e^4-2c^2e^2-2c^2f^2-2e^2f^2$$
$$a_{34}=-2c^2g^2+(c^2+a^2-b^2)e^2+(b^2+c^2-a^2)f^2+(a^2+b^2-c^2)c^2$$
$$a_{35}=-2c^2e^2f^2+(e^2+f^2-c^2)c^2g^2+(c^2+f^2-e^2)a^2e^2+(c^2+e^2-f^2)b^2f^2$$

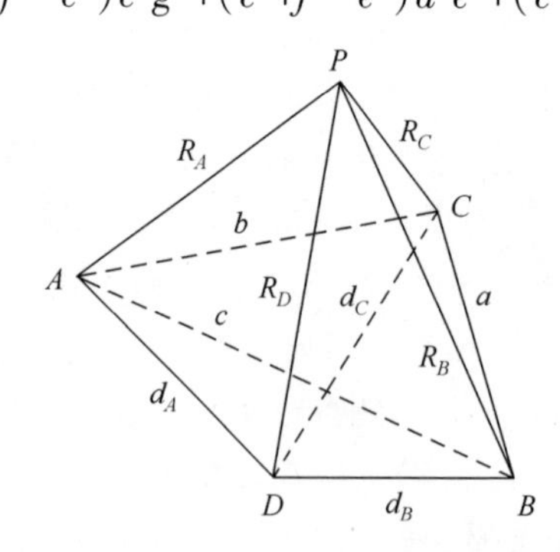

图 2.10 三维空间非同一平面四站测量示意图

$$a_{44}=a^4+b^4+c^4-2a^2b^2-2b^2c^2-2a^2c^2$$

$$a_{45}=-2c^2a^2b^2+(b^2+c^2-a^2)a^2e^2+(a^2+c^2-b^2)b^2f^2+(b^2+a^2-c^2)g^2c^2$$

$$a_{55}=a^4e^4+b^4f^4+c^4g^4-2a^2b^2e^2f^2-2b^2c^2f^2g^2-2a^2c^2e^2g^2$$

通过上式可以判断十个距离是否相交于一点,这对处理多目标问题是非常方便的。若 $R_A=R_B=R_C=R_D=R$,可解出该四面体的外接球半径。

定理 2.15　三维空间四站测量目标的坐标解算(参考前面的二、三距离代数结构)在满足式(2-111)的约束条件下,可以得到 P 的坐标

$$\begin{bmatrix} x_P \\ y_P \\ z_P \end{bmatrix}=\begin{bmatrix} x_A & x_B & x_C & x_D \\ y_A & y_B & y_C & y_D \\ z_A & z_B & z_C & z_D \end{bmatrix}\begin{bmatrix} k_A \\ k_B \\ k_C \\ k_D \end{bmatrix},\quad k_A+k_B+k_C+k_D=1 \tag{2-112}$$

式中:$\begin{bmatrix} k_A \\ k_B \\ k_C \\ k_D \end{bmatrix}=\dfrac{1}{2f_4}\left\{\boldsymbol{M}_4\begin{bmatrix} R_A^2 \\ R_B^2 \\ R_C^2 \\ R_D^2 \end{bmatrix}+\boldsymbol{d}_4\right\}$,$\boldsymbol{M}_4$ 为 4×4 的**对称**矩阵,d_4 为 4×1 的**向量**,在$\boldsymbol{A}_5=\begin{bmatrix} \boldsymbol{M}_4 & \boldsymbol{d}_4 \\ \boldsymbol{d}_4^{\mathrm{T}} & a_{55} \end{bmatrix}$中取部分构成。$\dfrac{1}{2f_4}\boldsymbol{d}_4$ 为四面体的外接球心坐标,且各元素之和为 1。$\boldsymbol{M}_4$ 矩阵中各行(列)之和为零。该结构具有不变结构的特点,R_A,R_B,R_C,R_D 平方都可相对球心具有不变结构。

已知其位置可以解出各系数,条件是四站不在一个平面或直线上,矩阵非奇异。

$$\begin{bmatrix} k_A \\ k_B \\ k_C \\ k_D \end{bmatrix}=\begin{bmatrix} x_A & x_B & x_C & x_D \\ y_A & y_B & y_C & y_D \\ z_A & z_B & z_C & z_D \\ 1 & 1 & 1 & 1 \end{bmatrix}^{-1}\begin{bmatrix} x_P \\ y_P \\ z_P \\ 1 \end{bmatrix} \tag{2-113}$$

推论 2.1　当四面体为正四面体,即各边等长,有纯距离目标定位和约束公式:

$$\begin{bmatrix} x_P \\ y_P \\ z_P \end{bmatrix}=\frac{1}{4}\begin{bmatrix} x_A & x_B & x_C & x_D \\ y_A & y_B & y_C & y_D \\ z_A & z_B & z_C & z_D \end{bmatrix}\left\{\frac{1}{a^2}\begin{bmatrix} -3 & 1 & 1 & 1 \\ 1 & -3 & 1 & 1 \\ 1 & 1 & -3 & 1 \\ 1 & 1 & 1 & -3 \end{bmatrix}\begin{bmatrix} R_A^2 \\ R_B^2 \\ R_C^2 \\ R_D^2 \end{bmatrix}+\begin{bmatrix} 1 \\ 1 \\ 1 \\ 1 \end{bmatrix}\right\} \tag{2-114}$$

约束：

$$[R_A^2 \quad R_B^2 \quad R_C^2 \quad R_D^2 \quad a^2]\begin{bmatrix}-3 & 1 & 1 & 1 & 1\\ 1 & -3 & 1 & 1 & 1\\ 1 & 1 & -3 & 1 & 1\\ 1 & 1 & 1 & -3 & 1\\ 1 & 1 & 1 & 1 & -3\end{bmatrix}\begin{bmatrix}R_A^2\\ R_B^2\\ R_C^2\\ R_D^2\\ a^2\end{bmatrix}=0 \tag{2-115}$$

若每站测量到两个目标矩离数据，上式可实现四站纯距离数据组合的目标判定。

推论 2.2 空间五点的相对定位公式。

设 O 点与 A,B,C,D 的距离分别为 $d_{OA},d_{OB},d_{OC},d_{OD}$，另外空间 P 点位置相对空间五点的定位公式为

$$\begin{bmatrix}x_P-x_O\\ y_P-y_O\\ z_P-z_O\end{bmatrix}=\frac{1}{2f_4}\begin{bmatrix}x_A & x_B & x_C & x_D\\ y_A & y_B & y_C & y_D\\ z_A & z_B & z_C & z_D\end{bmatrix}\boldsymbol{M}_4\begin{bmatrix}R_{PA}^2-d_{OA}^2\\ R_{PB}^2-d_{OB}^2\\ R_{PC}^2-d_{OC}^2\\ R_{PD}^2-d_{OD}^2\end{bmatrix} \tag{2-116}$$

推论 2.3 空间五点的距离约束关系。

设 O 点在 A,B,C,D 四点坐标系的坐标系数为(k_A,k_B,k_C,k_D)，且 $k_A+k_B+k_C+k_D=1$。

根据推论 2.1，可得

$$\begin{bmatrix}k_1\\ k_2\\ k_3\\ k_4\end{bmatrix}=\frac{1}{2f_4}\left\{\boldsymbol{M}_4\begin{bmatrix}d_A^2\\ d_B^2\\ d_C^2\\ d_D^2\end{bmatrix}+\begin{bmatrix}d_1\\ d_2\\ d_3\\ d_4\end{bmatrix}\right\} \tag{2-117}$$

根据解析几何关系，可推导出 P 点相对 D 点的位置：

$$\begin{bmatrix}x_P-x_D\\ y_P-y_D\\ z_P-z_D\end{bmatrix}=k_1\begin{bmatrix}x_P-x_A\\ y_P-y_A\\ z_P-z_A\end{bmatrix}+k_2\begin{bmatrix}x_P-x_B\\ y_P-y_B\\ z_P-z_B\end{bmatrix}+k_3\begin{bmatrix}x_P-x_C\\ y_P-y_C\\ z_P-z_C\end{bmatrix}+k_4\begin{bmatrix}x_P-x_D\\ y_P-y_D\\ z_P-z_D\end{bmatrix} \tag{2-118}$$

左端向量求转置后分别乘式(2-118)两端，并用点积和余弦关系整理可得等效平面距离约束关系(具有不变结构)

$$R_{OP}^2=k_1R_{AP}^2+k_2R_{BP}^2+k_3R_{CP}^2+k_4R_{DP}^2-(k_1d_A^2+k_2d_B^2+k_3d_C^2+k_4d_D^2) \tag{2-119}$$

这是斯特瓦尔特定理的高维(空间五点距离测量)推广。可以证明，当 O 点

在 A,B,C,D 外接球上时，式（2-119）括号中值为零，当 O 点在 A,B,C,D 外接球的球心时，括号中值为球半径的平方。当 O 点为 A,B,C,D 四面体的重心、内心等时，可得到式（2-119）的其他一些简化表达，限于篇幅，此处不再赘述，读者可自行推导。若各观测站提供两站的距离和或差，代入式（2-119）可求出目标的距离，若空间有更多的观测站时，可分别应用式（2-119）并联立共解。

2. 远距离目标空间方向的估计

当目标远离 A,B,C,D 站的空间位置时，可以通过目标与各站的距离差来确定目标的方向。在式（2-112）中，设 $R_i=R_0+\Delta_i,i=A,B,C,D$，略做推导可估计出 A,B,C,D 各站相对于远距离空间目标单位方向为

$$\begin{bmatrix} l_{P_1} \\ m_{P_1} \\ n_{P_1} \end{bmatrix}=\frac{1}{R_0}\begin{bmatrix} x_{P_1} \\ y_{P_1} \\ z_{P_1} \end{bmatrix}\approx\frac{1}{f_4}\begin{bmatrix} x_A & x_B & x_C & x_C \\ y_A & y_B & y_C & y_C \\ z_A & z_B & z_C & z_C \end{bmatrix}\boldsymbol{M}_4\begin{bmatrix} \Delta_A \\ \Delta_B \\ \Delta_C \\ \Delta_D \end{bmatrix} \tag{2-120}$$

3. 四个测量站的目标位置估计的直接方法

已知四个雷达站 A,B,C,D，其中 D 站与 A,B,C 不在同一个平面上。站址坐标依次为 (x_A,y_A,z_A)、(x_B,y_B,z_B)、(x_C,y_C,z_C)、(x_D,y_D,z_D)。目标 P 的坐标为 (x,y,z)，与四个站之间的距离分别为 R_A,R_B,R_C,R_D。可以得到

$$(x_i-x)^2+(y_i-y)^2+(z_i-z)^2=R_i^2,\quad i=A,B,C,D \tag{2-121}$$

展开式（2-121），可以得到矩阵表示形式

$$\begin{bmatrix} 1 & x_A & y_A & z_A \\ 1 & x_B & y_B & z_B \\ 1 & x_C & y_C & z_C \\ 1 & x_D & y_D & z_D \end{bmatrix}\begin{bmatrix} x^2+y^2+z^2 \\ -2x \\ -2y \\ -2z \end{bmatrix}=\begin{bmatrix} R_A^2 \\ R_B^2 \\ R_C^2 \\ R_D^2 \end{bmatrix}-\begin{bmatrix} d_A^2 \\ d_B^2 \\ d_C^2 \\ d_D^2 \end{bmatrix} \tag{2-122}$$

式中：$d_i^2=x_i^2+y_i^2+z_i^2,i=A,B,C,D$。由于四站位置不在一个平面上，式（2-122）左端矩阵的行列式不为零，通过矩阵求逆的方法可获得目标坐标 (x,y,z)，通过一种简单的方法，可以导出空中目标位置为

$$\begin{pmatrix} x \\ y \\ z \end{pmatrix}=\begin{pmatrix} x_B-x_A & y_B-y_A & z_B-z_A \\ x_C-x_A & y_C-y_A & z_C-z_A \\ x_D-x_A & y_D-y_A & z_D-z_A \end{pmatrix}^{-1}\begin{pmatrix} R_A^2-R_B^2+d_B^2-d_A^2 \\ R_A^2-R_C^2+d_C^2-d_A^2 \\ R_A^2-R_D^2+d_D^2-d_A^2 \end{pmatrix} \tag{2-123}$$

式（2-123）是一个较好的方法，可以解出目标空间位置，但得到的很有可能是虚点（不是实际目标的多距离关系）。要在解给出之后做有关判断，即解代入式（2-122）或式（2-123）应该均为零（或近似为零）。实际上应该在未解之前对

测量的距离做出有关判定,这可能更合理。根据判断原理,经简单推导可得四距关系的约束方程:

$$\boldsymbol{R}_1^{\mathrm{T}}\begin{bmatrix} \boldsymbol{M}\boldsymbol{M}^{\mathrm{T}} & -2|\boldsymbol{W}|\boldsymbol{m}-\boldsymbol{M}\boldsymbol{M}^{\mathrm{T}}\boldsymbol{d} \\ -2|\boldsymbol{W}|\boldsymbol{m}^{\mathrm{T}}-\boldsymbol{d}^{\mathrm{T}}\boldsymbol{M}\boldsymbol{M}^{\mathrm{T}} & \boldsymbol{d}^{\mathrm{T}}\boldsymbol{M}\boldsymbol{M}^{\mathrm{T}}\boldsymbol{d}+4|\boldsymbol{W}|\boldsymbol{m}^{\mathrm{T}}\boldsymbol{d} \end{bmatrix}\boldsymbol{R}_1=0 \tag{2-124}$$

式中:$\boldsymbol{R}_1=[R_A^2\ \ R_B^2\ \ R_C^2\ \ R_D^2\ \ 1]^{\mathrm{T}}$;$\boldsymbol{d}=[d_A^2\ \ d_B^2\ \ d_C^2\ \ d_D^2]^{\mathrm{T}}$;$\boldsymbol{W}=\begin{bmatrix} 1 & x_A & y_A & z_A \\ 1 & x_B & y_B & z_B \\ 1 & x_C & y_C & z_C \\ 1 & x_D & y_D & z_D \end{bmatrix}$,$\boldsymbol{W}$ 的逆矩阵为$\boldsymbol{W}^{-1}=\dfrac{1}{|\boldsymbol{W}|}\begin{bmatrix} \boldsymbol{m}^{\mathrm{T}} \\ \boldsymbol{M}^{\mathrm{T}} \end{bmatrix}$;$\boldsymbol{M}^{\mathrm{T}}$ 的维数为 3×4;$\boldsymbol{m}^{\mathrm{T}}$ 的维数为 1×4。

在式(2-124)左端 5×5 矩阵只与四站坐标位置有关,与测量目标位置无关,可以事先计算出,对测量的四个距离代入约束方程(2-124)判断,这对测量得到的多目标判断非常必要。由于式(2-124)右端为零,该式具有非唯一性。另外,若四站在一个平面上时,式(2-124)的行列式为零而无解;如果只有两、三站观测目标时,式(2-123)、式(2-124)的解法无效。其他情况可见前面介绍的方法。

纯距离信息的充分利用,对实现组网条件下实时校正系统误差补偿、多目标高精度跟踪具有重要的意义,对雷达组网、MIMO 雷达、多基地雷达等传感器进行目标跟踪定位有重要的作用。

2.4 单站观测信息分坐标原理

2.4.1 纯方位目标信息的跟踪原理

目标航迹水平面投影图,如图 2.11 所示。设 P 点为传感器的位置,目标沿直线运动,A、B、C、D 等点为时间分别为 $t_1,t_2,t_3,t_4,\cdots$ 的目标位置点,β_i 为对应时刻目标位置的方位值。

若目标做匀速直线运动,且等时间间隔采样,目标的运动距离应该相同,即 $l_1=l_2=l_3=\cdots$,由余切关系可推导出

$$\cot(\alpha_0-\beta_1)+\cot(\alpha_0-\beta_3)=2\cot(\alpha_0-\beta_2) \tag{2-125}$$

解出目标运动直线的斜率 $\cot\alpha_0$,并预测下一时刻目标的 $\cot\beta_4$,可进一步对目标跟踪。

若目标做匀加速直线运动,且等时间间隔采样,目标的运动距离应该满足 l_2

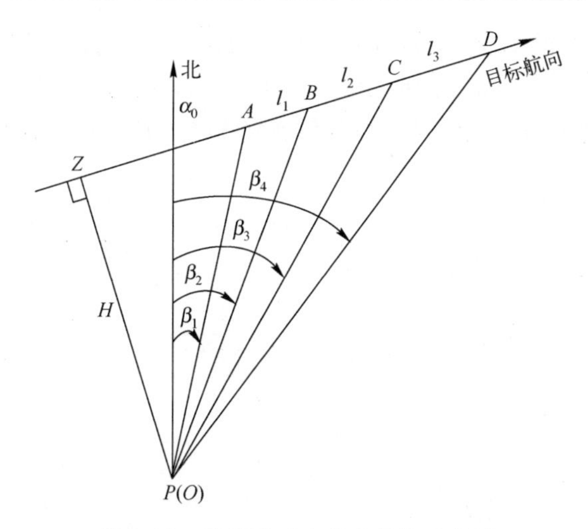

图 2.11　目标运动水平面航迹示意图

$-l_1=l_3-l_2=l_4-l_3$，由余切关系可推导出

$$\cot(\alpha_0-\beta_1)-3\cot(\alpha_0-\beta_2)+3\cot(\alpha_0-\beta_3)-\cot(\alpha_0-\beta_4)=0 \tag{2-126}$$

可解出目标运动直线的斜率 $\cot\alpha_0$，并预测下一时刻 $\cot\beta_5$，可进一步对目标进行跟踪。

2.4.2　纯距离目标信息的跟踪原理

设 P 点为传感器的位置，目标沿空间直线运动，在时间为 $t_i(i=1,2,3,\cdots)$ 的目标位置点，测量到目标位置的距离值为 r_i。

若目标做匀速空间直线运动时，且等时间间隔采样，对目标运动航迹的采样点间的距离应该相同，即 $l'_1=l'_2=l'_3=\cdots$，纯距离关系可应用 Pappus 定理求出，有

$$r_1^2-3r_2^2+3r_3^2-r_4^2=0 \tag{2-127}$$

根据 t_1,t_2,t_3 时刻的距离值可预测 t_4 时刻的距离值 r_4，进一步可对目标距离信息进行滤波和跟踪。

若目标做匀加速空间直线运动，且等时间间隔采样，目标的运动距离应该满足 $l'_2-l'_1=l'_3-l'_2=l'_4-l'_3$，纯距离关系可应用斯特瓦尔特定理求出

$$r_1^2-4r_2^2+6r_3^2-4r_4^2+r_5^2=0 \tag{2-128}$$

可根据前几个时刻的距离值估计下时刻的距离值，或预测 t_5 时刻目标的距离值，可进一步处理。

2.4.3　目标等高飞行纯仰角信息的跟踪原理

如图 2.12 所示，若目标匀速直线等高（H 为目标的飞行高度）运动，且等时

间间隔测量目标仰角信息,纯仰角关系可应用式(2-127)的投影关系推出:

$$\cot^2\varepsilon_1-3\cot^2\varepsilon_2+3\cot^2\varepsilon_3-\cot^2\varepsilon_4=0 \tag{2-129}$$

因此,可根据 t_1,t_2,t_3 时刻的仰角值预测目标匀速直线等高运动 t_4 时刻的仰角值。

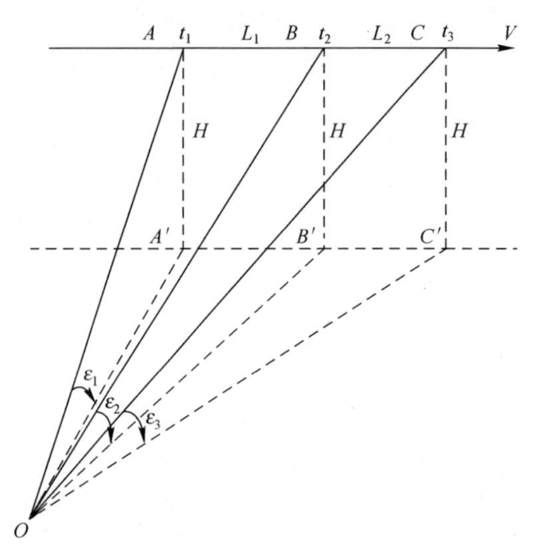

图 2.12　雷达观测等高飞行的目标几何关系图

若目标匀加速直线等高(H 为目标的飞行高度)运动,且等时间间隔测量目标仰角信息,纯仰角关系可应用式(2-128)的投影关系推出:

$$\cot^2\varepsilon_1-4\cot^2\varepsilon_2+6\cot^2\varepsilon_3-4\cot^2\varepsilon_4+\cot^2\varepsilon_5=0 \tag{2-130}$$

可根据 t_1,t_2,t_3,t_4 时刻的仰角值预测目标匀加速等高直线运动 t_5 时刻的仰角值。

2.5　多站观测信息的分坐标约束原理

2.5.1　直线三站布站的目标跟踪

如图 2.13 所示,设 A、B、C 测量站在同一水平面且在一条直线上,各站能同步测量目标的信息为$(r_A,\varepsilon_A,\beta_A)$、$(r_B,\varepsilon_B,\beta_B)$、$(r_C,\varepsilon_C,\beta_C)$,$\beta_0$ 为 ABC 直线的方位角。由于各测量的方位角信息应满足余切关系定理,设 $l_1=l_2=l$,则有

$$\cot(\beta_0-\beta_C)-2\cot(\beta_0-\beta_B)+\cot(\beta_0-\beta_A)=0 \tag{2-131}$$

在三角形 $AP'C$ 中,各投影距离满足斯特瓦尔特定理,则有

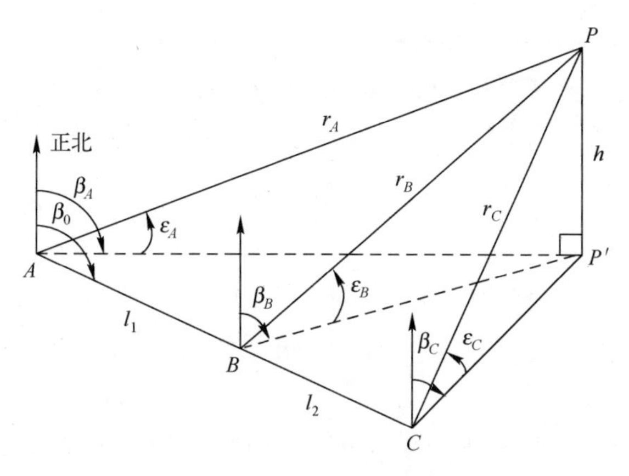

图 2.13　直线三站同步测量目标图

$$\cot^2\varepsilon_C-2\cot^2\varepsilon_B+\cot^2\varepsilon_A=\frac{2l^2}{h^2} \tag{2-132}$$

在△APC 中,各距离满足斯特瓦尔特定理,则有

$$r_C^2-2r_B^2+r_A^2=2l^2 \tag{2-133}$$

由于各坐标可分别处理,其方法非常方便,适用性非常强。根据以式(2-133)关系可初步判定是否为同一批目标。目标各信息的预测、滤波、跟踪算法在此略,读者可分别利用两个或三个目标信息共同进行处理。

2.5.2　三角形布站的目标跟踪

如图 2.14 所示,设 A、B、C 测量站在同一水平面上布站,为简单起见,各边长为 $a=b=c$,在该平面中任意点到三站的距离为 r_a、r_b、r_c,应该满足式(2-98)右端为零,可化简为

$$r_a^4+r_b^4+r_c^4+a^4=a^2(r_a^2+r_b^2+r_c^2)+r_b^2r_c^2+r_a^2r_c^2+r_a^2r_b^2 \tag{2-134}$$

多站测量目标的纯距离不需坐标转换,直接代入求解的代数结构中可以得到投影点的位置、平面上的高、投影距离、各角度等。

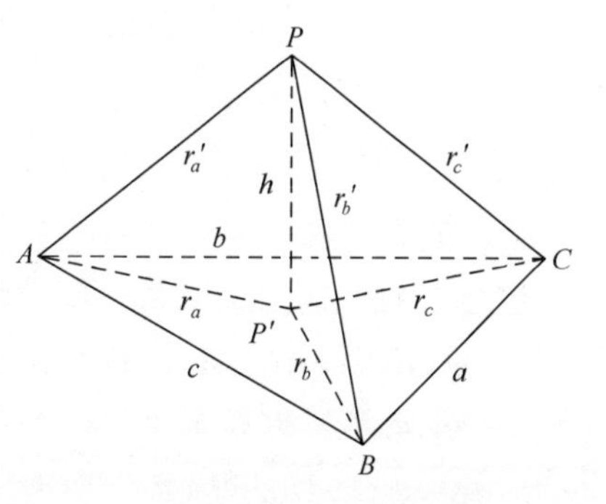

图 2.14　三角形布站的目标距离关系图

设平面上的 A、B、C 测量站同步观测空间目标 P 点(高度为 h)的距离为 r_a'、r_b'、r_c',将

$$r_a^2=r_a'^2-h^2,r_b^2=r_b'^2-h^2,r_c^2=r_c'^2-h^2 \tag{2-135}$$

代入式(2-134)可解出 h,去掉负根

$$3h^2=a^2(r_a'^2+r_b'^2+r_c'^2)+r_b'^2r_c'^2+r_a'^2r_c'^2+r_a'^2r_b'^2-(r_a'^4+r_b'^4+r_c'^4+a^4) \quad (2-136)$$

代入式(2-135)求出 r_a、r_b、r_c。结合 A、B、C 测量站的站址坐标和三角形面积公式,计算得出 P 的坐标。

若纯使用仰角信息

$$r_a=h\cot\varepsilon_A, r_b=h\cot\varepsilon_B, r_c=h\cot\varepsilon_C \quad (2-137)$$

代入式(2-130)可解出 h,去掉负根;可求出 r_a、r_b、r_c。结合各站址坐标和三角形面积公式,计算得出 P 的坐标。

若使用纯方位信息,可由三站 ABC 测量目标的方位信息,与三条边的方位值求差处理,得到 P'点相对三角形三边的测量角度,计算出目标投影点相对于三条边的夹角。

设 $\alpha_B=\angle ABP'$,$\alpha_C=\angle BCP'$,$\alpha_A=\angle CAP'$,有约束关系

$$\sin\alpha_B\sin\alpha_C\sin\alpha_A=\sin(B-\alpha_B)\sin(C-\alpha_C)\sin(A-\alpha_A) \quad (2-138)$$

已知测量方位角度,可以解出距离:

$$\begin{bmatrix} 0 & \cos(B-\alpha_B) & \cos\alpha_C \\ \cos\alpha_A & 0 & \cos(C-\alpha_C) \\ \cos(A-\alpha_A) & \cos\alpha_B & 0 \end{bmatrix}\begin{bmatrix} r_a \\ r_b \\ r_c \end{bmatrix}=\begin{bmatrix} a \\ b \\ c \end{bmatrix} \quad (2-139)$$

已知各测量站的直角坐标,测量方位角度值换算到计算角度,并用约束关系判定是否为同一目标,可以很容易计算出目标的投影点坐标:

$$\begin{bmatrix} x_{P'} \\ y_{P'} \\ z_{P'} \end{bmatrix}=\begin{bmatrix} x_A & x_B & x_C \\ y_A & y_B & y_C \\ z_A & z_B & z_C \end{bmatrix}\begin{bmatrix} \dfrac{\sin A\sin\alpha_B\sin(C-\alpha_C)}{\sin(C-\alpha_C+\alpha_B)\sin B\sin C} \\ \dfrac{\sin(A-\alpha_A)\sin B\sin\alpha_C}{\sin A\sin(A-\alpha_A+\alpha_C)\sin C} \\ \dfrac{\sin\alpha_A\sin(B-\alpha_B)\sin C}{\sin A\sin B\sin(B-\alpha_B+\alpha_A)} \end{bmatrix} \quad (2-140)$$

这一原理可推广到空间的情况。

定理 2.16 若三站测量空间目标 P 的方位、仰角信息,在没有测量误差条件下,可由 ABC 站的坐标位置计算出各站相对于其他两条边的空间角度值,设 $\varphi_B=\angle ABP$,$\varphi_C=\angle BCP$,$\varphi_A=\angle CAP$,$\varphi_B'=\angle CBP$,$\varphi_C'=\angle ACP$,$\varphi_A'=\angle BAP$,满足如下约束等式:

$$\sin\varphi_B\sin\varphi_C\sin\varphi_A=\sin\varphi_B'\sin\varphi_C'\sin\varphi_A' \quad (2-141)$$

已知测量角度可以解出距离

$$\begin{bmatrix} 0 & \cos\varphi'_B & \cos\varphi_C \\ \cos\varphi_A & 0 & \cos\varphi'_C \\ \cos\varphi'_A & \cos\varphi_B & 0 \end{bmatrix}\begin{bmatrix} r'_a \\ r'_b \\ r'_c \end{bmatrix}=\begin{bmatrix} a \\ b \\ c \end{bmatrix} \tag{2-142}$$

应用式(2-142)前需要先判定各站角度信息是否为同一批目标。计算出目标的测量距离后套用三距离结构模型,或用四面体的体积计算高度,再计算出 P 的笛卡儿坐标。

2.6　空间目标测量坐标支援

两雷达站同时对目标进行观测,当至少有一个雷达站获取的目标坐标信息不全时,如何通过两站信息的相互支援,判断所观测到的目标是同一目标,从而充分利用综合两站所获得的观测信息对目标进行跟踪,对提高目标的跟踪精度和跟踪连续性具有重要意义。本节在两雷达站观测目标且获取信息不完全时,对各站获得信息不同组合情况下如何判断目标为同一目标进行了讨论,并对两个雷达站不能独立确定目标位置的情况下,如何利用两站的不完全信息确定目标位置进行分析。

利用其他站计算的目标分坐标航迹参数可以很容易计算目标某时刻的分坐标值,进行坐标支援解算,这样可以实现目标在非同步条件下的空间位置解算和参数航迹融合。

设目标相对雷达站 A 和 B 的距离分别为 r_1、r_2,俯仰角分别为 ε_1、ε_2,与雷达站 A、B(站址间距为 L)连线的夹角分别为 β_1、β_2,如图 2.15 所示。

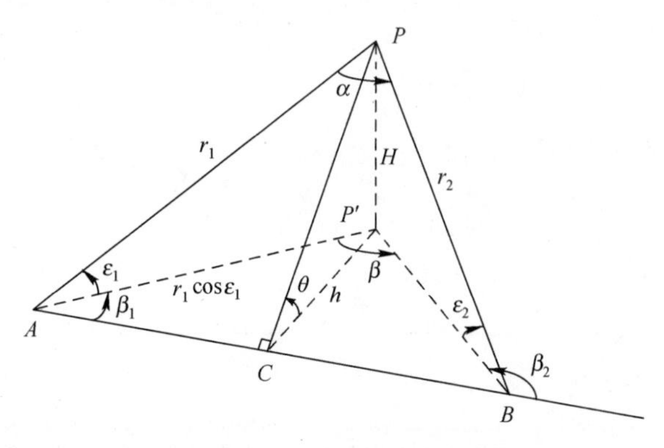

图 2.15　坐标支援模式示意图

2.6.1 3+1 支援模式

某一雷达站获得目标的三维信息，目标位置已经确定，且另一雷达同步（可以计算同步）获得一维信息，二者是否为同一批目标，需要依据条件判断。当不满足时可以排除同一目标的假设，当满足时，可以初步确定为同一批目标。还需进一步依据后面的测量序列的一致性和其他信息分析判断。

总体约束条件为

$$\begin{cases} r_1\sin\varepsilon_1 = r_2\sin\varepsilon_2 = H \\ r_1\cos\varepsilon_1\sin\beta_1 = r_2\cos\varepsilon_2\sin\beta_2 = h \\ r_1\cos\varepsilon_1\cos\beta_1 - r_2\cos\varepsilon_2\cos\beta_2 = L \end{cases} \tag{2-143}$$

（1）已知 r_1、ε_1、β_1、r_2。

$f(r_1,\varepsilon_1,\beta_1,r_2)=0$，约束条件：$r_2^2=r_1^2+L^2-2Lr_1\cos\varepsilon_1\cos\beta_1$

当满足约束时，可解出

$$\sin\varepsilon_2=\frac{r_1\sin\varepsilon_1}{r_2},\cos\beta_2=-\frac{r_1\cos\varepsilon_1\sin\beta_1}{\sqrt{r_2^2-(r_1\sin\varepsilon_1)^2}} \tag{2-144}$$

（2）已知 r_1、ε_1、β_1、ε_2。

$f(r_1,\varepsilon_1,\beta_1,\varepsilon_2)=0$，约束条件为

$$\cot^2\varepsilon_2=\cot^2\varepsilon_1+\frac{L_2-2Lr_1\cos\varepsilon_1\cos\beta_1}{r_1^2\sin^2\varepsilon_1}=\frac{r_2^2-r_1^2}{H^2} \tag{2-145}$$

当满足约束时，可解出

$$r_2=\frac{r_1\sin\varepsilon_1}{\sin\varepsilon_2},\sin\beta_2=\frac{r_1\cos\varepsilon_1\sin\beta_1}{r_2\cos\varepsilon_2} \tag{2-146}$$

（3）已知 r_1、ε_1、β_1、β_2。

$f(r_1,\varepsilon_1,\beta_1,\beta_2)=0$，约束条件为

$$\cot\beta_2=\cot\beta_1-\frac{L}{r_1\cos\varepsilon_1\sin\beta_1} \tag{2-147}$$

或

$$\frac{r_1\cos\varepsilon_1}{\sin\beta_2}=\frac{L}{\sin(\beta_2-\beta_1)} \tag{2-148}$$

当满足约束时，可解出

$$r_2=\sqrt{r_1^2+L^2-2r_1L\cos\varepsilon_1\sin\beta_1},\sin\varepsilon_2=\frac{r_1\sin\varepsilon_1}{r_2},\cos\varepsilon_2=\frac{r_1\cos\varepsilon_1\sin\beta_1}{r_2\sin\beta_2} \tag{2-149}$$

其实，第一个测量站测量的三维信息已经定位了目标空间位置，通过坐标转

换到第二测量站的目标坐标,只是为了判断第二个测量的坐标是否与转换的坐标相同。

2.6.2　2+2 支援模式

某一测量站获得目标的二维信息,目标位置不能确定。另一测量站同步获得目标的二维信息,是否为同一批目标,需要依据条件判断。当不满足时可以排除同一目标的假设;当满足时,可以初步确定为同一批目标,还需进一步依据后面的测量序列的一致性和其他信息判断。一般有以下这些约束

$$\begin{cases} r_1\sin\varepsilon_1 = r_2\sin\varepsilon_2 = H \\ \cot\varepsilon_1\sin\beta_1 = \cot\varepsilon_2\sin\beta_2 = h/H = \cot\theta \\ r_1^2 + \dfrac{L\sin^2\beta_1}{\sin^2(\beta_2-\beta_1)} = \dfrac{L\sin^2\beta_2}{\sin^2(\beta_2-\beta_1)} + r_2^2 \\ \dfrac{r_1\cos\varepsilon_1}{\sin\beta_2} = \dfrac{L}{\sin(\beta_2-\beta_1)} = \dfrac{r_2\cos\varepsilon_2}{\sin\beta_1} \end{cases} \tag{2-150}$$

(1) $f(\varepsilon_1,\beta_1,\varepsilon_2,\beta_2)=0$,约束条件为:$\sin\beta_1\cot\varepsilon_1 = \sin\beta_2\cot\varepsilon_2 = \cot\theta$
式中:θ 为二面角。

若初步判定两站所观测的二维数据指向同一目标,由投影三角形交叉定位可解出目标的距离

$$\begin{cases} r_1 = \dfrac{L\sin\beta_2}{\sin(\beta_2-\beta_1)\cos\varepsilon_1} \\ r_2 = \dfrac{L\sin\beta_1}{\sin(\beta_2-\beta_1)\cos\varepsilon_2} \end{cases} \tag{2-151}$$

(2) $f(r_1,\beta_1,r_2,\beta_2)=0$,约束条件为

$$r_1^2 + \frac{L^2\sin^2\beta_1}{\sin^2(\beta_2-\beta_1)} = r_2^2 + \frac{L^2\sin^2\beta_2}{\sin^2(\beta_2-\beta_1)} \tag{2-152}$$

当满足约束时,可解出

$$\cos\varepsilon_1 = \frac{L\sin\beta_2}{r_1\sin(\beta_2-\beta_1)} \tag{2-153a}$$

$$\cos\varepsilon_2 = \frac{L\sin\beta_1}{r_2\sin(\beta_2-\beta_1)} \tag{2-153b}$$

由勾股定理可计算出距离 r_1,r_2,从而确定目标位置。

(3) $f(r_1,\varepsilon_1,r_2,\varepsilon_2)=0$,约束条件为 $r_1\sin\varepsilon_1 = r_2\sin\varepsilon_2$。

当满足约束时,可解出 $\cos\beta_1$、$\cos\beta_2$

$$\begin{cases} r_1^2\cos^2\varepsilon_1=r_2^2\cos^2\varepsilon_2+L^2+2Lr_2\cos\varepsilon_2\cos\beta_2 \\ r_2^2\cos^2\varepsilon_2=r_1^2\cos^2\varepsilon_1+L^2-2Lr_1\cos\varepsilon_1\cos\beta_1 \end{cases} \tag{2-154}$$

(4) $f(r_1,\beta_1,r_2,\varepsilon_2)=0$,约束条件为

$$\sqrt{r_1^2-r_2^2\sin^2\varepsilon_2}\cos\beta_1+\sqrt{r_2^2+r_2^2\sin^2\varepsilon_2\cos^2\beta_1-r_1^2\sin^2\beta_1}=L \tag{2-155}$$

若两站观测为同一目标,可得

$$\begin{cases} \sin\varepsilon_1=\dfrac{r_2}{r_1}\sin\varepsilon_2 \\ \sin\beta_2=\dfrac{r_1\sin\beta_1}{r_2\cos\varepsilon_2}\sqrt{1-\sin^2\varepsilon_1} \end{cases} \tag{2-156}$$

(5) $f(r_1,\beta_1,\beta_2,\varepsilon_2)=0$,约束条件为

$$r_1^2=L^2+\frac{L^2\sin^2\beta_1}{\sin^2(\beta_2-\beta_1)\cos^2\varepsilon_2}+2\frac{L^2\sin\beta_1\cos\beta_2}{\sin(\beta_2-\beta_1)} \tag{2-157}$$

若两站观测为同一目标,可得

$$\begin{cases} r_2=\dfrac{L\sin\beta_1}{\sin(\beta_2-\beta_1)\cos\varepsilon_2} \\ \cos\varepsilon_1=\dfrac{L\sin\beta_2}{r_1\sin(\beta_2-\beta_1)} \end{cases} \tag{2-158}$$

从而确定出目标位置。

(6) $f(r_1,\varepsilon_1,\beta_2,\varepsilon_2)=0$,约束条件为

$$r_1^2\cos^2\varepsilon_1=L^2+r_1^2\sin^2\varepsilon_1\cot^2\varepsilon_2+2Lr_1\sin\varepsilon_1\cot\varepsilon_2\cos\beta_2 \tag{2-159}$$

若两站观测为同一目标,可得

$$\begin{cases} \sin\beta_1=\sin\beta_2\cot\varepsilon_2\tan\varepsilon_1 \\ r_2=\dfrac{r_1\sin\varepsilon_1}{\sin\varepsilon_2} \end{cases} \tag{2-160}$$

当一个雷达站获得目标三维信息,另一个雷达站能够获得目标二维以上(含二维)的信息时,在3+1模式的基础上进行双重约束分析判断。

2.6.3 2+1 支援模式

对于同一观测目标,当两雷达站获得的信息都不完整时,利用两站的信息支援可以在某些情况下确定出目标位置或给出目标所在位置的可能情况,无法提供约束条件时,当解算出提供二坐标的第3个坐标时,套用3+1模式进一步求解。

(1) $f(\varepsilon_1,\beta_1,r_2)=0$,解算:$r_2^2=r_1^2+L^2-2Lr_1\cos\varepsilon_1\cos\beta_1$,

$$r_1=L\cos\varepsilon_1\cos\beta_1\pm\sqrt{r_2^2-L^2(1-\cos^2\varepsilon_1\cos^2\beta_1)} \tag{2-161}$$

(2) $f(\varepsilon_1,\beta_1,\beta_2)=0$,解算

$$r_1=\frac{L\sin\beta_2}{\sin(\beta_2-\beta_1)\cos\varepsilon_1} \tag{2-162}$$

(3) $f(r_1,\beta_1,r_2)=0$,解算

$$r_2^2=L^2+r_1^2-2Lr_1\cos\varepsilon_1\cos\beta_1 \tag{2-163a}$$

$$\cos\varepsilon_1=\frac{L^2+r_1^2-r_2^2}{2Lr_1\cos\beta_1} \tag{2-163b}$$

(4) $f(r_1,\beta_1,\beta_2)=0$,解算

$$\cos\varepsilon_1=\frac{L\sin\beta_2}{r_1\sin(\beta_2-\beta_1)} \tag{2-164}$$

(5) $f(r_1,\varepsilon_1,r_2)=0$,解算

$$r_2^2=r_1^2+L^2-2Lr_1\cos\varepsilon_1\cos\beta_1 \tag{2-165}$$

(6) $f(\varepsilon_1,\beta_1,\varepsilon_2)=0$,解算

$$\sin\beta_2=\sin\beta_1\cot\varepsilon_1\tan\varepsilon_2,\quad \cos\beta_2=-\sqrt{1-(\sin\beta_1\cot\varepsilon_1\tan\varepsilon_2)^2} \tag{2-166}$$

$$r_1=\frac{L\sin\beta_2}{\cos\varepsilon_1[\sin\beta_2\cos\beta_1-\cos\beta_2\sin\beta_1]} \tag{2-167}$$

还有多种情况,不能一一列举,请参考有关文献。

参考文献

[1] 刘进忙,罗红英. 基于几何关系的目标信息分坐标处理原理研究[J]. 空军工程大学学报,2009,(3):27-31.

[2] 刘进忙,周炜,李涛. 并肩三角形的几何定理和代数约束[J]. 空军工程大学学报(自然科学版),2016,17(5):89-94.

[3] 王林全. 初等几何研究教程[M]. 广州:暨南大学出版社,2001:265-268.

[4] J. 阿达玛. 几何学教程(立体几何卷)[M]. 朱德祥,朱维综,译. 哈尔滨:哈尔滨工业大学出版社,2011:269-272,274-275.

第 3 章　单站单坐标参数航迹跟踪原理

在实际战场对抗环境中,可能会出现目标多维测量的某些维度信息丢失现象,导致目标跟踪性能降低,甚至无法跟踪。本章假设在最差情况下,只有一维目标测量坐标,分别从纯方位、纯距离、纯仰角等方面展开研究,提出了一套单站单坐标滤波和参数航迹跟踪的方法。基于不变量的单坐标原理,建立相应的目标飞行模型,解算出目标分坐标航迹参数,推导出对应的预测公式,实现目标单坐标的有效跟踪。提出了基于不变量的参数航迹和纯仰角滤波处理方法,给出了跟踪算法的误差精度或误差曲线。

3.1　单站纯方位目标参数航迹的解算

3.1.1　直线航向的纯方位估计原理[1]

如图 3.1 所示,目标沿直线水平匀速运动,设目标航向与正北轴向 N 夹角为 α_0,测量时间分别为 $t_0, t_1, \cdots, t_n$,已经测量得到 $\beta_1, \beta_2, \cdots \beta_n$。

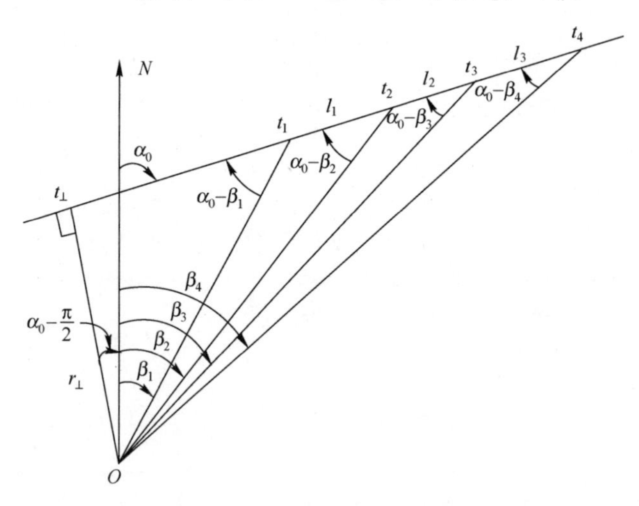

图 3.1　平面目标直线运动纯方位观测示意图

依据图3.1给出的几何关系,采用定理2.1,可得三个方位测量值和航迹参量 α_0 的非线性关系:

$$l_2\cot(\alpha_0-\beta_1)-(l_1+l_2)\cot(\alpha_0-\beta_2)+l_1\cot(\alpha_0-\beta_3)=0 \tag{3-1}$$

由式(3-1)经过推导,可得

$$\cot\alpha_0=-\frac{l_2\sin(-\beta_1+\beta_2+\beta_3)-(l_1+l_2)\sin(\beta_1-\beta_2+\beta_3)+l_1\sin(\beta_1+\beta_2-\beta_3)}{l_2\cos(-\beta_1+\beta_2+\beta_3)-(l_1+l_2)\cos(\beta_1-\beta_2+\beta_3)+l_1\cos(\beta_1+\beta_2-\beta_3)} \tag{3-2}$$

预测的 β_4 可计算为

$$\cot\beta_4=-\frac{\left\{\begin{array}{c}l_2(l_1+l_2+l_3)\sin(-\beta_1+\beta_2+\beta_3)-(l_1+l_2)(l_2+l_3)\sin(\beta_1-\beta_2+\beta_3)\\+l_1l_3\sin(\beta_1+\beta_2-\beta_3)\end{array}\right\}}{\left\{\begin{array}{c}l_2(l_1+l_2+l_3)\cos(-\beta_1+\beta_2+\beta_3)-(l_1+l_2)(l_2+l_3)\cos(\beta_1-\beta_2+\beta_3)\\+l_1l_3\cos(\beta_1+\beta_2-\beta_3)\end{array}\right\}} \tag{3-3}$$

1. 匀速直线运动

设 $l_1=l_2=l_3=\cdots=l$,观测站等时间间隔测量,目标水平速度为 V_1,测量时刻分别为 $t_0,t_1,\cdots,t_n$,测量时间间隔为 T,$l=VT$,代入式(3-3),有

$$\begin{aligned}\cot\alpha_0&=-\cot\beta_1\cot\beta_2\cot\beta_3\frac{\tan\beta_1-2\tan\beta_2+\tan\beta_3}{\cot\beta_1-2\cot\beta_2+\cot\beta_3}\\&=-\frac{\sin(-\beta_1+\beta_2+\beta_3)-2\sin(\beta_1-\beta_2+\beta_3)+\sin(\beta_1+\beta_2-\beta_3)}{\cos(-\beta_1+\beta_2+\beta_3)-2\cos(\beta_1-\beta_2+\beta_3)+\cos(\beta_1+\beta_2-\beta_3)}\end{aligned} \tag{3-4}$$

令 $\theta_{i1}=-\beta_{i-1}+\beta_i+\beta_{i+1}$, $\theta_{i2}=\beta_{i-1}-\beta_i+\beta_{i+1}$, $\theta_{i3}=\beta_{i-1}+\beta_i-\beta_{i+1}$, $c_i=\cos\theta_{i1}-2\cos\theta_{i2}+\cos\theta_{i3}$, $s_i=\sin\theta_{i1}-2\sin\theta_{i2}+\sin\theta_{i3}$。

则

$$\cot\alpha_0=-\frac{s_i}{c_i}$$

当受到测量值随机误差的影响时,角度 α_0 的估计偏差为 $\delta(\alpha_0)$,即

$$\delta(\alpha_0)=\frac{\sin^2\alpha_0}{c_i^2}[K_{i1}\delta(\beta_{i-1})+K_{i2}\delta(\beta_i)+K_{i3}\delta(\beta_{i+1})]$$

式中:$K_{i1}=c_i^2+s_i^2-2(c_i\cos\theta_{i1}+s_i\sin\theta_{i1})$;$K_{i2}=c_i^2+s_i^2+4(c_i\cos\theta_{i2}+s_i\sin\theta_{i2})$;$K_{i3}=c_i^2+s_i^2-2(c_i\cos\theta_{i3}+s_i\sin\theta_{i3})$。

令 $\boldsymbol{\beta}_i=[\beta_{i-1},\beta_i,\beta_{i+1}]^{\mathrm{T}}$,当 $\delta(\boldsymbol{\beta}_i)=\mathbf{0}$ 时,$\delta(\alpha_0)=0$,所以 α_0 是关于 $\boldsymbol{\beta}_i$ 的无偏估计。

由于测量值β_{i-1},β_i,β_{i+1}相互独立,因此,可求得α_0的方差$\sigma^2(\alpha_0)$为

$$\sigma^2(\alpha_0)=\frac{\sin^4\alpha_0}{c_i^4}[K_{i1}^2\sigma^2(\beta_{i-1})+K_{i2}^2\sigma^2(\beta_i)+K_{i3}^2\sigma^2(\beta_{i+1})]$$

式中:$\sigma^2(\beta_i)$为测量噪声β_i的方差。若任意时刻测量噪声方差不变,则

$$\sigma^2(\alpha_0)=\frac{\sin^4\alpha_0}{c_i^4}[K_{i1}^2+K_{i2}^2+K_{i3}^2]\sigma^2(\beta)$$

由上式可知,$\sigma^2(\alpha_0)$与测量噪声方差$\sigma^2(\beta)$成正比,且与α_0的值、β_{i-1},β_i,β_{i+1}之间的关系等有关,当$\beta_{i-1}=\beta_i=\beta_{i+1}$时,$c_i^4\to 0$,$\sigma^2(\alpha_0)\to\infty$,因此匀速直线运动目标的航迹延长线不能经过观测站,即目标航路捷径不能为0,或者β_{i-1},β_i,β_{i+1}之间的间隔不能太小,否则,受噪声影响情况下将会造成对α_0估计误差的增大,反之,对测量的方位角做平滑处理,将多个周期测量方位的变化当做一个β_i,适当增加β_{i-1},β_i,β_{i+1}之间的间隔有利于提高对α_0的预测精度。但若β_i之间间隔过大,则会降低算法的灵敏性。

根据测量方位序列,可统计出α_0的位置。其他参数可采用如下的方法估计

$$\begin{bmatrix} c_2 & s_2 \\ c_3 & s_3 \\ \vdots & \vdots \\ c_{m-1} & s_{m-1} \end{bmatrix}\begin{bmatrix}\cos\alpha_0 \\ \sin\alpha_0\end{bmatrix}=\begin{bmatrix}0\\0\\\vdots\\0\end{bmatrix} \tag{3-5}$$

可对式(3-5)求取最小二乘、最小范数解,求出递推解的表示形式。在此略。

用前三点的方位值预测$\hat{\beta}_4$,即

$$\cot\hat{\beta}_4=-\frac{3\sin(-\beta_1+\beta_2+\beta_3)-4\sin(\beta_1-\beta_2+\beta_3)+\sin(\beta_1+\beta_2-\beta_3)}{3\cos(-\beta_1+\beta_2+\beta_3)-4\cos(\beta_1-\beta_2+\beta_3)+\cos(\beta_1+\beta_2-\beta_3)} \tag{3-6}$$

令$\theta_1=-\beta_1+\beta_2+\beta_3$,$\theta_2=\beta_1-\beta_2+\beta_3$,$\theta_3=\beta_1+\beta_2-\beta_3$,有

$$c=3\cos\theta_1-4\cos\theta_2+\cos\theta_3,\quad s=3\sin\theta_1-4\sin\theta_2+\sin\theta_3。$$

当受到测量值随机误差的影响时,$\hat{\beta}_4$的预测偏差为$\delta(\hat{\beta}_4)$,即

$$\delta(\hat{\beta}_4)=\frac{\sin^2\hat{\beta}_4}{c^2}[K_1\delta(\beta_1)+K_2\delta(\beta_2)+K_3\delta(\beta_3)]$$

式中:$K_1=c^2+s^2-6(c\cos\theta_1+s\sin\theta_1)$;$K_2=c^2+s^2+8(c\cos\theta_2+s\sin\theta_2)$;$K_3=c^2+s^2-2(c\cos\theta_3+s\sin\theta_3)$。因此,对$\beta_4$的预测是无偏的。

令$\sigma^2(\beta)=\sigma^2(\beta_1)=\sigma^2(\beta_2)=\sigma^2(\beta_3)$,$\beta_4$的预测方差为

$$\sigma^2(\hat{\beta}_4)=\frac{\sin^4\hat{\beta}_4}{c^4}[K_1^2\sigma^2(\beta_1)+K_2^2\sigma^2(\beta_2)+K_3^2\sigma^2(\beta_3)]$$

$$\frac{\sin^4\hat{\beta}_4}{c^4}[K_1^2+K_2^2+K_3^2]\sigma^2(\beta)$$

当满足 $|\beta_4-\hat{\beta}_4|\leqslant\theta_\beta$ 时，根据相关联的概率决定波门 $\theta_\beta=k\sigma(\hat{\beta}_4)\,(k=3\sim5)$ 的大小。

按指数加权滑动平均法（EWMA）[2]，对$\hat{\beta}_4$ 进行滤波，实现目标的跟踪

$$\hat{\beta}_{4|4}=\hat{\beta}_4+\lambda(\beta_4-\hat{\beta}_4) \tag{3-7}$$

对 β_4 的估计方差为

$$\sigma^2(\hat{\beta}_{4|4})=(1-\lambda)^2\sigma^2(\hat{\beta}_4)+\lambda^2\sigma^2(\beta_4)$$

式中：$\hat{\beta}_{4|4}$为已测量第 4 点目标方位值 β_4（有测量误差）时目标方位的滤波值，λ 为指数平滑常数，根据目标机动的情况，取值在 $0\sim1$，$\sigma^2(\beta_4)$ 为测量噪声方差。对 β_4 的估计方差是预测方差与测量方差的加权结果。

特殊情况：

（1）当 $H=0$ 时为不可观测状态。在这种情况下，目标航迹通过观测站，所测量的目标方位序列为常值，或在一个值左右摆动，这种情况可用不在目标航迹上的其他观测站测量；对近距离目标可通过观测目标像素的增减来判断目标的运动情况。

（2）目标机动情况，当目标纯方位航迹的三参数 $\alpha_0,t_\perp,V_1/H$ 中有任一个发生变化时，可判为目标机动。故利用式（3-5）平滑的 m 不宜太长。当目标机动时，可采用不同的模型进行目标纯方位的滤波和预测，实现目标的纯方位序列的跟踪。其他纯方位航迹参数可通过式（3-8）求出：

$$\begin{bmatrix}1 & t_1\\ 1 & t_2\\ \vdots & \vdots\\ 1 & t_n\end{bmatrix}\begin{bmatrix}-\dfrac{V_1}{H}t_\perp\\ \dfrac{V_1}{H}\end{bmatrix}=\begin{bmatrix}\cot(\alpha_0-\beta_1)\\ \cot(\alpha_0-\beta_2)\\ \vdots\\ \cot(\alpha_0-\beta_n)\end{bmatrix} \tag{3-8}$$

对式（3-8）进行总体最小二乘方法求解，在此略。

（3）航迹起始可采用连续 3 次量测获得的目标方位角 $\beta_{i-1},\beta_i,\beta_{i+1},i\geqslant1$ 计算航向角（航迹参数），并对第 4 个方位角 β_{i+2}进行预测。当测量相邻 4 个方位时，可用前 3 个和后 3 个分别计算计算航向角，判断是否相同。若相同，则 4 个量测形成的航迹在一条直线上，对更多的测量角，计算相邻 4 个角的交比值。若不同，目标可能机动。

2. 匀加速直线运动

设传感器采用等间隔 T 测量目标的方位序列，在时刻 $t_0,t_1,\cdots,t_n$ 测量的目标序列为 $\beta_1,\beta_2,\cdots\beta_n$，目标匀加速直线运动，任意相邻四个时刻对应的航迹上三段为：l_{i-1},l_i,l_{i+1}，有关系为：$l_{i-1}=l_i-\Delta,l_{i+1}=l_i+\Delta,\Delta=aT^2,l_{i-1}+l_i+l_{i+1}=3l_i,(l_{i-1}+l_i)(l_i+l_{i+1})=4l_i^2-\Delta^2$。建立目标匀加速直线运动模型，前后四个方位测量值给出航迹不变量 α_0,Δ,H 及 l_i 关系，可用式(3-9)描述

$$\begin{cases}\cot(\alpha_0-\beta_{i-1})-3\cot(\alpha_0-\beta_i)+3\cot(\alpha_0-\beta_{i+1})-\cot(\alpha_0-\beta_{i+2})=0\\ \cot(\alpha_0-\beta_{i-1})-2\cot(\alpha_0-\beta_i)-\cot(\alpha_0-\beta_i)=\dfrac{\Delta}{H}\\ -\cot(\alpha_0-\beta_{i-1})+\cot(\alpha_0-\beta_{i+2})=\dfrac{3l_i}{H}\end{cases} \tag{3-9}$$

为书写方便，采用 $\beta_1,\beta_2,\beta_3,\beta_4$ 形式，解式(3-9)的第一式，详细推导可得

$$A\cos2\alpha_0-B\sin2\alpha_0=C \tag{3-10}$$

式中

$$\begin{aligned}C&=2\sin(\beta_1+\beta_2-\beta_3-\beta_4)-4\sin(\beta_1-\beta_2+\beta_3-\beta_4)\\ A&=\sin(-\beta_1+\beta_2+\beta_3+\beta_4)-3\sin(\beta_1-\beta_2+\beta_3+\beta_4)\\ &\quad+3\sin(\beta_1+\beta_2-\beta_3+\beta_4)-\sin(\beta_1+\beta_2+\beta_3-\beta_4)\\ B&=\cos(-\beta_1+\beta_2+\beta_3+\beta_4)-3\cos(\beta_1-\beta_2+\beta_3+\beta_4)\\ &\quad+3\cos(\beta_1+\beta_2-\beta_3+\beta_4)-\cos(\beta_1+\beta_2+\beta_3-\beta_4)\end{aligned}$$

可采用类似式(3-5)的形式，用总体最小二乘方法解出 $2\alpha_0$。

另外，有 $\cos2\alpha=\dfrac{1-\tan^2\alpha}{1+\tan^2\alpha},\sin2\alpha=\dfrac{2\tan\alpha}{1+\tan^2\alpha}$，代入式(3-10)得到

$$(C+A)\tan^2\alpha_0+2B\tan\alpha_0+(C-A)=0$$

其解为

$$\tan\alpha_0=\frac{B\pm\sqrt{B^2-(C+A)(C-A)}}{(A+C)}=\frac{B\pm\sqrt{B^2+A^2-C^2}}{A+C} \tag{3-11}$$

结论：基于纯方位匀加速直线运动的航向有两条，分别对应目标做匀加(减)速运动，依据纯方位序列无法分辨其航迹为加速或减速运动。

在多次测量的条件下，式(3-11)可以通过矩阵形式和总体最小二乘方法解出主要的航迹参数 α,α_0 等，而计算出的航迹参数可能以相对值的形式给出。

对于以平面内一个点为起点的四条射线，若存在一组平行线簇能够被这四条射线等间距采样，则可将该直线等效为目标匀速直线运动的航迹，而射线的起

点可看作是传感器的观测点,四个相交点为传感器对目标的等时间间隔的采样点。依据高等几何中交比的定义,在没有角度测量误差的情况下,若存在一条直线能够被这四条射线等距离间隔分割,且分割的间距满足目标匀加(减)速运动的规律(即分割的相邻线段的差相同);同理,若存在一条直线被这四条射线分割,间距满足目标匀加(减)速规律,则在这个采样条件下,即不存在能够被这四条射线等间距分割的直线。因此,当获得目标航迹的一组纯方位测量值时,很容易区分目标是做匀速直线运动还是匀加(减)速直线运动,但由式(3-11)可知,当目标做匀加速或匀减速直线运动时,通过以上方法计算得到的目标航向角 α_0 有两个,分别对应匀加速直线运动和匀减速直线运动的航向角,因此,不能区分目标是做匀加速还是匀减速直线运动,需要通过其他方法进一步判断。当存在测量误差,且传感器采样频率足够高时,可近似认为匀加速和匀减速的斜率平均值为匀速直线。

除了匀速和匀加速直线运动之外,还有更多的运动模型,可根据传感器测量特点(如周期、精度、作用距离等)及目标的运动特性(最大速度、加速度、航路捷径、飞行高度等)确定选取的模型,对较高速率的测量序列,可用匀速、匀加速直线模型近似逼近目标转弯机动。

3. 匀速运动序列方位夹角与航迹参数的关系

当传感器采样周期较长时,可进一步研究方位序列之间的夹角与航迹参数之间的关系,设目标在水平面做匀速直线运动,其描述方程为

$$\cot(\alpha_0-\beta_t)=\frac{V_1(t-t'_\perp)}{r'_\perp} \tag{3-12}$$

式中:α_0 为航迹直线与 Y 轴之间的夹角,顺时针方向为正,即航向角;$r'_\perp$,$t'_\perp$ 分别为航迹直线与观测站的垂直距离和时刻;V_1 为目标运动速度。若传感器等间隔采样,即 $t_2-t_1=t_3-t_2=\cdots=t_n-t_{n-1}=T$,以两时间平均值表示时间,则任意两相邻时刻的方位夹角为

$$\begin{aligned}\cot\theta_t&=\cot(\beta_{i+1}-\beta_i)=\cot[(\alpha_0-\beta_i)-(\alpha_0-\beta_{i+1})]\\&=\frac{V_1(t_{i+1}-t'_\perp)V_1(t_i-t'_\perp)+r'^2_\perp}{r'_\perp V_1 T}=\frac{r'_\perp}{V_1 T}-\frac{V_1}{r'_\perp}\frac{T}{4}+\frac{V_1}{r'_\perp T}(t-t'_\perp)^2,\ t=\frac{t_i+t_{i+1}}{2}\end{aligned} \tag{3-13}$$

由此可见,等间隔采样其直线所产生的任意两相邻时刻方位夹角的余切为二次曲线函数,其最小点在 $t=t'_\perp$ 处;展开式(3-13)右端的二次项,采用最小二乘方法求出下式中各系数 k_1,k_2,k_3:$Q_\theta=\sum_{i=1}^{n}(\cot\theta_{t_i}-k_1t_i^2-k_2t_i-k_3)^2$,可较好逼近 $t_\perp$,$V/r'_\perp$ 参数。

从以上参数可以看出,θ_i 不含 α_0 的信息。当已知 $t_\perp$,$V/r'_\perp$ 后可采用式(3-14)

估计 α_0

$$\cot\alpha_0=\frac{-\sin\beta_t+\dfrac{V}{r'_\perp}(t-t'_\perp)\cos\beta_t}{\cos\beta_t+\dfrac{V}{r'_\perp}(t-t'_\perp)\sin\beta_t} \tag{3-14}$$

令 $K_t=-\dfrac{\sin^2\alpha_0}{\left(\cos\beta_t+\dfrac{V}{r'_\perp}(t-t'_\perp)\sin\beta_t\right)^2}$,则

$$\delta(\alpha_0)=\delta(\beta_t)-K_t(t-t'_\perp)\delta(V/r'_\perp)+K_t(V/r'_\perp)\delta(t'_\perp)$$

$$\sigma^2(\alpha_0)=\sigma^2(\beta_t)+K_t^2\,(t-t'_\perp)^2\sigma^2(V/r'_\perp)+K_t^2\,(V/r'_\perp)^2\sigma^2(t'_\perp)$$

由上式可知,α_0 的估计方差 $\sigma^2(\alpha_0)$ 与 β_t 的测量误差以及 $t_\perp$ 和 $V/r'_\perp$ 的估计误差有关,且当 $\cos\beta_t+\dfrac{V}{r'_\perp}(t-t'_\perp)\sin\beta_t\to 0$ 时,$\sigma^2(\alpha_0)\to\infty$ 。

4. 仿真实验验证

设测量系统在坐标原点,空中目标初始化位置为(0m,4000m),目标做匀速直线运动,速度为200m/s,测量间隔为10s,航向角(与正北方向夹角)为π/6,对目标进行100次测量,测量误差均值为0,方差为0.01的高斯白噪声,仿真结果如图3.2所示。

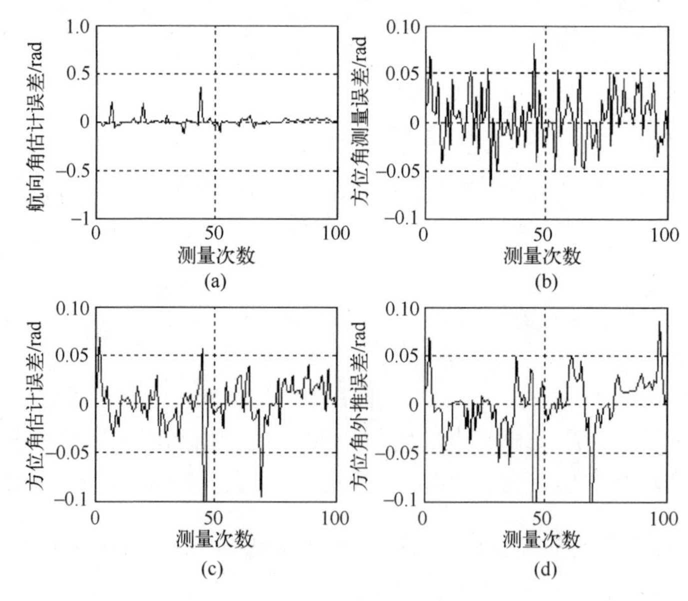

图 3.2 匀速直线运动估计结果

目标做匀加速直线运动,仿真结果如图 3.3 所示,设目标初始化位置为(0m,4000m),目标速度为 200m/s,航向角(与正北方向夹角)为 π/6,加速度为 $10m/s^2$,测量间隔设为 10s,对目标进行 100 次测量,测量误差均值为 0,标准差为 0.01 的高斯白噪声。

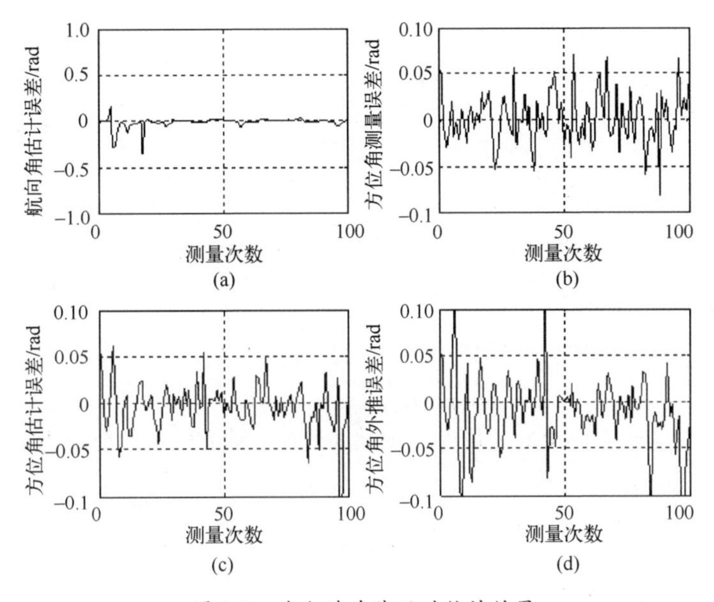

图 3.3　匀加速直线运动估计结果

当方位角加入一定的观测噪声时,中间某几次测量中会出现较大的误差,这是由于对航向角的估计是非线性的,造成本书方法对观测噪声的敏感性。在实际应用中可采用几种方法来减小这种误差:一是去异点法,较大的误差点一般都不是很多,只有几个,而且偏离均值比较大可以直接去掉;二是可以取分段的估计值平均后作为最终估计值,经过多次实验发现出现较大误差的目标位置大概都在一定的距离范围内,因此可以屏蔽此范围内的估计值;三是采用滤波方法减少噪声的影响。

3.1.2　直线运动目标的参数航迹滤波

1. 匀速直线运动目标的参数航迹滤波

1) 匀速直线运动目标的参数航迹滤波算法

(1) 二参数的匀速直线运动参数航迹滤波算法。设目标沿直线 l 匀速直线运动,观测站在 O 点,目标航向角为 α_0,目标在 t 时刻的观测方位角为 β_t。目标在 t_0 时刻的观测方位角为 β_0,距离观测站的距离为 r_0,如图 3.4 所示。

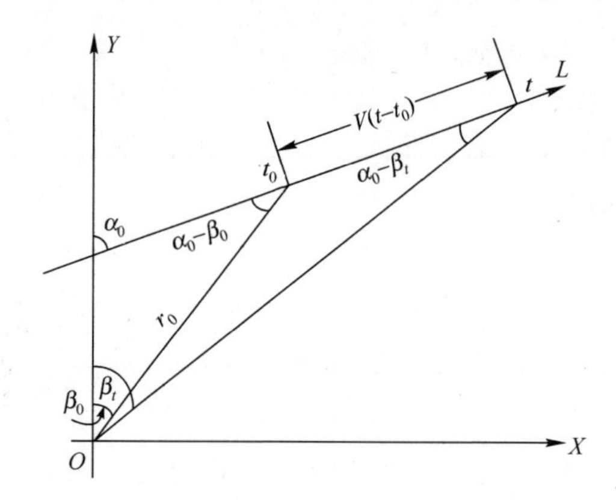

图 3.4 目标匀速直线运动水平面示意图

由正弦定理可得

$$\frac{V(t-t_0)}{\sin(\beta_t-\beta_0)}=\frac{r_0}{\sin(\alpha_0-\beta_t)} \tag{3-15}$$

速度 V 在 x 轴方向上的分量为 $V_x=V\sin\alpha_0$,在 y 轴方向上的分量为 $V_y=V\cos\alpha_0$,则式(3-15)可化为

$$\left(\frac{V_x}{r_0}\cos\beta_t-\frac{V_y}{r_0}\sin\beta_t\right)(t-t_0)=\sin\beta_t\cos\beta_0-\cos\beta_t\sin\beta_0 \tag{3-16}$$

矩阵形式为

$$\begin{bmatrix} t_1-t_0 & & & \\ & t_2-t_0 & & \\ & & \ddots & \\ & & & t_n-t_0 \end{bmatrix}\begin{bmatrix} \cos\beta_1 & -\sin\beta_1 \\ \cos\beta_2 & -\sin\beta_2 \\ \vdots & \vdots \\ \cos\beta_n & -\sin\beta_n \end{bmatrix}\begin{bmatrix} \dfrac{V_x}{r_0} \\ \dfrac{V_y}{r_0} \end{bmatrix}=-\begin{bmatrix} \cos\beta_1 & -\sin\beta_1 \\ \cos\beta_2 & -\sin\beta_2 \\ \vdots & \vdots \\ \cos\beta_n & -\sin\beta_n \end{bmatrix}\begin{bmatrix} \sin\beta_0 \\ \cos\beta_0 \end{bmatrix} \tag{3-17}$$

则可求得

$$\hat{\boldsymbol{X}}=-(\boldsymbol{A}^{\mathrm{T}}\boldsymbol{T}^2\boldsymbol{A})^{-1}\boldsymbol{A}^{\mathrm{T}}\boldsymbol{T}\boldsymbol{A}\boldsymbol{b} \tag{3-18}$$

式中:$\hat{\boldsymbol{X}}=\begin{bmatrix} \dfrac{V_x}{r_0} \\ \dfrac{V_y}{r_0} \end{bmatrix}$;$\boldsymbol{A}=\begin{bmatrix} \cos\beta_1 & -\sin\beta_1 \\ \cos\beta_2 & -\sin\beta_2 \\ \vdots & \vdots \\ \cos\beta_n & -\sin\beta_n \end{bmatrix}$;$\boldsymbol{b}=\begin{bmatrix} \sin\beta_0 \\ \cos\beta_0 \end{bmatrix}$。

式(3-16)等式两边同除以 $\cos\beta_t$ 可以变形得到

$$\tan\beta_t = \frac{\dfrac{V_x}{r_0}(t-t_0)+\sin\beta_0}{\dfrac{V_y}{r_0}(t-t_0)+\cos\beta_0} \tag{3-19}$$

因此,当采样间隔和 β_0 已知情况下,只需通过式(3-18)求得参数 $\frac{V_x}{r_0}$ 和 $\frac{V_y}{r_0}$ 就可对 β_t 进行估计。

(2) 三参数的匀速直线运动参数航迹滤波算法。设目标沿直线 l 匀速直线运动,观测站在 O 点,目标航向角为 α_0,目标在 t 时刻的观测方位角为 β_t,运动方程与式(3-12)相同,红外单站观测方程为

$$\beta_t = \beta_t' + n_{\beta_t}, n_{\beta_t} \sim N(0, \sigma_t^2) \tag{3-20}$$

考虑到航线上各个点坐标对测量误差影响的大小不同,采用加权处理各测量时刻,构造参量加权最小二乘目标函数为

$$\begin{aligned} Q &= \sum_{t=1}^{n} \frac{\sin^2(\alpha_0-\beta_t)}{\sigma_t^2}\left[\cot(\alpha_0-\beta_t) - \frac{V_1}{r_\perp'}(t-t_\perp')\right]^2 \\ &= \frac{1}{\sigma_t^2}\sum_{t=1}^{n}(\cos\beta_t Z_1 + \sin\beta_t Z_2 + t\sin\beta_t Z_3 - t\cos\beta_t)^2 \end{aligned} \tag{3-21}$$

式中:$Z_1 = t_\perp + \frac{r_\perp'}{V_1}\cot\alpha_0$;$Z_2 = \frac{r_\perp'}{V_1} - t_\perp'\cot\alpha_0$;$Z_3 = \cot\alpha_0$。

令 $\frac{\partial Q}{\partial Z_1}=0, \frac{\partial Q}{\partial Z_2}=0, \frac{\partial Q}{\partial Z_3}=0$,使该目标函数 Q 达到最小值,从而可得方程

$$\cos\beta_t Z_1 + \sin\beta_t Z_2 + t\sin\beta_t Z_3 = t\cos\beta_t \tag{3-22}$$

同理,当分别在 $t_1, t_2, \cdots, t_n$ 时刻采样时,则有以下矩阵形式

$$\begin{bmatrix} \cos\beta_1 & \sin\beta_1 & t_1\sin\beta_1 \\ \cos\beta_2 & \sin\beta_2 & t_2\sin\beta_2 \\ \vdots & \vdots & \vdots \\ \cos\beta_n & \sin\beta_n & t_n\sin\beta_n \end{bmatrix} \begin{bmatrix} Z_1 \\ Z_2 \\ Z_3 \end{bmatrix} = \begin{bmatrix} t_1\cos\beta_1 \\ t_2\cos\beta_2 \\ \vdots \\ t_n\cos\beta_n \end{bmatrix} \tag{3-23}$$

采用矩阵符号形式,式(3-23)可表示为矩阵形式:$\boldsymbol{AZ}=\boldsymbol{Y}$。

由于观测噪声 n_{β_t} 的影响,无法得到真实的方位角信息 β_t',从而无法求出相应的系数矩阵 $\boldsymbol{A}'$ 和 $\boldsymbol{Y}'$,只能得到包含噪声分量的矩阵 $\boldsymbol{A}$ 和 $\boldsymbol{Y}$。因此利用总体最小二乘(Total Least Squares, TLS)方法[3]求解方程,较之一般的最小二乘方法(只考虑系数矩阵 $\boldsymbol{A}$ 有偏差,而认为 $\boldsymbol{Y}$ 是真实值),更为合理、有效。求解如下:

$$
\boldsymbol{Z}=\begin{bmatrix} Z_1 \\ Z_2 \\ Z_3 \end{bmatrix}=\begin{bmatrix} \boldsymbol{L}(2)/\boldsymbol{L}(1) \\ \boldsymbol{L}(3)/\boldsymbol{L}(1) \\ \boldsymbol{L}(4)/\boldsymbol{L}(1) \end{bmatrix} \tag{3-24}
$$

式中：$\boldsymbol{L}$ 为对增广矩阵$[\boldsymbol{Y},\boldsymbol{A}]$进行奇异值分解后，其最小奇异值所对应的右奇异向量，$\boldsymbol{L}(i)$为向量 $\boldsymbol{L}$ 中的第 i 个元素。可解出目标参数航迹的有关值

$$
\cot\alpha_0=Z_3;\frac{r'_\perp}{V_1}=\frac{Z_2+Z_1Z_3}{1+Z_3^2};t'_\perp=\frac{Z_1-Z_2Z_3}{1+Z_3^2} \tag{3-25}
$$

由此可见，在纯方位信息条件下，单站求解得到的目标参数航迹有三个值 $\cot\alpha_0,\frac{r'_\perp}{V_1},t'_\perp$。而具体的 $r'_\perp,V_1$ 值是不能由单站所解算的，需要融合多站有关目标的航迹参数才能够求解。

此外，利用 t_n 时刻计算得出的航迹参数，可用式(3-26)预测出 t_{n+1}时刻目标的观测方位角信息

$$
\begin{aligned}
\begin{bmatrix} \cos\beta_{n+1} \\ \sin\beta_{n+1} \end{bmatrix} &= \frac{\begin{bmatrix} V_1(t_{n+1}-t'_\perp) & r'_\perp \\ -r'_\perp & V_1(t_{n+1}-t'_\perp) \end{bmatrix}\begin{bmatrix} \cos\alpha_0 \\ \sin\alpha_0 \end{bmatrix}}{\sqrt{r'^2_\perp+V^2\,(t_{n+1}-t'_\perp)^2}} \\
&= \frac{\begin{bmatrix} \frac{V_1}{r'_\perp}(t_{n+1}-t'_\perp) & 1 \\ -1 & \frac{V_1}{r'_\perp}(t_{n+1}-t'_\perp) \end{bmatrix}\begin{bmatrix} \cos\alpha_0 \\ \sin\alpha_0 \end{bmatrix}}{\sqrt{1+\left(\frac{V_1}{r'_\perp}\right)^2\,(t_{n+1}-t'_\perp)^2}}
\end{aligned} \tag{3-26}
$$

令

$$
K_1=\frac{(t_{n+1}-t'_\perp)\frac{V}{r'_\perp}\cos(\alpha_0-\beta_{n+1})+\sin(\alpha_0-\beta_{n+1})}{\sqrt{1+\left(\frac{V_1}{r'_\perp}\right)^2\,(t_{n+1}-t'_\perp)^2}}
$$

$$
K_2=\frac{(t_{n+1}-t'_\perp)}{1+\left(\frac{V_1}{r'_\perp}\right)^2\,(t_{n+1}-t'_\perp)^2},K_3=\frac{V/r'_\perp}{1+\left(\frac{V_1}{r'_\perp}\right)^2\,(t_{n+1}-t'_\perp)^2}
$$

预测偏差

$$
\delta(\hat{\beta}_{n+1})=K_1\delta(\alpha_0)+K_1K_2\delta(V/r'_\perp)-K_1K_3\delta(t'_\perp) \tag{3-27}
$$

预测方差：

$$\sigma^2(\hat{\beta}_{n+1})=K_1^2\sigma^2(\alpha_0)+(K_1K_2)^2\sigma^2(V/r_\perp')+(K_1K_3)^2\sigma^2(t_\perp') \tag{3-28}$$

通过式(3-26)容易解算出方位角的预测值,可通过式(3-27)对预测值进行修正。

2) 算法仿真

(1) 二参数的参数航迹滤波仿真。

仿真场景一:假设目标 $t=0$s 时刻位置为(0,500)m,初始速度 $v=(80,50)$m/s,采样间隔时间 $T=0.05$s,$t_0=5$s,传感器对目标进行纯方位测量,测量误差的标准差为 $\sigma=0.003$rad,在 t_0 时刻之后,总共进行 1000 次测量。

场景二:假设目标的加速度为 $a=(-2,0)$m/s^2,其他条件与场景一相同。对目标运动轨迹和不同滑窗长度情况下的预测情况进行仿真。

图 3.5~图 3.9 为场景一的仿真结果图。图 3.5 为目标运动轨迹图。从图 3.6~图 3.8 可以看出,纯方位观测条件下,二参数的参数航迹解算方法能够对目标方位角进行较好的预测。从图 3.9 可以看出,在目标匀速直线运动条件下,滑窗长度越长,对目标方位角的预测精度越高,这是因为滑窗长度越长,在用最小二乘法求解参数时使用的有用信息越多,受到的误差影响越小。同时可以看出,在同一滑窗长度条件下,后期预测效果比前期效果差,在滑窗长度小时尤为明显,这是因为在测量的后期,目标距离观测站的距离远,方位角的变化率变小,误差相对角度变化率就越大,受误差影响越明显。

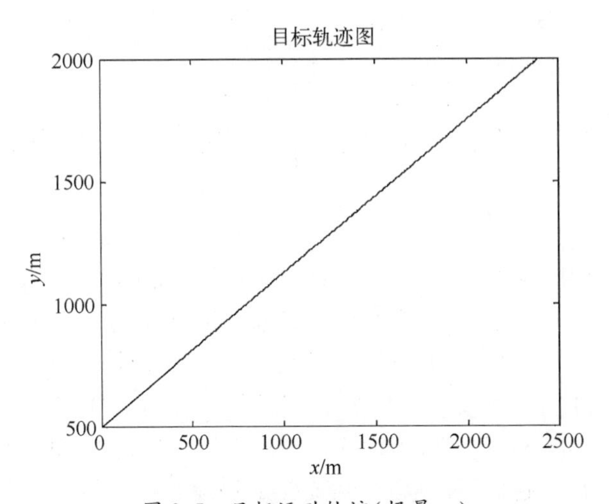

图 3.5　目标运动轨迹(场景一)

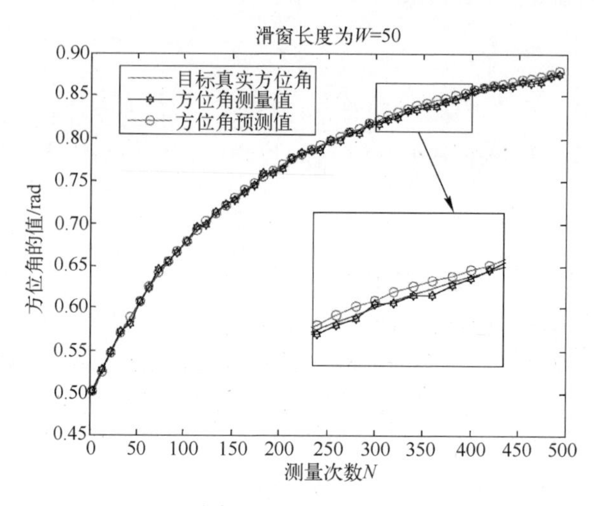

图 3.6　滑窗长度 $W=50$ 时目标方位角

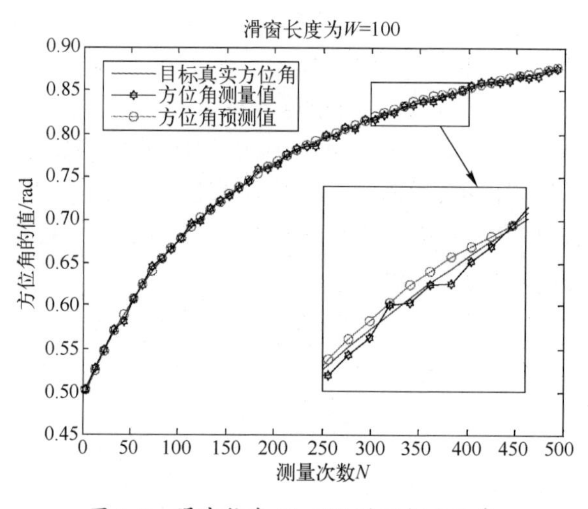

图 3.7　滑窗长度 $W=100$ 时目标方位角

图 3.10～图 3.14 为场景二的仿真结果图。图 3.10 为目标运动轨迹图。从图 3.11～图 3.13 可以看出,二参数的参数航迹滤波方法能够对曲线运动实现较好的跟踪,这是由于采样间隔比较短,在短时间内可将曲线近似为直线进行滤波处理。从图 3.14 可以看出,算法滑窗长度越长,跟踪效果越差,尤其到最后阶段,滑窗长度为 100 和 200 时,角度跟踪误差发散。这是由于此时目标运动方向变化快,而窗口长度越长,对运动方向变化的反应越慢,且此时在较长时间内用直线不能很好地近似目标运动轨迹。

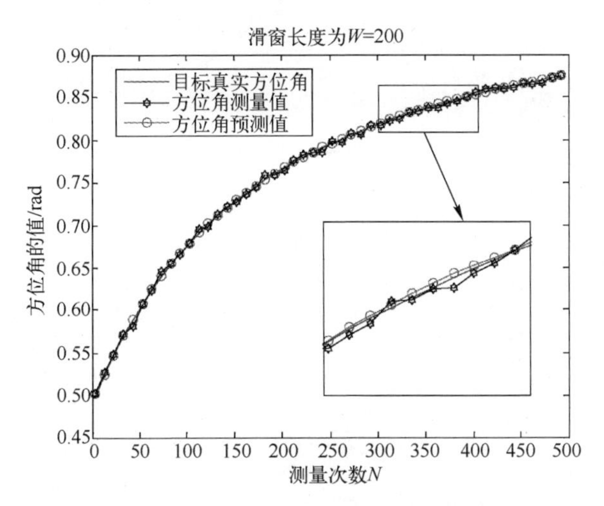

图 3.8　滑窗长度 $W=200$ 时目标方位角

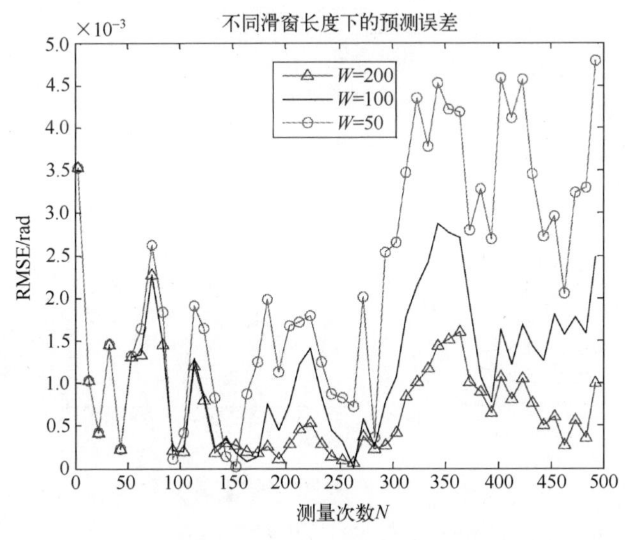

图 3.9　不同滑窗长度下的方位角预测误差(场景一)

结合场景一和场景二的仿真结果可知,二参数的参数航迹滤波方法需根据目标运动情况和噪声情况选取合理的滑窗长度,通常情况下,观测噪声越大,滑窗长度选取越长,目标运动方向变化越剧烈,滑窗长度则应选取越小。

(2) 三参数的参数航迹滤波仿真。

仿真环境:采样周期 $T=0.05\text{s}$,即每秒钟采样 20 帧,相邻两帧的时间间隔为 0.05s,仿真场景中的观测噪声 $n_{\beta_t} \sim N(0,\sigma_t^2)$,$\sigma_t=0.001$。

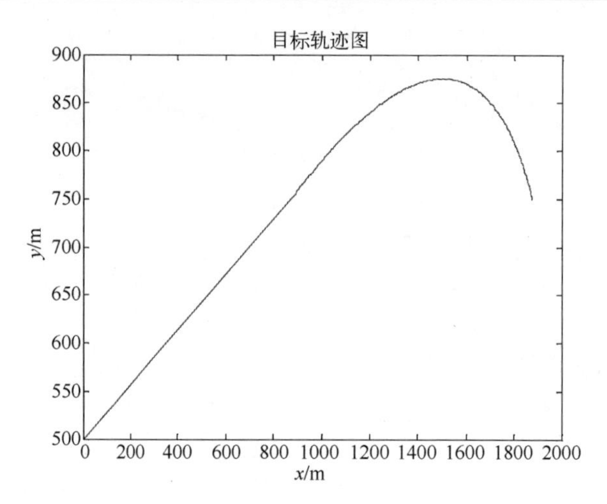

图 3.10　目标运动轨迹图(场景二)

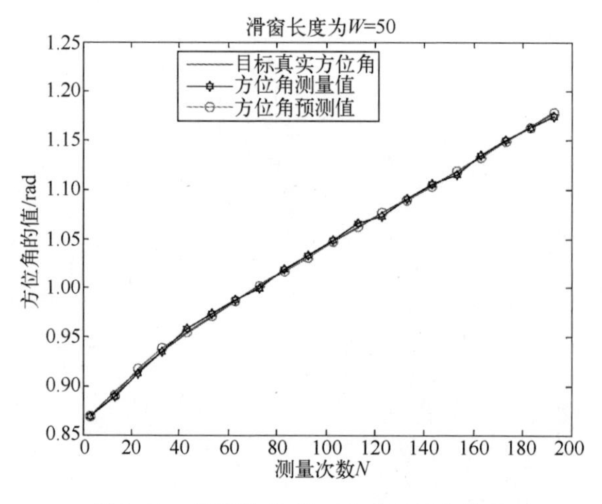

图 3.11　滑窗长度 $W=50$ 时目标方位角

目标初始状态:$X(1)=[x(1)\quad v_x(1)\quad y(1)\quad v_y(1)]=[-2000,100,1000,1000]$,航向角 $\alpha_0=\arctan\dfrac{100}{1000}=0.0997\text{rad}$。滑窗长度分别为 $W=30,40$。仿真结果如图 3.15 所示。

仿真结果分析:由图 3.15 可知,滑窗长度 $W=40$ 的滤波效果明显优于 $W=30$ 的仿真结果。为了达到更好的滤波效果,针对滑窗长度的选取,总结得到以下两点结论:

① 当滑窗长度选择得较大时,对噪声的抑制作用也较好,估计相对平稳,更

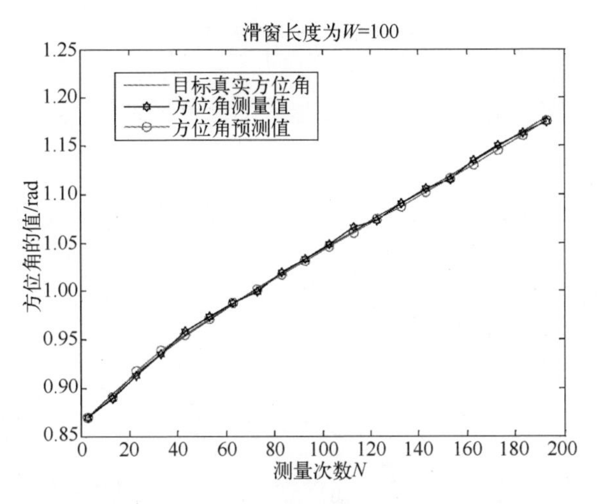

图3.12　滑窗长度 $W=100$ 时目标方位角

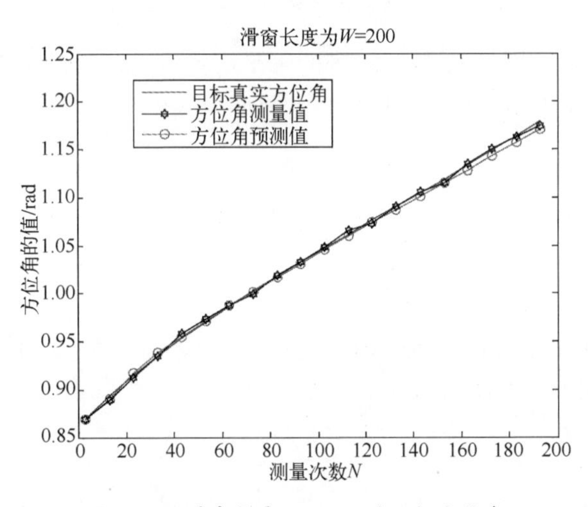

图3.13　滑窗长度 $W=200$ 时目标方位角

接近真实值。但会相应地增加计算量,并导致对曲线运动的估计存在静态误差。

② 当滑窗长度选择得较小时,对噪声的抑制作用也较差,估计值波动很大。仅当无噪声或噪声极小可忽略时,对曲线运动的估计效果优于大滑窗长度。

2. 匀加速直线运动目标的参数航迹滤波

1) 匀加速直线运动目标的参数航迹滤波算法

假设目标做匀加速直线运动,水平面直角坐标如图3.16所示。目标沿直线 L 匀加速直线运动,观测站在 O 点,目标航向角为 α_0,目标在 t_0 时刻的水平观测方位角为 β_0,目标在 t 时刻的水平观测方位角为 β_t,两点的距离为 $V(t-t_0)+$

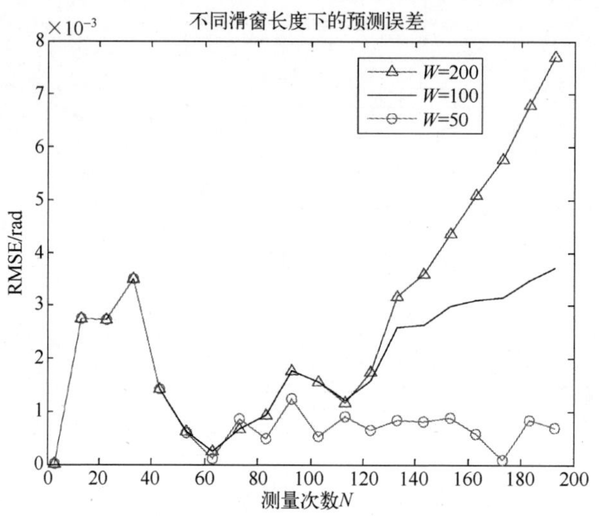

图 3.14　不同滑窗长度下的方位角预测误差(场景二)

$0.5a(t-t_0)^2$,其中 V 为目标在 t_0 时刻的水平面速度,目标航迹与观测站的水平距离为 $r'_\perp$,则有目标运动方程如式(3-29)所示。

采用测高公式

$$\cot(\alpha_0-\beta_t)-\cot(\alpha_0-\beta_0)=\frac{V(t-t_0)+\dfrac{a}{2}(t-t_0)^2}{r'_\perp} \tag{3-29}$$

红外单站观测方程同式(3-20)。

原理同 3.1.1 中匀速直线运动情况,构造参量加权最小二乘目标函数为

$$Q=\sum_{t=1}^{n}\frac{\sin^2(\alpha_0-\beta_0)\sin^2(\alpha_0-\beta_t)}{\sigma_t^2}\left[\cot(\alpha_0-\beta_t)-\cot(\alpha_0-\beta_0)-\frac{V(t-t_0)+\dfrac{a}{2}(t-t_0)^2}{r'_\perp}\right]^2$$
$$=\frac{1}{\sigma_t^2}\sum_{t=1}^{n}(\cos\beta_t Z_1+t_i^2\cos\beta_t Z_2+\sin\beta_t Z_3+t_i\sin\beta_t Z_4+t_i^2\sin\beta_t Z_5+t_i\cos\beta_t)^2 \tag{3-30}$$

式中:$Z_1=\left[r'_\perp\cot(\alpha_0-\beta_t)-r'_\perp\cot(\alpha_0)-t_0\left(V_1-\dfrac{at_0}{2}\right)\right]/(V_1-at_0)$;$Z_2=\dfrac{a}{2(V-at_0)}$;$Z_3=\dfrac{r'_\perp[1+\cot(\alpha_0-\beta_t)\cot(\alpha_0)]-t_0\left(V_1-\dfrac{at_0}{2}\right)\cot(\alpha_0)}{(V_1-at_0)}$;$Z_4=-\cot\alpha_0$;$Z_5=\dfrac{a\cot\alpha_0}{2(V-at_0)}$。

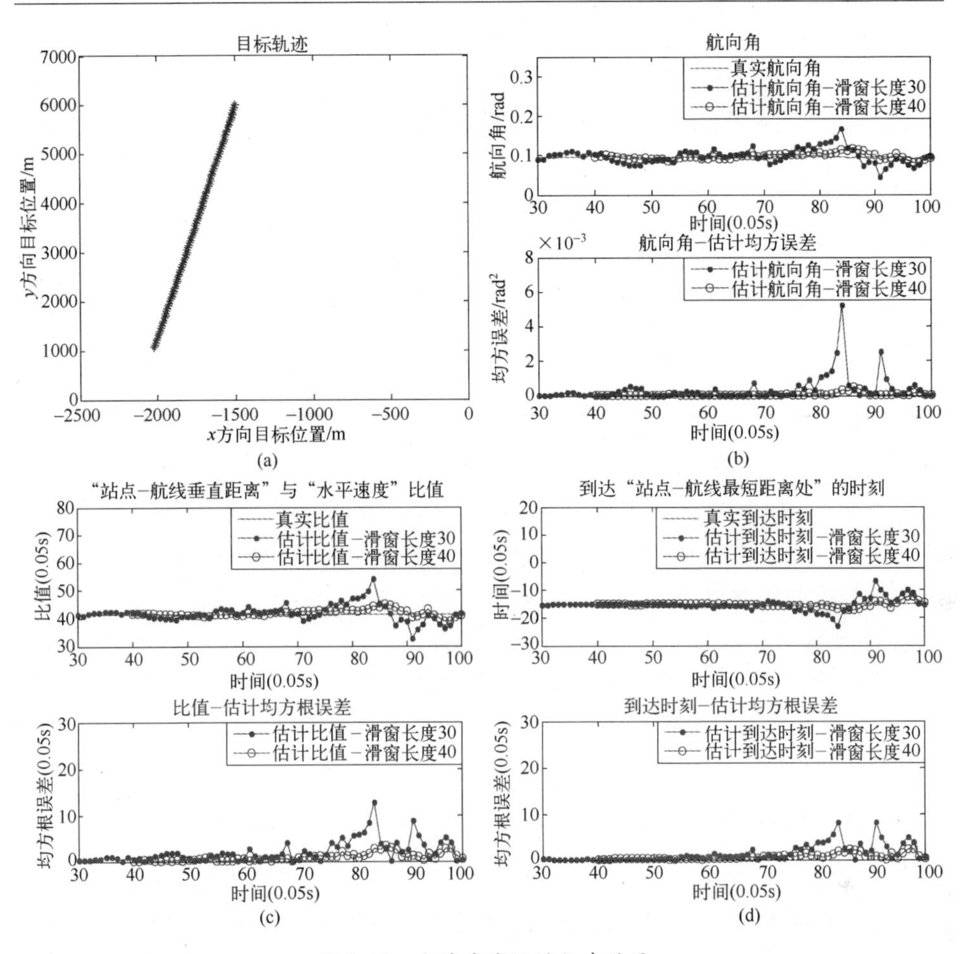

图 3.15　匀速直线运动仿真结果

令$\frac{\partial Q}{\partial Z_1}=\frac{\partial Q}{\partial Z_2}=\frac{\partial Q}{\partial Z_3}=\frac{\partial Q}{\partial Z_3}=\frac{\partial Q}{\partial Z_4}=\frac{\partial Q}{\partial Z_5}=0$,使目标函数 Q 达到最小值,可得

$$\cos\beta_t Z_1+t^2\cos\beta_t Z_2+\sin\beta_t Z_3+t\sin\beta_t Z_4+t^2\sin\beta_t Z_5=-t\cos\beta_t \tag{3-31}$$

同理,当分别在 $t_1,t_2,\cdots,t_n$ 时刻采样时,则有以下矩阵形式

$$\begin{bmatrix}\cos\beta_1 & t_1^2\cos\beta_1 & \sin\beta_1 & t_1\sin\beta_1 & t_1^2\sin\beta_1\\ \cos\beta_2 & t_2^2\cos\beta_2 & \sin\beta_2 & t_2\sin\beta_2 & t_2^2\sin\beta_2\\ \vdots & \vdots & \vdots & \vdots & \vdots\\ \cos\beta_n & t_n^2\cos\beta_n & \sin\beta_n & t_n\sin\beta_n & t_n^2\sin\beta_n\end{bmatrix}\begin{bmatrix}Z_1\\Z_2\\Z_3\\Z_4\\Z_5\end{bmatrix}=-\begin{bmatrix}t_1\cos\beta_1\\t_2\cos\beta_2\\\vdots\\t_n\cos\beta_n\end{bmatrix} \tag{3-32}$$

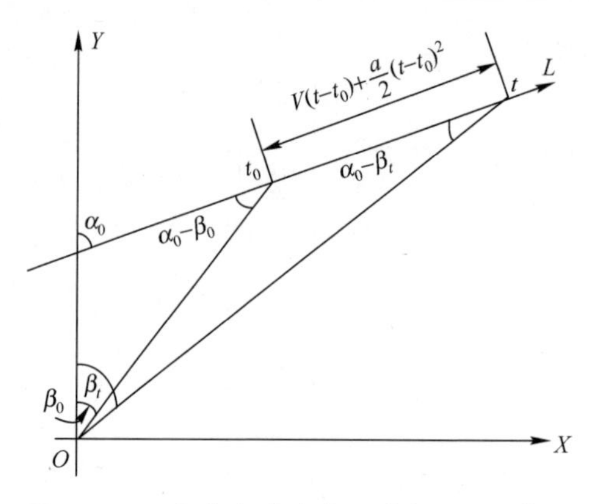

图 3.16 目标匀加速直线运动水平面示意图

采用矩阵符号形式,式(3-32)可表示为矩阵形式 $\boldsymbol{A}_1\boldsymbol{Z}_1=\boldsymbol{Y}_1$。

该方程组的求解,同样使用 TLS 方法[2],在此不再赘述。进一步,可解出目标参数航迹的有关值 $\cot\alpha_0=-Z_4$。

2) 算法仿真

仿真环境:采样周期 $T=0.05$s,每秒采样 20 帧,相邻两帧的时间间隔为 0.05s,仿真场景中假设无观测噪声。

目标初始状态:$X(1)=[x(1)\quad v_x(1)\quad a_x(1)\quad y(1)\quad v_y(1)\quad a_y(1)]=[-2000, 800,50,1000,800,50]$,航向角 $\alpha_0=\arctan\frac{800}{800}=\frac{\pi}{4}$rad。滑窗长度 $W=20$。

仿真结果说明与分析:图 3.17 中,估计均方误差虽然在仿真中 92~97 帧的时间段内有所上升,但是需要说明的是图中纵坐标(均方误差)范围为 $0\sim6\times10^{-20}\text{rad}^2$,此误差极小,主要是由三角函数的非线性及计算机字长所导致的,可忽略不计,充分说明了匀加速直线运动目标的参数航迹滤波算法的理论正确性及有效性。

3. 机动目标的参数航迹滤波

对于相同的运动目标,由于红外观测站的采样率较高,所以在较短的时间间隔内目标运动距离也较短,可近似认为成直线运动来处理,从而机动曲线运动轨迹可分段用 3.1.1 节推导出的匀速直线运动滤波算法分段逼近。下面分别对匀速转弯、分段变加速机动目标进行相应的算法仿真验证。

1) 采用匀速直线模型对匀速转弯机动目标的参数航迹进行滤波

仿真环境:采样周期 $T=0.05$s,每秒采样 20 帧,相邻两帧的时间间隔为 0.05s,仿真场景中假设无观测噪声。

$\boldsymbol{X}(1)=[x(1)\quad v_x(1)\quad a_x(1)\quad y(1)\quad v_y(1)\quad a_y(1)]=[-1000,0,40,$

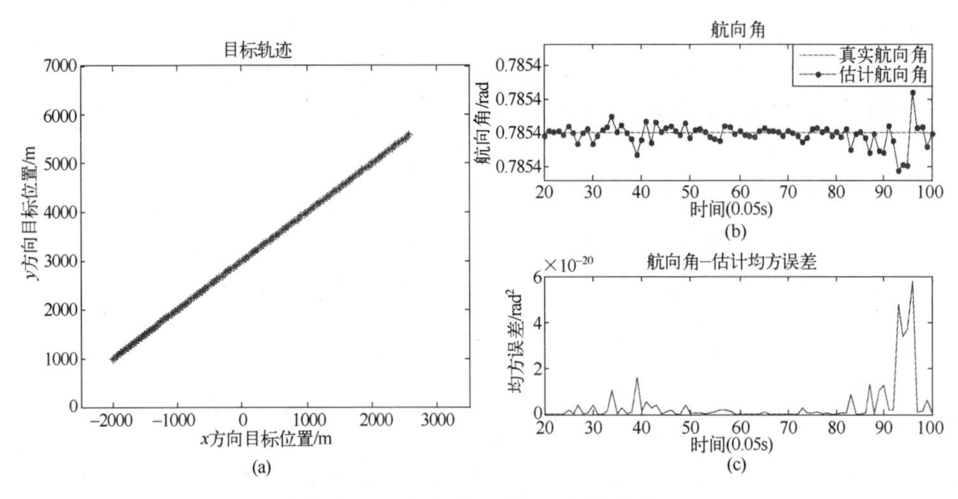

图 3.17　匀加速直线运动仿真结果

100,200,0]为目标初始状态,航向角 α_0 初始值为 0rad,做匀速圆周运动,线速度 V=200m/s,转弯半径 r=1000m。滑窗长度分别为 W=24,30。

仿真结果分析:由图 3.18 可知,滑窗长度 W=30 的滤波效果明显优于 W=24 的仿真结果,且均方误差较小,在可接受范围内。

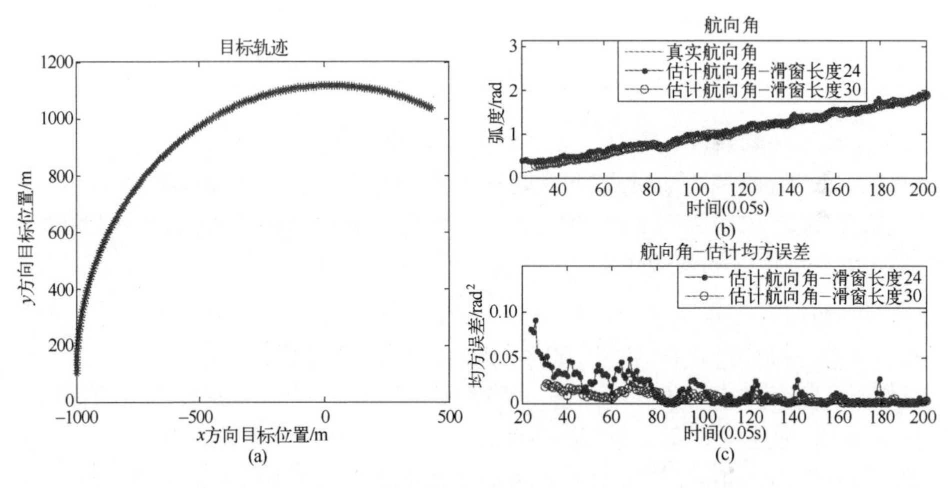

图 3.18　匀速转弯机动目标参数航迹滤波的仿真结果

2) 采用匀速直线模型对分段变加速机动目标的参数航迹进行滤波

仿真环境设置同上。

目标初始状态:$\boldsymbol{X}(1)=[x(1)\quad v_x(1)\quad a_x(1)\quad y(1)\quad v_y(1)\quad a_y(1)]=[-200,$

5,60,200,300,10],在 $t=30$ 帧时,加速度突变为[0,-80]m/s²,并一直持续至仿真结束。航向角 α_0 初始值为 arctan(5/300) = 0.0167rad,之后随时间呈非线性关系变化。滑窗长度分别为 $W=30,40$。

仿真结果分析:由图 3.19 可知,滑窗长度 $W=40$ 的滤波效果明显优于 $W=30$ 的仿真结果,均方误差在机动目标快速转弯的时间段 80~120 帧(0.05s)范围内有所增大,但仍保持很强的跟踪鲁棒性而未丢失目标,在目标转弯过后,均方误差又迅速减小,实现了对机动目标的有效跟踪滤波。

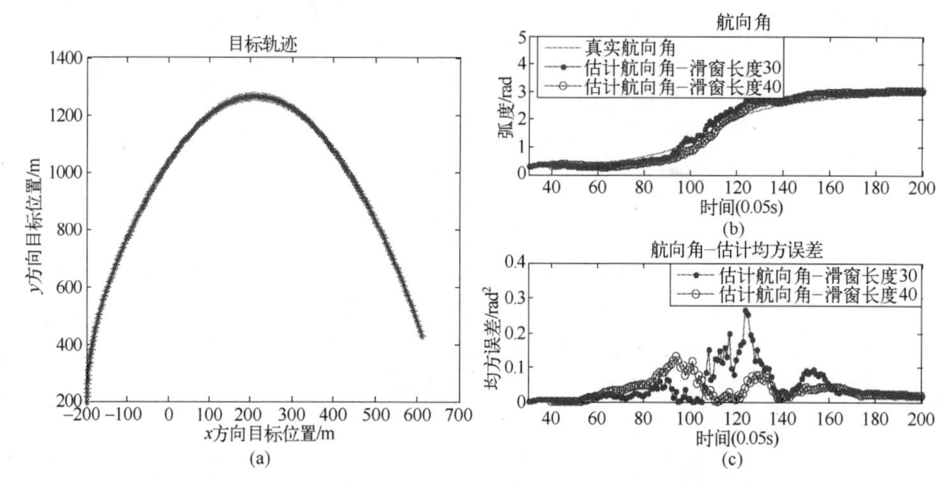

图 3.19 分段变加速机动目标参数航迹滤波的仿真结果

3) 采用匀速直线模型对多运动模式目标的参数航迹进行滤波

综合场景,即多运动模式,包含匀速直线,加速直线,变速曲线。

仿真环境:采样周期 $T=0.05$s,即每秒钟采样 20 帧,相邻两帧的时间间隔为 0.05s,仿真场景中的观测噪声 $n_{\beta_t} \sim N(0,\sigma_t^2)$,$\sigma_t=0.001$。

目标初始状态:$\boldsymbol{X}(1)=[x(1)\quad v_x(1)\quad a_x(1)\quad y(1)\quad v_y(1)\quad a_y(1)]=[-3000,200,0,1000,400,0]$。在 $t=[0,60]$ 帧时间内,做匀速直线运动;从 $t=61$ 帧开始,加速度突变为 [5,10]m/s²,并一直持续至 140 帧,做匀加速直线运动;从 $t=141$ 帧开始,加速度又突变为[0,-50]m/s²,并一直持续至仿真结束。目标做变速曲线运动,航向角 α_0 初始值为 arctan(200/400) = 0.4636rad,之后随时间呈非线性关系变化。滑窗长度分别为 $W=40,50$。

仿真结果分析:由图 3.20 可知,滑窗长度 $W=50$ 的滤波效果稍优于 $W=40$的仿真结果。在目标做匀速直线运动时(0~60 帧),由于模型匹配,均方误差很小;匀加速直线运动时(61~140 帧),均方误差略有微小波动,但基本保持在很小的范围内;而当目标做变速曲线运动时(141~700 帧),

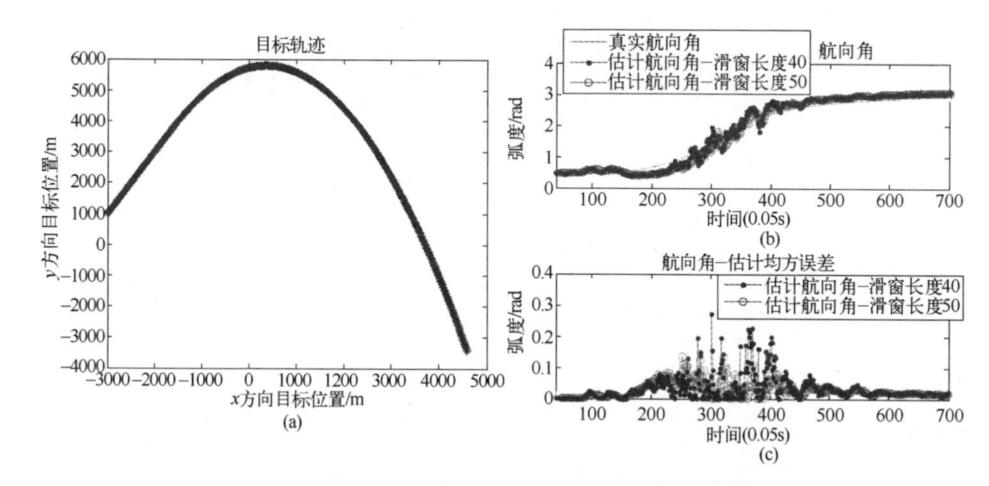

图 3.20　多运动模式目标参数航迹滤波的仿真结果

这属于快速转弯的强机动，均方误差在时间段 200~450 帧（0.05s）范围内有所增大，但仍保持很强的跟踪鲁棒性而未丢失目标，在目标转弯过后，均方误差又迅速减小，实现了对机动目标的有效跟踪滤波。

4）与其他纯方位方法的比较

纯方位角目标分析算法[3]有拟线性估计方案（Pesudo Linear Estimator，PLE）、辅助变量 PLE（Instrumental Variables PLE，IVPLE）算法。PLE 算法引入伪测量，将方位测量方程转化为具有线性形式的伪测量方程，在统计上可等效为一种等权的最小二乘算法，直接利用几何图形推导出齐次方程求解

$$\begin{bmatrix} \sin(\beta_1-\beta_0) & -\cos\beta_1(t_1-t_0) & \sin\beta_1(t_1-t_0) \\ \sin(\beta_2-\beta_0) & -\cos\beta_2(t_2-t_0) & \sin\beta_2(t_2-t_0) \\ \vdots & \vdots & \vdots \\ \sin(\beta_k-\beta_0) & -\cos\beta_k(t_k-t_0) & \sin\beta_k(t_k-t_0) \end{bmatrix} \begin{bmatrix} D_0 \\ V_{mx} \\ V_{my} \end{bmatrix} = 0 \tag{3-33}$$

可计算得到目标航向角和其他参数。而本书算法直接利用式（3-25）得到航迹参数。两种算法都可得到航迹参数。如图 3.21 所示。

采用辅助变量方法取得较好的效果，较 PLE 算法有所改进，测量精度也相对提高。主要思路是用解算参数来预测目标的方位，替代观测矩阵中的测量方位，试图形成与等效测量误差在统计上的解耦。可通过计算以下矩阵方程得到式（3-33）的未知参数。

$$z_k = \boldsymbol{A}_k \boldsymbol{X}_0 + \boldsymbol{e}_k \tag{3-34}$$

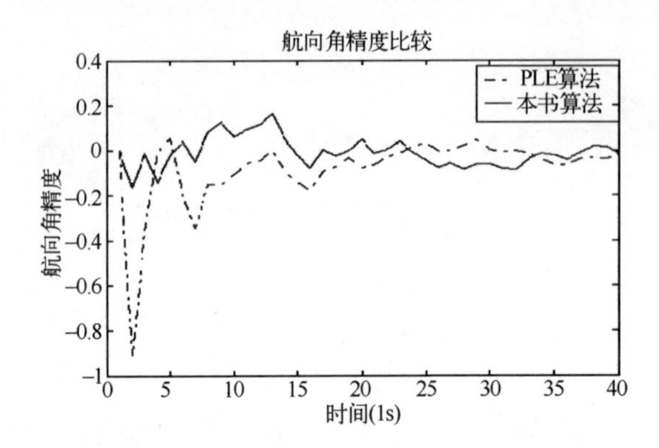

图 3.21　与 PLE 目标航向角精度比较

式中：$z_k=[\sin(\beta_1-\beta_0)\quad \sin(\beta_2-\beta_0)\quad \cdots\quad \sin(\beta_k-\beta_0)]^{\mathrm{T}}$；

$$\boldsymbol{A}_k=\begin{bmatrix}(t_1-t_0)\cos\beta_1 & -(t_1-t_0)\cos\beta_1\\(t_2-t_0)\cos\beta_2 & -(t_2-t_0)\cos\beta_2\\ \vdots & \vdots\\(t_k-t_0)\cos\beta_k & -(t_k-t_0)\cos\beta_k\end{bmatrix};\boldsymbol{e}_k=\begin{bmatrix}e_1\\e_2\\ \vdots\\e_k\end{bmatrix}。$$

$$e_j=\frac{r_m(t_j)}{D_0}\tan\delta\beta_j+\sin(\beta_0-\beta_j)(\cos\delta\beta_0-1)-\cos(\beta_0-\beta_j)\sin\delta\beta_0$$

式中：$\delta\beta_j(j=0,1,2,\cdots)$为方位测量偏差。

在相同的实验条件下，将本书算法与 IVPLE 算法性能相比较，如图 3.22 所示，可以看到本书算法的目标航向角的精度略优于 IVPLE 算法。

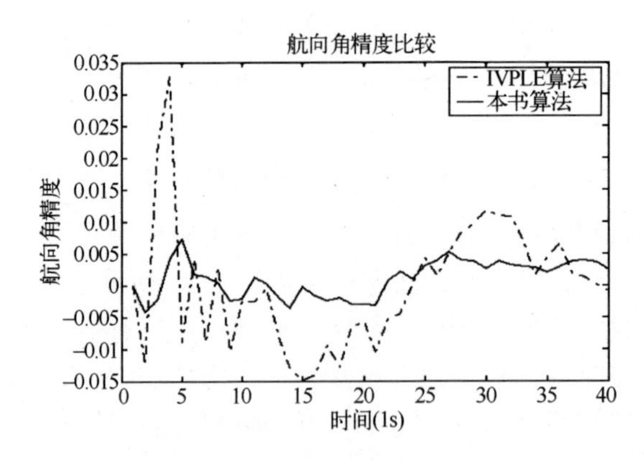

图 3.22　与 IVPLE 目标航向角精度比较

3.1.3　目标航迹参数的圆误差逼近模型

设目标沿直线以速度 V_1 在平面运动，直线的航向角为 α_0，在 t 时刻的观测目标的方位角为 β_t，根据目标运动的几何关系，可以得出任意 t_i 时刻的理想方位观测值

$$\cos\beta_i=\frac{-r'_\perp\cos\alpha_0+V_1(t_i-t'_\perp)\sin\alpha_0}{\sqrt{r'^2_\perp+V_1^2(t_i-t'_\perp)^2}}=\frac{-\cos\alpha_0+\mu_1(t_i-t'_\perp)\sin\alpha_0}{\sqrt{1+\mu_1^2(t_i-t'_\perp)^2}}\triangleq\frac{b_t}{a_t}\tag{3-35}$$

$$\sin\beta_i=\frac{r'_\perp\sin\alpha_0+V_1(t_i-t'_\perp)\cos\alpha_0}{\sqrt{r'^2_\perp+V_1^2(t_i-t'_\perp)^2}}=\frac{\sin\alpha_0+\mu_1(t_i-t'_\perp)\cos\alpha_0}{\sqrt{1+\mu_1^2(t_i-t'_\perp)^2}}\triangleq\frac{c_t}{a_t}\tag{3-36}$$

式中：$\mu_1=\dfrac{V_1}{r'_\perp}$；$b_t=-\cos\alpha_0+\mu_1(t_i-t'_\perp)\sin\alpha_0$；$c_t=\sin\alpha_0+\mu_1(t_i-t'_\perp)\cos\alpha_0$；$a_t^2=1+\mu_1^2(t-t'_\perp)^2$。

通过式(3-35)、式(3-36)的分析可知，只要知道参数 $\alpha_0,\mu_1,t'_\perp$，则目标运动航线可唯一确定，实现纯方位序列的预测、滤波及目标航迹跟踪。因而，确定 $\alpha_0,\mu_1,t'_\perp$ 为纯方位目标跟踪的参数航迹。

1. 纯方位序列的圆误差逼近方法[3]

问题的关键是在测量带有误差的方位序列条件下，如何求出这三个参数。

设 $\boldsymbol{x}=[\mu_1\quad t'_\perp\quad \alpha_0]^{\mathrm{T}}$，求式(3-35)、式(3-36)的向量偏导可得

$$\frac{\partial\sin\beta_t}{\partial\boldsymbol{x}}=\frac{b_t}{a_t^2}\boldsymbol{u}=\cos\beta_t\frac{\boldsymbol{u}}{a_t}\tag{3-37a}$$

$$\frac{\partial\cos\beta_t}{\partial\boldsymbol{x}}=-\frac{c_t}{a_t^2}\boldsymbol{u}=-\sin\beta_t\frac{\boldsymbol{u}}{a_t}\tag{3-37b}$$

式中：$\boldsymbol{u}=\begin{bmatrix}\dfrac{(t-t'_\perp)}{a_t} & \dfrac{-\mu_1}{a_t} & a_t\end{bmatrix}^{\mathrm{T}}$。

$$\frac{\partial^2\sin\beta_t}{\partial\boldsymbol{x}\partial\boldsymbol{x}^{\mathrm{T}}}=-\frac{c_t}{a_t^3}\boldsymbol{u}\boldsymbol{u}^{\mathrm{T}}-\frac{b_t}{a_t^5}\boldsymbol{A}\tag{3-38a}$$

$$\frac{\partial^2\cos\beta_t}{\partial\boldsymbol{x}\partial\boldsymbol{x}^{\mathrm{T}}}=-\frac{b_t}{a_t^3}\boldsymbol{u}\boldsymbol{u}^{\mathrm{T}}+\frac{c_t}{a_t^5}\boldsymbol{A}\tag{3-38b}$$

式中：$\boldsymbol{A}=\begin{bmatrix}2\mu_1(t-t'_\perp)^3 & 1-\mu_1^2(t-t'_\perp)^2 & 0\\ 1-\mu_1^2(t-t'_\perp)^2 & 2\mu_1^3(t-t'_\perp) & 0\\ 0 & 0 & 0\end{bmatrix}$。

设 $\hat{\beta}_i$ 为方位的实际测量值，n_i 为方位通道的高斯测量噪声，其观测模型为

$$\hat{\beta}_i=\beta_i+n_i,\quad i=1,2,\cdots,n,\quad n_i\sim N(0,\sigma^2) \tag{3-39}$$

基于测量的目标纯方位序列$\{\hat{\beta}_i,i=1,\cdots,m\}$的圆周逼近的目标函数为

$$\begin{aligned}Q_m &= \sum_{i=1}^{m}\ \| \mathrm{e}^{\mathrm{j}\hat{\beta}_i} - k\mathrm{e}^{\mathrm{j}\beta_i} \|^2 = \sum_{i=1}^{m}[(\cos\hat{\beta}_i - k\cos\beta_i)^2 + (\sin\hat{\beta}_i - k\sin\beta_i)^2] \\ &= \sum_{i=1}^{m}(1 + k^2 - 2k\cos\beta_i\cos\hat{\beta}_i - 2k\sin\beta_i\sin\hat{\beta}_i)\end{aligned} \tag{3-40}$$

式中:k为使误差无偏的修正乘积项。

式(3-40)体现了角度非线性信息序列的逼近方法不同于最小二乘方法,这里的k使用修正方法代替了最小二乘的方差倒数加权方法,以函数的非线性形式代替了平方运算,其结果十分清晰可靠。

2. 圆误差逼近误差分析

根据$\cos\hat{\beta}_i,\sin\hat{\beta}_i$函数的均值和方差计算原理,经过推导可得

$$E(\cos\hat{\beta}_i)=k\cos\beta_i,E(\sin\hat{\beta}_i)=k\sin\beta_i,k=\mathrm{e}^{-\frac{\sigma^2}{2}},E[\cos(mn_i)]=\mathrm{e}^{-\frac{m^2\sigma^2}{2}}=k^{m^2},$$

$$E(\sin\hat{\beta}_i-k\sin\beta_i)^2=\frac{1-k^2}{2}(1+k^2\cos2\beta_i),$$

$$E(\cos\hat{\beta}_i-k\cos\beta_i)^2=\frac{1-k^2}{2}(1-k^2\cos2\beta_i),E[\sin(mn_i)]=0。$$

在真实的航迹参数条件下,方位估计值与测量值之差为叠加的测量噪声。式(3-33)的均值为

$$E(Q_m) = \sum_{i=1}^{m}E[1 + k^2 - 2k\cos(\hat{\beta}_i - \beta_i)] = \sum_{i=1}^{m}(1 - k^2) = m(1 - k^2) \approx m\sigma_n^2 \tag{3-41}$$

考虑到各测量噪声之间的不相关性,可计算出其方差为

$$E[Q_m - E(Q_m)]^2 = 4k^2E\left\{\sum_{i=1}^{m}[k - \cos(\hat{\beta}_i - \beta_i)]\right\}^2 = 2mk^2(1 - k^2)^2 \approx 2m\sigma_n^4 \tag{3-42}$$

考虑到目标的量测噪声方差未知时,可先计算出k值的估计。对式(3-40)求k的偏导数,并令其为零,可得

$$k = \frac{1}{m}\sum_{i=1}^{m}\cos(\hat{\beta}_i - \beta_i) \tag{3-43}$$

可以证明,k值是无偏的。将式(3-43)代入式(3-40),经整理可得

$$Q_{mk} = m - \frac{\left[\sum_{i=1}^{m}\cos(\hat{\beta}_i - \beta_i)^2\right]}{m} = m(1 - k^2) \tag{3-44}$$

该目标函数对量测误差具有自适应能力，在参数计算中有稳定的计算效果。

3. 参数航迹的计算

目标函数 Q_{mk} 是一个典型的非线性函数，需要采用牛顿迭代法求取参数航迹的参数向量 $\boldsymbol{x}$。由于式(3-44)中右端是 k 的函数，可对 k 计算 $\boldsymbol{x}$ 的偏导数，分别代入式(3-37)、式(3-38)，经整理可得

$$\frac{\partial k}{\partial \boldsymbol{x}}=\frac{1}{m}\sum_{i=1}^{m}\left(\cos\hat{\beta}_i\frac{\partial\cos\beta_i}{\partial \boldsymbol{x}}+\sin\hat{\beta}_i\frac{\partial\sin\beta_i}{\partial \boldsymbol{x}}\right)=\frac{1}{m}\sum_{i=1}^{m}\left[\sin(\hat{\beta}_i-\beta_i)\frac{\boldsymbol{u}_i}{a_i}\right]\triangleq \boldsymbol{v} \tag{3-45}$$

$$\begin{aligned}\frac{\partial^2 k}{\partial \boldsymbol{x}\partial \boldsymbol{x}^{\mathrm{T}}}&=\frac{1}{m}\sum_{i=1}^{m}\left(\cos\hat{\beta}_i\frac{\partial^2\cos\beta_i}{\partial \boldsymbol{x}\partial \boldsymbol{x}^{\mathrm{T}}}+\sin\hat{\beta}_i\frac{\partial\sin\beta_i}{\partial \boldsymbol{x}\partial \boldsymbol{x}^{\mathrm{T}}}\right)\\&=-\frac{1}{m}\sum_{i=1}^{m}\left[\cos(\hat{\beta}_i-\beta_i)\frac{\boldsymbol{u}_i\boldsymbol{u}_i^{\mathrm{T}}}{a_i^2}\right]-\frac{1}{m}\sum_{i=1}^{m}\left[\sin(\hat{\beta}_i-\beta_i)\frac{\boldsymbol{A}_i}{a_i^4}\right]\triangleq \boldsymbol{B}\end{aligned} \tag{3-46}$$

对式(3-44)计算 $\boldsymbol{x}$ 的求偏导数

$$\frac{\partial Q_{mk}}{\partial \boldsymbol{x}}=-2mk\frac{\partial k}{\partial \boldsymbol{x}}=-2mk\boldsymbol{v} \tag{3-47}$$

$$\frac{\partial^2 Q_{mk}}{\partial \boldsymbol{x}\partial \boldsymbol{x}^{\mathrm{T}}}=-2m\frac{\partial k}{\partial \boldsymbol{x}}\frac{\partial k}{\partial \boldsymbol{x}^{\mathrm{T}}}-2mk\frac{\partial^2 k}{\partial \boldsymbol{x}\partial \boldsymbol{x}^{\mathrm{T}}}=-2m\boldsymbol{v}\boldsymbol{v}^{\mathrm{T}}-2mk\boldsymbol{B} \tag{3-48}$$

考虑到$(-2m)$项的相互抵消，可得参数航迹的牛顿迭代公式

$$\boldsymbol{x}_{n+1}=\boldsymbol{x}_n-\left[\frac{\partial^2 Q_{mk}}{\partial \boldsymbol{x}\partial \boldsymbol{x}^{\mathrm{T}}}\right]_n^{-1}\frac{\partial Q_{mk}}{\partial x}\bigg|_n=\boldsymbol{x}_n-[\boldsymbol{v}\boldsymbol{v}^{\mathrm{T}}+k\boldsymbol{B}]_n^{-1}k\boldsymbol{v}|_n \tag{3-49}$$

矩阵逆引理：$(k\boldsymbol{B}+\boldsymbol{v}\boldsymbol{v}^{\mathrm{T}})^{-1}=\dfrac{1}{k}\left[\boldsymbol{B}^{-1}-\dfrac{(\boldsymbol{B}^{-1}\boldsymbol{v})(\boldsymbol{v}^{\mathrm{T}}\boldsymbol{B}^{-1})}{k+\boldsymbol{v}^{\mathrm{T}}\boldsymbol{B}^{-1}\boldsymbol{v}}\right]$

$$\boldsymbol{x}_{n+1}=\boldsymbol{x}_n-\frac{k}{k+\boldsymbol{v}^{\mathrm{T}}\boldsymbol{B}^{-1}\boldsymbol{v}}\boldsymbol{B}^{-1}\boldsymbol{v}\bigg|_n \tag{3-50}$$

根据迭代误差可停止迭代过程。选初值应在真值附近。此时，式(3-50)的右端后项近似为零。若计算出纯方位的目标航迹三参数后，代入式(3-43)，计算 k 值，进一步估计方位测量的方差值

$$\hat{\sigma}_n^2=-2\ln k,\quad k\leqslant 1 \tag{3-51}$$

将 k 值代入式(3-51)，可得到圆周逼近的最小误差，其结果可进行定量性分析。

4. 圆误差逼近的仿真实验

假设传感器位置(0,0) m，目标以速度(80,50) m/s 匀速飞行，初始点为

(0,500)m,观测周期 $T=0.05$s。

(1) 方位角测量的噪声标准差 $\sigma=3$mrad,测量次数为 10~109,三个参数的变化情况如图 3.23。

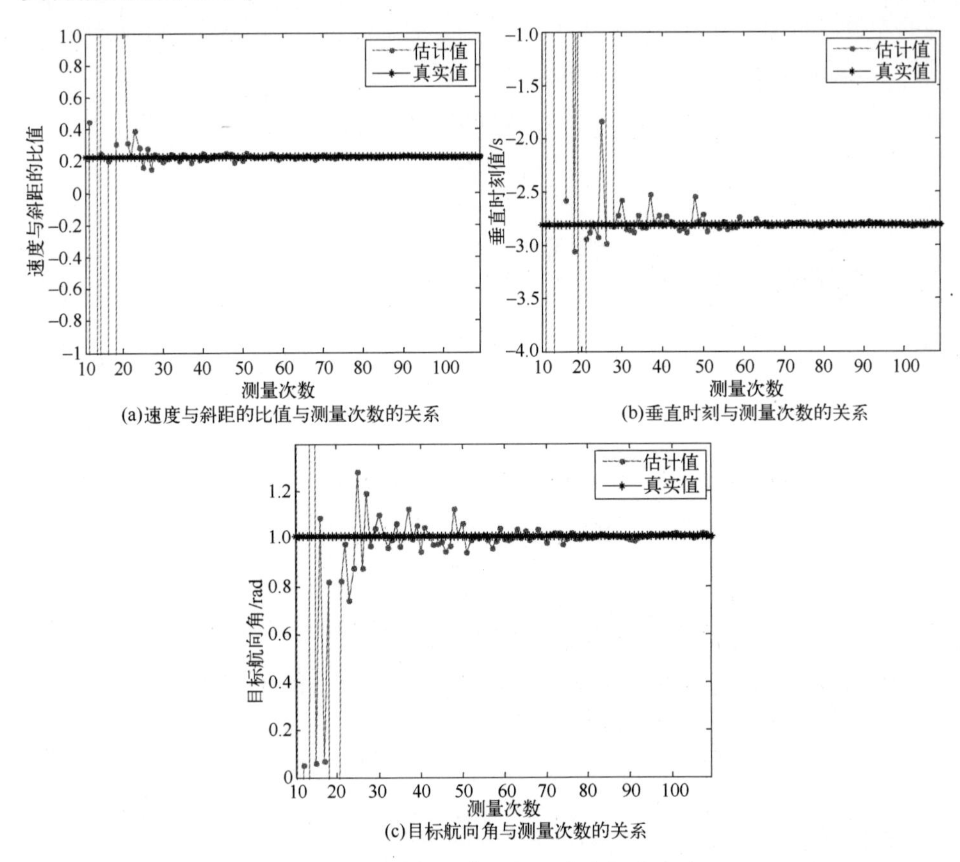

(a)速度与斜距的比值与测量次数的关系

(b)垂直时刻与测量次数的关系

(c)目标航向角与测量次数的关系

图 3.23 直线航迹参数与测量次数的关系

由图 3.23 可以看出,在测量次数较少的时候,三个参数的估计值与真实值相差很大,随着测量次数的增多,估计值逼近真实值。

(2) 噪声标准差 $\sigma\in(0.001,0.01)$rad,平均分成 100 个点,测量次数为 100 次,三个参数随噪声标准差的变化情况如图 3.24 所示。

可以看出,在噪声标准差较大时,估计值与真实值有一定的偏离,随着标准差的减小,估计值接近真实值。

(3) 目标函数 Q_{mk} 和方位测量的方差 σ^2:在测量次数 $N=100$,噪声标准差为 3mrad 时的结果,如图 3.25 所示。

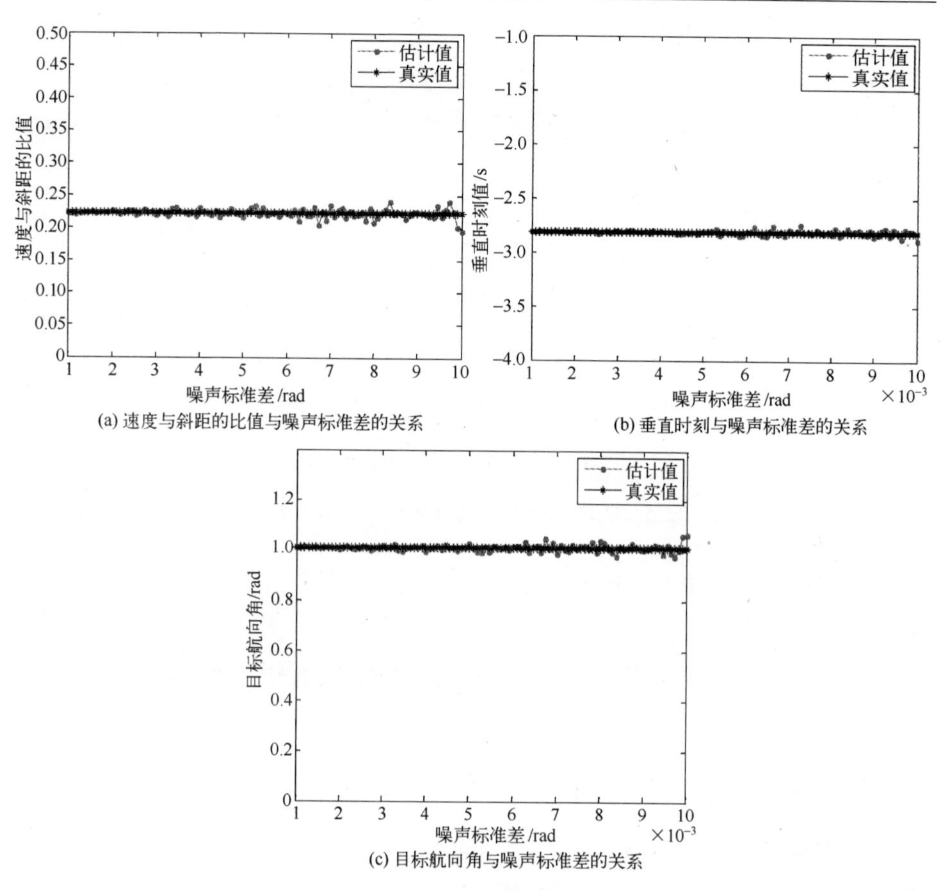

(a) 速度与斜距的比值与噪声标准差的关系

(b) 垂直时刻与噪声标准差的关系

(c) 目标航向角与噪声标准差的关系

图 3.24　直线航迹参数与噪声标准差的关系

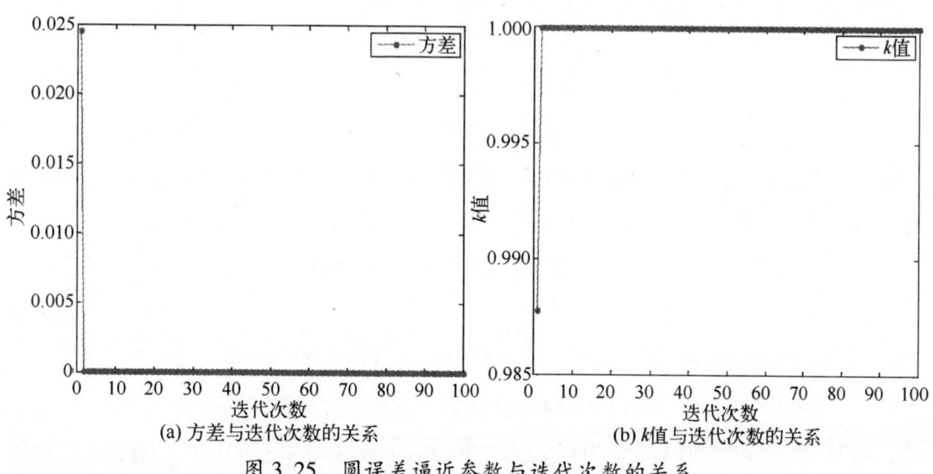

(a) 方差与迭代次数的关系

(b) k值与迭代次数的关系

图 3.25　圆误差逼近参数与迭代次数的关系

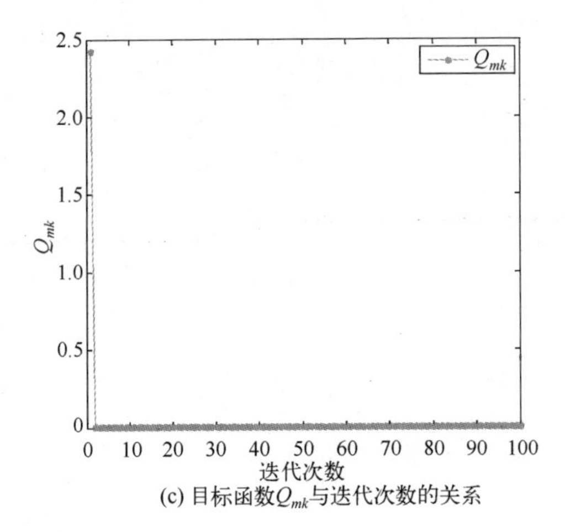

(c) 目标函数Q_{mk}与迭代次数的关系

图 3.25 圆误差逼近参数与迭代次数的关系(续)

由图 3.25 可以看出,牛顿迭代时,方位测量的方差、k 值及 Q_{mk}能迅速收敛。

3.2 单站纯距离目标参数航迹的解算

3.2.1 单站纯距离观测的直线运动目标模型

1. 匀速直线运动飞行

1) 有参考时刻的运动模型和观测模型

设目标在三维空间做匀速直线运动,即

$$\begin{cases}X(t)=X_0+V_X(t-t_0)\\Y(t)=Y_0+V_Y(t-t_0)\\Z(t)=Z_0+V_Z(t-t_0)\end{cases} \tag{3-52}$$

式中:V_X,V_Y,V_Z 为三个速度分量;X_0,Y_0,Z_0 为参考时刻 t_0 的目标位置。在 t 时刻,目标相对观测站的距离平方为

$$R^2(t)=(X_0^2+Y_0^2+Z_0^2)+(V_X^2+V_Y^2+V_Z^2)(t-t_0)^2+2(X_0V_X+Y_0V_Y+Z_0V_Z)(t-t_0) \tag{3-53}$$

当 X_0,Y_0,Z_0 均为零时,目标直线航迹经过观测站,有

$$R(t)=V(t-t_0),\quad V=\sqrt{V_X^2+V_Y^2+V_Z^2}$$

若传感器等时间间隔在 $t_1,t_2,t_3,\cdots$时刻测量目标距离 $R_1,R_2,R_3\cdots$,且目标在等时间间隔内飞行相同的距离 l(为匀速直线飞行目标航迹不变量),其理想

距离值的约束条件为

$$R_1^2-3R_2^2+3R_3^2-R_4^2=0 \tag{3-54}$$

当目标飞行航迹经过观测站时,该约束条件为 $R_1-2R_2+R_3=0$。

当测量目标距离位置存在系统误差时,其模型为

$$R_i'=R_i+\Delta \tag{3-55}$$

式中:为方便起见,设 R_i' 为距离的测量值,Δ 为测量通道存在的系统误差值,目标飞行航迹不经过观测站时,将式(3-55)代入式(3-54)可解出系统误差

$$\Delta=-\frac{R_1'^2-3R_2'^2+3R_3'^2-R_4'^2}{2(R_1'-3R_2'+3R_3'-R_4')} \tag{3-56}$$

考虑到距离测量通道已校准了各自的系统误差值,测量目标的距离存在随机加性噪声,服从均值为零的高斯白噪声,R_i' 为距离的测量值,其一般模型为

$$R_i'=R_i+n_i,\quad n_i\sim N(\Delta,\sigma^2) \tag{3-57}$$

2) 匀速直线的勾股弦描述模型

设目标在三维空间匀速直线飞行,目标过航迹与观测站的垂直时刻为 $t_\perp$,其距离为 $R_\perp$,目标在 t 时刻的理想距离平方为

$$R_t^2=R_\perp^2+V^2(t-t_\perp)^2=R_\perp^2+V^2t_\perp^2-2V^2t_\perp t+V^2t^2 \tag{3-58}$$

若观测站对目标位置数据采样 N 次,式(3-58)可写成矩阵形式

$$\begin{bmatrix} 1 & t_1 & t_1^2 \\ 1 & t_2 & t_2^2 \\ \vdots & \vdots & \vdots \\ 1 & t_N & t_N^2 \end{bmatrix}\begin{bmatrix} R_\perp^2+V^2t_\perp^2 \\ -2V^2t_\perp \\ V^2 \end{bmatrix}=\begin{bmatrix} R_1'^2 \\ R_2'^2 \\ \vdots \\ R_N'^2 \end{bmatrix} \tag{3-59}$$

利用广义逆矩阵可解出 $V^2,t_\perp,R_\perp^2$,进一步根据式(3-58)估计任意时刻的目标位置。

2. 匀加速直线运动模型

设目标在 t_0 处速度为 V_0,并开始加速(其加速度为 a)沿直线 l 飞行,从 t_0 到 t 时刻目标的直线飞行距离为

$$d_t=V_0(t-t_0)+\frac{a}{2}(t-t_0)^2 \tag{3-60}$$

在 t_0 之后,任意两时刻的目标飞行直线距离为

$$l_{ij}=d_{t_i}-d_{t_j}=\left[V_0+a\left(\frac{t_j+t_i}{2}-t_0\right)\right](t_j-t_i) \tag{3-61}$$

若传感器采取等时间间隔观测目标距离数据,$t_2-t_1=t_3-t_2=\cdots=T$,根据斯特瓦尔特定理,可有

$$(V_0-at_0)[R_3^2-2R_2^2+R_1^2]+\frac{a}{2}[(t_2+t_1)R_3^2-2(t_3+t_1)R_2^2+(t_3+t_2)R_1^2]$$
$$=2T^2[(V_0-at_0)^3+a(t_3+t_1+t_2)(V_0-at_0)^2+(a^2/4)[(t_3^2+t_2^2+t_1^2$$
$$+3t_3t_1+3t_3t_2+3t_2t_1](V_0-at_0)+(a^3/8)(t_2+t_1)(t_3+t_1)(t_3+t_2)] \tag{3-62}$$

利用前后套用斯特瓦尔特定理公式相减可得

$$R_4^2-3R_3^2+3R_2^2-R_1^2=6aT^2l_{23} \tag{3-63}$$

代入式(3-61)可得

$$(R_4^2-3R_3^2+3R_2^2-R_1^2)=6aT^3(V_0-at_0)+3a^2T^3(t_j+t_i) \tag{3-64}$$

利用前后套用式(3-63)相减可得

$$R_5^2-4R_4^2+6R_3^2-4R_2^2+R_1^2=6a^2T^4 \tag{3-65}$$

考虑到测量噪声的影响,以多次距离测量为依据,对式(3-63)、式(3-64)、式(3-65)分别采用矩阵的表示形式,用广义逆矩阵的方法解出所对应的航迹参数。

3.2.2 单站纯距离观测的二次曲线运动模型

1. 纯距离序列的单站二次曲线运动目标参数模型

设空间运动目标二次函数在参考 t_0 时刻的位置向量为(X_0,Y_0,Z_0),目标速度为(V_X,V_Y,V_Z),加速度为(a_X,a_Y,a_Z),各向量的模分别为 R_0,V,a。根据空间二次函数运动目标的模型

$$\begin{cases}X(t)=X_0+V_X(t-t_0)+\frac{a_X}{2}(t-t_0)^2\\ Y(t)=Y_0+V_Y(t-t_0)+\frac{a_Y}{2}(t-t_0)^2\\ Z(t)=Z_0+V_Z(t-t_0)+\frac{a_Z}{2}(t-t_0)^2\end{cases} \tag{3-66}$$

运动目标相对观测站的距离平方可定义为

$$R_t^2=k_0+k_1(t-t_0)+k_2\ (t-t_0)^2+k_3\ (t-t_0)^3+k_4\ (t-t_0)^4\triangleq g(k_1,,k_2,k_3,k_4,t-t_0) \tag{3-67}$$

式中:$k_0=R_0^2$;$k_1=2R_0V\cos\theta_{R_0V}$;$k_2=V^2+R_0a\cos\theta_{R_0A}$;$k_3=Va\cos\theta_{VA}$;$k_4=a^2/4$。

$\theta_{R_0A},\theta_{R_0V}$分别为 R_0 观测向量与加速度、速度向量的夹角;θ_{VA}为速度向量与加速度向量的夹角。时刻 t 目标速度、加速度向量由式(3-66)的一阶、二阶导数求出

$$\begin{cases}\dot X(t)=V_X+a_X(t-t_0)\\ \dot Y(t)=V_Y+a_Y(t-t_0)\\ \dot Z(t)=V_Z+a_Z(t-t_0)\end{cases},\quad \begin{cases}\ddot X(t)=a_X\\ \ddot Y(t)=a_Y\\ \ddot Z(t)=a_Z\end{cases} \tag{3-68}$$

设目标过空间抛物线顶点的时刻为 t_0'（抛物线顶点为速度、加速度向量垂直点或速度最小点）

$$t_0'=t_0-\frac{V_Xa_X+V_Ya_Y+V_Za_Z}{a_X^2+a_Y^2+a_Z^2}\triangleq t_0-\Delta=t_0-\frac{k_3}{4k_4} \tag{3-69}$$

在 t_0' 目标的速度向量和模为

$$\begin{cases}\dot{X}(t_0')=V_X-a_X\Delta\triangleq V'l'\\ \dot{Y}(t_0')=V_Y-a_Y\Delta\triangleq V'm'\\ \dot{Z}(t_0')=V_Z-a_Z\Delta\triangleq V'n'\end{cases}$$

$$V'^2=V^2-\frac{(V_Xa_X+V_Ya_Y+V_Za_Z)^2}{a_X^2+a_Y^2+a_Z^2}=V^2-\frac{k_3^2}{4k_4} \tag{3-70}$$

由于测量值不可避免有噪声的影响，实际测量模型由式（3-57）描述。

2. 纯距离序列的单站二次曲线运动目标航迹参数估计

1）参数估计

若采样时间为 $t_1,t_2,\cdots,t_n$，空间目标的相对观测站的距离序列为 $R_1',R_2',\cdots,R_n'$，测量方差为 $\sigma_1^2,\sigma_2^2,\cdots,\sigma_n^2$，其目标函数可表示为

$$\begin{aligned}Q&=\sum_{i=1}^{n}\frac{1}{\sigma_i^2}[R_i'-\sqrt{g(k_1,k_2,k_3,k_4,t_i-t_0)}]^2\\&=\sum_{i=1}^{n}\frac{\{R_i'^2-g(k_1,k_2,k_3,k_4,t_i-t_0)\}^2}{\sigma_i^2\{R_i'+\sqrt{g(k_1,k_2,k_3,k_4,t-t_0)}\}^2}\\&\approx\sum_{i=1}^{n}\frac{\{R_i'^2-g(k_1,k_2,k_3,k_4,t_i-t_0)\}^2}{4\sigma_i^2R_i'^2}\end{aligned} \tag{3-71}$$

若设各测量方差相同均为 σ^2，考虑到大括号中表达式应是统计无偏的，应减去测量方差 σ^2。并设 $t_0=0$ 或测量时刻预先减去 t_0 后计算，式（3-71）等效于以下方程求加权最小二乘解

$$\boldsymbol{Tk}=\boldsymbol{R} \tag{3-72}$$

式中：$\boldsymbol{T}=\begin{bmatrix}1&t_1&t_1^2&t_1^3&t_1^4\\1&t_2&t_2^2&t_2^3&t_2^4\\\vdots&\vdots&\vdots&\vdots&\vdots\\1&t_n&t_n^2&t_n^3&t_n^4\end{bmatrix}$；$\boldsymbol{k}=\begin{bmatrix}k_0\\k_1\\\vdots\\k_4\end{bmatrix}$；$\boldsymbol{R}=\begin{bmatrix}R_1'^2-\sigma^2\\R_2'^2-\sigma^2\\\vdots\\R_n'^2-\sigma^2\end{bmatrix}$

加权矩阵为

$$\boldsymbol{W}=\mathrm{diag}(R_1'^{-1},R_2'^{-1},\cdots,R_n'^{-1})$$

可以解出

$$\boldsymbol{k}=(\boldsymbol{T}^{\mathrm{T}}\boldsymbol{W}\boldsymbol{T})^{-1}\boldsymbol{T}^{\mathrm{T}}\boldsymbol{W}\boldsymbol{R}=\boldsymbol{T}_{W}^{+}\boldsymbol{R} \tag{3-73}$$

式(3-64)的最小值为

$$Q_{R\min}=\frac{1}{4\sigma^{2}}\boldsymbol{R}^{\mathrm{T}}[\boldsymbol{I}-\boldsymbol{T}\boldsymbol{T}_{W}^{+}]\boldsymbol{R} \tag{3-74}$$

2) 结果仿真

仿真环境:在地面笛卡儿坐标系中,雷达站坐标为(0,0,0),目标进行二次曲线运动,加速度为(30,-50,-10)m/s^2,传感器的测量间隔为 $T_1=0.1$s,目标可以采样的点数为1200个,雷达实际的采样点为其中的一段,采样点数为 $N=300$ 个。真实加速度 $a=59.1608$m/s^2;雷达测得的目标过抛物线顶点的时刻为 $t_0'=-0.4571$s(负号表示在 t_0 时刻之前);运用推导的公式,可得 $k_0=4.3392\times10^8$,$k_1=5.3618\times10^7$,$k_2=3.2679\times10^6$,$k_3=8.9100\times10^4$,$k_4=8.7500\times10^2$。仿真结果如表3.1所列。

表3.1 加权方法的仿真结果

噪声标准差/m	估计加速度 a/(m/s^2)	估计过顶点时刻 t_0'/s	**k** 值				
			k_0 (1×10^8)	k_1 (1×10^7)	k_2 (1×10^6)	k_3 (1×10^4)	k_4 (1×10^2)
0	59.1608	-0.4571	4.3392	5.3618	3.2679	8.9100	8.7500
2	59.1582	-0.4589	4.3392	5.3618	3.2678	8.9098	8.7492
4	59.1508	-0.4651	4.3392	5.3618	3.2679	8.9097	8.7471
6	59.1565	-0.4611	4.3392	5.3618	3.2678	8.9099	8.7488
8	59.1351	-0.4761	4.3393	5.3619	3.2679	8.9086	8.7425
10	59.1312	-0.4849	4.3392	5.3617	3.2680	8.9104	8.7414
12	59.1374	-0.4788	4.3392	5.3618	3.2680	8.9100	8.7433
14	59.1441	-0.4766	4.3391	5.3618	3.2680	8.9110	8.7454
16	59.1456	-0.4703	4.3392	5.3618	3.2678	8.9090	8.7459
18	59.1267	-0.4866	4.3391	5.3619	3.2680	8.9090	8.7403
20	59.1427	-0.4778	4.3391	5.3616	3.2679	8.9120	8.7452
22	59.1166	-0.5018	4.3391	5.3617	3.2681	8.9101	8.7377
24	59.0974	-0.5115	4.3391	5.3618	3.2681	8.9085	8.7318
26	59.1078	-0.5191	4.3390	5.3615	3.2684	8.9126	8.7354
28	59.0295	-0.5800	4.3389	5.3617	3.2687	8.9103	8.7123
30	59.0825	-0.5270	4.3392	5.3620	3.2682	8.9072	8.7281

由此可见,经加权处理后的结果稳定性好,噪声标准差为 0~30m,加速度都比 59 m/s^2 稍大一些,与真实加速度的偏差较小;在噪声标准差达到 22m 以前,目标过抛物线顶点的时刻,即加速度与速度的垂直时刻都在-0.45s 上下,与真实值-0.4571s 较接近;此外,所求 $\boldsymbol{k}$ 值大小也较接近真实值。通过分析可知:经过加权处理后,系统滤波效果较好,当噪声的标准差不大于 20m 时,能够精确地估算出加速度与速度的垂直时刻。

3.2.3　单站纯距离观测目标匀速圆周运动模型

1. 单站目标匀速圆周运动模型

如图 3.26 所示,设 t_0'为圆周与 O_1O'直线的交点时刻,O'在圆周所处的平面内,且为观测站在该平面上的投影,O_1 在圆周的圆心点(在圆周所在的平面内),根据 O'圆周的几何关系,可有 $\cos\alpha_1=\cos\alpha_0\cos\Omega(t-t_0')$,其中,$\Omega$ 为匀速圆周运动的角速度,经详细推导得出

$$R_t^2=R_0^2+r^2-2R_0r\cos\alpha_0\cos\Omega(t-t_0')=k_1+k_2\cos\Omega t+k_3\sin\Omega t \tag{3-75}$$

式中:$k_1=R_0^2+r^2$;$k_2=-2R_0r\cos\alpha_0\cos\Omega t_0$;$k_3=-2R_0r\cos\alpha_0\sin\Omega t_0$。

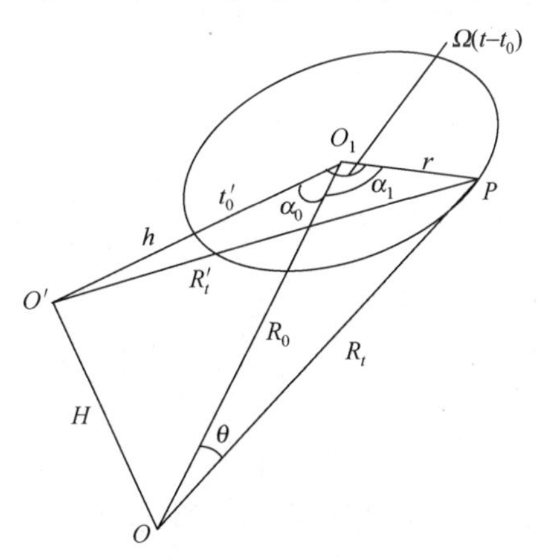

图 3.26　几何圆周运动与观测点的示意图

$$R_0^2+r^2=k_1,\cot\Omega t_0=\frac{k_2}{k_3},4R_0^2r^2\cos^2\alpha_0=4r^2h^2=k_2^2+k_3^2 \tag{3-76}$$

当测量距离不变或在某个值附近时,这种情况为 $R_0=0$,目标绕观测站圆周飞行,这是不可观测和参数计算的。

若已知 $R_0,r,\alpha_0,\Omega,t_0$ 五个航迹参数,给定时刻 t,可得到距离 R_t 的解析解。对于空间位置不同的观测站而言,圆周运动参数 r,Ω 是相同的,可进一步判断是

否是同一批目标。而空间位置参数 R_0,α_0,t_0 是不相同的。

2. 单站目标匀速圆周运动参数估计

1) k_1,k_2,k_3 估计

若采样时间为 $t_1,t_2,\cdots,t_n$，目标的量测 $R_1,R_2,\cdots,R_n$，测量方差为 $\sigma_1^2,\sigma_2^2,\cdots,\sigma_n^2$，及已知 Ω（估计见后），其目标函数可以表示为

$$Q=\sum_{i=1}^{n}\frac{1}{\sigma_i^2}[R_i^2-(k_1+k_2\cos\Omega t_i+k_3\sin\Omega t_i)]^2 \tag{3-77}$$

若各次测量的方差相同，式(3-77)等效于以下方程求最小二乘解

$$\begin{bmatrix}1 & \cos\Omega t_1 & \sin\Omega t_1\\ 1 & \cos\Omega t_2 & \sin\Omega t_2\\ \vdots & \vdots & \vdots\\ 1 & \cos\Omega t_n & \sin\Omega t_n\end{bmatrix}\begin{bmatrix}k_1\\ k_2\\ k_3\end{bmatrix}=\begin{bmatrix}R_1^2\\ R_2^2\\ \vdots\\ R_n^2\end{bmatrix} \tag{3-78}$$

可以解出

$$\begin{bmatrix}k_1\\ k_2\\ k_3\end{bmatrix}=\begin{bmatrix}N & \sum_{i=1}^{n}\cos\Omega t_i & \sum_{i=1}^{n}\sin\Omega t_i\\ \sum_{i=1}^{n}\cos\Omega t_i & \sum_{i=1}^{n}\cos^2\Omega t_i & \sum_{i=1}^{n}\cos\Omega t_i\sin\Omega t_i\\ \sum_{i=1}^{n}\sin\Omega t_i & \sum_{i=1}^{n}\cos\Omega t_i\sin\Omega t_i & \sum_{i=1}^{n}\sin^2\Omega t_i\end{bmatrix}^{-1}\begin{bmatrix}\sum_{i=1}^{n}R_i^2\\ \sum_{i=1}^{n}R_i^2\cos\Omega t_i\\ \sum_{i=1}^{n}R_i^2\sin\Omega t_i\end{bmatrix} \tag{3-79}$$

可以采用递推方法解之。

2) Ω 的估计

(1) Ω 的粗估计。由于目标匀速圆周飞行，且等间隔采样，相邻两点之间的直线距离（弧线长度）应相等，如图 3.27 所示。设 $ABCD$ 分别是 t_1,t_2,t_3,t_4 时刻的圆周采样点，其形状为等腰（等顶）梯形。若 $\boldsymbol{P}_1,\boldsymbol{P}_2,\boldsymbol{P}_3,\boldsymbol{P}_4$ 表示观测站对 $ABCD$ 点观测向量，R_1,R_2,R_3,R_4 为观测站到圆周各点的距离。根据几何关系有

$$\boldsymbol{P}_1-(4\cos^2\theta-1)\boldsymbol{P}_2+(4\cos^2\theta-1)\boldsymbol{P}_3-\boldsymbol{P}_4=0 \tag{3-80}$$

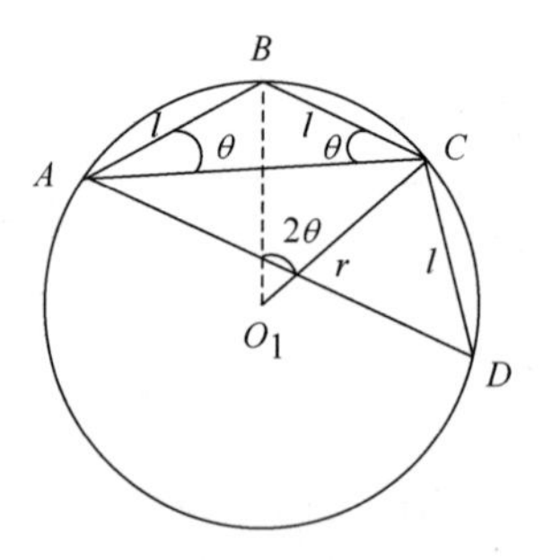

图 3.27 圆周等间隔采样点示意图

式中：$4\cos^2\theta-1=\dfrac{\sin3\theta}{\sin\theta}=1+2\cos2\theta=3-4\sin^2\theta$。

式(3-80)经求模运算，则有

$$R_1^2-(4\cos^2\theta-1)R_2^2+(4\cos^2\theta-1)R_3^2-R_4^2=0 \tag{3-81}$$

显然

$$(4\cos^2\theta-1)=\frac{R_4^2-R_1^2}{R_3^2-R_2^2}$$

或

$$4\sin^2\theta=\frac{R_1^2-3R_2^2+3R_3^2-R_4^2}{R_3^2-R_2^2} \tag{3-82}$$

根据测量的距离序列，由式(3-82)可估计出$\hat{\theta}$。若$\hat{\theta}$为零，则匀速圆周运动退化为匀速直线运动。若$\hat{\theta}$不为零，则匀速圆周运动的角频率可估计为

$$\hat{\Omega}=\frac{2\hat{\theta}}{T} \tag{3-83}$$

式中：T为采样等间隔时间。

(2) Ω的精估计。若测量的方差相同时，式(3-77)对Ω求其偏导数令其为零。

$$\begin{aligned}\frac{\partial Q}{\partial \Omega}&=2\sum_{i=1}^{n}(R_i^2-k_1-k_2\cos\Omega t_i-k_3\sin\Omega t_i)(-k_2t_i\sin\Omega t_i+k_3t_i\cos\Omega t_i)\\&\triangleq f(\Omega,k_1,k_2,k_3)\end{aligned} \tag{3-84}$$

式(3-84)是一个约束非线性方程，不易得到解析表达式。可采用牛顿(Newton)迭代方法

$$\Omega_n=\Omega_{n-1}-\left.\frac{f(\Omega,k_1,k_2,k_3)}{\dfrac{\partial f(\Omega,k_1,k_2,k_3)}{\partial \Omega}}\right|_{\Omega=\Omega_{n-1}} \tag{3-85}$$

根据给定的迭代误差停止迭代过程。选初值应取粗估计值，经过有限次迭代可以很好地逼近Ω的真值。

3. 匀速圆周纯距离目标参数航迹估计的精度分析

1) 只有距离测量噪声的情况

根据式(3-77)的矩阵解的误差公式，有总误差Q最小值：

$$Q_{R\min}=[R_1^2,R_2^2,\cdots,R_n^2][\boldsymbol{I}-\boldsymbol{A}_n^{+}\boldsymbol{A}_n][R_1^2,R_2^2,\cdots,R_n^2]^{\mathrm{T}} \tag{3-86}$$

式中：$\boldsymbol{A}_n^{+}=(\boldsymbol{A}_n^{\mathrm{T}}\boldsymbol{A}_n)^{-1}\boldsymbol{A}^{\mathrm{T}}$，$\boldsymbol{A}$为式(3-78)中的左边第一个矩阵。

2) 只有角频率估计误差的情况

为方便起见，考虑到只有角频率误差的影响，式(3-84)的误差为

$$Q_{\Omega\min} = \left|\frac{\partial Q}{\partial \Omega}\Delta\Omega\right| = 2k\left|\sum_{i=1}^{n} t_i \sin 2\Omega(t_i - t_0) + \sum_{i=1}^{n}(R_i^2 - k_1)t_i \sin\Omega(t_i - t_0)\right| \times |\Delta\Omega| = 0 \tag{3-87}$$

式中：$k=R_0 r\cos\alpha_0$；$\Delta\Omega$ 可由估计模型求出。

3）估计角频率与实际距离测量噪声的情况：

$$Q_{\min} = Q_{R\min} + Q_{\Omega\min} \tag{3-88}$$

4. 匀速圆周纯距离目标参数航迹估计的仿真实验

设观测站坐标为(0,0,0)，目标起点坐标为(10,10,10)km，目标起点速度设为(150,50,0)m/s，目标起点与速度的垂直方向加速度为(-16,48,0)m/s^2，传感器测量间隔为0.1s，测量目标120个距离信息。加入距离的噪声标准差为σ=20m的正态白噪声，采用总体最小二乘方法进行噪声滤波，分别采用真实圆周运动角频率、利用加噪后的距离估计的圆周运动角频率估计目标距离，再与真实距离相减可得到误差曲线。分别反映出角频率、测量距离误差对距离估计的影响。真实角频率ω=0.32，估计角频率ω=0.3036，角频率误差$\Delta\omega$=0.0164。仿真结果如图3.28所示。

图3.28中，(a)、(b)为采用真实角频率时得到的关于距离的测量和估计结果，(c)、(d)为采用估计角频率得到的关于距离的测量和估计结果。

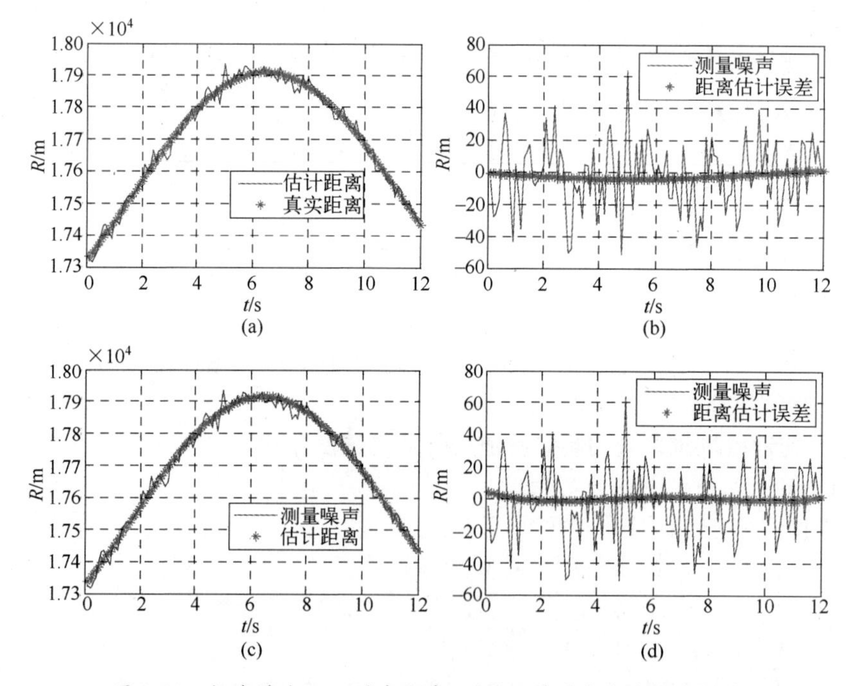

图3.28 标准差为20m的角频率、测量误差对滤波结果的影响

通过分析图 3.28,得到以下结论

(1) 在准确估计目标的圆周角频率条件下,采用本书方法能够稳定跟踪匀速圆周运动目标,但随着距离噪声方差的增大,对距离估计的误差将增大。

(2) 在不能准确估计目标圆周角频率的条件下,采用本书方法估计目标角频率,能够稳定跟踪匀速圆周运动目标,但距离跟踪误差较大;随着距离噪声的方差增大,对距离估计的误差呈现曲线形状。

(3) 在不同距离测量误差的情况下,采用本书方法的距离估计误差均在标准差的范围内。

从上面分析可知:目标的距离跟踪误差与目标角频率估计有很大关系,因而需要进一步估计圆周运动的角频率,才能得到较好的距离滤波精度。可以采用现代功率谱估计的方法进一步估计出目标角频率。

3.3　单站纯仰角目标参数航迹的解算

3.3.1　基于投影关系的匀速直线航迹模型

1. 目标等高直线飞行模型

1) 目标等高匀速直线飞行模型

在目标远离测量站飞行时,最有可能是匀速直线等高飞行,如图 2.12 所示。

目标在水平面上等高 h 沿直线匀速飞行,根据斯特尔特定理,可得到高度与目标投影点到观测站的距离比关系,经整理有

$$\frac{V_1^2}{h^2}=\frac{\cot^2\varepsilon_1}{(t_1-t_2)(t_1-t_3)}+\frac{\cot^2\varepsilon_2}{(t_2-t_1)(t_2-t_3)}+\frac{\cot^2\varepsilon_3}{(t_3-t_1)(t_3-t_2)} \tag{3-89}$$

若等间隔观测目标,$t_3-t_1=t_3-t_2=T$,代入式(3-89)可得

$$\frac{2V_1^2T^2}{h^2}=\cot^2\varepsilon_1-2\cot^2\varepsilon_2+\cot^2\varepsilon_3 \tag{3-90}$$

目标匀速直线等高飞行仰角约束条件满足

$$\cot^2\varepsilon_1-3\cot^2\varepsilon_2+3\cot^2\varepsilon_3-\cot^2\varepsilon_4=0 \tag{3-91}$$

由式(3-91)可以看出,$\cot^2\varepsilon$ 为采样点时刻的二次多项式函数。结合式(3-90)及空间几何关系,可以推导出

$$\cot^2\varepsilon_n=\cot^2\varepsilon_{\perp}+\frac{V_1^2}{h^2}(t_i-t_{\perp})^2 \tag{3-92}$$

式中:$\varepsilon_{\perp}$ 为观测站与目标航迹垂直点的观测仰角;$t_{\perp}$ 为目标过航迹的垂直点

时刻。

2）目标等高匀加速直线飞行模型

若等间隔观测目标，$t_3-t_1=t_3-t_2=T$，加速度为 a，等时间间隔目标的飞行距离的关系：$l_{34}-l_{23}=l_{23}-l_{12}=\Delta$，则

$$l_{34}=l_{23}+\Delta,\qquad l_{12}=l_{23}-\Delta,\qquad \Delta=aT^2$$

分别利用斯特尔特定理得到两个方程并相减，可得

$$\frac{6aT^2l_{23}}{h^2}=\cot^2\varepsilon_4-3\cot^2\varepsilon_3+3\cot^2\varepsilon_2-\cot^2\varepsilon_1 \tag{3-93}$$

同理有

$$\frac{6a^2T^4}{h^2}=\cot^2\varepsilon_5-4\cot^2\varepsilon_4+6\cot^2\varepsilon_3-4\cot^2\varepsilon_2+\cot^2\varepsilon_1 \tag{3-94}$$

由此可见，$\cot^2\varepsilon$ 为采样点时刻的四次多项式函数。

2. 目标匀速直线飞行模型

设目标在空间沿直线以匀速（速度为 V，仰角为 ε_0）飞行，如图 3.29 所示，设参考观测 t_0 时刻的目标高度为 h_0，t_i 时刻目标高度为 h_i，目标在水平面上的投影点与观测站的距离为 r_i，则有

$$r_i=h_i\cot\varepsilon_i=[h_0+V(t_i-t_0)\sin\varepsilon_0]\cot\varepsilon_i\quad ,i=0,1,\cdots n \tag{3-95}$$

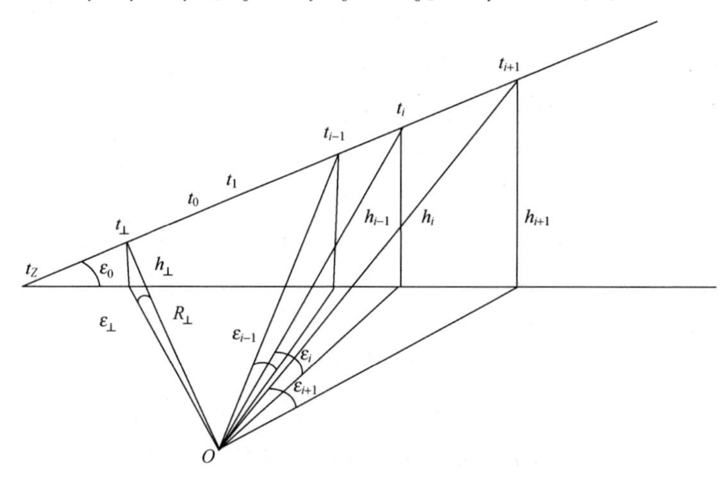

图 3.29　空间目标匀速直线飞行示意图

设相邻三个时刻分别为 t_{i-1},t_i,t_{i+1}，其对应目标在水平面上的投影点与观测站的距离分别为 r_{i-1},r_i,r_{i+1}，满足斯特瓦尔特定理并约简，得

$$(t_{i+1}-t_i)r_{i-1}^2-(t_{i+1}-t_{i-1})r_i^2+(t_i-t_{i-1})r_{i+1}^2=V^2(t_{i+1}-t_i)(t_{i+1}-t_{i-1})(t_i-t_{i-1})\cos^2\varepsilon_0 \tag{3-96}$$

将式（3-9）代入式（3-96），得到位置的关系方程，考虑到在 t_i（$i=2,3,\cdots$，

$n+1$)时刻目标的关系方程,组成矩阵形式

$$\begin{pmatrix} S_{21} & S_{22} & S_{22} \\ S_{31} & S_{32} & S_{33} \\ \vdots & \vdots & \vdots \\ S_{(n-1)1} & S_{(n-1)2} & S_{(n-1)2} \end{pmatrix}\begin{pmatrix} k_1 \\ k_2 \\ k_3 \end{pmatrix}=\begin{pmatrix} 1 \\ 1 \\ \vdots \\ 1 \end{pmatrix} \tag{3-97}$$

式中:$S_{i1}=\dfrac{\cot^2\varepsilon_{i+1}}{(t_{i+1}-t_i)(t_{i+1}-t_{i-1})}+\dfrac{\cot^2\varepsilon_i}{(t_i-t_{i+1})(t_i-t_{i-1})}+\dfrac{\cot^2\varepsilon_{i-1}}{(t_{i-1}-t_{i+1})(t_{i-1}-t_i)}$;$S_{i2}=\dfrac{(t_{i+1}-t_0)^2\cot^2\varepsilon_{i+1}}{(t_{i+1}-t_i)(t_{i+1}-t_{i-1})}+\dfrac{(t_i-t_0)^2\cot^2\varepsilon_i}{(t_i-t_{i+1})(t_i-t_{i-1})}+\dfrac{(t_{i-1}-t_0)^2\cot^2\varepsilon_{i-1}}{(t_{i-1}-t_{i+1})(t_{i-1}-t_i)}$;$S_{i3}=\dfrac{(t_{i+1}-t_0)\cot^2\varepsilon_{i+1}}{(t_{i+1}-t_i)(t_{i+1}-t_{i-1})}+\dfrac{(t_i-t_0)\cot^2\varepsilon_i}{(t_i-t_{i+1})(t_i-t_{i-1})}+\dfrac{(t_{i-1}-t_0)\cot^2\varepsilon_{i-1}}{(t_{i-1}-t_{i+1})(t_{i-1}-t_i)}$;$k_1=\dfrac{h_0^2}{V^2\cos^2\varepsilon_0}$;$k_2=\tan^2\varepsilon_0$;$k_3=\dfrac{2h_0\sin\varepsilon_0}{V\cos^2\varepsilon_0}$,$i=2,3,\cdots,(n-1)$。

目标仰角航迹参数 k_1, k_2, k_3 或为 h_0,V,ε_0。采用广义逆矩阵或结构总体最小二乘的方法,可解出式(3-97)计算航迹参数。

当解算出目标航迹参数及测量出目标前两个时刻的仰角值时,可以外推下一时刻的目标仰角。经整理可得

$$\frac{h_{i+1}^2\cot^2\varepsilon_{i+1}}{(t_{i+1}-t_i)(t_{i+1}-t_{i-1})}+\frac{h_i^2\cot^2\varepsilon_i}{(t_i-t_{i+1})(t_i-t_{i-1})}+\frac{h_{i-1}^2\cot^2\varepsilon_{i-1}}{(t_{i-1}-t_{i+1})(t_{i-1}-t_i)}=V^2\cos^2\varepsilon_0 \tag{3-98}$$

当目标等高飞行时,其结果与式(3-92)相同。结合式(3-95)和式(3-96),可以推导出任意三个时刻的约束关系,由前两个时刻的仰角值可解出目标仰角航迹参数 k_1,k_2,k_3,估计某时刻的仰角值

$$K_m\cot^2\varepsilon_m=1-K_l\cot^2\varepsilon_l-K_n\cot^2\varepsilon_n \tag{3-99}$$

式中:$K_m=\dfrac{k_1+(t_m-t_0)^2k_2+(t_m-t_0)k_3}{(t_m-t_l)(t_m-t_n)}$,$K_l,K_n$ 依次类推。

考虑到等时间间隔观测目标的仰角序列,上面的处理将得到化简。还可对目标航迹过水平面的时刻估计

$$t_Z=t_0-\frac{h_0}{V\sin\varepsilon_0}=t_0-\frac{k_3}{2k_2} \tag{3-100}$$

及

$$h_i=V(t_i-t_Z)\sin\varepsilon_0,i=0,1,\cdots n$$

利用航迹上三个点 t_Z、t_0、t_m 的目标空间位置,与观测站形成的两直角三角形的勾股弦关系相减,可化简得

$$t_{\perp}=\frac{t_m+t_0}{2}-\frac{\cos^2\varepsilon_0}{2(t_m-t_0)}\left[\frac{k_1+(t_m-t_0)^2k_2+(t_m-t_0)k_3}{\sin^2\varepsilon_t}-\frac{k_1}{\sin^2\varepsilon_{t_0}}\right] \tag{3-101}$$

设 $t'_{\perp}$ 为目标过水平面投影航线与观测站的垂直点(上方航线点)的时刻,可解出

$$\begin{aligned} t'_{\perp}&=t_{\perp}+\frac{h_{\perp}\sin\varepsilon_0}{V\cos^2\varepsilon_0}\\ &=t_{\perp}+\frac{[h_0+V(t_{\perp}-t_0)\sin\varepsilon_0]\sin\varepsilon_0}{V\cos^2\varepsilon_0}\\ &=t_{\perp}(1+\tan^2\varepsilon_0)-t_0\tan^2\varepsilon_0+k_1^{\frac{1}{2}}\tan\varepsilon_0 \end{aligned} \tag{3-102}$$

求出 $t'_{\perp}$ 对多站组网解算航迹参数有重要的作用。

3. 空间目标匀加速直线飞行模型

设目标在空间沿直线以匀加速 a 航迹(俯仰角为 ε_0)飞行,目标从 t_0 时刻开始加速,目标高度为 h_0,t_i 时刻目标在水平面上的高度为 h_i,其投影点与观测站的距离为 r_i,则有

$$r_i=h_i\cot\varepsilon_i=[h_0+V(t_i-t_0)\sin\varepsilon_0+\frac{a}{2}(t_i-t_0)^2\sin\varepsilon_0]\cot\varepsilon_i\quad ,i=0,1,\cdots n \tag{3-103}$$

设相邻时刻分别为 $t_{i-1},t_i,t_{i+1},t_{i+2}\cdots$,其对应目标在水平面上的投影点之间的距离为 $l_{i-1},l_i,l_{i+1}\cdots$,各投影点与观测站的距离分别为 $r_{i-1},r_i,r_{i+1}\cdots$,前后三个测量点满足斯特瓦尔特定理的方程相减,并整理,得

$$r_{i+2}^2-3r_{i+1}^2+3r_i^2-r_i^2=6l_i\Delta \tag{3-104}$$

式中:$l_i=\left[V+a\left(\frac{t_{i+1}+t_i}{2}-t_0\right)\right]T\cos\varepsilon_0;\Delta=aT^2\cos\varepsilon_0$。

$$\begin{bmatrix} S_{20} & S_{21} & \cdots & S_{25}\\ S_{30} & S_{31} & \cdots & S_{35}\\ \vdots & \vdots & \ddots & \vdots\\ S_{(n-2)0} & S_{(n-2)1} & \cdots & S_{(n-2)5} \end{bmatrix}\begin{bmatrix} k_0\\ k_1\\ \vdots\\ k_5 \end{bmatrix}=\begin{bmatrix} 1\\ 1\\ \vdots\\ 1 \end{bmatrix} \tag{3-105}$$

式中:$S_{i0}=\frac{t_{i+1}+t_i}{2}-t_0;S_{im}=(t_{i+2}-t_0)^{m-1}\cot^2\varepsilon_{i+2}-3\ (t_{i+1}-t_0)^{m-1}\cot^2\varepsilon_{i+1}+3\ (t_i-t_0)^{m-1}\cot^2\varepsilon_i-(t_{i-1}-t_0)^{m-1}\cot^2\varepsilon_{i-1},m=1,2,\cdots,5,i=1,2,\cdots,n;$

$$k_0=-\frac{a}{V}; \tag{3-106a}$$

$$k_1=\frac{h_0^2}{6VaT^3\cos^2\varepsilon_0};\tag{3-106b}$$

$$k_2=\frac{h_0\sin\varepsilon_0}{6aT^3\cos^2\varepsilon_0};\tag{3-106c}$$

$$k_3=\frac{(V^2\sin\varepsilon_0+h_0a)\sin\varepsilon_0}{6VaT^3\cos^2\varepsilon_0};\tag{3-106d}$$

$$k_4=\frac{\sin^2\varepsilon_0}{6T^3\cos^2\varepsilon_0};\tag{3-106e}$$

$$k_5=\frac{a\sin^2\varepsilon_0}{24VT^3\cos^2\varepsilon_0}\tag{3-106f}$$

设 $K_{lm}=\sum_{j=1}^{5}k_j(t_l-t_0)^{j-1}$，其约束条件可实现对 ε_{i+2} 的前向预测：

$$K_{(i+2)m}\cot^2\varepsilon_{i+2}-3K_{(i+1)m}\cot^2\varepsilon_{i+1}+3K_{im}\cot^2\varepsilon_i-K_{(i-1)m}\cot^2\varepsilon_{i-1}=1+k_0S_{i0}\tag{3-107}$$

或采用另外的差分形式：

$$r_{i+3}^2-4r_{i+2}^2+10r_{i+1}^2-4r_i^2+r_{i-1}^2=6\Delta^2\tag{3-108}$$

$$\begin{bmatrix} S_{21} & S_{22} & S_{23} & S_{24} & S_{25} \\ S_{31} & S_{32} & S_{33} & S_{34} & S_{35} \\ \vdots & \vdots & \vdots & \vdots & \vdots \\ S_{(n-3)1} & S_{(n-3)2} & S_{(n-3)3} & S_{(n-3)4} & S_{(n-3)5} \end{bmatrix}\begin{bmatrix} k_1 \\ k_2 \\ k_3 \\ k_4 \\ k_5 \end{bmatrix}=\begin{bmatrix} 1 \\ 1 \\ \vdots \\ 1 \end{bmatrix}\tag{3-109}$$

式中：

$$\begin{aligned} S_{im}=&(t_{i+3}-t_0)^{m-1}\cot^2\varepsilon_{i+3}-4(t_{i+2}-t_0)^{m-1}\cot^2\varepsilon_{i+2}+10(t_{i+1}-t_0)^{m-1}\cot^2\varepsilon_{i+1}\\ &-4(t_i-t_0)^{m-1}\cot^2\varepsilon_i+(t_{i-1}-t_0)^{m-1}\cot^2\varepsilon_{i-1}\\ &m=1,2,\cdots,5,i=1,2,\cdots,n \end{aligned}$$

$$k_1=\frac{h_0^2}{6a^2T^4\cos^2\varepsilon_0},\quad k_2=\frac{h_0V\sin\varepsilon_0}{3a^2T^4\cos^2\varepsilon_0},\quad k_3=\frac{(V^2\sin\varepsilon_0+h_0a)\sin\varepsilon_0}{6a^2T^4\cos^2\varepsilon_0}$$

$$k_4=\frac{V\sin^2\varepsilon_0}{6aT^4\cos^2\varepsilon_0},\quad k_5=\frac{\tan^2\varepsilon_0}{24T^4}$$

也可得到其约束条件实现对 ε_{i+2} 的前向预测

$$\begin{aligned} &K_{(i+3)m}\cot^2\varepsilon_{i+2}-4K_{(i+2)m}\cot^2\varepsilon_{i+2}+10K_{(i+1)m}\cot^2\varepsilon_{i+1}\\ &-4K_{im}\cot^2\varepsilon_i+K_{(i-1)m}\cot^2\varepsilon_{i-1}=1 \end{aligned}\tag{3-110}$$

4. 仿真实验

主要对斜直线飞行目标的匀速和匀加速模型进行仿真。

1）目标匀速直线运动模型

假设传感器位置(0,0,0)m，目标以速度值为200m/s，方向向量(3/4，-1/2，$\sqrt{3}/4$)进行匀速飞行，初始点为(300,500,800)m，观测周期T=0.05s，连续测量40s。

由于传感器只能获取目标的仰角信息，假设仰角测量过程中噪声的标准差σ_n=0.003rad，采用滑窗长度为20来进行估计，分别进行100次蒙特卡罗实验。其中对目标仰角进行连续跟踪的方法为：首先利用第i和i+1时刻的测量值ε_i和ε_{i+1}来计算下一时刻仰角估计值ε'_{i+2}，再利用第i+2时刻的测量值ε_{i+2}对ε'_{i+2}进行修正，得到第i+2时刻的估计值ε''_{i+2}，然后采用此方法对仰角进行连续跟踪。最后，对估计结果进行5阶平均值滤波，得到的结果如图3.30、图3.31所示。

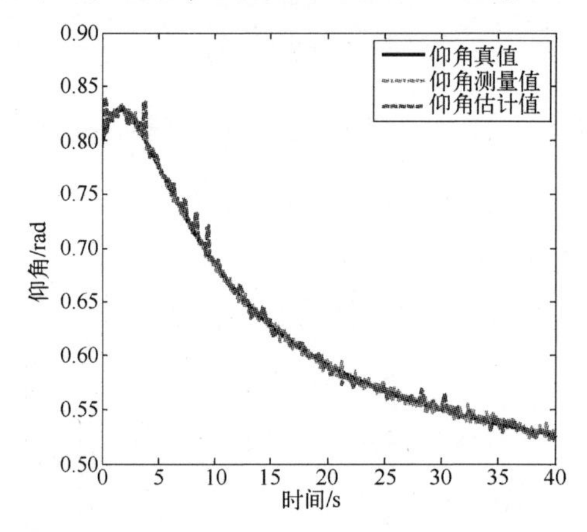

图3.30　仰角的真实值、估计值和测量值比较

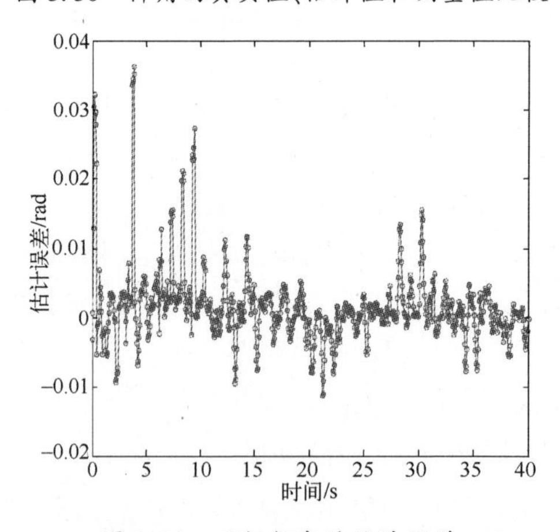

图3.31　目标仰角的估计误差

由此可见，本书利用解算参数航迹的方法，可以较精确地估计出目标的仰角，估计误差较小。由于数据截断效应，图3.31的仿真结果在数据处理的初期，

估计误差较大。但是随着跟踪时间的延长,估计误差逐渐降低直至稳定。因此,利用纯仰角参数航迹模型对匀速直线目标进行仰角跟踪,估计的仰角值能较好地趋近于真实仰角,从而证实本书算法的有效性。

2) 目标匀加速直线运动模型

假设传感器位置(0,0,0)m,目标以初速度值为150m/s,加速度为3m/s²,方向向量$(3/4,-1/2,\sqrt{3}/4)$进行匀加速飞行,初始点为(300,500,800)m,观测周期$T=0.05$s,连续测量40s。

假设仰角测量过程中噪声标准差$\sigma_n=0.003$rad。估计俯仰角ε_0时,采用窗宽为10进行估计,分别进行100次蒙特卡罗实验。同样采用仿真(1)仰角连续跟踪的方法,最后对估计结果进行5阶平均值滤波,结果如图3.32和图3.33所示。

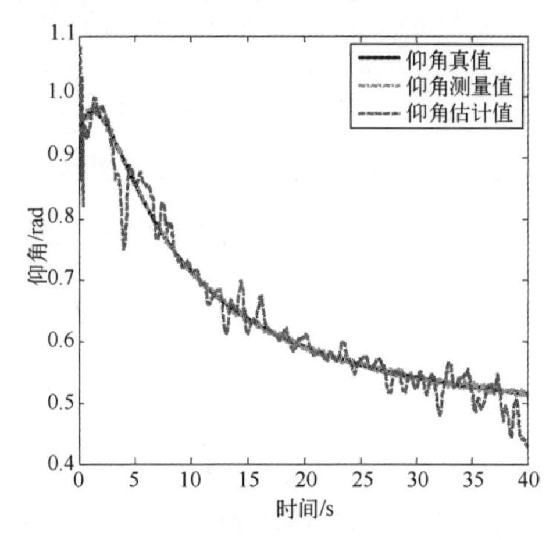

图3.32　仰角的真实值、估计值和测量值比较

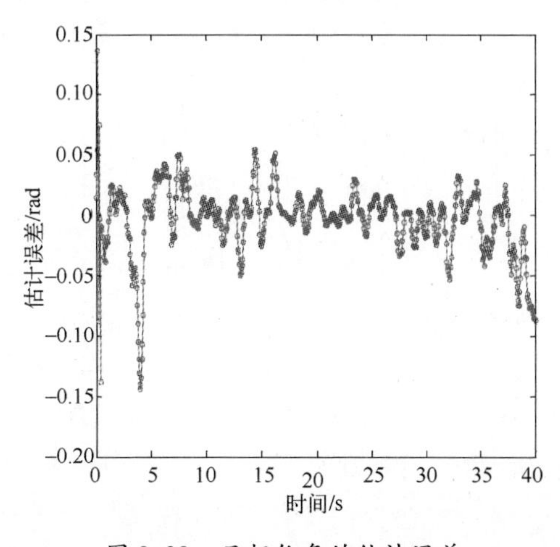

图3.33　目标仰角的估计误差

由此可见,当目标处于匀加速状态时,本书方法可以较好地估计出目标的仰角值。而由于数据截断效应,使得仰角的估计结果在数据处理初期和末期的估计误差较大。从整体上观察可知,由于噪声以及非线性因素的影响,对匀加速直线运动目标进行仰角跟踪时,估计的仰角值出现了一定波动,估计性能比匀速状态时有所降低。可以通过改进滤波方法进一步提高仰角的滤波和估计精度。

由于国内外查不出有关纯仰角的文献,无法与别的方法比较。

3.3.2 匀速直线参数航迹的直接描述方法

1. 空间目标匀速直线飞行直接模型

设目标观测站 O 与航迹直线的垂直点为 $P_\perp$,其距离为 $R_\perp$,$P_\perp$ 点与地面高度为 $h_\perp$,目标过航迹垂直点的时刻为 $t_\perp$,目标航线在水平面的投影直线与观测站的垂点距离为 $r'_\perp$,其目标过航迹投影直线的垂直点的时刻为 $t'_\perp$;在 t_i 时刻,目标在水平面的投影点与观测站的距离为 r_i,目标匀速直线运动,依目标在航线上的几何关系有

$$h_i^2=[R_\perp^2+V^2(t_i-t_\perp)^2]\sin^2\varepsilon_i=[h_\perp+V(t_i-t_\perp)\sin\varepsilon_0]^2,i=1,2,\cdots,N \tag{3-111}$$

$$r_i^2=[R_\perp^2+V^2(t_i-t_\perp)^2]\cos^2\varepsilon_i=r'^2_\perp+V^2(t_i-t'_\perp)^2\cos^2\varepsilon_0,i=1,2,\cdots,N \tag{3-112}$$

若定义各系数

$$K_4=R_\perp^2+V^2t_\perp^2,\quad K_5=-2V^2t_\perp,\quad K_6=V^2$$

$$K_1=[h_\perp-Vt_\perp\sin\varepsilon_0]^2,\quad K_2=2[h_\perp-Vt_\perp\sin\varepsilon_0]V\sin\varepsilon_0,\quad K_3=V^2\sin^2\varepsilon_0$$

$$k_1=r'^2_\perp+V^2t'^2_\perp\cos^2\varepsilon_0,\quad k_2=-2V^2t'_\perp\cos^2\varepsilon_0,\quad k_3=V^2\cos^2\varepsilon_0$$

多次观测的仰角序列代入式(3-111)、式(3-112),可以表示成矩阵形式

$$\boldsymbol{TK}_1=\boldsymbol{S}^2\boldsymbol{TK} \tag{3-113}$$

$$\boldsymbol{Tk}=\boldsymbol{C}^2\boldsymbol{TK} \tag{3-114}$$

式中:$\boldsymbol{K}\triangleq\begin{bmatrix}K_4\\K_5\\K_6\end{bmatrix}$;$\boldsymbol{k}\triangleq\begin{bmatrix}k_1\\k_2\\k_3\end{bmatrix}$;$\boldsymbol{K}_1\triangleq\begin{bmatrix}K_1\\K_2\\K_3\end{bmatrix}$;$\boldsymbol{T}\triangleq\begin{bmatrix}1&t_1&t_1^2\\1&t_2&t_2^2\\\vdots&\vdots&\vdots\\1&t_n&t_n^2\end{bmatrix}$;

$$\boldsymbol{C}\triangleq\begin{bmatrix}\cos\varepsilon_1&0&\cdots&0\\0&\cos\varepsilon_2&\cdots&0\\\vdots&\vdots&\ddots&\vdots\\0&0&\cdots&\cos\varepsilon_n\end{bmatrix};\boldsymbol{S}\triangleq\begin{bmatrix}\sin\varepsilon_1&0&\cdots&0\\0&\sin\varepsilon_2&\cdots&0\\\vdots&\vdots&\ddots&\vdots\\0&0&\cdots&\sin\varepsilon_n\end{bmatrix}。$$

任意时刻 t_m 的目标仰角预测值为

$$\begin{cases}\cos^2\varepsilon_m=\dfrac{k_1+t_m k_2+t_m^2 k_2}{K_4+t_m K_5+t_m^2 K_6}\\[2ex]\sin^2\varepsilon_m=\dfrac{K_1+t_m K_2+t_m^2 K_2}{K_4+t_m K_5+t_m^2 K_6}\end{cases}\tag{3-115}$$

在仰角值由测量值代替的情况下,仍有如下关系

$$\begin{cases}\hat{\boldsymbol{K}}_1=\boldsymbol{T}^+\boldsymbol{S}^2\boldsymbol{T}\boldsymbol{K}\\ \hat{\boldsymbol{k}}=\boldsymbol{T}^+\boldsymbol{C}^2\boldsymbol{T}\boldsymbol{K}\\ \hat{\boldsymbol{K}}_1+\hat{\boldsymbol{k}}=\boldsymbol{K}=\boldsymbol{T}^+\boldsymbol{T}\boldsymbol{K}\end{cases}\tag{3-116}$$

$$\boldsymbol{C}^2\boldsymbol{T}\boldsymbol{K}_1=\boldsymbol{S}^2\boldsymbol{T}\boldsymbol{k}\tag{3-117}$$

式中:$\boldsymbol{T}^+$为 $\boldsymbol{T}$ 的广义逆矩阵。将式(3-113)、式(3-114)写成

$$\begin{cases}[\boldsymbol{T}\quad \boldsymbol{S}^2\boldsymbol{T}]\begin{bmatrix}\boldsymbol{K}_1\\ \boldsymbol{K}\end{bmatrix}=0\\[2ex] [\boldsymbol{T}\quad \boldsymbol{C}^2\boldsymbol{T}]\begin{bmatrix}\boldsymbol{k}\\ \boldsymbol{K}\end{bmatrix}=0\end{cases}\tag{3-118}$$

采用奇异值分解的方法,求出式(3-118)的总体最小二乘解,只是所有解出的航迹参量都是相对值,但对式(3-115)是没有影响的。

2. 直接模型的误差分析与预测

设$\boldsymbol{S}_\Delta$,$\boldsymbol{C}_\Delta$ 为采用仰角测量值代替理想值的 $\boldsymbol{S}$,$\boldsymbol{C}$,对式(3-116)的估计带来误差:

$$\begin{aligned}\hat{\boldsymbol{K}}_1&=\boldsymbol{T}^+\boldsymbol{S}_\Delta^2\boldsymbol{T}\boldsymbol{K}=\boldsymbol{T}^+\boldsymbol{\Delta}_c^2\ \boldsymbol{S}^2\boldsymbol{T}\boldsymbol{K}+\boldsymbol{T}^+\boldsymbol{\Delta}_s^2\ \boldsymbol{C}^2\boldsymbol{T}\boldsymbol{K}+2\boldsymbol{T}^+\boldsymbol{\Delta}_c\boldsymbol{\Delta}_s\boldsymbol{S}\boldsymbol{C}\boldsymbol{T}\boldsymbol{K}\\&=\boldsymbol{K}_1+\boldsymbol{T}^+\boldsymbol{\Delta}_s^2(\boldsymbol{C}^2-\boldsymbol{S}^2)\boldsymbol{T}\boldsymbol{K}+2\boldsymbol{T}^+\boldsymbol{\Delta}_c\boldsymbol{\Delta}_s\boldsymbol{S}\boldsymbol{C}\boldsymbol{T}\boldsymbol{K}=\boldsymbol{K}_1+\boldsymbol{T}^+(\boldsymbol{\Delta}_s^2\ C_2+\boldsymbol{\Delta}_c\boldsymbol{\Delta}_s\ S_2)\boldsymbol{T}\boldsymbol{K}\end{aligned}\tag{3-119}$$

$$\begin{aligned}\hat{\boldsymbol{k}}&=\boldsymbol{T}^+\boldsymbol{C}_\Delta^2\boldsymbol{T}\boldsymbol{K}=\boldsymbol{T}^+\Delta_c^2\ \boldsymbol{C}^2\boldsymbol{T}\boldsymbol{K}+\boldsymbol{T}^+\Delta_s^2\ \boldsymbol{S}^2\boldsymbol{T}\boldsymbol{K}-2\boldsymbol{T}^+\boldsymbol{\Delta}_c\boldsymbol{\Delta}_s\boldsymbol{S}\boldsymbol{C}\boldsymbol{T}\boldsymbol{K}\\&=\boldsymbol{k}-\boldsymbol{T}^+\Delta_s^2\boldsymbol{C}^2\boldsymbol{T}\boldsymbol{K}+\boldsymbol{T}^+\Delta_s^2\boldsymbol{S}^2\boldsymbol{T}\boldsymbol{K}-2\boldsymbol{T}^+\Delta_c\Delta_s\boldsymbol{S}\boldsymbol{C}\boldsymbol{T}\boldsymbol{K}=\boldsymbol{k}-\boldsymbol{T}^+(\boldsymbol{\Delta}_s^2 C_2+\boldsymbol{\Delta}_c\boldsymbol{\Delta}_s\ S_2)\boldsymbol{T}\boldsymbol{K}\end{aligned}\tag{3-120}$$

可见,$\hat{\boldsymbol{k}}+\hat{\boldsymbol{K}}_1=\boldsymbol{k}+\boldsymbol{K}_1=\boldsymbol{K}$。其中

$$\boldsymbol{C}_2\triangleq\begin{bmatrix}\cos2\varepsilon_1&0&\cdots&0\\0&\cos2\varepsilon_2&\cdots&0\\\vdots&\vdots&\ddots&\vdots\\0&0&\cdots&\cos2\varepsilon_n\end{bmatrix},S_2\triangleq\begin{bmatrix}\sin2\varepsilon_1&0&\cdots&0\\0&\sin2\varepsilon_2&\cdots&0\\\vdots&\vdots&\ddots&\vdots\\0&0&\cdots&\sin2\varepsilon_n\end{bmatrix}$$

$$\boldsymbol{\Delta}_c\triangleq\begin{bmatrix}\cos\Delta_1&0&\cdots&0\\0&\cos\Delta_2&\cdots&0\\\vdots&\vdots&\ddots&\vdots\\0&0&\cdots&\cos\Delta_n\end{bmatrix},\boldsymbol{\Delta}_s\triangleq\begin{bmatrix}\sin\Delta_1&0&\cdots&0\\0&\sin\Delta_2&\cdots&0\\\vdots&\vdots&\ddots&\vdots\\0&0&\cdots&\sin\Delta_n\end{bmatrix}$$

代入式(3-115),得到仰角预测值的正余弦值的平方

$$\cos^2\hat{\varepsilon}_m=\cos^2\varepsilon_m-\frac{[1\quad t_m\quad t_m^2]\boldsymbol{T}^+\boldsymbol{\Delta}_s(\boldsymbol{\Delta}_s\boldsymbol{C}_2+\boldsymbol{\Delta}_c\boldsymbol{S}_2)\boldsymbol{TK}}{[1\quad t_m\quad t_m^2]\boldsymbol{K}} \tag{3-121}$$

$$\sin^2\hat{\varepsilon}_m=\sin^2\varepsilon_m+\frac{[1\quad t_m\quad t_m^2]\boldsymbol{T}^+\boldsymbol{\Delta}_s(\boldsymbol{\Delta}_s\boldsymbol{C}_2+\boldsymbol{\Delta}_c\boldsymbol{S}_2)\boldsymbol{TK}}{[1\quad t_m\quad t_m^2]\boldsymbol{K}} \tag{3-122}$$

其预测值可近似用各自的均值表示

$$\cos^2\hat{\varepsilon}_m\approx E[\cos^2\hat{\varepsilon}_m]=\cos^2\varepsilon_m-\frac{\sigma^2_{\boldsymbol{\Delta}_s^2}[1\quad t_m\quad t_m^2]\boldsymbol{T}^+\boldsymbol{C}_2\boldsymbol{TK}}{[1\quad t_m\quad t_m^2]\boldsymbol{K}} \tag{3-123}$$

$$\sin^2\hat{\varepsilon}_m\approx E[\sin^2\hat{\varepsilon}_m]=\sin^2\varepsilon_m+\frac{\sigma^2_{\boldsymbol{\Delta}_s^2}[1\quad t_m\quad t_m^2]\boldsymbol{T}^+\boldsymbol{C}_2\boldsymbol{TK}}{[1\quad t_m\quad t_m^2]\boldsymbol{K}} \tag{3-124}$$

目标航迹参数的解算如下

$$\begin{cases} t_\perp=-\dfrac{K_5}{2K_6} \\ t'_\perp=-\dfrac{k_2}{2k_3} \\ \tan\varepsilon_0=\sqrt{\dfrac{K_3}{k_3}} \end{cases} \tag{3-125}$$

$$\frac{R_\perp}{V}=\sqrt{\frac{K_4}{K_6}-t_\perp^2}=\sqrt{\frac{K_4+K_5t_\perp+K_6t_\perp^2}{K_6}} \tag{3-126}$$

$$\frac{r_\perp}{V\cos\varepsilon_0}=\sqrt{\frac{k_1}{k_3}-t'^2_\perp}=\sqrt{\frac{k_1+k_2t'_\perp+k_3t'^2_\perp}{k_3}} \tag{3-127}$$

$$\frac{h_\perp}{V\sin\varepsilon_0}=\frac{K_2+t_\perp}{2\sqrt{K_3}}=\sqrt{\frac{K_1+K_2t_\perp+K_3t_\perp^2}{K_3}} \tag{3-128}$$

综合分析其几何关系,代入以上目标航迹参数,不难推导出如下关系

$$t'_\perp=t_\perp+\frac{h_\perp\sin\varepsilon_0}{V\cos^2\varepsilon_0}=t_\perp+\frac{\sqrt{K_3}}{k_3}\sqrt{K_1+K_2t_\perp+K_3t_\perp^2} \tag{3-129}$$

式(3-129)实际上是一个较强的约束关系。

3. 直接模型的仿真实验与结论

1) 目标匀速直线运动模型

假设传感器位置(0,0,0)m,目标以速度值为200m/s,方向向量为(3/4,-1/2,

$\sqrt{3}/4$)进行匀速飞行,初始点为(300,500,800)m,观测周期 T=0.05s,连续测量 40s。

由于传感器只能获取目标的仰角信息,假设仰角测量过程中噪声的标准差 σ_n=0.003rad,采用窗宽为 10 来进行估计,分别进行 100 次蒙特卡罗实验。在利用式(3-123)、式(3-124)估计出仰角值后,对两式结果取平均。最后对平均结果进行 10 阶平均值滤波,得到的结果如图 3.34、图 3.35 所示。

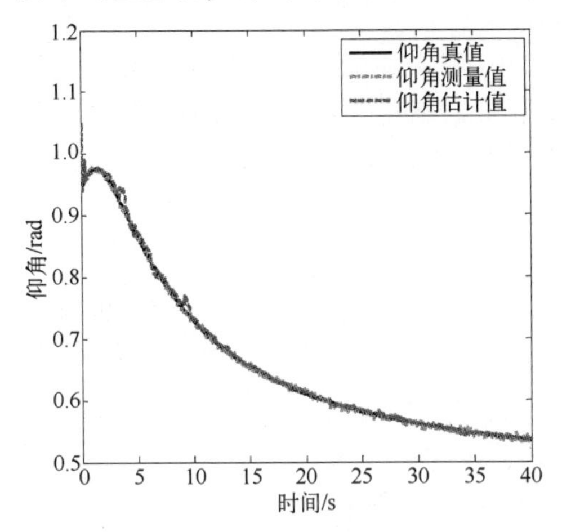

图 3.34　仰角的真实值、估计值和测量值比较

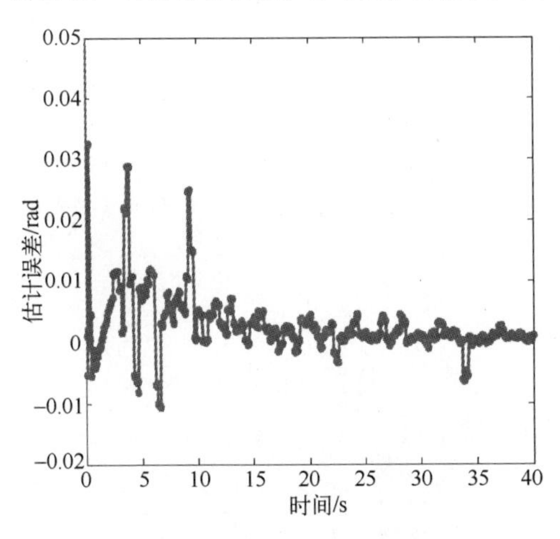

图 3.35　目标仰角的估计误差

由此可见,运用解算参数航迹的方法,可以较精确地估计出目标的仰角,估计误差较小。其中由于数据截断效应,使得图 3.35 的仿真结果在数据处理的初期时估计误差较大,但是随着跟踪时间的延长,估计误差逐渐降低直至稳定。因此,利用纯仰角参数航迹模型对匀速直线目标进行仰角跟踪,估计的仰

角值能较好地趋近于真实仰角，从而证实本书算法的有效性。

2）目标匀速圆周运动模型的逼近

假设传感器位置（0，0，0）m，目标以初速度值为200m/s，方向向量（1/2，3/4，1/4），向心加速度模值为12.2m/s^2，方向向量为（4/5，-2/5，-2/5），来进行匀速圆周飞行，初始点为（300，500，800）m，观测周期T=0.05s，连续测量40s。

假设仰角测量过程中噪声的标准差σ_n=0.003rad。采样滑窗长度为10来进行估计，分别进行100次蒙特卡罗实验。同样采用上一仿真的仰角连续跟踪的方法，最后对估计结果进行10阶平均值滤波，仿真结果如图3.36和图3.37所示。

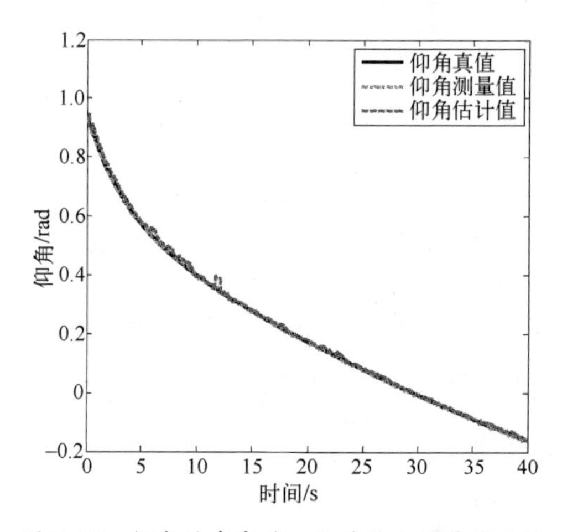

图3.36 仰角的真实值、估计值和测量值比较

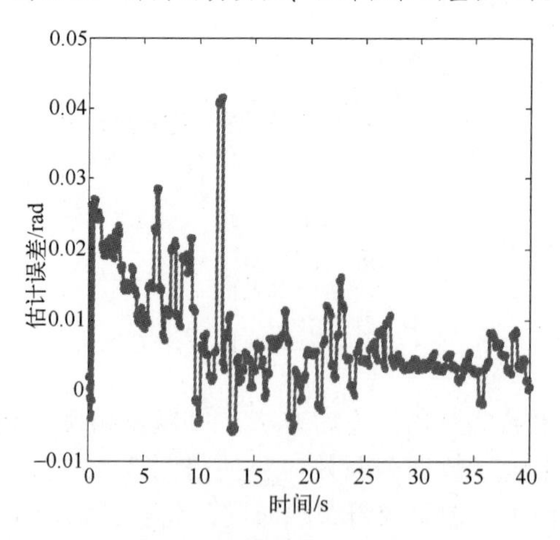

图3.37 目标仰角的估计误差

从图 3. 36 和图 3. 37 的仿真结果可以得出，当目标处于匀速圆周运动状态时，本书方法可以较好地估计出目标的仰角值。由于数据截断效应，仰角的估计结果在数据处理初期和末期的估计误差较大。从整体上观察可得，由于采用匀速直线分段逼近的方法，以及噪声和非线性因素的影响，对匀速圆周运动目标进行仰角跟踪时，估计的仰角值出现了一定波动，估计性能比匀速直线状态时有所降低。因此，可以通过采用其他滤波方法来进一步提高仰角的估计精度。

3. 3. 3　匀速直线航迹参数的迭代计算模型

1. 空间目标匀速直线飞行模型

目标匀速直线飞行如图 3. 29 所示。设目标沿斜直线以速度 V 飞行，观测站 O 与航迹直线垂直点 $P_\perp$ 的地面高度为 $h_\perp$，根据几何关系可求出 t_i 时刻的无误差的观测值

$$\sin\varepsilon_i=\frac{R_\perp\sin\varepsilon_\perp+V(t_i-t_\perp)\sin\varepsilon_0}{\sqrt{R_\perp^2+V^2(t_i-t_\perp)^2}}=\frac{\sin\varepsilon_\perp+(t_i-t_\perp)\mu\sin\varepsilon_0}{\sqrt{1+(t_i-t_\perp)^2\mu^2}}\triangleq\frac{d_t}{a_t}\quad(3-130)$$

$$\begin{aligned}\cos\varepsilon_i&=\frac{\sqrt{r'^2_\perp+V^2(t_i-t'_\perp)^2\cos^2\varepsilon_0}}{\sqrt{R_\perp^2+V^2(t_i-t_\perp)^2}}\triangleq\frac{b_t}{a_t}\\&=\frac{\sqrt{\cos^2\varepsilon_\perp+(t_i-t_\perp)^2\mu^2\cos^2\varepsilon_0-2(t_i-t_\perp)\mu\sin\varepsilon_\perp\sin\varepsilon_0}}{\sqrt{1+(t_i-t_\perp)^2\mu^2}}\end{aligned}\quad(3-131)$$

式中：$t'_\perp=t_\perp+\dfrac{h_\perp\sin\varepsilon_0}{V\cos^2\varepsilon_0}$；$\mu\triangleq\dfrac{V}{R_\perp}$；$a_t^2\triangleq1+(t-t_\perp)^2\mu^2$；$d_t\triangleq\sin\varepsilon_\perp+(t-t_\perp)\mu\sin\varepsilon_0$；

$b_t^2\triangleq\cos^2\varepsilon_\perp+(t-t_\perp)^2\mu^2\cos^2\varepsilon_0-2(t-t_\perp)\mu\sin\varepsilon_\perp\sin\varepsilon_0$。

由此可见，实现纯仰角目标航迹跟踪，需要航迹参数：$\varepsilon_\perp,\varepsilon_0,\mu,t_\perp$。

设 $\boldsymbol{x}\triangleq[\varepsilon_\perp\quad\varepsilon_0\quad\mu\quad t_\perp]^{\mathrm{T}}$，则

$$\frac{\partial\sin\varepsilon_t}{\partial x}=\frac{1}{a_t}\begin{bmatrix}\cos\varepsilon_\perp\\(t-t_\perp)\mu\cos\varepsilon_0\\\dfrac{(t-t_\perp)c_t}{a_t^2}\\\dfrac{-\mu c_t}{a_t^2}\end{bmatrix}\quad(3-132)$$

式中：$c_t\triangleq\sin\varepsilon_0-(t-t_\perp)\mu\sin\varepsilon_\perp$。经过详细推导，得到

$$\frac{\partial^2 \sin\varepsilon_t}{\partial \boldsymbol{x}\partial \boldsymbol{x}^{\mathrm{T}}}=\frac{1}{a_t}\times$$

$$\begin{bmatrix} -\sin\varepsilon_{\perp} & 0 & -\frac{(t-t_{\perp})^2\mu\cos\varepsilon_{\perp}}{a_t^2} & \frac{(t-t_{\perp})\mu^2\cos\varepsilon_{\perp}}{a_t^2} \\ 0 & -(t-t_{\perp})\mu\sin\varepsilon_0 & \frac{(t-t_{\perp})\cos\varepsilon_0}{a_t^2} & \frac{-\mu\cos\varepsilon_0}{a_t^2} \\ -\frac{(t-t_{\perp})^2\mu\cos\varepsilon_{\perp}}{a_t^2} & \frac{(t-t_{\perp})\cos\varepsilon_0}{a_t^2} & -(t-t_{\perp})^2\frac{f_i}{a_t^4} & \frac{h_t}{a_t^4} \\ \frac{(t-t_{\perp})\mu^2\cos\varepsilon_{\perp}}{a_t^2} & \frac{-\mu\cos\varepsilon_0}{a_t^2} & \frac{h_t}{a_t^4} & -\mu^2\frac{f_i}{a_t^4} \end{bmatrix} \tag{3-133}$$

式中:$f_i \triangleq 3(t-t_{\perp})\mu\sin\varepsilon_0+(1-2(t-t_{\perp})^2\mu^2)\sin\varepsilon_{\perp}$;$h_t \triangleq -\sin\varepsilon_0+2(t-t_{\perp})\mu\sin\varepsilon_{\perp}+2(t-t_{\perp})^2\mu^2\sin\varepsilon_0-(t-t_{\perp})^3\mu^3\sin\varepsilon_{\perp}$。

由于有恒等式 $\sin^2\varepsilon_t+\cos^2\varepsilon_t=1$,对 $x_i=\varepsilon_{\perp},\varepsilon_0,\mu,t_{\perp}$ 分别求导。可表示为

$$\frac{\partial \cos\varepsilon_t}{\partial \boldsymbol{x}_i}=-\frac{\sin\varepsilon_t}{\cos\varepsilon_t}\frac{\partial \sin\varepsilon_t}{\partial \boldsymbol{x}_i}=-\frac{d_t}{b_t}\frac{\partial \sin\varepsilon_t}{\partial \boldsymbol{x}_i}$$

上式用向量形式表示

$$\frac{\partial \cos\varepsilon_t}{\partial \boldsymbol{x}}=-\frac{\sin\varepsilon_t}{\cos\varepsilon_t}\frac{\partial \sin\varepsilon_t}{\partial \boldsymbol{x}}=-\frac{d_t}{b_t}\frac{\partial \sin\varepsilon_t}{\partial \boldsymbol{x}} \tag{3-134}$$

也有

$$\frac{\partial}{\partial y}\left(\sin\varepsilon_t\frac{\partial \sin\varepsilon_t}{\partial x}+\cos\varepsilon_t\frac{\partial \cos\varepsilon_t}{\partial x}\right)=0,\quad \frac{\partial^2 \sin\varepsilon_t}{\partial y\partial x}=\frac{\partial^2 \sin\varepsilon_t}{\partial x\partial y},x,y=\varepsilon_{\perp},\varepsilon_0,\mu,t_{\perp}$$

$$\frac{\partial \sin\varepsilon_t}{\partial y}\frac{\partial \sin\varepsilon_t}{\partial x}+\sin\varepsilon_t\frac{\partial^2 \sin\varepsilon_t}{\partial y\partial x}+\frac{\partial \cos\varepsilon_t}{\partial y}\frac{\partial \cos\varepsilon_t}{\partial x}+\cos\varepsilon_t\frac{\partial^2 \cos\varepsilon_t}{\partial y\partial x}=0$$

上式用向量形式表示

$$\begin{aligned} \frac{\partial^2 \cos\varepsilon_t}{\partial \boldsymbol{x}\partial \boldsymbol{x}^{\mathrm{T}}} &= -\frac{1}{\cos\varepsilon_t}\frac{\partial \sin\varepsilon_t}{\partial \boldsymbol{x}}\frac{\partial \sin\varepsilon_t}{\partial \boldsymbol{x}^{\mathrm{T}}}-\frac{\sin\varepsilon_t}{\cos\varepsilon_t}\frac{\partial^2 \sin\varepsilon_t}{\partial \boldsymbol{x}\partial \boldsymbol{x}^{\mathrm{T}}}-\frac{1}{\cos\varepsilon_t}\frac{\partial \cos\varepsilon_t}{\partial \boldsymbol{x}}\frac{\partial \cos\varepsilon_t}{\partial \boldsymbol{x}^{\mathrm{T}}} \\ &= \frac{-1}{\cos\varepsilon_t}\left(1+\frac{\sin^2\varepsilon_t}{\cos^2\varepsilon_t}\right)\frac{\partial \sin\varepsilon_t}{\partial \boldsymbol{x}}\frac{\partial \sin\varepsilon_t}{\partial \boldsymbol{x}^{\mathrm{T}}}-\frac{\sin\varepsilon_t}{\cos\varepsilon_t}\frac{\partial^2 \sin\varepsilon_t}{\partial \boldsymbol{x}\partial \boldsymbol{x}^{\mathrm{T}}} \\ &= \frac{-1}{\cos^3\varepsilon_t}\frac{\partial \sin\varepsilon_t}{\partial \boldsymbol{x}}\frac{\partial \sin\varepsilon_t}{\partial \boldsymbol{x}^{\mathrm{T}}}-\frac{\sin\varepsilon_t}{\cos\varepsilon_t}\frac{\partial^2 \sin\varepsilon_t}{\partial \boldsymbol{x}\partial \boldsymbol{x}^{\mathrm{T}}} \end{aligned} \tag{3-135}$$

2. 空间目标匀速直线飞行圆误差逼近模型与误差分析

基于纯仰角序列的匀速直线运动目标的最小二乘方法的圆误差目标函数为

$$Q_m = \sum_{i=1}^{m} [(\cos\hat{\varepsilon}_i - k\cos\varepsilon_i)^2 + (\sin\hat{\varepsilon}_i - k\sin\varepsilon_i)^2]$$

$$= \sum_{i=1}^{m} (1 + k^2 - 2k\cos\varepsilon_i\cos\hat{\varepsilon}_i - 2k\sin\varepsilon_i\sin\hat{\varepsilon}_i) \tag{3-136}$$

式中:$\hat{\varepsilon}_i$ 为仰角序列的测量值,$\hat{\varepsilon}_i=\varepsilon_i+n_i$,而测量噪声 n_i 的分布为 $N(n_i;0,\sigma_n^2)$;根据函数 $\cos\hat{\varepsilon}_i$,$\sin\hat{\varepsilon}_i$ 的均值和方差计算原理,经过推导可得

$E(\cos\hat{\varepsilon}_i)=k\cos\varepsilon_i$,$E(\sin\hat{\varepsilon}_i)=k\sin\varepsilon_i$,$E[\cos(mn_i)]=(\mathrm{e}^{-\frac{\sigma^2}{2}})m^2=k^{m^2}$,$E[\sin(mn_i)]=0$,$E(\cos\hat{\varepsilon}_i-k\cos\varepsilon_i)^2=\frac{1-k^2}{2}(1-k^2\cos2\varepsilon_i)$,$E(\sin\hat{\varepsilon}_i-k\sin\varepsilon_i)^2=\frac{1-k^2}{2}(1+k^2\cos2\varepsilon_i)$

在真实的航迹参数条件下,仰角估计值与测量值之差为叠加的测量噪声。式(3-136)的均值为

$$E(Q_m) = \sum_{i=1}^{m} E[1 + k^2 - 2k\cos(\hat{\varepsilon}_i - \varepsilon_i)] = \sum_{i=1}^{m}(1 - k^2) = m(1 - k^2) \approx m\sigma_n^2 \tag{3-137}$$

考虑到各测量噪声之间的不相关性,可计算出其方差为

$$E[Q_m - E(Q_m)]^2 = 4k^2E\left\{\sum_{i=1}^{m}[k - \cos(\hat{\varepsilon}_i - \varepsilon_i)]\right\}^2 = 4mk^2(1 - k^2)^2 \approx 4m\sigma_n^4 \tag{3-138}$$

由此可见,圆误差目标函数式(3-136)的计算误差是很小的。

为进一步确定纯仰角航迹直线的四参数,可采用迭代方法

$$\frac{\partial Q_m}{\partial \boldsymbol{x}} = -2k\sum_{i=1}^{m}\left(\cos\hat{\varepsilon}_i\frac{\partial\cos\varepsilon_i}{\partial\boldsymbol{x}} + \sin\hat{\varepsilon}_i\frac{\partial\sin\varepsilon_i}{\partial\boldsymbol{x}}\right)$$

$$= -2k\sum_{i=1}^{m}\left(\frac{\sin(\hat{\varepsilon}_i - \varepsilon_i)}{\cos\varepsilon_i}\frac{\partial\sin\varepsilon_i}{\partial\boldsymbol{x}}\right) \tag{3-139}$$

$$\frac{\partial^2 Q_m}{\partial\boldsymbol{x}\partial\boldsymbol{x}^{\mathrm{T}}} = -2k\sum_{i=1}^{m}\left(\cos\hat{\varepsilon}_i\frac{\partial^2\cos\varepsilon_i}{\partial\boldsymbol{x}\partial\boldsymbol{x}^{\mathrm{T}}} + \sin\hat{\varepsilon}_i\frac{\partial\sin\varepsilon_i}{\partial\boldsymbol{x}\partial\boldsymbol{x}^{\mathrm{T}}}\right)$$

$$= -2k\sum_{i=1}^{m}\left[-\cos\hat{\varepsilon}_i\left(\frac{1}{\cos^3\varepsilon_i}\frac{\partial\sin\varepsilon_i}{\partial\boldsymbol{x}}\frac{\partial\sin\varepsilon_i}{\partial\boldsymbol{x}^{\mathrm{T}}} + \frac{\sin\varepsilon_i}{\cos\varepsilon_i}\frac{\partial^2\sin\varepsilon_i}{\partial\boldsymbol{x}\partial\boldsymbol{x}^{\mathrm{T}}}\right) + \sin\hat{\varepsilon}_i\frac{\partial^2\sin\hat{\varepsilon}_i}{\partial\boldsymbol{x}^{\mathrm{T}}\partial\boldsymbol{x}}\right]$$

$$= -2k\sum_{i=1}^{m}\left(\frac{-\cos\hat{\varepsilon}_i}{\cos^3\varepsilon_i}\frac{\partial\sin\varepsilon_i}{\partial\boldsymbol{x}}\frac{\partial\sin\varepsilon_i}{\partial\boldsymbol{x}^{\mathrm{T}}} + \frac{\sin(\hat{\varepsilon}_i - \varepsilon_i)}{\cos\varepsilon_i}\frac{\partial^2\sin\varepsilon_i}{\partial\boldsymbol{x}\partial\boldsymbol{x}^{\mathrm{T}}}\right) \tag{3-140}$$

上式为 Hesse 矩阵,即对称正定阵。采用牛顿迭代方法有

$$\begin{bmatrix} \varepsilon_{\perp}^{k+1} \\ \varepsilon_{0}^{k+1} \\ \mu^{k+1} \\ t_{\perp}^{k+1} \end{bmatrix}_m = \begin{bmatrix} \varepsilon_{\perp}^{k} \\ \varepsilon_{0}^{k} \\ \mu^{k} \\ t_{\perp}^{k} \end{bmatrix}_m - \left[\frac{\partial^2 Q_n}{\partial \boldsymbol{x} \partial \boldsymbol{x}^{\mathrm{T}}}\right]_k^{-1} \frac{\partial Q_n}{\partial \boldsymbol{x}}\Bigg|_k \tag{3-141}$$

式中:k,m 分别表示迭代的次数、测量的次数。

根据迭代误差可停止过程。选初值应在真值附近。此时,式(3-141)的右端后项近似为零。

若增加观测值时,保持滤波长度数目的递推形式

$$Q_{m+1} = \sum_{i=1}^{m+1} q_i = Q_m + q_{m+1} - q_1$$

$$q_i \triangleq 1 + k^2 - 2k\cos(\hat{\varepsilon}_i - \varepsilon_i), i = 1,2,\cdots,m \tag{3-142}$$

$$\frac{\partial Q_{m+1}}{\partial \boldsymbol{x}} = \frac{\partial Q_m}{\partial \boldsymbol{x}} + \frac{\partial q_{m+1}}{\partial \boldsymbol{x}} - \frac{\partial q_1}{\partial \boldsymbol{x}} \triangleq \boldsymbol{B}_m + b_{m1} \tag{3-143}$$

$$\frac{\partial^2 Q_{m+1}}{\partial \boldsymbol{x}^{\mathrm{T}} \partial \boldsymbol{x}} = \frac{\partial^2 Q_m}{\partial \boldsymbol{x}^{\mathrm{T}} \partial \boldsymbol{x}} + \frac{\partial^2 q_{m+1}}{\partial \boldsymbol{x}^{\mathrm{T}} \partial \boldsymbol{x}} - \frac{\partial^2 q_1}{\partial \boldsymbol{x}^{\mathrm{T}} \partial \boldsymbol{x}} \triangleq \boldsymbol{A}_m + \boldsymbol{a}_{m1} \tag{3-144}$$

套用矩阵逆引理:$(\boldsymbol{A}+\boldsymbol{C})^{-1} = \boldsymbol{A}^{-1} - \boldsymbol{A}^{-1}(\boldsymbol{C}^{-1}+\boldsymbol{A}^{-1})^{-1}\boldsymbol{A}^{-1}$。

增加观测值时保持滤波长度的式(3-141)可表示为

$$\begin{aligned} (\boldsymbol{A}_m+\boldsymbol{a}_{m1})^{-1}(\boldsymbol{B}_m+\boldsymbol{b}_{m1}) &= [\boldsymbol{A}_m^{-1} - \boldsymbol{A}_m^{-1}(\boldsymbol{a}_{m1}^{-1}+\boldsymbol{A}_m^{-1})^{-1}\boldsymbol{A}_m^{-1}](\boldsymbol{B}_m+\boldsymbol{b}_{m1}) \\ &= \boldsymbol{A}_m^{-1}\boldsymbol{B}_m - \boldsymbol{A}_m^{-1}(\boldsymbol{a}_{m1}^{-1}+\boldsymbol{A}_m^{-1})^{-1}\boldsymbol{A}_m^{-1}\boldsymbol{B}_m + \boldsymbol{A}_m^{-1}\boldsymbol{b}_{m1} - \boldsymbol{A}_m^{-1}(\boldsymbol{a}_{m1}^{-1}+\boldsymbol{A}_m^{-1})^{-1}\boldsymbol{A}_m^{-1}\boldsymbol{b}_{m1} \\ &\approx \boldsymbol{A}_m^{-1}\boldsymbol{b}_{m1} - \boldsymbol{A}_m^{-1}(\boldsymbol{a}_{m1}^{-1}+\boldsymbol{A}_m^{-1})^{-1}\boldsymbol{A}_m^{-1}\boldsymbol{b}_{m1} \end{aligned} \tag{3-145}$$

设下次初值采用上次的迭代结果,迭代过程如下

$$\begin{bmatrix} \varepsilon_{\perp}^{k+1} \\ \varepsilon_{0}^{k+1} \\ \mu^{k+1} \\ t_{\perp}^{k+1} \end{bmatrix}_{m+1} \approx \begin{bmatrix} \varepsilon_{\perp}^{k} \\ \varepsilon_{0}^{k} \\ \mu^{k} \\ t_{\perp}^{k} \end{bmatrix}_{m+1} - (\boldsymbol{A}_m+\boldsymbol{a}_{m1})^{-1}\boldsymbol{b}_{m1} \tag{3-146}$$

当本次迭代结果与上次有一定的误差时,可以判定目标机动。

3. 空间目标匀速直线飞行圆误差逼近仿真实验与结果分析

观测站位置为坐标原点 $O(0,0,0)$,目标航向仰角为 0.4733rad,初速度为(100,120,80)m/s,目标初始空间位置为(300,400,500)m。测量噪声 σ 服从正态分布,均值为 0,标准差 $\sigma=3$mrad,采样间隔为 0.05s,采样 200 次,蒙特卡罗仿真 100 次。

由于受噪声影响,测量数据会偏离真实值,可通过对多次量测进行平滑、滤波拟合,让测量数据尽可能靠近真实值,拟合结果如图 3.38 所示。

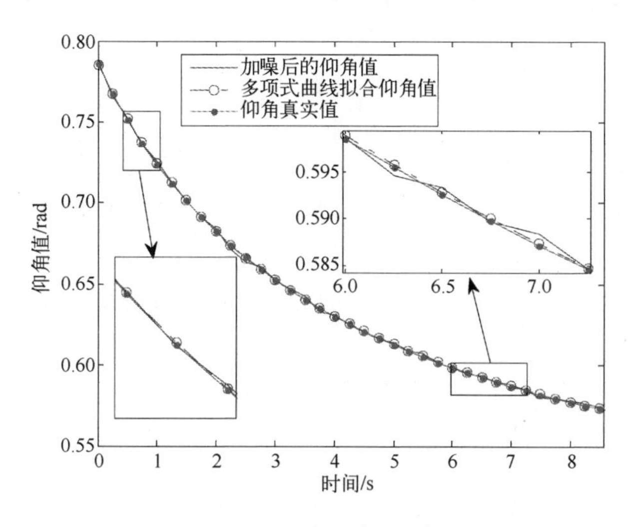

图 3.38　目标几种情况下仰角值的比较

从图 3.38 中可以看出,经过拟合后的仰角值与真值更为接近。进行处理时可以用拟合值代替测量值。仰角真实值与参数航迹估计仰角值之间的偏差可以用均方误差(RMSE)来表示。

令 M 为蒙特卡罗仿真的次数,则 k 时刻目标仰角误差的标准差为

$$E_p(k) = \left[\frac{1}{M}\sum_{i=1}^{M}(\varepsilon_{k,i} - \hat{\varepsilon}_{k,i})^2\right]\frac{1}{2} \tag{3-147}$$

式中:$\varepsilon_{k,i}$为 k 时刻第 i 次仿真时目标的仰角真实值;$\hat{\varepsilon}_{k,i}$为 k 时刻第 i 次仿真时参数航迹估计的目标仰角值。

图 3.39 对目标真实值与估计值进行了比较,图 3.40 表示仰角估计的均方误差值。图 3.40 可以看出在前 40 次的测量时间内,目标仰角估计值与真实值基本一致,在第 41~200 次之间真实值与估计值之间误差增加较快,但误差绝对值较小,均保持在 10^{-3}数量级,造成误差的主要原因是由于累积误差的影响,可以通过改变窗宽来实现,如每 100 次作一次估计。本书通过圆误差逼近的牛顿迭代方法解决了纯仰角跟踪中的参数计算问题,得到了纯仰角跟踪的参数航迹,仿真表明了算法的有效性与良好的跟踪性能。

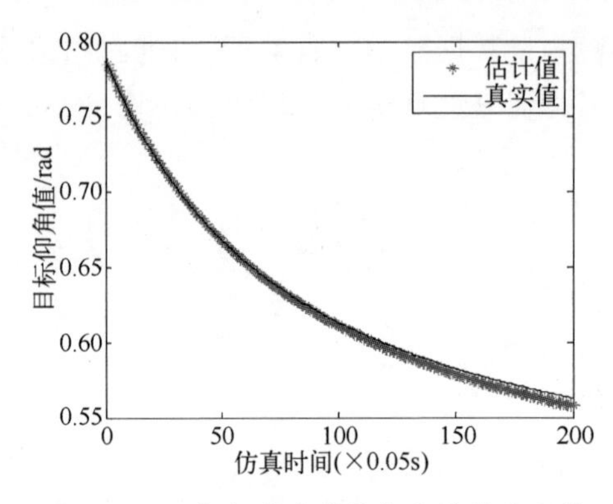

图 3.39 目标仰角真实值与估计值的比较

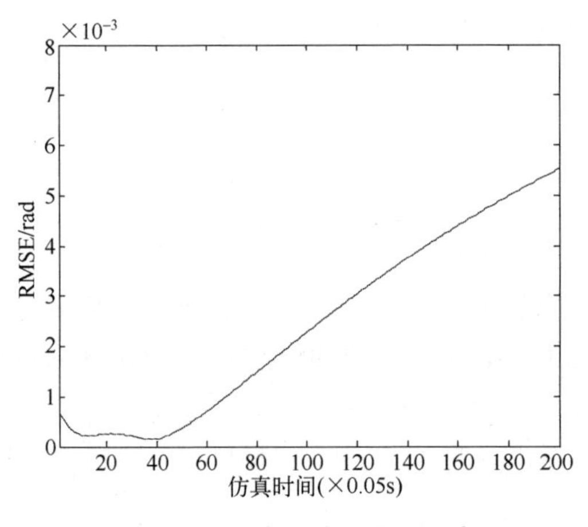

图 3.40 仰角估计的均方误差

3.4 纯距离和/差目标参数航迹的解算

3.4.1 纯距离和/差目标的参数航迹模型

以双基地雷达为例,讨论纯距离和的滤波问题。发射站 T(也可接收,或 T/R表示)发射的雷达信号通过目标到达接收站 R,时间同步的两站可测到电波传播的时间差,计算出目标相对两站的距离和信息。发射站 T 站址为$\boldsymbol{X}_1=(X_1,Y_1,Z_1)^{\mathrm{T}}$,接收站 R 站址为$\boldsymbol{X}_2=(X_2,Y_2,Z_2)^{\mathrm{T}}$,接收站测得目标与发射站、接收站的距离和序列 $R_i(i=1,2,\cdots,n)$,设空间目标在参考时刻 t_0的位置为$\boldsymbol{x}_0=(x_0,y_0,z_0)^{\mathrm{T}}$,任意时刻 t_i的目标位置为$\boldsymbol{x}_i=(x_i,y_i,z_i)^{\mathrm{T}}$,在单/多基地情况下,不同的两个接收站之间,可能出现距离差的情况。由于一般的双基地雷达测量频率较高,可达到每秒 10～15 帧,可假设目标匀速直线飞行,其速度为 $\boldsymbol{V}=(V_x,V_y,V_z)^{\mathrm{T}}$,则有目标状态模型:

$$\boldsymbol{x}_i=\boldsymbol{x}_0+\boldsymbol{V}(t_i-t_0)\quad ,i=1,2,\cdots,n \tag{3-148}$$

通过式(3-148)中的向量$(\boldsymbol{x}_0,\boldsymbol{V})$可以唯一地确定出目标的运动轨迹。

当测量出目标的距离和序列 $R_i(i=1,2,\cdots,n)$,目标距离和/差模型为

$$\sqrt{(x_i-X_1)^2+(y_i-Y_1)^2+(z_i-Z_1)^2}\pm\sqrt{(x_i-X_2)^2+(y_i-Y_2)^2+(z_i-Z_2)^2}=R_i \tag{3-149}$$

对距离和而言,目标相对两个站的距离作为焦距,按平面椭圆轨道飞行,这时距离和是不变的,对距离和是不可观测的。对距离差而言,目标相对两个站的距离作为焦距,按平面双曲线航迹飞行,这时距离差是不变的,对距离差是不可观测的。

将式(3-149)两端平方及整理后再平方,经整理可得

$$\begin{aligned}R_i^4=&-\{[(x_i-X_1)^2+(y_i-Y_1)^2+(z_i-Z_1)^2]-[(x_i-X_2)^2+(y_i-Y_2)^2+(z_i-Z_2)^2]\}^2\\&+2R_i^2\{[(x_i-X_1)^2+(y_i-Y_1)^2+(z_i-Z_1)^2]+[(x_i-X_2)^2+(y_i-Y_2)^2+(z_i-Z_2)^2]\}\end{aligned} \tag{3-150}$$

由此可见,距离和/差的高次关系趋向一致。

为方便起见,设 $t_0=0$,将式(3-148)代入式(3-150),可以得

$$\begin{aligned}&\{[(x_0+V_xt_i-X_1)^2+(y_0+V_yt_i-Y_1)^2+(z_0+V_zt_i-Z_1)^2]\\&-[(x_0+V_xt_i-X_2)^2+(y_0+V_yt_i-Y_2)^2+(z_0+V_zt_i-Z_1)^2]\}^2\\&-2R_i^2\{[(x_0+V_xt_i-X_1)^2+(y_0+V_yt_i-Y_1)^2+(z_0+V_zt_i-Z_1)^2]\\&-[(x_0+V_xt_i-X_2)^2+(y_0+V_yt_i-Y_2)^2+(z_0+V_zt_i-Z_1)^2]\}\\=&-R_i^4\end{aligned} \tag{3-151}$$

通过对式(3-151)的观察分析,该式中含有不断变化的已知参数序列 t_i,R_i,将式(3-151)展开后可得到含有 t_i,R_i 的项 $1,t_i,t_i^2,R_i^2,R_i^2t_i,R_i^2t_i^2,R_i^4$,将含有 $x_0,y_0,V_x,V_y,X_1,X_2,Y_1,Y_2$ 等参数的项作为它们所对的系数项,分析这些系数项,可知其中包含有目标运动参数,即可进行目标运动参数估计。

“1”所对应的系数项为

$$k_1=[(X_2-X_1)(2x_0-X_1-X_2)+(Y_2-Y_1)(2y_0-Y_1-Y_2)+(Z_2-Z_1)(2z_0-Z_1-Z_2)]^2 \tag{3-152}$$

t_i 所对应的系数项为

$$k_2=4[(X_2-X_1)V_x+(Y_2-Y_1)V_y+(Z_2-Z_1)V_z][(X_2-X_1)(2x_0-X_1-X_2)$$

$$+(Y_2-Y_1)(2y_0-Y_1-Y_2)+(Z_2-Z_1)(2z_0-Z_1-Z_2)] \tag{3-153}$$

t_i^2 所对应的系数项为

$$k_3=4[(X_2-X_1)V_x+(Y_2-Y_1)V_y+(Z_2-Z_1)V_z]^2 \tag{3-154}$$

R_i^2 所对应的系数项为

$$k_4=-2[(x_0-X_1)^2+(x_0-X_2)^2+(y_0-Y_1)^2+(y_0-Y_2)^2+(z_0-Z_1)^2+(z_0-Z_2)^2] \tag{3-155}$$

$R_i^2 t_i$ 所对应的系数项为

$$k_5=-4[(2x_0-X_1-X_2)V_x+(2y_0-Y_1-Y_2)V_y+(2z_0-Z_1-Z_2)V_z] \tag{3-156}$$

$R_i^2 t_i^2$ 所对应的系数项为

$$k_6=-4(V_x^2+V_y^2+V_z^2) \tag{3-157}$$

利用纯距离和/差序列,可得

$$\begin{pmatrix} 1 & t_1 & t_1^2 & R_1^2 & R_1^2 t_1 & R_1^2 t_1^2 \\ 1 & t_2 & t_2^2 & R_2^2 & R_2^2 t_2 & R_2^2 t_2^2 \\ \vdots & \vdots & \vdots & \vdots & \vdots & \vdots \\ 1 & t_n & t_n^2 & R_n^2 & R_n^2 t_n & R_n^2 t_n^2 \end{pmatrix} \begin{pmatrix} k_1 \\ k_2 \\ k_3 \\ k_4 \\ k_5 \\ k_6 \end{pmatrix} = - \begin{pmatrix} R_1^4 \\ R_2^4 \\ \vdots \\ R_n^4 \end{pmatrix} \tag{3-158}$$

由于式(3-158)左端第一个矩阵是长方形矩阵,并且它与右端向量都带有观测误差,存在扰动,因此,利用总体最小二乘法求解式(3-158)可得 $k_j(j=1,2,\cdots,6)$,通过 k_4 可以估计出目标初始时刻到T/R站距离与目标到R站距离的平方的和,通过 k_6 即可估计出目标运动速度的大小 $V=\sqrt{V_x^2+V_y^2+V_z^2}$。

将纯距离和得到的速度大小的参数航迹与由纯角度得到的速度方向等参数航迹融合即可实现对目标进行参数航迹定位。

3.4.2 仿真实验

假设目标在初始位置(100,100,100)m处沿 y 轴以速度100m/s做匀速直线运动,发射站站址为(0,0,0),接收站站址为(20,10,0),采样周期 $T=0.1$s,采样次数为100次,初始时刻为0s。测量误差是随机产生的一列正态分布序列,其均值为0,方差为 σ_R^2,其标准差取值范围为 $\sigma_R\in(10,0.05)$,对此区间等间隔地取200个样本点进行采样,得到不同噪声标准差所对应的目标速度。

仿真结果如图3.41所示,目标速度大小的估计值随着噪声标准差的减小而逐渐趋近于真实值。收敛效果佳,当在第 50 个采样点时,目标速度大小几乎能接近于真实值。说明在距离偏差<2m 时噪声对目标速度大小的影响可以忽略不计。利用式(3-158)批处理方式得到的目标速度大小在经过周期为 0.1s 的 100 个采样点时在标准差采样 200 个点时,第 50 个采样点开始趋近于真实值,说明了该算法的收敛性很好。

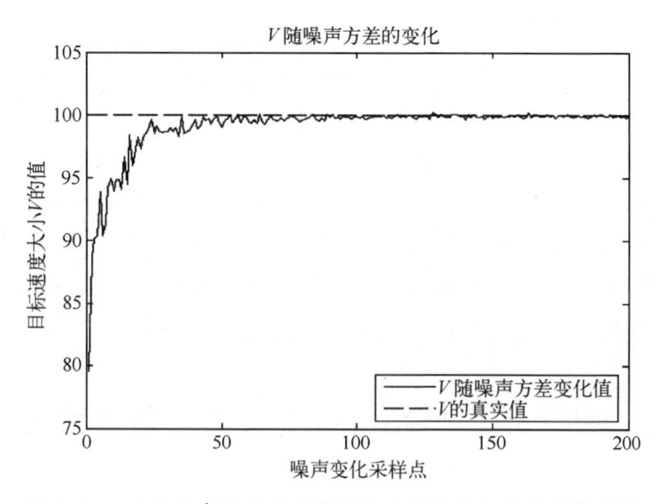

图 3.41　不同噪声标准差的速度大小估计值与真实值的比较

实验分析表明,通过建立匀速直线运动模型,利用纯距离和序列信息,进行目标运动分析(TMA),可提取出目标运动的有效参数,即目标的运动速度大小以及初始时刻的距离的平方和等参数,将此速度大小参数航迹与纯角度得到的速度方向等参数航迹融合即可实现对目标进行参数航迹定位。

参考文献

[1]　刘进忙,姬红兵. 纯方位观测的航迹不变量目标跟踪算法[J]. 西安电子科技大学学报,2008(1),49-53.

[2]　刘进忙,吴中林. 圆误差逼近的纯方位目标参数航迹跟踪算法研究[C]. 第三届中国信息融合大会,西安,中国:2011: 429-434.

[3]　刘忠,周丰,等. 纯方位目标运动分析[M]. 北京: 国防工业出版社,2009: 29-52.

第4章　单站复合坐标目标航迹参数估计

在无源定位系统中,被动式红外探测器只能测量目标的方位角和俯仰角信息。战场上使用较多的二维雷达,可测量目标的方位和距离信息。线扫相控阵雷达有仰角和距离通道。在干扰条件下三维雷达可能距离通道受到干扰,仅获得方位和仰角信息。由于战时环境的复杂性,缺失测量通道的可能性不能排除。针对这些问题,本章充分利用传感器测量的复合(两个或以上)坐标信息,建立起相应的目标运动模型,进而有效估计出目标航迹参数,提出了单站复合坐标滤波和参数航迹跟踪方法,实现目标的组合坐标滤波与跟踪。

4.1　基于不变量和方位支援的仰角参数估计

本节主要是在目标直线运动模型的假设下,依据目标飞行方向与观测站形成的平面同水平面之间的夹角不变量建立方位和仰角的航迹参数描述模型,充分利用传感器得到的方位角和俯仰角信息,最终解算出有关航迹参数,实现目标的仰角预测。

4.1.1　二面角关系模型及不变量求解方法

1. 基于纯方位航迹参数支援和二面角不变量的仰角模型[1]

如图4.1所示,观测站 O 点位置为(xo,yo,zo),目标在 t_0 时刻的位置为(x_0,y_0,z_0),Y 为水平面的正北方向,α_0 为目标的水平航向角(航迹在水平面上投影直线与 Y 轴的夹角),ε_0 为目标的航向仰角,目标以速度 V 沿 MP_t 以匀速直线向上运动,运动方向为 $\boldsymbol{L}=(l,m,n)^{\mathrm{T}}$,$t$ 时刻观测站观测目标的仰角为 ε_t,方位角为 β_t,P_t 点为目标在 t 时刻的空间位置,直线 ME 为目标航迹 MP_t 在水平面上的投影直线,φ 为目标运动平面 MOP_t 与水平面 MOE 的夹角(二面角),ε_0 为目标的航向仰角。为方便起见,可定义 θ 为目标航向的水平补角。

根据空间位置和几何关系可推导出二面角关系,即

$$\cot\varphi=\sin(\theta+\beta_t)\cot\varepsilon_t=\sin(\theta+\alpha_0)\cot\varepsilon_0 \tag{4-1}$$

当 $\varepsilon_0=0$ 时,$\theta=-\alpha_0$,等式最右端不定,不影响前面等式成立。

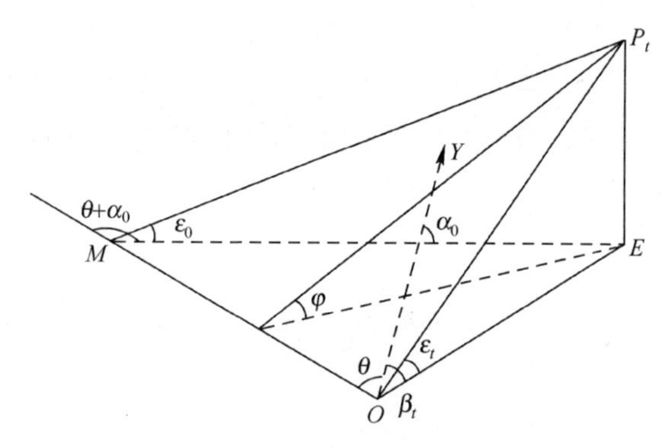

图 4.1　目标飞行场景示意图

由于目标沿 MP_t 直线飞行，O 点为观测站是静止不动的，故二面角 φ 和目标航向的水平补角 θ 不随时间变化，各为常量。式(4-1)可整理成

$$(\sin\theta\cos\beta_t+\cos\theta\sin\beta_t)\cos\varepsilon_t=\cot\varphi\sin\varepsilon_t \tag{4-2}$$

对目标进行 n 次观测可得到方位、仰角序列，根据式(4-2)关系，其矩阵形式为

$$\begin{bmatrix}\cos\varepsilon_1 & & & \\ & \cos\varepsilon_2 & & \\ & & \ddots & \\ & & & \cos\varepsilon_n\end{bmatrix}\begin{bmatrix}\cos\beta_1 & \sin\beta_1 \\ \cos\beta_2 & \sin\beta_2 \\ \vdots & \vdots \\ \cos\beta_n & \sin\beta_n\end{bmatrix}\begin{bmatrix}\sin\theta \\ \cos\theta\end{bmatrix}=\cot\varphi\begin{bmatrix}\sin\varepsilon_1 \\ \sin\varepsilon_2 \\ \vdots \\ \sin\varepsilon_n\end{bmatrix} \tag{4-3}$$

解式(4-3)可得

$$\begin{bmatrix}\sin\theta \\ \cos\theta\end{bmatrix}=\cot\varphi\,[\boldsymbol{ABA}^{\mathrm{T}}]^{-1}A\begin{bmatrix}\sin\varepsilon_1 \\ \sin\varepsilon_2 \\ \vdots \\ \sin\varepsilon_n\end{bmatrix}=\frac{\cot\varphi}{c}\boldsymbol{Cd} \tag{4-4}$$

其中，

$$\boldsymbol{A}=\begin{bmatrix}\cos\beta_1 & \cos\beta_2 & \cdots & \cos\beta_n \\ \sin\beta_1 & \sin\beta_2 & \cdots & \sin\beta_n\end{bmatrix},\boldsymbol{B}=\mathrm{diag}[\cos\varepsilon_1,\cos\varepsilon_2,\cdots,\cos\varepsilon_n],$$

$$\boldsymbol{C}=\begin{bmatrix}\sum\limits_{i=1}^{n}\cos\varepsilon_i\sin^2\beta_i & -\sum\limits_{i=1}^{n}\cos\varepsilon_i\cos\beta_i\sin\beta_i \\ -\sum\limits_{i=1}^{n}\cos\varepsilon_i\cos\beta_i\sin\beta_i & \sum\limits_{i=1}^{n}\cos\varepsilon_i\cos^2\beta_i\end{bmatrix},\boldsymbol{d}=\begin{bmatrix}\sum\limits_{i=1}^{n}\sin\varepsilon_i\cos\beta_i \\ \sum\limits_{i=1}^{n}\sin\varepsilon_i\sin\beta_i\end{bmatrix}$$

$$c=\left(\sum_{i=1}^{n}\cos\varepsilon_i\cos^2\beta_i\right)\left(\sum_{i=1}^{n}\cos\varepsilon_i\sin^2\beta_i\right)-\left(\sum_{i=1}^{n}\cos\varepsilon_i\cos\beta_i\sin\beta_i\right)^2$$

式(4-4)左边是归一化向量,右端的向量模也应该为单位值。除 $\cot\varphi$ 之外,其 $c^{-1}\boldsymbol{Cd}$ 的向量模为 $\tan\varphi$,可求出 θ 与 φ 值。进而求出目标航迹的航向仰角 ε_0,得

$$\cot\varepsilon_0=\frac{\cot\varphi}{\sin(\theta+\alpha_0)} \tag{4-5}$$

若 $\theta=-\alpha_0$,则 $\varepsilon_0=0$。

采用纯方位序列的三参数求取方法(见式(3-23)、式(3-32))可求得 α_0。在纯方位序列观测条件下,单站可求解得到的目标参数航迹值 $\cot\alpha_0, r'_\perp/V_1, t_\perp$。当给出 α_0,解出 ε_0 时,目标航迹方向为 $[\cos\varepsilon_0\sin\alpha_0 \quad \cos\varepsilon_0\cos\alpha_0 \quad \sin\varepsilon_0]^{\mathrm{T}}$。

2. 仰角的预测模型与误差分析

由式(4-1)可得

$$\tan\varepsilon_t=\tan\varphi\sin(\theta+\beta_t)=\tan\varphi\,[\sin\theta \quad \cos\theta]\begin{bmatrix}\cos\beta_t\\ \sin\beta_t\end{bmatrix} \tag{4-6}$$

根据式(3-26)给出的纯方位角预测公式,代入式(4-6)可得到纯仰角的预测公式

$$\tan\varepsilon_t=\tan\varphi\frac{[\sin\theta \quad \cos\theta]\begin{bmatrix}\dfrac{V}{h_\perp}(t_t-t_\perp) & 1\\ -1 & \dfrac{V}{h_\perp}(t_t-t_\perp)\end{bmatrix}\begin{bmatrix}\cos\alpha_0\\ \sin\alpha_0\end{bmatrix}}{\sqrt{1+\left(\dfrac{V}{h_\perp}\right)^2(t_t-t_\perp)^2}} \tag{4-7}$$

应用△MOE 的正弦定理及计算直线 OE、OP_t、EP_t 的距离,也可得到

$$\begin{bmatrix}\cos\varepsilon_t\\ \sin\varepsilon_t\end{bmatrix}=\frac{\begin{bmatrix}\sin(\theta+\alpha_0)\cos\varepsilon_0\\ \sin(\theta+\beta_t)\sin\varepsilon_0\end{bmatrix}}{\sqrt{\sin^2(\theta+\beta_t)\sin^2\varepsilon_0+\sin^2(\theta+\alpha_0)\cos^2\varepsilon_0}} \tag{4-8}$$

结论:纯仰角的预测公式与纯方位角预测公式有较多的相似性,式(4-8)右端与方位角和航向水平投影的水平补角有关。由此说明方位与仰角序列之间存在参数耦合现象。

为分析预测模型中方位角测量误差对仰角的影响,式(4-8)对方位角求微分

$$\frac{\mathrm{d}\cos\hat{\varepsilon}_t}{\mathrm{d}\beta_t}=\frac{-\sin(\theta+\alpha_0)\cos(\varepsilon_0)\sin(\theta+\beta_t)\sin^2\varepsilon_0\cos(\theta+\beta_t)}{M^{\frac{3}{2}}} \tag{4-9}$$

$$\frac{\mathrm{d}\sin\hat{\varepsilon}_t}{\mathrm{d}\beta_t}=\frac{\cos(\theta+\beta_t)\sin\varepsilon_0 M^{\frac{1}{2}}-\sin^2(\theta+\beta_t)\cos(\theta+\beta_t)\sin^3\varepsilon_0 M^{-\frac{1}{2}}}{M} \tag{4-10}$$

式中：$M=\sin^2(\theta+\beta_t)\sin^2\varepsilon_0+\sin^2(\theta+\alpha_0)\cos^2\varepsilon_0$。

由于利用方位角估计仰角，$\theta,\alpha_0,\varepsilon_0$ 在此可看作常数。假设测量到的方位角误差服从均值为零的高斯白噪声，由式(4-9)、式(4-10)得仰角余弦、正弦的方差分别为

$$\delta^2_{\cos\hat{\varepsilon}_t}=\left(\frac{\mathrm{d}\cos\hat{\varepsilon}_t}{\mathrm{d}\beta_t}\right)^2\delta^2_{\beta_t} \tag{4-11}$$

$$\delta^2_{\sin\hat{\varepsilon}_t}=\left(\frac{\mathrm{d}\sin\hat{\varepsilon}_t}{\mathrm{d}\beta_t}\right)^2\delta^2_{\beta_t} \tag{4-12}$$

将式(4-9)、式(4-10)代入式(4-11)、式(4-12)可得仰角余弦、正弦预测的方差。

方位支援的仰角参数航迹的算法如下：

步骤 1：根据式(4-4)求出目标飞行平面与参考平面的二面角 φ 和目标航向的水平补角 θ；

步骤 2：采用纯方位的三参数求取方法，求出 α_0；

步骤 3：根据式(4-5)求出目标航迹的航向仰角 ε_0；

步骤 4：根据式(4-8)估计出单站目标的航迹参数$\hat{\varepsilon}_t$。

3. 基于二面角不变量的仰角模型仿真实验与结论

设观测站初始位置为(1000,1000,0)m，目标初始位置为(500,1000,1000)m。

1) 匀速直线运动

目标以 130m/s 的速度沿(3,4,12)的方向做匀速直线运动。采样周期为 0.05s，分别仿真出不同噪声标准差、不同测量次数情况下二面角，水平补角正弦、余弦，目标航向仰角值的变化情况。

(1) 设仰角为 ε，方位角为 β，随机产生两个独立的正态分布序列，其均值为 0，当其标准差 $\sigma_\varepsilon=\sigma_\beta=\sigma=0.003$ 时，测量次数 $N\in[10,110]$，间隔为 1，取 101 个点，仿真结果如图 4.2～图 4.5 所示。

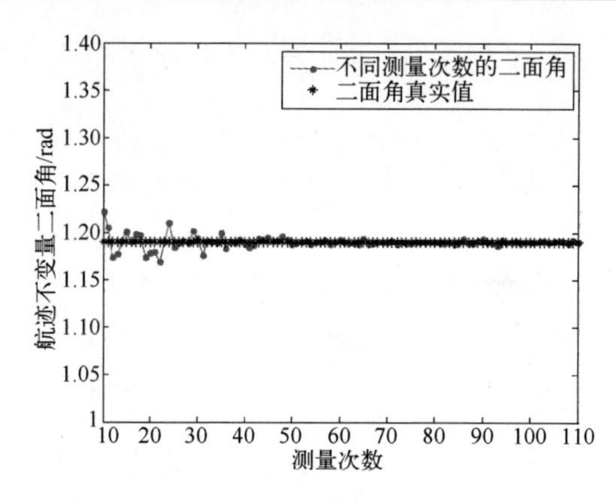

图 4.2　二面角随测量次数变化

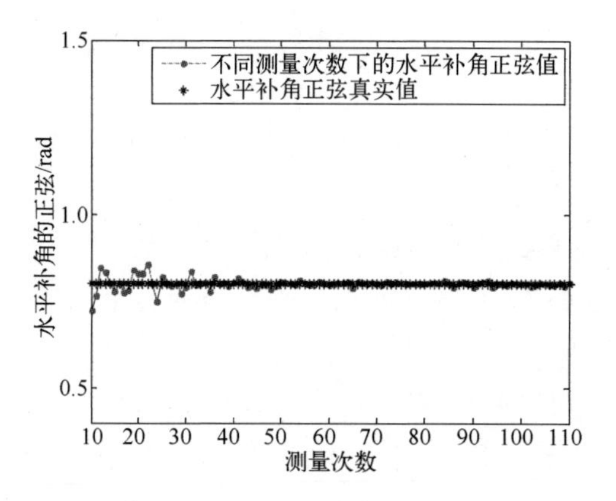

图 4.3　水平补角正弦随测量次数变化

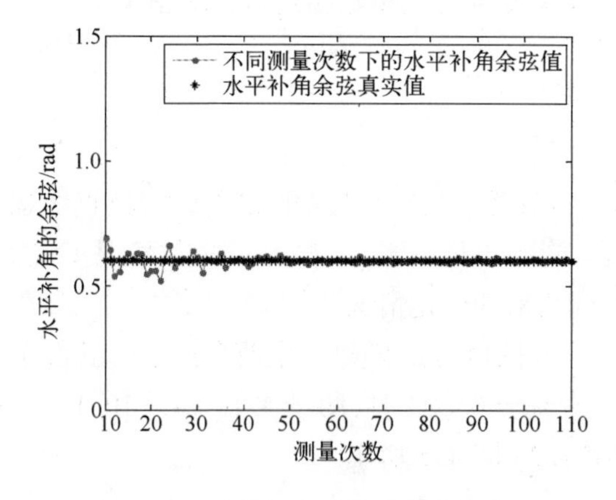

图 4.4　水平补角余弦随测量次数变化

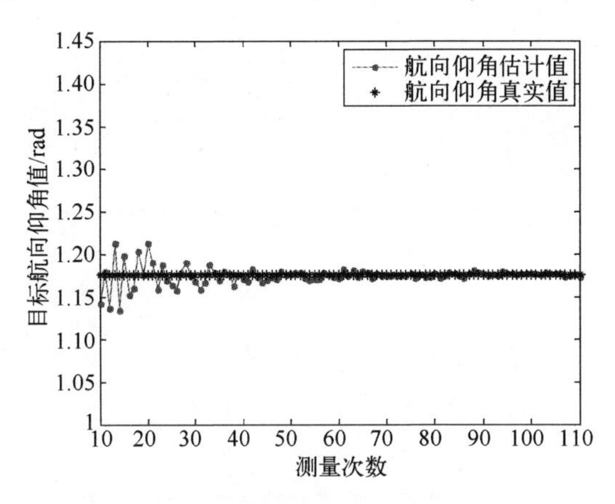

图4.5　目标航向仰角随测量次数变化

噪声标准差一定时,二面角、水平补角、目标航向仰角随着量测次数的增加,估计精度提高。当 $N=50$ 次时,估计误差收敛到一个较低水平。水平补角正弦值、水平补角余弦值以及目标航向仰角分别在 $N=70$ 和 $N=55$,$N=70$ 次时,估计值基本收敛于真实值附近。

(2) 测量次数为 $N=100$,其标准差 $\sigma_{\varepsilon}=\sigma_{\beta}=\sigma\in(0.001,0.01)$,将此区间等间隔地取分成100等分,得到不同噪声标准差下所对应的二面角、水平补角正弦与余弦值,仿真结果如图4.6~图4.9所示。

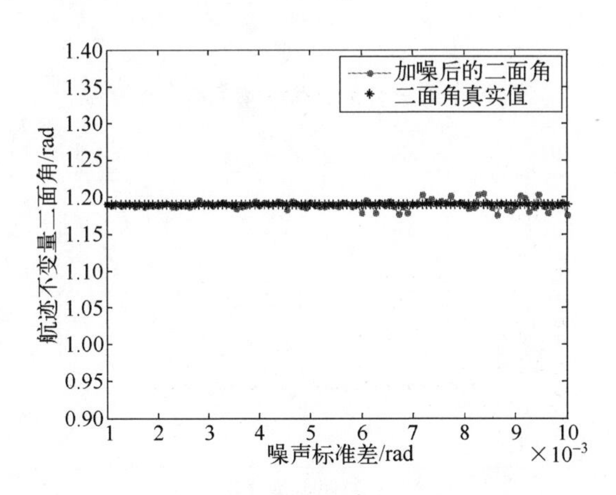

图4.6　二面角随噪声标准差变化

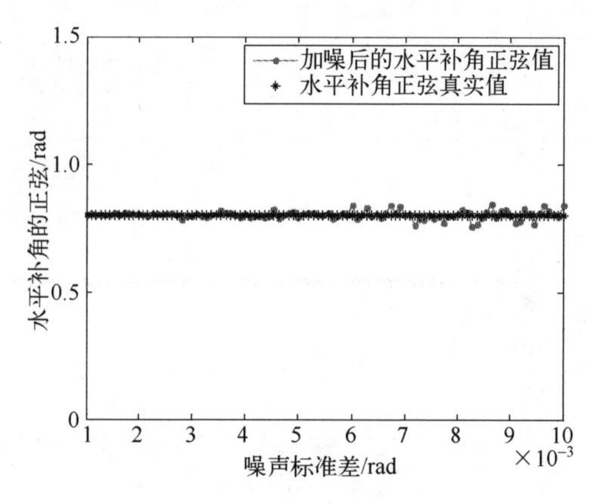

图 4.7　水平补角正弦随噪声标准差变化

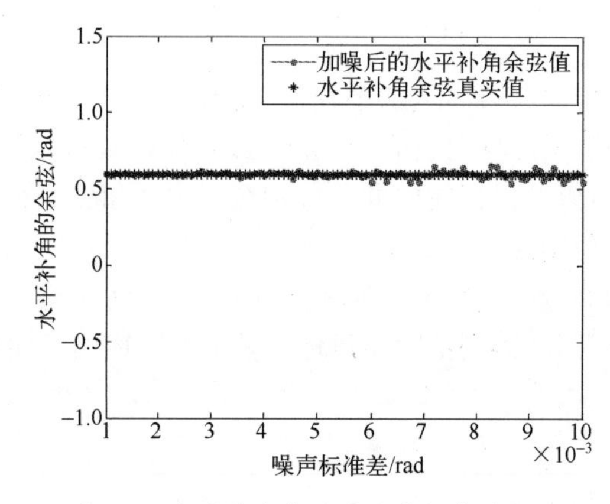

图 4.8　水平补角余弦随噪声标准差变化

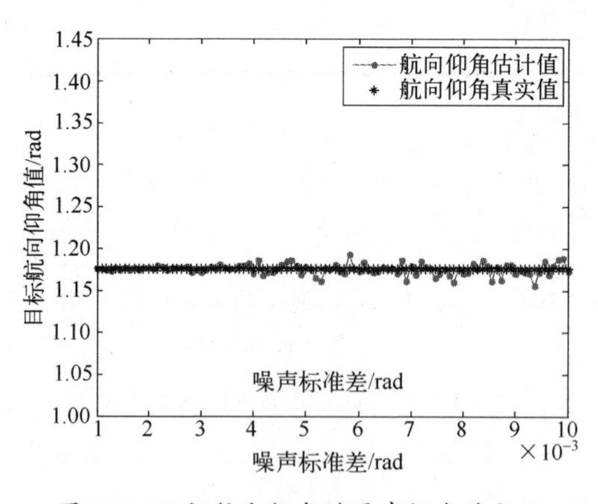

图 4.9　目标航向仰角随噪声标准差变化

当测量次数一定时，二面角、水平补角正弦、余弦及目标航向仰角估计值随噪声标准差的减小趋于真实值。噪声标准差小于3mrad时，二面角估计值基本收敛于真实值附近。噪声标准差小于2.8mrad时，水平补角正弦估计值基本收敛于真实值附近。噪声标准差小于4.1mrad时，水平补角正弦估计值基本收敛于真实值附近。噪声标准差小于2.8mrad时，目标航向仰角估计值基本收敛于真实值附近。

2）匀加速直线运动

设目标的加速度大小为13m/s²，方向为(-3,4,12)。其他仿真环境与匀速直线运动的(1)相同，仿真结果如图4.10~图4.13所示。

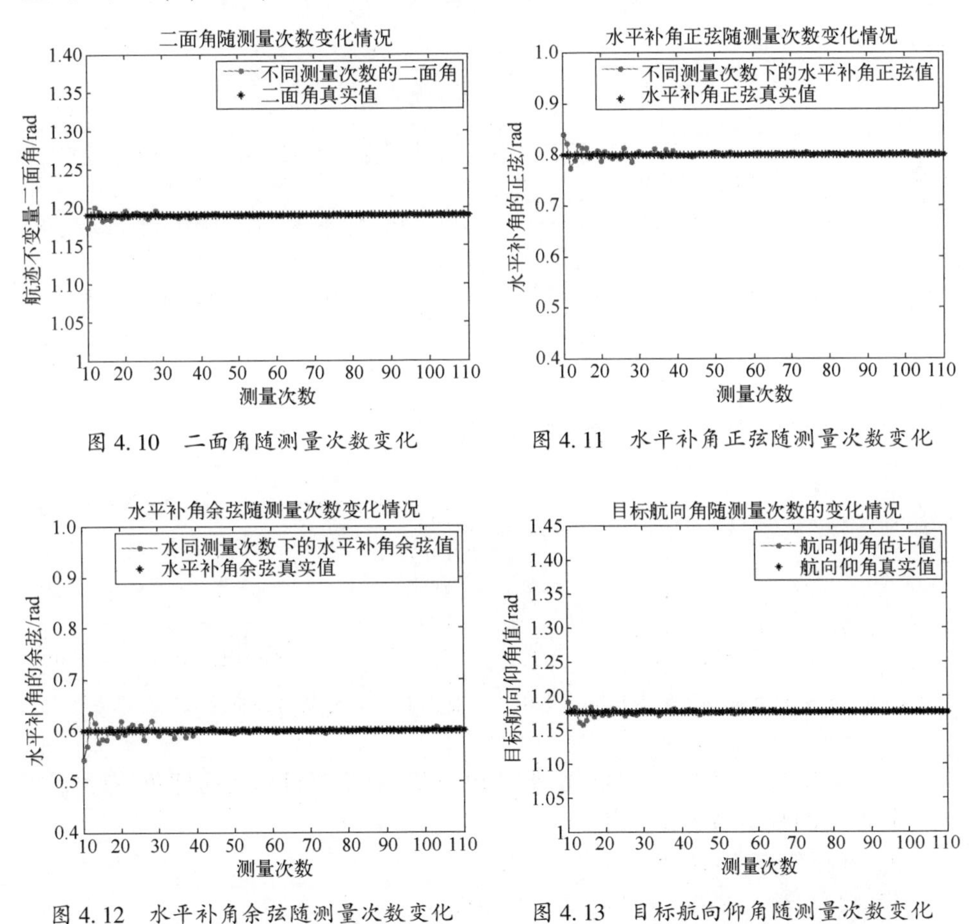

图4.10　二面角随测量次数变化

图4.11　水平补角正弦随测量次数变化

图4.12　水平补角余弦随测量次数变化

图4.13　目标航向仰角随测量次数变化

噪声标准差一定时，二面角、水平补角正弦及余弦、目标航向仰角估计值随测量次数增多趋于真实值。当测量次数$N=40$时，二面角估计值基本收敛于真实值附近;测量次数 $N=50$ 时,水平补角正弦估计值基本收敛于真实值附近;$N=55$ 时,水平补角余弦估计值基本收敛于真实值附近;$N=60$ 时,目标航向仰角估计值基本收敛于真实值附近。

条件同匀速直线运动的仿真条件(2),仿真结果如图 4.14~图 4.17 所示。

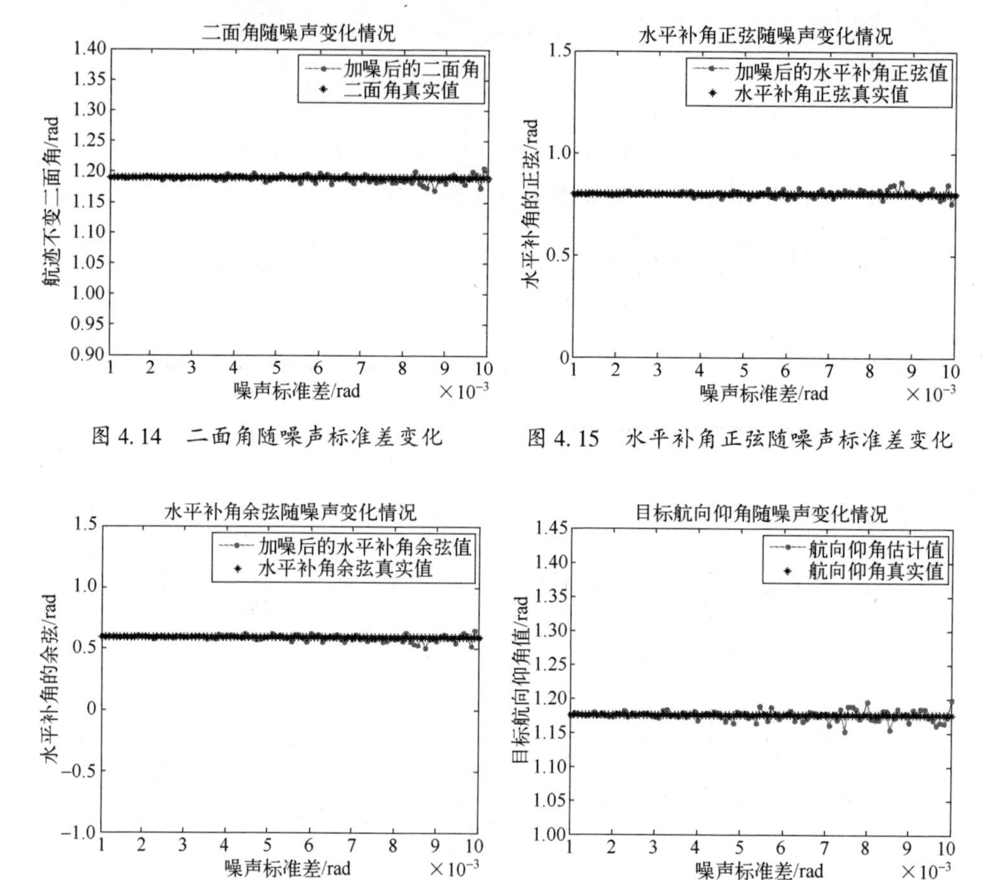

图 4.14　二面角随噪声标准差变化

图 4.15　水平补角正弦随噪声标准差变化

图 4.16　水平补角余弦随噪声标准差变化

图 4.17　目标航向仰角随噪声标准差变化

当测量次数一定时,二面角、水平补角正弦、余弦及目标航向仰角估计值随噪声标准差的减小趋于真实值。

3) 目标仰角序列的估计

设测量次数 $N=100,\sigma_{\varepsilon}=\sigma_{\beta}=\sigma=0.003\text{rad}$。

(1) 匀速直线运动(图 4.18、图 4.19)。

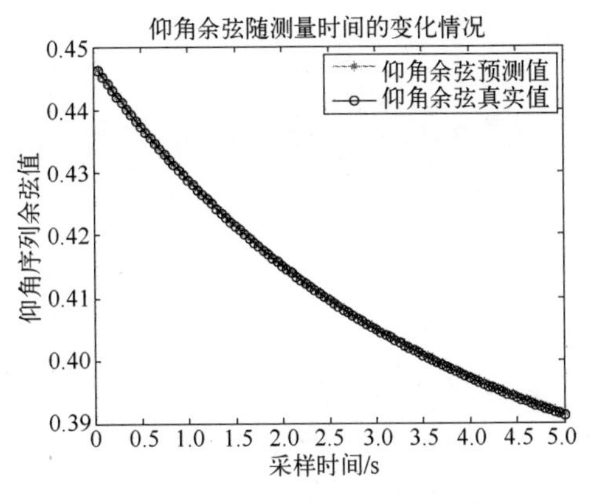

图 4.18　仰角余弦随测量时间变化

仰角正弦随测量时间的变化情况
仰角正弦预测值
仰角正弦真实值
仰角序列正弦值
采样时间/s

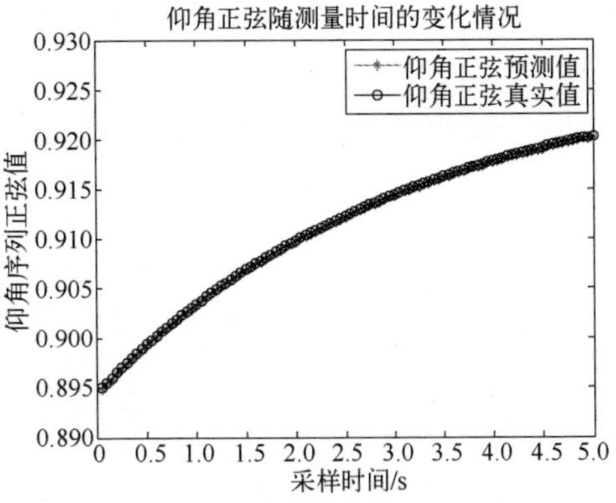

图 4.19　仰角正弦随测量时间变化

(2) 匀加速直线运动(图 4.20、图 4.21)。

由图 4.18～图 4.21 所示,不论是匀速直线运动还是匀加速直线运动,仰角正、余弦的预测值都很好地收敛于估计值。

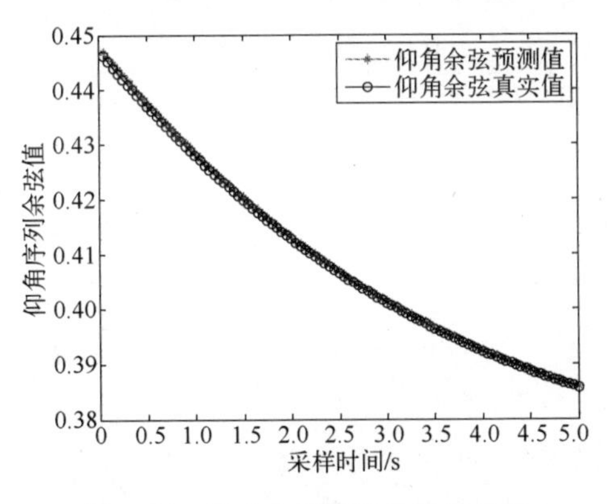

图 4.20　仰角余弦随测量时间变化

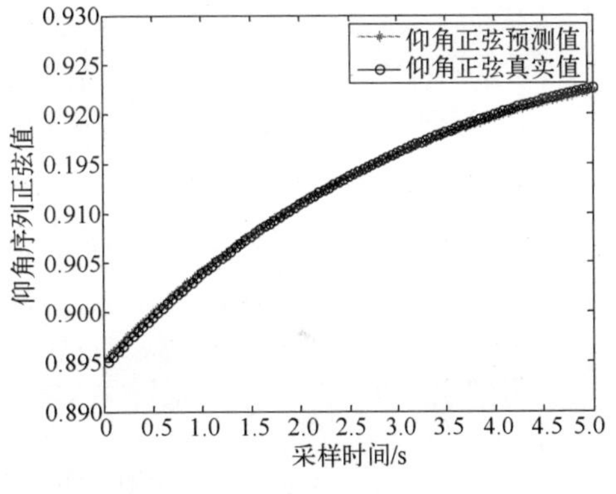

图 4.21　仰角正弦随测量时间变化

4.1.2　角度观测坐标的等效模型方法

红外目标的测量信息,主要有目标的方位和仰角信息。利用这些信息计算目标航迹直线的航向方位角 α_0(或 $\cot\alpha_0$)及目标航迹直线的仰角 ε_0(或 $\cot\varepsilon_0$)。图 4.22 为目标航迹的立体空间图。

设目标沿直线航向运动,时刻分别为 $t_1,t_2,t_3,t_4\cdots$的目标位置点 $A',B',C',D'\cdots$,β_i 为所对应时刻目标位置的方位值,ε_i 为所对应的目标位置的仰角值,为该图清晰起见,仅画出 I'点。设 P 点为传感器的位置,B 为目标航迹投影与 Y 轴的交点,对 $\triangle PBI$ 运用正弦定理可得

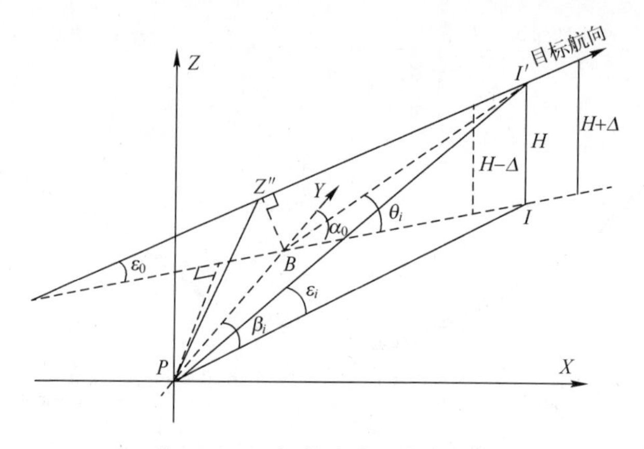

图 4.22　目标航迹的立体空间图

$$\frac{PB}{\sin(\alpha_0-\beta_i)}=\frac{II'\cot\varepsilon_i}{\sin(\pi-\alpha_0)}=\frac{II'\cot\theta_i}{\sin\beta_i} \tag{4-13}$$

有

$$\cot\theta_i=\frac{\sin\beta_i\cot\varepsilon_i}{\sin(\pi-\alpha_0)}=\frac{\sin\beta_i\cot\varepsilon_i}{\sin\alpha_0} \tag{4-14}$$

1. 目标匀速直线运动的等效模型[2]

若目标做匀速直线运动,传感器采用等时间间隔测量目标的角度信息,目标的空间运动距离应该相同,将目标的测量角度等效到 θ_i,根据余切关系定理 1 也有

$$\cot(\theta_1-\varepsilon_0)+\cot(\theta_3-\varepsilon_0)=2\cot(\theta_2-\varepsilon_0) \tag{4-15}$$

可解出

$$\cot\varepsilon_0=-\cot\theta_1\cot\theta_2\cot\theta_3\ \frac{\tan\theta_1-2\tan\theta_2+\tan\theta_3}{\cot\theta_1-2\cot\theta_2+\cot\theta_3} \tag{4-16}$$

若已知 $\varepsilon_1,\varepsilon_2,\varepsilon_3,\beta_1,\beta_2,\beta_3$ 及 α_0(纯方位支援),可对 θ_4 预测值进行计算

$$\cot\theta_4=\frac{(\cot\theta_2-2\cot\theta_3)\cot\varepsilon_0+\cot\theta_2\cot\theta_3}{2\cot\theta_2-\cot\theta_3-\cot\varepsilon_0} \tag{4-17}$$

设平面 PBI' 与平面 PBI 的二面角为 φ_i,根据二面角关系有

$$\cot\varphi_i=\sin\beta_i\cot\varepsilon_i=\sin\alpha_0\cot\theta_i \tag{4-18}$$

将式(4-18)代入式(4-16),可得到

$$\begin{aligned}\sin\alpha_0\cot\varepsilon_0&=-\cot\varphi_1\cot\varphi_2\cot\varphi_3\ \frac{\tan\varphi_1-2\tan\varphi_2+\tan\varphi_3}{\cot\varphi_1-2\cot\varphi_2+\cot\varphi_3}\\&=-\frac{\sin(-\varphi_1+\varphi_2+\varphi_3)-2\sin(\varphi_1-\varphi_2+\varphi_3)+\sin(\varphi_1+\varphi_2-\varphi_3)}{\cos(-\varphi_1+\varphi_2+\varphi_3)-2\cos(\varphi_1-\varphi_2+\varphi_3)+\cos(\varphi_1+\varphi_2-\varphi_3)}\end{aligned} \tag{4-19}$$

式中：$\begin{bmatrix}\cos\varphi_i\\ \sin\varphi_i\end{bmatrix}=\dfrac{\begin{bmatrix}\sin\beta_i\cos\varepsilon_i\\ \sin\varepsilon_i\end{bmatrix}}{\sqrt{1-\cos^2\beta_i\cos^2\varepsilon_i}}$。

α_0 可采用纯方位序列的三参数求取式(3-4)的方法得到。由于 β_i，ε_i 有测量误差，计算 ε_0 需对 β_i，ε_i 求平均，以减少测量误差对其计算的影响。

2. 目标匀加速直线运动的等效模型

若目标做匀加速直线运动时，且采用等时间间隔采样 $t_1,t_2,t_3,\cdots$，目标的运动距离应该满足 $l_3-l_2=l_2-l_1$，由余切关系定理 2.1 可推导出

$$\cot(\theta_1-\varepsilon_0)-3\cot(\theta_2-\varepsilon_0)+3\cot(\theta_3-\varepsilon_0)-\cot(\theta_4-\varepsilon_0)=0 \tag{4-20}$$

根据式(4-20)可解出目标运动航向仰角

$$\sin\alpha_0\cot\varepsilon_0=\frac{\cot\varphi_4(\cot\varphi_1-2\cot\varphi_2+\cot\varphi_3)-\cot\varphi_1(\cot\varphi_2-2\cot\varphi_3+\cot\varphi_4)}{\cot\varphi_1-3\cot\varphi_2+3\cot\varphi_3-\cot\varphi_4} \tag{4-21}$$

计算出 $\theta_1,\theta_2,\theta_3,\theta_4$ 及 ε_0，可对 θ_5 进行预测计算：

$$\cot\theta_5=\frac{\cot\theta_2(\cot\theta_3-2\cot\theta_4)+\cot\varepsilon_0(\cot\theta_2-3\cot\theta_3+3\cot\theta_4)}{\cot\theta_4-2\cot\theta_3+\cot\varepsilon_0} \tag{4-22}$$

将式(4-22)代入式(4-14)可计算出仰角的预测值 ε_5，结合测量值可进行 α-β 滤波处理，在此略。

设目标在 Z''（Z''为 B 点到目标航迹的垂足）处的时间为 t''_0，从空间 I' 到 Z''的距离与 B 到 Z''的距离 H''之比为

$$\cot(\theta_i-\varepsilon_0)=W+\frac{V}{H''}(t_i-t''_0)+\frac{A}{2H''}(t_i-t''_0)^2 \tag{4-23}$$

式中：$i=1,2,\cdots,n$；V 为空间目标飞行的速度；A 为目标与 V 方向在一条直线上的加速度；W 为常数项。若可给出 ε_0，对式(4-23)可采用最小二乘或递推滤波方法求出目标运动方向的不变量：W,V,A。由此解算出 t''_0。

对式(4-23)进行多次等时间间隔采样（如 $i=1,2,3,4$，等时间间隔为 T），并多次差分运算可得

$$\cot(\theta_1-\varepsilon_0)-2\cot(\theta_2-\varepsilon_0)+\cot(\theta_3-\varepsilon_0)=(AT^2)/H'' \tag{4-24}$$

式(4-24)可计算出目标的加速度 A 与 H''的比值和方向。加速度方向与式(4-24)左端的正负号相同；而速度方向很容易从目标的方位角变化趋势得出。

若 $A=0$，则目标做匀速直线运动。由式(4-23)可得如下关系

$$\cot(\theta_1-\varepsilon_0)-\cot(\theta_2-\varepsilon_0)=(VT)/H'' \tag{4-25}$$

式(4-25)可计算出目标的速度 V 与 H''的比值和方向。其比值和方向是匀

速直线目标航迹的不变量。由于角度计算的非线性和加性噪声的影响,匀加速直线目标航迹模型并不能完全包含匀速直线目标航迹模型,需要分别计算不变量。

3. 目标直线运动状态的判定

1)等高飞行状态的判定

目标等高或水平直线飞行是常有的飞行状态,故该状态判断具有重要的意义。

如图4.22所示,在三角形 PBI 中,由式(4-13)可得

$$\frac{PB}{II'}=\frac{\sin(\alpha_0-\beta_i)}{\sin(\pi-\alpha_0)}\cot\varepsilon_i \tag{4-26}$$

由于 PB,α_0 是不变量,不论是匀加速直线还是匀速直线等高飞行,目标的直线航迹与 P 点构成一个平面,该平面与水平面之间的二面角保持不变。因此,可用任意两个时刻的二面角函数关系是否相等来约束直线运动目标的角度关系

$$\sin(\alpha_0-\beta_i)\cot\varepsilon_i=\sin(\alpha_0-\beta_j)\cot\varepsilon_j \tag{4-27}$$

可应用式(3-84)判定,若式(3-84)在某时间段能保持基本为零,则目标做匀速等高直线飞行。

可根据测量设备的测量方差和给定可信度选取判定门限,来判定目标状态。该做法比较常规,由于篇幅所限,在此和后续均不再讨论。

2)匀速直线运动的判定

若目标做匀速直线运动,且采用等时间间隔测量目标的方位和仰角,目标的飞行高度应呈线性关系,相邻观测目标的高度差应该相同,即

$$\frac{\tan\varepsilon_1}{\sin(\alpha_0-\beta_1)}-2\frac{\tan\varepsilon_2}{\sin(\alpha_0-\beta_2)}+\frac{\tan\varepsilon_3}{\sin(\alpha_0-\beta_3)}=0 \tag{4-28}$$

利用两项相差处理可得非线性关系

$$\frac{\tan\varepsilon_2}{\sin(\alpha_0-\beta_2)}-\frac{\tan\varepsilon_1}{\sin(\alpha_0-\beta_1)}=\frac{VT\sin\varepsilon_0}{(PB)\sin\alpha_0}=\frac{VT\sin\varepsilon_0}{H'} \tag{4-29}$$

式中:H'为观测点 P 距水平面上目标航迹的垂直距离。

假设条件同上,测量目标相邻三个点的高度为 $H-\Delta,H,H+\Delta$,可应用三角形的张角定理,求出目标的仰角与方位差关系式

$$\frac{\sin(\beta_3-\beta_1)\tan\varepsilon_2}{H}=\frac{\sin(\beta_2-\beta_1)\tan\varepsilon_3}{H+\Delta}+\frac{\sin(\beta_3-\beta_2)\tan\varepsilon_1}{H-\Delta} \tag{4-30}$$

当 $\Delta=0$ 时,目标为等高飞行状态。由式(4.30)可计算出 Δ/H。

3)匀加速直线运动的判定

若目标做匀加速直线运动,且采用等时间间隔测量目标的方位和仰角,目标

的飞行高度应呈线性关系,相邻观测目标的高度差应不相同,但应满足

$$\frac{\tan\varepsilon_1}{\sin(\alpha_0-\beta_1)}-3\frac{\tan\varepsilon_2}{\sin(\alpha_0-\beta_2)}+3\frac{\tan\varepsilon_3}{\sin(\alpha_0-\beta_3)}-\frac{\tan\varepsilon_4}{\sin(\alpha_0-\beta_4)}=0 \qquad (4-31)$$

其相差关系为

$$\frac{\tan\varepsilon_1}{\sin(\alpha_0-\beta_1)}-2\frac{\tan\varepsilon_2}{\sin(\alpha_0-\beta_2)}+\frac{\tan\varepsilon_3}{\sin(\alpha_0-\beta_3)}=\frac{AT^2\sin\varepsilon_0}{(PB)\sin\alpha_0}=\frac{AT^2\sin\varepsilon_0}{H'} \qquad (4-32)$$

式中:H'为观测点 P 距水平面上航迹的垂直距离。

4) 其他目标机动的判定

在拟合 ε_0、α_0 的过程中,拟合误差在增大,或 ε_0、α_0 的值在变化,可判定目标在机动飞行。在拟合 V/H,A/H 的过程中,拟合误差在增大或其值在变化,也可判定目标在机动飞行。

4. 目标直线运动等效模型仿真实验与结论

设传感器采样周期为 0.1s。目标 1 做匀速直线运动,水平航向角为 π/3,航向仰角为 π/6,目标初始位置为(0,2000,600)m,目标速度为 300m/s。目标 2 做匀加速直线运动,加速度为 5m/s^2,其他参数与目标 1 相同。两个目标的运动轨迹分别如图 4.23、图 4.24 所示。

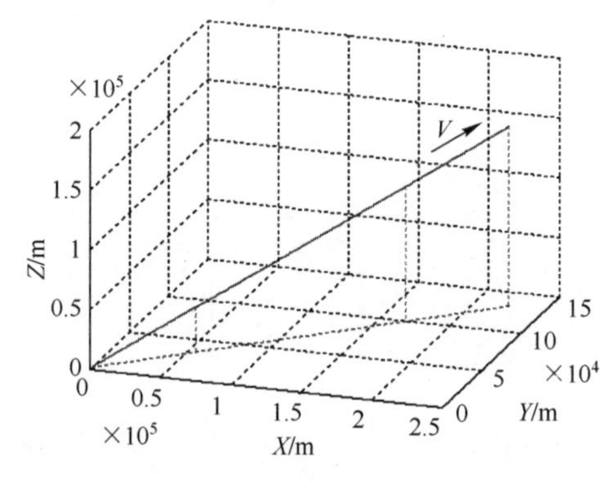

图 4.23　目标 1 运动轨迹图

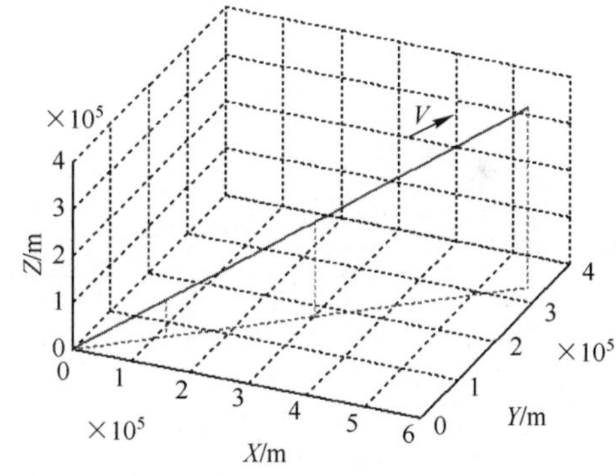

图 4.24　目标 2 运动轨迹图

利用传感器获得两目标的方位角和高低角序列,分别对两个目标的不变量(水平航向角和航向仰角)进行估计,并对目标下一周期的方位角和高低角进行预测。由于传感器采样频率比较高,故仿真中取 10 个采样点角度的平均值来进行计算,这样可以有效地减少测量误差的影响。方位角和高低角的测量误差是方差为 0.0001rad^2的高斯白噪声。对目标 1、2 的参数估计和预测曲线图分别如图 4.25、图 4.26 所示。从两幅图中可以看出,该估计算法能够很好地对做常规

运动目标的不变量进行估计,并能有效地预测目标的方位角和高低角。对比图4.25、图4.26可以看出,当目标做匀加速运动时,其估计效果比匀速运动时要稍微差一些。

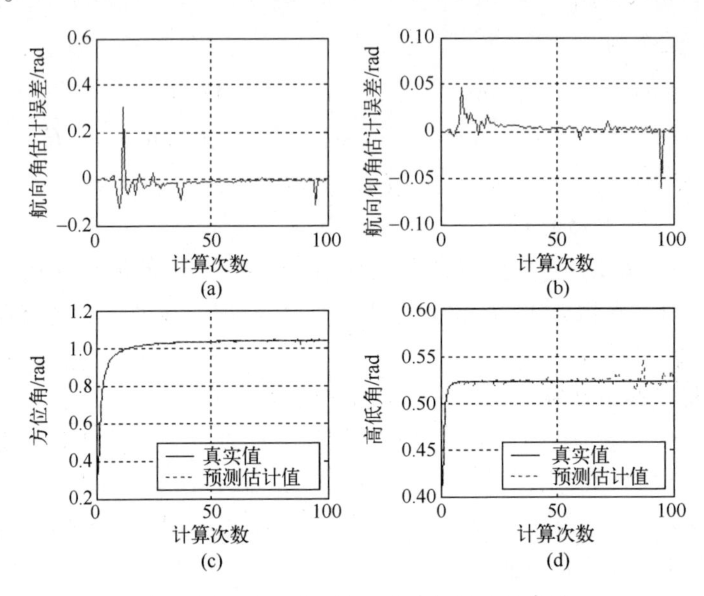

图4.25 对目标1进行估计与预测曲线图

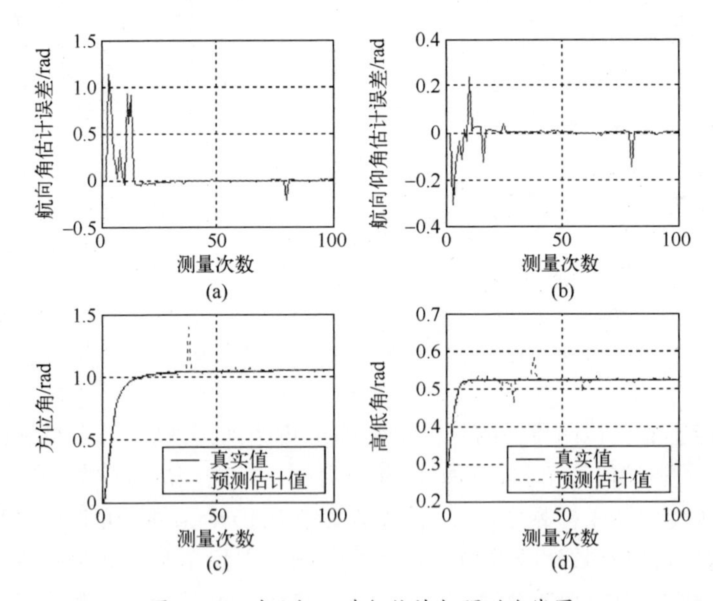

图4.26 对目标2进行估计与预测曲线图

综上所述,通过余切关系定理的引入,方便了纯方位的直线运动的目标跟踪,推广到包含仰角信息的目标的非线性跟踪问题。根据这种处理思路,形成了一套完整的纯角度信息的跟踪方案,给出了各个环节的计算公式,尽可能避免繁长的公式推导,一些公式具有美学的特性,具有良好的可计算性。从估算目标的航向角和航向仰角开始,寻求目标航迹参数的比值不变量,并进一步预测目标的方位和仰角值,指出了用滤波方法进一步降低测量噪声影响,实验和仿真结果进一步说明该方法是实用和可靠的。

4.1.3 基于余切关系2的纯角度目标跟踪

1. 目标运动航向角及目标位置的初值估计

1) 目标航迹与径向向量的夹角估计

目标航迹水平面投影图,如图4.27所示。设 P 点为传感器的位置,目标沿直线运动,在时间分别为 $t_{-n},\cdots t_0,\cdots t_n$ 的目标位置点采样,β_{t_i} 为 $t_i(i=-n,\cdots,0,\cdots,n)$ 时刻测量目标位置的方位值,$\beta_{t_i}=\beta'_{t_i}+v_i$。其中,各测量噪声之间统计独立,且 $v_i\sim N(v_i;0,\sigma^2)$,$\beta'_{t_i}$ 为目标的真实方位。另外可定义 $\Delta_{t_i}=\beta'_{t_i}-\beta'_{t_{i+1}}$。式(2-9)的一式可改写以零为参考的形式,做简单的推导可得

$$[\cos(\beta'_{t_i}-\beta'_{t_{-i}})-\cos(\beta'_{t_i}-2\beta'_{t_0}+\beta'_{t_{-i}})]\cos\theta_0$$
$$=\sin\theta_0\sin(\beta'_{t_i}-2\beta'_{t_0}+\beta'_{t_{-i}}),i=1,2,\cdots,n \tag{4-33}$$

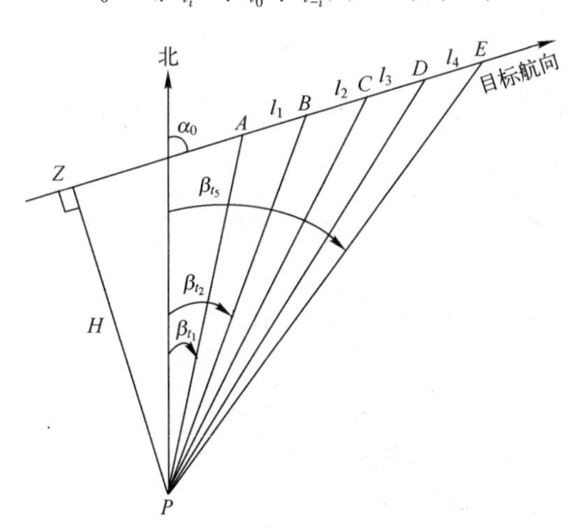

图4.27　目标运动水平面航迹示意图

误差分析如下

$$\beta'_{t_i}-\beta'_{t_{-i}}=\beta_{t_i}-\beta_{t_{-i}}+v_{-i}-v_i,v_{-i}-v_i\sim N(v_{-i}-v_i;0,2\sigma_\beta^2) \tag{4-34}$$

其函数的均值关系为

$E[\cos(v_{-i}-v_i)]=\exp(-\sigma_\beta^2)$；$E[\sin(v_{-i}-v_i)]=0$；

$E[\cos(v_{-i}-v_i)\sin(v_{-i}-v_i)]=0$；$E[\cos^2(v_{-i}-v_i)]=\dfrac{1}{2}[1+\exp(-4\sigma_\beta^2)]$；

$E[\sin^2(v_{-i}-v_i)]=\dfrac{1}{2}[1-\exp(-4\sigma_\beta^2)]$

$\beta'_{t_i}-2\beta'_{t_0}+\beta'_{t_{-i}}=\beta_{t_i}-2\beta_{t_0}+\beta_{t_{-i}}+2v_0-v_{-i}-v_i$，为方便起见，设零参考时刻测量值是准确的，即以 β_{t_0} 为参考方位，则有 $\beta'_{t_i}-2\beta'_{t_0}+\beta'_{t_{-i}}=\beta_{t_i}-2\beta_{t_0}+\beta_{t_{-i}}-v_{-i}-v_i$，$N(-v_{-i}-v_i;0,2\sigma_\beta^2)$，其函数的均值关系与前面的公式（函数中的减号变为加号）基本相同。需要补充公式

$$
\begin{aligned}
&E[\cos(v_{-i}-v_i)\sin(v_{-i}+v_i)]=0\\
&E[\cos(v_{-i}+v_i)\sin(v_{-i}-v_i)]=0
\end{aligned}
\tag{4-35}
$$

展开式(4-33)两边取均值，代入随机变量的函数的均值，化简并约去相同因子，可得无偏关系[3]

$$
[\cos(\beta_{t_i}-\beta_{t_{-i}})-\cos(\beta_{t_i}-2\beta_{t_0}+\beta_{t_{-i}})]\cos\theta_0=\sin\theta_0\sin(\beta_{t_i}-2\beta_{t_0}+\beta_{t_{-i}})\tag{4-36}
$$

对于 $2n+1$ 次量测，可通过加权平均实现对 θ_0 和 σ_{θ_0} 的估计

$$
\frac{\cot\theta_0}{\sigma_{\theta_0}^2}=\sum_{i=1}^{n}\frac{1}{\sigma_i^2}\frac{\sin(\beta_{t_i}-2\beta_{t_0}+\beta_{t_{-i}})}{\cos(\beta_{t_i}-\beta_{t_{-i}})-\cos(\beta_{t_i}-2\beta_{t_0}+\beta_{t_{-i}})}\tag{4-37}
$$

式中：σ_i^2 为第 i 次解的方差。用解的非线性函数关系可以推出

$$
\sigma_i^2=2\sigma_\beta^2\frac{\left\{\begin{aligned}&1+\cos^2(\beta_{t_i}-\beta_{t_{-i}})\cos^2(\beta_{t_i}-2\beta_{t_0}+\beta_{t_{-i}})+\sin^2(\beta_{t_i}-\beta_{t_{-i}})\sin^2(\beta_{t_i}-2\beta_{t_0}+\beta_{t_{-i}})\\&-2\cos(\beta_{t_i}-\beta_{t_{-i}})\cos(\beta_{t_i}-2\beta_{t_0}+\beta_{t_{-i}})\end{aligned}\right\}}{[\cos(\beta_{t_i}-\beta_{t_{-i}})-\cos(\beta_{t_i}-2\beta_{t_0}+\beta_{t_{-i}})]^4}\tag{4-38}
$$

估计式(4-37)的总方差为 $\sigma_{\theta_0}^2$，其表示为

$$
\frac{1}{\sigma_{\theta_0}^2}=\sum_{i=1}^{n}\frac{1}{\sigma_i^2}\tag{4-39}
$$

θ_0 的值可通过反余切关系求解得出。

2）目标航迹距离比参数估计

在立体空间，式(2-9)第二式关系可以重新表示为

$$
\left(\frac{l_{-i0}+l_{0i}}{l_{-i0}l_{0i}}\right)\frac{R_{t_0}^2}{h}=\cot\Delta_{-i0}+\cot\Delta_{0i}\tag{4-40}
$$

式中：$\cos\Delta_{-i0}=\sin\varepsilon_{t_{-i}}\sin\varepsilon_{t_0}+\cos\varepsilon_{t_{-i}}\cos\varepsilon_{t_0}\cos(\beta_{t_0}-\beta_{t_{-i}})$；$l_{0i}=V(t_i-t_0)$，$V$ 为目标运动

速度;;$l_{-i0}=V(t_0-t_{-i})$;$\cos\Delta_{0i}=\sin\varepsilon_{t_0}\sin\varepsilon_{t_i}+\cos\varepsilon_{t_0}\cos\varepsilon_{t_i}\cos(\beta_{t_i}-\beta_{t_0})$,$\varepsilon_{t_i}$为 t_i 时刻量测的仰角;R_{t_0}为 t_0 时刻目标与雷达的距离;h 为目标的航路捷径。

式(4-40)可表示为

$$\frac{R_{t_0}^2}{Vh}=\frac{(t_i-t_0)(t_0-t_{-i})}{t_i-t_{-i}}\left[\frac{\cos\Delta_{-i0}}{\sqrt{1-\cos^2\Delta_{-i0}}}+\frac{\cos\Delta_{0i}}{\sqrt{1-\cos^2\Delta_{0i}}}\right] \tag{4-41}$$

$$\begin{aligned}\mathrm{d}\left(\frac{R_{t_0}^2}{Vh}\right)&=-\frac{(t_i-t_0)(t_0-t_{-i})}{t_i-t_{-i}}\left[\frac{\mathrm{d}\Delta_{-i0}}{\sin^2\Delta_{-i0}}+\frac{\mathrm{d}\Delta_{0i}}{\sin^2\Delta_{0i}}\right]\\&=\frac{(t_i-t_0)(t_0-t_{-i})}{t_i-t_{-i}}\left[\frac{\mathrm{d}(\cos\Delta_{-i0})}{\sin^3\Delta_{-i0}}+\frac{\mathrm{d}(\cos\Delta_{0i})}{\sin^3\Delta_{0i}}\right]\end{aligned} \tag{4-42}$$

两边取期望,有

$$\begin{aligned}E[\mathrm{d}(\cos\Delta_{-i0})]&=(\cos\varepsilon_{t_{-i}}\sin\varepsilon_{t_0}-\sin\varepsilon_{t_{-i}}\cos\varepsilon_{t_0}\cos(\beta_{t_0}-\beta_{t_{-i}}))E[\mathrm{d}\varepsilon_{t_{-i}}]\\&\quad+\cos\varepsilon_{t_{-i}}\cos\varepsilon_{t_0}\sin(\beta_{t_0}-\beta_{t_{-i}})E[\mathrm{d}\beta_{t_{-i}}]=0\end{aligned} \tag{4-43}$$

同理,$E[\mathrm{d}(\cos\Delta_{0i})]=0$。因此

$$E\left[\mathrm{d}\left(\frac{R_{t_0}^2}{Vh}\right)\right]=0 \tag{4-44}$$

即误差为无偏的。再求方差

$$\begin{aligned}\sigma_{Ri}^2=D\left[\mathrm{d}\left(\frac{R_{t_0}^2}{Vh}\right)\right]&=\left(\frac{(t_i-t_0)(t_0-t_{-i})}{t_i-t_{-i}}\right)^2\left[\frac{\mathrm{d}\Delta_{-i0}}{\sin^2\Delta_{-i0}}+\frac{\mathrm{d}\Delta_{0i}}{\sin^2\Delta_{0i}}\right]\\&=\left(\frac{(t_i-t_0)(t_0-t_{-i})}{t_i-t_{-i}}\right)^2\left[\frac{D\mathrm{d}(\cos\Delta_{-i0})}{\sin^6\Delta_{-i0}}+\frac{D\mathrm{d}(\cos\Delta_{0i})}{\sin^6\Delta_{0i}}\right]\end{aligned} \tag{4-45}$$

其中

$$\begin{aligned}D[\mathrm{d}(\cos\Delta_{0i})]&=[\cos\varepsilon_{t_i}\sin\varepsilon_{t_0}-\sin\varepsilon_{t_i}\cos\varepsilon_{t_0}\cos(\beta_{t_i}-\beta_{t_0})]^2\sigma_\varepsilon^2\\&\quad+[\cos\varepsilon_{t_i}\cos\varepsilon_{t_0}\sin(\beta_{t_i}-\beta_{t_0})]^2\sigma_\beta^2\\D[\mathrm{d}(\cos\Delta_{-i0})]&=[\cos\varepsilon_{t_{-i}}\sin\varepsilon_{t_0}-\sin\varepsilon_{t_{-i}}\cos\varepsilon_{t_0}\cos(\beta_{t_0}-\beta_{t_{-i}})]^2\sigma_\varepsilon^2\\&\quad+[\cos\varepsilon_{t_{-i}}\cos\varepsilon_{t_0}\sin(\beta_{t_0}-\beta_{t_{-i}})]^2\sigma_\beta^2\end{aligned}$$

其测量误差:$\varepsilon'_{t_i}=\varepsilon_{t_i}-w_i$,$N(w_i;0,\sigma_\varepsilon^2)$,$\beta'_{t_i}=\beta_{t_i}-v_i$,$N(v_i;0,\sigma_\beta^2)$,且各自独立,前后噪声独立。

当时间间隔相等时,即 $t_i-t_0=t_0-t_{-i}=T$,$\sigma_{R_i}^2$ 等式右端系数部分为 $T^2/4$。

$$\frac{R_{t_0}^2}{Vh}\frac{1}{\sigma_R^2}=\sum_{i=1}^{n}\frac{1}{\sigma_{R_i}^2}\frac{(t_i-t_0)(t_0-t_{-i})}{t_i-t_{-i}}\left[\frac{\cos\Delta_{-i0}}{\sqrt{1-\cos^2\Delta_{-i0}}}+\frac{\cos\Delta_{0i}}{\sqrt{1-\cos^2\Delta_{0i}}}\right] \tag{4-46}$$

$$\frac{1}{\sigma_R^2}=\sum_{i=1}^{n}\frac{1}{\sigma_{R_i}^2} \tag{4-47}$$

3）空间目标直线航迹方向估计

设 t_{-i}, t_i 时刻空间目标的测量向量分别为

$$\boldsymbol{L}_{t_{-i}}=[\cos\varepsilon_{t_{-i}}\sin\beta_{t_{-i}} \quad \cos\varepsilon_{t_{-i}}\cos\beta_{t_{-i}} \quad \sin\varepsilon_{t_{-i}}]^{\mathrm{T}} \tag{4-48}$$

$$\boldsymbol{L}_{t_i}=[\cos\varepsilon_{t_i}\sin\beta_{t_i} \quad \cos\varepsilon_{t_i}\cos\beta_{t_i} \quad \sin\varepsilon_{t_i}]^{\mathrm{T}} \tag{4-49}$$

两向量空间的夹角 $\boldsymbol{\Delta}_{-ii}$，其余弦函数为

$$\cos\boldsymbol{\Delta}_{-ii}=\sin\varepsilon_{t_{-i}}\sin\varepsilon_{t_i}+\cos\varepsilon_{t_{-i}}\cos\varepsilon_{t_i}\cos(\beta_{t_i}-\beta_{t_{-i}}) \tag{4-50}$$

$\boldsymbol{L}_{t_{-i}}$ 与 $\boldsymbol{L}_{t_i}$ 形成的平面的垂直向量可以表示为其向量积的形式

$$\boldsymbol{L}_{t_i\times t_{-i}}=\boldsymbol{L}_{t_i}\times\boldsymbol{L}_{t_{-i}}=\begin{bmatrix}\sin\varepsilon_{t_{-i}}\cos\varepsilon_{t_i}\cos\beta_{t_i}-\cos\varepsilon_{t_{-i}}\sin\varepsilon_{t_i}\cos\beta_{t_{-i}}\\ \cos\varepsilon_{t_{-i}}\sin\varepsilon_{t_i}\sin\beta_{t_{-i}}-\sin\varepsilon_{t_{-i}}\cos\varepsilon_{t_i}\sin\beta_{t_i}\\ \cos\varepsilon_{t_{-i}}\cos\varepsilon_{t_i}\sin(\beta_{t_i}-\beta_{t_{-i}})\end{bmatrix} \tag{4-51}$$

其向量的模为 $\sin\boldsymbol{\Delta}_{-ii}=\sqrt{1-\cos^2\boldsymbol{\Delta}_{-ii}}$。该垂直向量也可采取多次测量方向的最小二乘方法来估计，在此略。

采用式(4-37)可以估计目标航迹在水平面上投影的航迹与参考时刻 t_0 测量目标的方位之间形成的夹角 θ_0，与 z 轴平行且过水平面上投影航迹平面的垂直方向 $\boldsymbol{L}_z$，根据几何关系容易表示为

$$\boldsymbol{L}_z=[-\cos\alpha_0 \quad \sin\alpha_0 \quad 0]^{\mathrm{T}} \tag{4-52}$$

式中：投影航迹的方位角 $\alpha_0=\beta_{t_0}+\theta_0$。

目标的空间航迹是以上两平面的交线[6][4]，可计算如下

$$\begin{aligned}\boldsymbol{L}_0&=\boldsymbol{L}_z\times\boldsymbol{L}_{t_i\times t_{-i}}\\&=\begin{bmatrix}0 & 0 & \sin\alpha_0\\ 0 & 0 & \cos\alpha_0\\ -\sin\alpha_0 & -\cos\alpha_0 & 0\end{bmatrix}\begin{bmatrix}\sin\varepsilon_{t_{-i}}\cos\varepsilon_{t_i}\cos\beta_{t_i}-\cos\varepsilon_{t_{-i}}\sin\varepsilon_{t_i}\cos\beta_{t_{-i}}\\ \cos\varepsilon_{t_{-i}}\sin\varepsilon_{t_i}\sin\beta_{t_{-i}}-\sin\varepsilon_{t_{-i}}\cos\varepsilon_{t_i}\sin\beta_{t_i}\\ \cos\varepsilon_{t_{-i}}\cos\varepsilon_{t_i}\sin(\beta_{t_i}-\beta_{t_{-i}})\end{bmatrix}\end{aligned} \tag{4-53}$$

可以很容易计算出目标空间航迹的仰角 ε_0。

4）任意时刻目标测量方向的估计

设 $\boldsymbol{L}_t=[\cos\varepsilon_t\sin\beta_t \quad \cos\varepsilon_t\cos\beta_t \quad \sin\varepsilon_t]^{\mathrm{T}}$，需要估计 t 时刻空间目标的测量向量，R_t 为 t 时刻测量站与目标的距离，在参考时刻 t_0，测量站与目标的距离及方向为 $R_{t_0}, \boldsymbol{L}_{t_0}$，目标航迹单位航向、速度为 $\boldsymbol{L}_0, \boldsymbol{V}$。其中

$$\boldsymbol{L}_{t_0}=[\cos\varepsilon_{t_0}\sin\beta_{t_0} \quad \cos\varepsilon_{t_0}\cos\beta_{t_0} \quad \sin\varepsilon_{t_0}]^{\mathrm{T}} \tag{4-54}$$

$$\boldsymbol{L}_0=[\cos\varepsilon_0\sin\alpha_0 \quad \cos\varepsilon_0\cos\alpha_0 \quad \sin\varepsilon_0]^{\mathrm{T}} \tag{4-55}$$

有如下关系

$$R_t\boldsymbol{L}_t=R_{t_0}\boldsymbol{L}_{t_0}+V(t-t_0)\boldsymbol{L}_0 \tag{4-56}$$

$$R_{\mathrm{t}}^2=R_{t_0}^2+V^2\ (t-t_0)^2+2R_{t_0}V(t-t_0)\cos\theta'_0 \tag{4-57}$$

式中：θ'_0 为 $\boldsymbol{L}_{t_0}$ 与 $\boldsymbol{L}_0$ 的夹角；$\cos\theta'_0$ 可以通过 $\boldsymbol{L}_{t_0}$ 与 $\boldsymbol{L}_0$ 向量点积来计算。

任意时刻目标测量方向为

$$\hat{\boldsymbol{L}}_t=\frac{\boldsymbol{L}_{t_0}+\dfrac{V}{R_{t_0}}(t-t_0)\boldsymbol{L}_0}{\sqrt{1+\left(\dfrac{V}{R_{t_0}}\right)^2\ (t-t_0)^2+2\ \dfrac{V}{R_{t_0}}(t-t_0)\cos\theta'_0}} \tag{4-58}$$

由于前面已经计算出 θ_0 及 $R_{t_0}^2/(Vh)$，设$\dfrac{R_{t_0}^2}{Vh}=\dfrac{1}{k}$，则$\dfrac{V}{R_{t_0}}=\dfrac{k}{\sin\theta'_0}$，式(4-58)可改写为

$$\hat{\boldsymbol{L}}_t=\frac{\sin\theta'_0\boldsymbol{L}_{t_0}+k(t-t_0)\boldsymbol{L}_0}{\sqrt{\sin^2\theta'_0+k^2\ (t-t_0)^2+2k(t-t_0)\cos\theta'_0\sin\theta'_0}} \tag{4-59}$$

很容易估计出测量的方位角和仰角值。

2. 仿真实验

假设在雷达东北方向探测到一目标正以 150m/s 的速度向东北方向做匀速直线运动，仰角 $\varepsilon_0=30°$，方位角为 60°，仰角的测量噪声服从均值为 0，方差为 $10^{-5}\mathrm{rad}^2$ 的正态分布，方位角的测量噪声服从均值为 0，方差为 $2\times10^{-5}\mathrm{rad}^2$ 的正态分布，在 t_0 时刻，测得目标的位置坐标（以雷达所在位置为坐标原点）为(10000，15000，20000)m，则采用上述方法可预测出目标任意时刻航迹的方位角和仰角，仿真结果如图 4.28～图 4.32 所示。

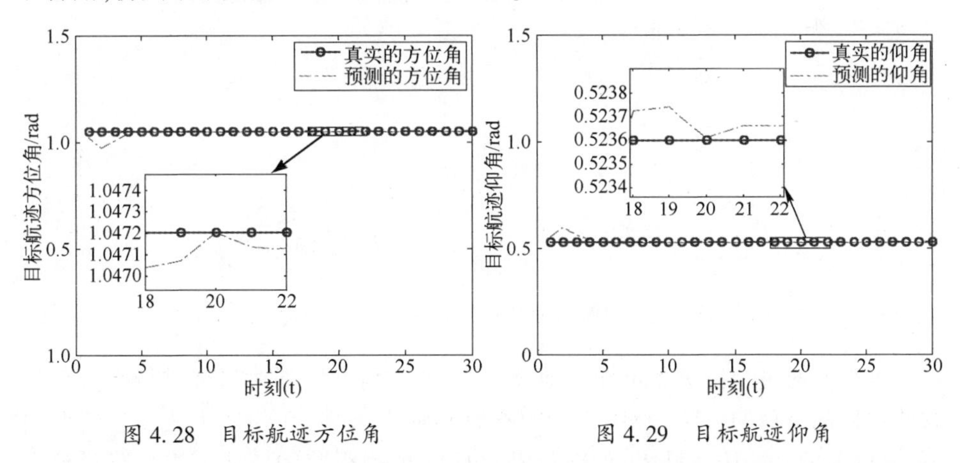

图 4.28　目标航迹方位角　　　　图 4.29　目标航迹仰角

由图 4.28～图 4.29 可见，在跟踪初始阶段，由于可用数据较少，预测误差较大，随着测量次数的增加，可用测量值也越多，经过多次加权平均，预测结果越来

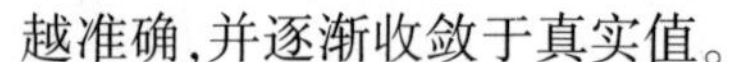
越准确,并逐渐收敛于真实值。

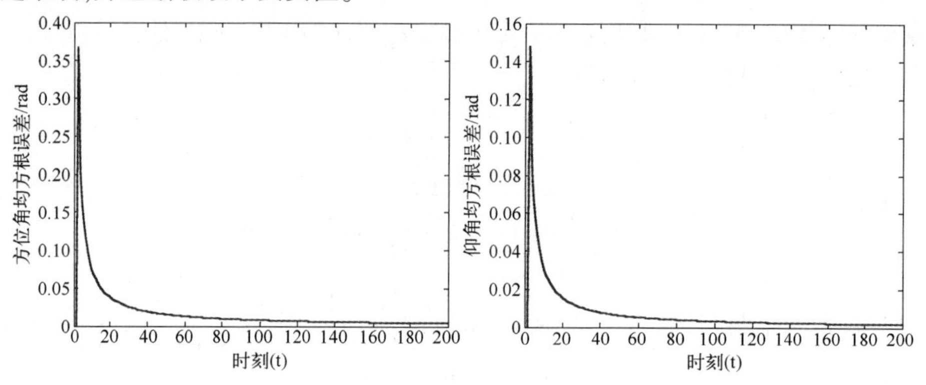

图 4.30　目标航迹方位角均方根误差　　　图 4.31　目标航迹仰角均方根误差

经多次迭代后,计算其最小均方根误差,仿真结果如图 4.30 和图 4.31 所示,其均方根误差逐渐趋近于零,说明随着迭代次数的增加,算法对目标航迹角度的预测越来越准确。

图 4.32 为目标航迹估计方向与真实方向的夹角,从图中可以看出,随着跟踪时间增加,估计方向与真实方向夹角越来越小,并保持在一个较低水平,说明了算法的收敛性与有效性。

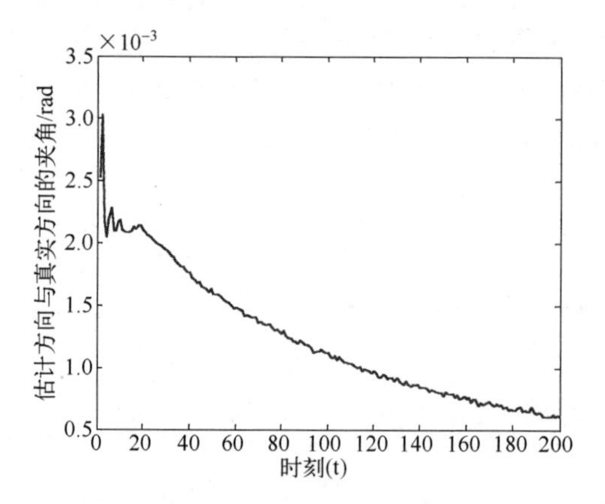

图 4.32　目标航迹估计方向与真实方向的夹角

本小节通过余切关系定理 2,研究了一种纯角度序列对目标进行参数航迹滤波和目标跟踪的方法,利用较少的参数和约束条件,在匀速直线模型的假设下,取得了较好的仿真结果,但对机动目标的预测跟踪问题还需进一步讨论和研究。

4.2　笛卡儿坐标下的目标角度信息处理

国内有大量的被动红外定位的报道,其主要工作是目标运动方程在笛卡儿坐标下,应用多站解算出距离[4,5,6],可采用各种不同的加权滤波方式,甚至有(伪)距离加权的方式[4],文献之多,不胜枚举。按分坐标处理方法有两种:一是分别将方位、仰角处理得到两个参数航迹,再实现融合处理,可得到参数较少的参数航迹;二是将方位和仰角序列联合处理以获得目标的参数航迹,经原理性分析,可在笛卡儿坐标下进行处理。下面主要介绍第二种方法。

4.2.1　基于目标角度信息的笛卡儿坐标跟踪算法

1. 目标运动模型建立

设空间目标在参考时刻 t_0 的位置为(x_0,y_0,z_0),目标以速度 V 进行匀速直线运动,运动方向为 $\boldsymbol{L}=(l,m,n)^{\mathrm{T}}$,在 $t_i(i=1,2,\cdots,N)$时刻目标的位置为(x_e^i, y_e^i,z_e^i),设目标与观测站的距离为 R_i,则目标运动模型为

$$\begin{cases}x_e^i=x_0+Vl(t_i-t_0)\\y_e^i=y_0+Vm(t_i-t_0)\\z_e^i=z_0+Vn(t_i-t_0)\end{cases}\tag{4-60}$$

式中:目标运动方向可以表示为 $l=\cos\varepsilon\sin\beta,m=\cos\varepsilon\cos\beta,n=\sin\varepsilon$,$\varepsilon$、$\beta$ 分别为目标航迹直线的航向方位角、航向仰角值。

由测量 t_i 时刻目标的方位、仰角(β_i,ε_i)计算的目标瞬时方向为(l_i,m_i,n_i),相对观测站的目标测量模型为

$$\begin{cases}x_e(t_i)=xo+l_iR_i+n_x\\y_e(t_i)=yo+m_iR_i+n_y,i=1,2,\cdots,N\\z_e(t_i)=zo+n_iR_i+n_z\end{cases}\tag{4-61}$$

式中:$l_i=\cos\varepsilon_i\sin\beta_i$ $m_i=\cos\varepsilon_i\cos\beta_i$ $n_i=\sin\varepsilon_i$;n_x,n_y,n_z 为均值为零,方差为 $\sigma_x^2=\sigma_y^2=\sigma_z^2=\sigma^2$ 的高斯白噪声,并假设各通道噪声互不相关。

2. 参量滤波平滑算法

红外被动探测系统进行目标跟踪时,通常需要进行两站观测方向交叉定位,将角度信息转化为笛卡儿坐标系下的位置信息,然而由于受到观测噪声的影响,其转换过程是非线性运算,往往会带来较大偏差。

针对该问题,提出了基于单站纯角度的参量滤波平滑算法,直接由测量的目

标角度序列估计目标航向和有关参数,从而避免了非线性转换带来的各种问题。

在匀速运动模型的假设下,由目标的一组测量估计目标的运动方向参数,构造参量加权最小二乘目标函数为

$$Q=\sum_{i=1}^{N}\left[\frac{(x_e^i-x_e(t_i))^2}{\sigma_x^2}+\frac{(y_e^i-y_e(t_i))^2}{\sigma_y^2}+\frac{(z_e^i-z_e(t_i))^2}{\sigma_z^2}\right] \tag{4-62}$$

使式(4-62)最小的航迹方向即为估计方向。

式(4-62)分别对 x_0,y_0,z_0 求偏导数后令其偏导为0,整理可得

$$\begin{bmatrix} x_0-xo \\ y_0-yo \\ z_0-zo \end{bmatrix}=\frac{1}{N}\begin{pmatrix} l_1 & l_2 & \cdots & l_N \\ m_1 & m_2 & \cdots & m_N \\ n_1 & n_2 & \cdots & n_N \end{pmatrix}\begin{pmatrix} R_1 \\ R_2 \\ \vdots \\ R_N \end{pmatrix}+V(t_0-\bar{t})\boldsymbol{L} \tag{4-63}$$

式中:$\bar{t}=\frac{1}{N}\sum t_i$。

式(4-62)分别对 R_i 求偏导数后令其为0,设对角阵 $\boldsymbol{T}=\mathrm{diag}(t_1-t_0,\cdots,t_N-t_0)$,整理可得

$$\begin{pmatrix} R_1 \\ R_2 \\ \vdots \\ R_N \end{pmatrix}=\boldsymbol{S}\begin{pmatrix} x_0-xo \\ y_0-yo \\ z_0-zo \end{pmatrix}+V\boldsymbol{TSL} \tag{4-64}$$

式中:$\boldsymbol{S}=\begin{pmatrix} l_1 & l_2 & \cdots & l_N \\ m_1 & m_2 & \cdots & m_N \\ n_1 & n_2 & \cdots & n_N \end{pmatrix}^{\mathrm{T}}$。

式(4-62)对(l,m,n)求偏导数后令其为0,整理可得

$$\boldsymbol{L}=\frac{\sum_{i=1}^{N}(t_i-t_0)}{V\sum_{i=1}^{N}(t_i-t_0)^2}\begin{pmatrix} xo-x_0 \\ yo-y_0 \\ zo-z_0 \end{pmatrix}+\frac{\boldsymbol{S}^{\mathrm{T}}\boldsymbol{T}}{V\sum_{i=1}^{N}(t_i-t_0)^2}\begin{pmatrix} R_1 \\ R_2 \\ \vdots \\ R_N \end{pmatrix} \tag{4-65}$$

整理式(4-63)~式(4-65),可得

$$\left[\sum_{i=1}^{N}(t_i-t_0)^2\boldsymbol{I}-\boldsymbol{S}^{\mathrm{T}}\boldsymbol{T}^2\boldsymbol{S}\right]\boldsymbol{L}=-\frac{R_0}{V}\left[\sum_{i=1}^{N}(t_i-t_0)\boldsymbol{I}-S^{\mathrm{T}}\boldsymbol{TS}\right]\boldsymbol{L}_0 \tag{4-66}$$

式中:$\begin{pmatrix} x_0-xo \\ y_0-yo \\ z_0-zo \end{pmatrix}\triangleq R_0\boldsymbol{L}_0$;$\boldsymbol{I}$ 为单位矩阵;R_0 为 t_0 时刻目标与红外测量站的参考距

离。设$\boldsymbol{K}_m=\sum_{i=1}^{N}(t_i-t_0)^m\boldsymbol{I}-\boldsymbol{S}^{\mathrm{T}}\boldsymbol{T}^m\boldsymbol{S}$,将式(4-60)代入式(4-62),可得

$$\sigma^2 Q=[R_0\boldsymbol{L}_0^{\mathrm{T}}\quad V\boldsymbol{L}^{\mathrm{T}}]\begin{bmatrix}\boldsymbol{K}_0 & \boldsymbol{K}_1\\ \boldsymbol{K}_1 & \boldsymbol{K}_2\end{bmatrix}\begin{bmatrix}R_0\boldsymbol{L}_0\\ V\boldsymbol{L}\end{bmatrix} \tag{4-67}$$

分别对(l_0,m_0,n_0)和(l,m,n)求偏导数后令其为 0,整理可得

$$R_0\boldsymbol{K}_0\boldsymbol{L}_0+V\boldsymbol{K}_1\boldsymbol{L}=0 \tag{4-68}$$

$$R_0\boldsymbol{K}_1\boldsymbol{L}_0+V\boldsymbol{K}_2 L=0 \tag{4-69}$$

由式(4-69)可得

$$\hat{\boldsymbol{L}}=-\frac{R_0}{V}\boldsymbol{K}_2^{-1}\boldsymbol{K}_1\boldsymbol{L}_0 \tag{4-70}$$

式中:两端的向量为归一化向量;右端R_0/V为归一化常数。

由此可以看出,虽然无法直接求得目标与传感器的距离R_0和目标飞行速度V,但是两者的比值却是确定值。只要计算出式(4-70)右端$\boldsymbol{K}_2^{-1}\boldsymbol{K}_1\boldsymbol{L}_0$,其模为$V/R_0$。这样,通过各个时刻的观测值可以计算得到视线的方向余弦,进而利用式(4-70)估计目标航迹的方向。根据式(4-60)和式(4-70)可以进一步给出相对于传感器的目标方向

$$\begin{bmatrix}\hat{l}_t\\ \hat{m}_t\\ \hat{n}_t\end{bmatrix}=\frac{[\boldsymbol{I}-(t-t_0)\boldsymbol{K}_2^{-1}\boldsymbol{K}_1]\boldsymbol{L}_0}{\sqrt{1+\left(\dfrac{V}{R_0}(t-t_0)\right)^2+2(t-t_0)\boldsymbol{L}_0^{\mathrm{T}}\boldsymbol{K}_2^{-1}\boldsymbol{K}_1\boldsymbol{L}_0}} \tag{4-71}$$

利用式(4-71),给定时刻t,航迹参量R_0/V和$\boldsymbol{L}_0$,根据角度观测序列,可对运动目标进行预测或跟踪。

另外式(4-67)中的$\boldsymbol{K}_{(m=0,1,2)}$可以写成关于时间$t$的递推形式,因而在实际应用中,可以递推表示出每一时刻的估计,从而无需重复计算过去时刻的状态,提高了实时性。在处理时,只需在前一时刻的基础上加入新的测量,通过计算即可完成更新。由于篇幅所限,在此略。

对目标径向速度支援的情况,可解算出所有的航迹参数,实现三维跟踪。也可推广到直线运动单站,利用观测目标的角度序列,实现目标的方向预测与跟踪。

3. 笛卡儿坐标跟踪方法的误差估计及结论

将式(4-70)代入式(4-67),可得

$$\frac{\sigma^2 Q}{R_0^2}=\boldsymbol{L}_0^{\mathrm{T}}[\boldsymbol{K}_0-\boldsymbol{K}_1\boldsymbol{K}_2^{-1}\boldsymbol{K}_1]\boldsymbol{L}_0 \tag{4-72}$$

或

$$\frac{\sigma^2 Q}{V^2}=\boldsymbol{L}^{\mathrm{T}}[\boldsymbol{K}_2-\boldsymbol{K}_1\boldsymbol{K}_0^{-1}\boldsymbol{K}_1]\boldsymbol{L} \tag{4-73}$$

构造的目标函数 Q 体现了目标航向估计值与真实值的偏离程度,然而,由于红外单站系统无法获取目标的距离信息,因此得到的估计误差是相对的,但可以反映误差积累的程度。

当计算式(4-72)、式(4-73)的值大于给定的阈值(根据实际要求而定,或由给定虚警概率仿真得到),即目标机动或误差积累较大时,可采用分段估计的方法。重新选择 t_0 时刻,或者利用式(4-74)对选择的 t_0 至当前时刻的目标方位重新进行滤波,进而对后续时刻的目标运动航向进一步估计。比如目标从 t_0 时刻开始运动,N 次测量后目标发生机动且误差积累大于某一阈值,此时,可以选取 $t_0=N/2$ 作为参考时刻,从 $t=N/2$ 至 $t=N$ 对目标方位重新进行滤波。将滤波值作为测量,再利用式(4-70)对后续时刻目标的航向进行估计。

对目标方位的重新滤波可由式(4-68)推导得出

$$\hat{\boldsymbol{L}}_0=-\frac{V}{R_0}\boldsymbol{K}_0^{-1}\boldsymbol{K}_1\hat{\boldsymbol{L}} \tag{4-74}$$

利用估计的航迹方向和之前有限次测量结果就可以重新估计参考时刻 t_0 的观测方向。为后续继续讨论该方法的应用问题,需要继续研究估计方向的空间特性。式(4-71)的分母平方对 t 求偏导数并令其为零,可得目标过航迹垂直点的时刻

$$t_{\perp}=t_0+\frac{R_0^2}{V^2}\boldsymbol{L}_0^{\mathrm{T}}\boldsymbol{K}_2^{-1}\boldsymbol{K}_1\boldsymbol{L}_0=t_0+\frac{\boldsymbol{L}_0^{\mathrm{T}}\boldsymbol{K}_2^{-1}\boldsymbol{K}_1\boldsymbol{L}_0}{\boldsymbol{L}_0^{\mathrm{T}}\boldsymbol{K}_1\boldsymbol{K}_2^{-1}\boldsymbol{K}_2^{-1}\boldsymbol{K}_1\boldsymbol{L}_0} \tag{4-75}$$

式中:$V/R_0=\sqrt{\boldsymbol{L}_0^{\mathrm{T}}\boldsymbol{K}_1\boldsymbol{K}_2^{-1}\boldsymbol{K}_2^{-1}\boldsymbol{K}_1\boldsymbol{L}_0}$。

将式(4-75)代入式(4-74),可估计观测站距航迹垂直点的单位向量

$$\begin{bmatrix}\hat{l}_{\perp}\\ \hat{m}_{\perp}\\ \hat{n}_{\perp}\end{bmatrix}=\frac{\left[I-\dfrac{\boldsymbol{L}_0^{\mathrm{T}}\boldsymbol{K}_2^{-1}\boldsymbol{K}_1\boldsymbol{L}_0}{\boldsymbol{L}_0^{\mathrm{T}}\boldsymbol{K}_1\boldsymbol{K}_2^{-1}\boldsymbol{K}_2^{-1}\boldsymbol{K}_1\boldsymbol{L}_0}\boldsymbol{K}_2^{-1}\boldsymbol{K}_1\right]\boldsymbol{L}_0}{\sqrt{1-\dfrac{(\boldsymbol{L}_0^{\mathrm{T}}\boldsymbol{K}_2^{-1}\boldsymbol{K}_1\boldsymbol{L}_0)^2}{\boldsymbol{L}_0^{\mathrm{T}}\boldsymbol{K}_1\boldsymbol{K}_2^{-1}\boldsymbol{K}_2^{-1}\boldsymbol{K}_1\boldsymbol{L}_0}}} \tag{4-76}$$

可以证明,式(4-71)与式(4-76)是正交的,式(4-76)的模为1。

任意时刻 t 的目标方向预测为

$$\begin{bmatrix}\hat{l}_t\\ \hat{m}_t\\ \hat{n}_t\end{bmatrix}=\frac{R_{\perp}\hat{\boldsymbol{L}}_{\perp}+V(t-t_{\perp})\hat{\boldsymbol{L}}}{\sqrt{R_{\perp}^2+V^2(t-t_{\perp})^2}}=\frac{\hat{\boldsymbol{L}}_{\perp}+\dfrac{V}{R_{\perp}}(t-t_{\perp})\hat{\boldsymbol{L}}}{\sqrt{1+\dfrac{V^2}{R_{\perp}^2}(t-t_{\perp})^2}} \tag{4-77}$$

式中：$\frac{V}{R_{\perp}}=\frac{\boldsymbol{L}_0^{\mathrm{T}}\boldsymbol{K}_1\boldsymbol{K}_2^{-1}\boldsymbol{K}_2^{-1}\boldsymbol{K}_1\boldsymbol{L}_0}{\sqrt{\boldsymbol{L}_0^{\mathrm{T}}\boldsymbol{K}_1\boldsymbol{K}_2^{-1}\boldsymbol{K}_2^{-1}\boldsymbol{K}_1\boldsymbol{L}_0-(\boldsymbol{L}_0^{\mathrm{T}}\boldsymbol{K}_2^{-1}\boldsymbol{K}_1\boldsymbol{L}_0)^2}}$；$\hat{\boldsymbol{L}}=-\frac{\boldsymbol{K}_0^{-1}\boldsymbol{K}_1\hat{\boldsymbol{L}}_0}{\sqrt{\boldsymbol{L}_0^{\mathrm{T}}\boldsymbol{K}_1\boldsymbol{K}_2^{-1}\boldsymbol{K}_2^{-1}\boldsymbol{K}_1\boldsymbol{L}_0}}$。

在特殊情况下，当 $t_{\perp}=t_0$ 时，$\boldsymbol{L}_0$ 与 $\boldsymbol{L}$ 正交，即 $\boldsymbol{L}_0^{\mathrm{T}}\boldsymbol{K}_2^{-1}\boldsymbol{K}_1\boldsymbol{L}_0=0$，$\boldsymbol{L}_{\perp}=\boldsymbol{L}_0$。

结论：在匀速直线运动模型的假设下，目标航向、垂直向量与目标的测量时刻及角度（方位与仰角）系列有关，与距离序列无关。

4. 算法流程与步骤

步骤（1）：初始化。确定目标的参考时刻 t_0，一般取目标运动航迹的初始时刻，并设定误差阈值 λ。通过参考时刻的观测值计算初始的测量方向余弦 $\boldsymbol{L}_0=(l_0,m_0,n_0)^{\mathrm{T}}$。

步骤（2）：若没有接收到新的测量，则算法结束；否则，计算每个时刻的测量方向余弦，构造矩阵 $\boldsymbol{S}^{\mathrm{T}}=\begin{pmatrix} l_1 & l_2 & \cdots & l_N \\ m_1 & m_2 & \cdots & m_N \\ n_1 & n_2 & \cdots & n_N \end{pmatrix}$，并根据每个测量到达时刻与参考时刻之差构造对角矩阵 $\boldsymbol{T}=\mathrm{diag}(t_1-t_0,\cdots,t_N-t_0)$，然后利用以上两个矩阵，分别计算 $\boldsymbol{K}_m$。

步骤（3）：估计目标运动航迹方向余弦，利用式（4-70）计算航向。利用式（4-72）和（4-73）计算估计误差，若误差大于给定阈值 λ，则进行步骤（4），否则返回步骤（2）。

步骤（4）：重新选择目标参考时刻 t_0，若目标在 N 时刻的估计误差大于阈值 λ，则重新选择 $t_0=N/2$。利用式（4-70）分别对 $t_0,t_0+1,\cdots,t_0+N-1$ 时刻的目标方位进行滤波估计，并将该结果作为新的量测值，返回步骤（2）。

5. 目标角度信息笛卡儿坐标的跟踪算法仿真实验与结论

仿真通过对三种不同场景下的运动目标进行跟踪，验证算法性能。设红外单站传感器位于坐标原点，采样率为 25 帧/s，对目标进行 200 帧观测，测量噪声服从零均值的高斯分布，标准差为 0.001rad，进行 1000 次蒙特卡罗仿真。

场景一：目标做匀速直线运动。空中目标初始化位置为（300，400，500）m，目标速度为 200m/s，航迹方位角 $-\pi/8$，航迹俯仰角 $\pi/4$。仿真结果如图 4.33 所示。

场景二：目标做匀加速直线运动。空中目标初始化位置为（300，400，500）m，目标初始速度为 200m/s，目标加速度为 $5\mathrm{m/s^2}$，航迹方位角 $-\pi/8$，航迹俯仰角 $\pi/4$。仿真结果如图 4.34 所示。

场景三：目标做转弯运动。空中目标初始化位置为（0，300，-200）m，目标初始速度为 100m/s，起始航迹方位角 $-\pi/8$，航迹俯仰角 $\pi/4$，目标加速度为 $20\mathrm{m/s^2}$，加速度方向方位角为 $-5\pi/8$，俯仰角为 $-\pi/4$。仿真结果如图 4.35 所示。

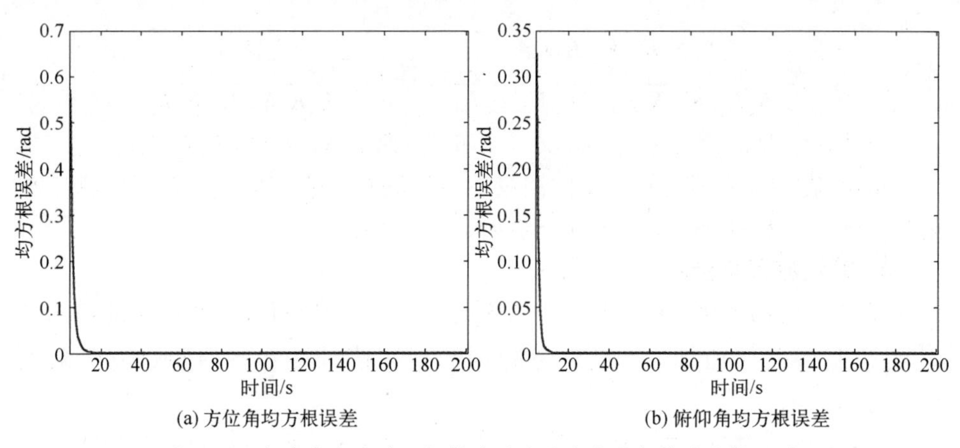

图 4.33　匀速直线运动目标航迹的方位角和俯仰角均方根误差

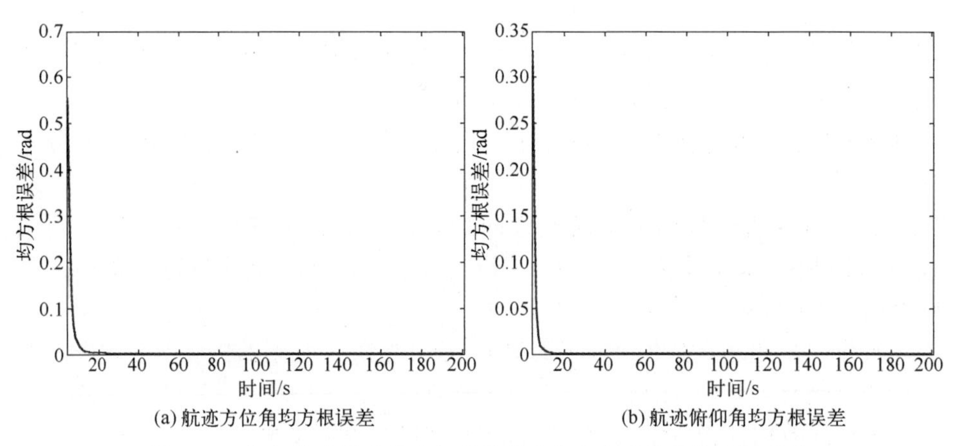

图 4.34　匀加速直线运动目标航迹的方位角和俯仰角均方根误差

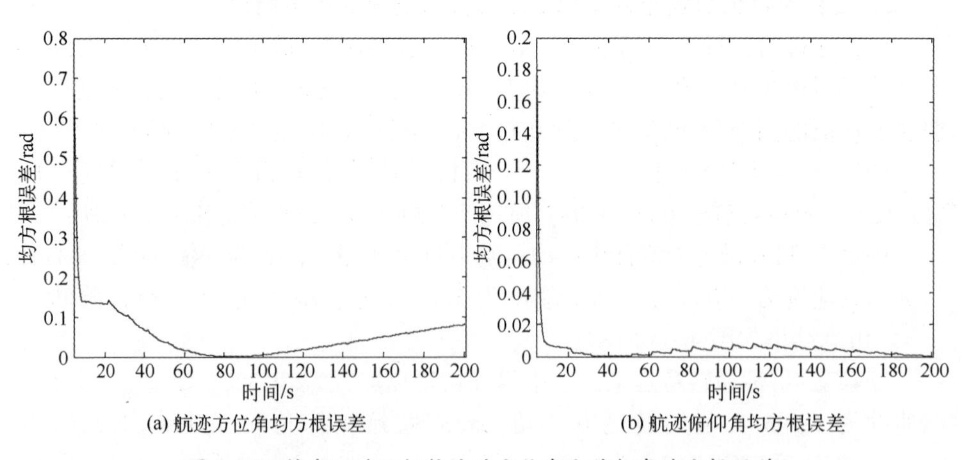

图 4.35　转弯运动目标航迹的方位角和俯仰角均方根误差

由仿真结果可见,当目标做匀速直线运动时,算法可以很好地估计目标航迹方向,仅在初始的几帧内有较大偏差,这是由于在有限几帧的数据内,无法对噪声进行有效抑制。随着时间的积累,估计精度逐渐提高,最终可达微弧度数量级左右。当目标做加速运动时,估计精度略有下降,这主要是由于模型不完全匹配造成的。然而,由于红外传感器系统的采样速率较高(可达 30 帧/s 左右),在一定帧数内可以将做加速运动的目标近似认为做匀速运动,因而采用分段处理是合理的。当目标做转弯运动时,在部分位置估计精度较差,这是因为采用分段处理时,每段中关于目标运动的信息量有限,无法有效估计真实航向,从而会造成较大的估计偏差。

4.2.2　笛卡儿坐标的角度信息直接解算与融合方法

1. 匀速直线目标的参数航迹处理模型

如图 4.36 所示,目标飞行航向向量 $V(l,m,n)^{\mathrm{T}}$,航向直线与观测站 O 的垂直向量为 $OR_{\perp}(l_{\perp},m_{\perp},n_{\perp})^{\mathrm{T}}$,$t_i$ 时刻观测目标向量为 $OR_i\ (l_i,m_i,n_i)^{\mathrm{T}}$,$i=1,2,\cdots,N$,设观测目标做匀速直线运动,有以下关系

$$R_i(l_il_{\perp}+m_im_{\perp}+n_in_{\perp})=R_{\perp} \quad (4-78)$$

$$R_i(l_il+m_im+n_in)=V(t_i-t_{\perp}) \quad (4-79)$$

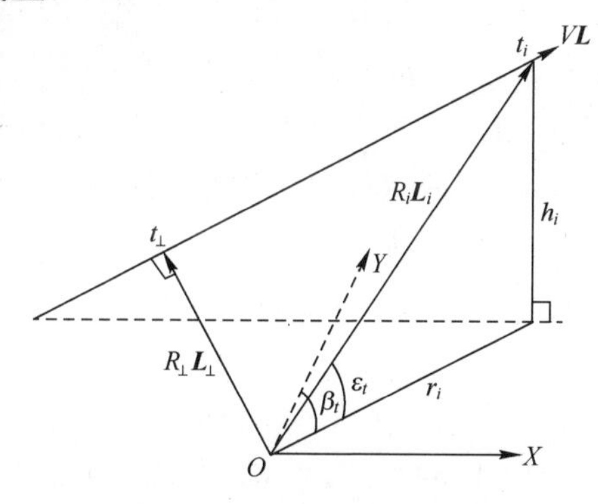

图 4.36　目标参数航迹示意图

将式(4-79)与式(4-78)相除,约去 R_i,可得

$$\frac{l_il+m_im+n_in}{l_il_{\perp}+m_im_{\perp}+n_in_{\perp}}=\frac{V(t_i-t_{\perp})}{R_{\perp}} \quad (4-80)$$

可整理得

$$l_i[R_{\perp}l+Vt_{\perp}l_{\perp}]+m_i[R_{\perp}m+Vt_{\perp}m_{\perp}]+n_i[R_{\perp}n+Vt_{\perp}n_{\perp}]=t_il_iVl_{\perp}+t_im_iVm_{\perp}+t_in_iVn_{\perp}$$

按测量序列可写成矩阵形式

$$\boldsymbol{S}[R_{\perp}\boldsymbol{L}+Vt_{\perp}\boldsymbol{L}_{\perp}]=V\boldsymbol{T}_1\boldsymbol{S}\boldsymbol{L}_{\perp} \quad (4-81)$$

式中:$\boldsymbol{S}=\begin{bmatrix} l_1 & m_1 & n_1 \\ l_2 & m_2 & n_2 \\ \vdots & \vdots & \vdots \\ l_N & m_N & n_N \end{bmatrix}$;$\boldsymbol{T}_1=\begin{bmatrix} t_1 & \cdots & 0 \\ \vdots & \ddots & \vdots \\ 0 & \cdots & t_n \end{bmatrix}$。

利用广义逆矩阵的形式,得出

$$\begin{cases} t_{\perp}=\boldsymbol{L}_{\perp}^{\mathrm{T}}\boldsymbol{S}^{+}\boldsymbol{T}_{1}\boldsymbol{S}\boldsymbol{L}_{\perp} \\ \dfrac{R_{\perp}}{V}=\boldsymbol{L}^{\mathrm{T}}\boldsymbol{S}^{+}\boldsymbol{T}_{1}\boldsymbol{S}\boldsymbol{L}_{\perp} \end{cases} \tag{4-82}$$

代入式(4-75),式(4-76)可对式(4-81)求解。

对式(4-81)作变形

$$[\boldsymbol{S}\quad \boldsymbol{T}_{1}\boldsymbol{S}]\begin{bmatrix} R_{\perp}\boldsymbol{L}+Vt_{\perp}\boldsymbol{L}_{\perp} \\ -V\boldsymbol{L}_{\perp} \end{bmatrix}=\boldsymbol{0} \tag{4-83}$$

式(4-83)可利用广义逆或奇异值分解的形式求解,在此略。

2. 匀加速直线目标的参数航迹处理模型

如图4.37所示,观测站为O,目标在空间的直线飞行航向向量$\boldsymbol{V}(l,m,n)^{\mathrm{T}}$,航向加速度向量$\boldsymbol{a}(l,m,n)^{\mathrm{T}}$,航向直线与观测站$O$的垂直向量为$\boldsymbol{R}_{\perp}(l_{\perp},m_{\perp},n_{\perp})^{\mathrm{T}}$,$t_i$时刻观测目标向量为$\boldsymbol{R}_i(l_i,m_i,n_i)^{\mathrm{T}}$,$i=1,2,\cdots,N$,设目标航线参考时刻为$t_0$,在$t_0$时刻后开始加速,目标做匀加速直线运动,有以下关系

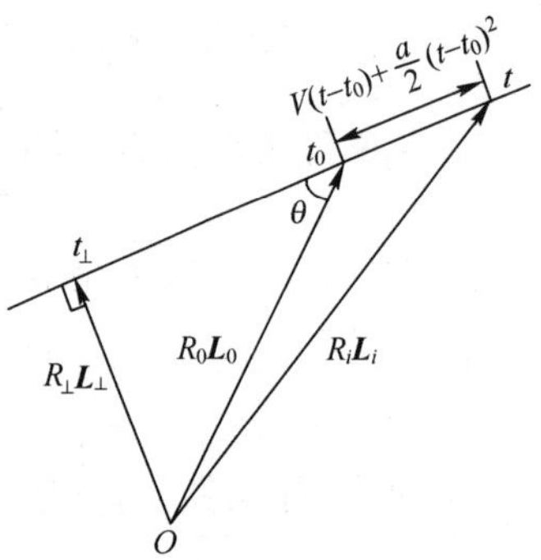

$$R_i(l_il+m_im+n_in)=R_0\cos\theta+V_0(t-t_0)+0.5a(t-t_0)^2 \tag{4-84}$$

$$R_i(l_il_{\perp}+m_im_{\perp}+n_in_{\perp})=R_{\perp} \tag{4-85}$$

图4.37 匀加速直线运动目标空间示意图

式(4-84)、式(4-85)相除,约去R_i,可得

$$\frac{l_il+m_im+n_in}{l_il_{\perp}+m_im_{\perp}+n_in_{\perp}}=\frac{R_0}{R_{\perp}}\cos\theta+\frac{V_0}{R_{\perp}}(t-t_0)+\frac{a}{2R_{\perp}}(t-t_0)^2 \tag{4-86}$$

根据测量序列,可以写成矩阵形式

$$\begin{bmatrix} l_1 & m_1 & n_1 \\ l_2 & m_2 & n_2 \\ \vdots & \vdots & \vdots \\ l_N & m_N & n_N \end{bmatrix}\begin{bmatrix} l-k_1l_{\perp} \\ m-k_1m_{\perp} \\ n-k_1n_{\perp} \end{bmatrix}=k_2\begin{bmatrix} t_1-t_0 & \cdots & 0 \\ \vdots & \ddots & \vdots \\ 0 & \cdots & t_N-t_0 \end{bmatrix}\begin{bmatrix} l_1 & m_1 & n_1 \\ l_2 & m_2 & n_2 \\ \vdots & \vdots & \vdots \\ l_N & m_N & n_N \end{bmatrix}\begin{bmatrix} l_{\perp} \\ m_{\perp} \\ n_{\perp} \end{bmatrix}$$
$$+k_3\begin{bmatrix} (t_1-t_0)^2 & \cdots & 0 \\ \vdots & \ddots & \vdots \\ 0 & \cdots & (t_N-t_0)^2 \end{bmatrix}\begin{bmatrix} l_1 & m_1 & n_1 \\ l_2 & m_2 & n_2 \\ \vdots & \vdots & \vdots \\ l_N & m_N & n_N \end{bmatrix}\begin{bmatrix} l_{\perp} \\ m_{\perp} \\ n_{\perp} \end{bmatrix} \tag{4-87}$$

式中：$k_1=R_0\cos\theta-V_0t_0+(a/2)t_0^2$，$\cos\theta=\boldsymbol{L}_0^{\mathrm{T}}L$；$k_2=V_0-at_0$；$k_3=a/2$。

$$[\boldsymbol{S}\quad \boldsymbol{TS}\quad \boldsymbol{T}^2\boldsymbol{S}]\begin{bmatrix} R_{\perp}L-k_1\boldsymbol{L}_{\perp} \\ -k_2\boldsymbol{L}_{\perp} \\ -k_3\boldsymbol{L}_{\perp} \end{bmatrix}=\boldsymbol{0} \tag{4-88}$$

式中：$\boldsymbol{T}=\mathrm{diag}(t_1-t_0,\cdots,t_N-t_0)$。

求解式(4-88)，可利用广义逆或式奇异值分解的形式求解。在此略。

3. 匀速圆周运动的目标参数航迹处理方法[7]

本节提出一种单站纯角度测量跟踪匀速圆周运动目标的参量估计方法，算法充分利用传感器测量到的方位角和俯仰角信息，在匀速圆周运动模型的假设下，依据带参量的加权最小二乘法构造目标函数，通过目标函数的最小化估计目标运动的航迹方向，较好地解决了红外单站的目标跟踪问题。

1）单站目标匀速圆周运动模型

如图 4.38 所示，目标匀速圆周运动的圆心为 O_1 点，观测站位于 O 处。O 点在圆周所在平面上的投影为 O'，OO_1 的向量 $\boldsymbol{R}_0[l_0\quad m_0\quad n_0]^{\mathrm{T}}$，$OO'$ 的向量为 $\boldsymbol{HL}_{\perp}=\boldsymbol{H}[l_{\perp}\quad m_{\perp}\quad n_{\perp}]^{\mathrm{T}}$，在圆平面内，设单位向量 $\boldsymbol{L}_1=[l'_1\quad m'_1\quad n'_1]^{\mathrm{T}}$ 和垂直的单位向量 $\boldsymbol{L}_2=[l'_2\quad m'_2\quad n'_2]^{\mathrm{T}}$，满足 $\boldsymbol{L}_1\times\boldsymbol{L}_2=\boldsymbol{L}_{\perp}$。匀速圆周运动的目标过 O_1O' 连线的时刻为 t_0，角度由 $\boldsymbol{L}_1$ 按右手手指方向起算。若 t_i 时刻观测目标向量为 $\boldsymbol{R}_i[l_i\quad m_i\quad n_i]^{\mathrm{T}}$，$i=1,2,\cdots,N$。目标做匀速圆周运动的角速度为 Ω，半径为 r，$h=O'O_1-r$。

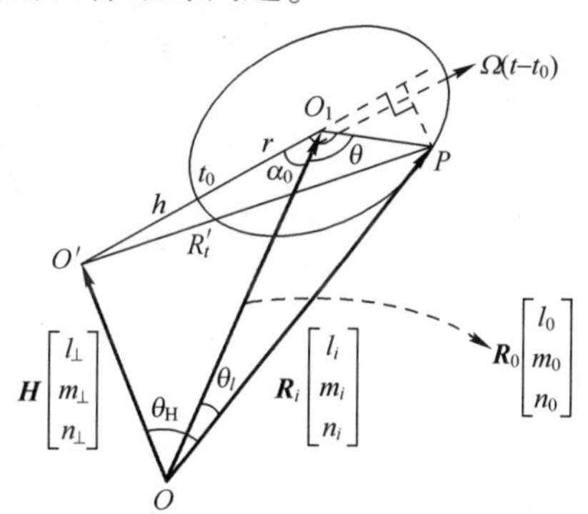

图 4.38　匀速圆周运动几何关系示意图

依据向量的运算法则，经过推导，可得观测目标的正交向量的表示形式：

$$\boldsymbol{R}_i\begin{bmatrix} l_i \\ m_i \\ n_i \end{bmatrix}=\boldsymbol{H}\begin{bmatrix} l_{\perp} \\ m_{\perp} \\ n_{\perp} \end{bmatrix}+(-h\cos\Omega t_0+r\cos\Omega t)\begin{bmatrix} l'_1 \\ m'_1 \\ n'_1 \end{bmatrix}+(-h\sin\Omega t_0+r\sin\Omega t)\begin{bmatrix} l'_2 \\ m'_2 \\ n'_2 \end{bmatrix} \tag{4-89}$$

依据勾股定理可以计算

$$\boldsymbol{R}_i^2=\boldsymbol{H}^2+h^2+r^2-2hr\cos\Omega(t-t_0) \tag{4-90}$$

将式(4-89)两端乘以$[l_{\perp}\quad m_{\perp}\quad n_{\perp}]^{\mathrm{T}}$，考虑到右端的正交向量，得到

$$\boldsymbol{R}_i(l_il_{\perp}+m_im_{\perp}+n_in_{\perp})=\boldsymbol{H} \tag{4-91}$$

将式(4-89)两端乘以$[l'_1\quad m'_1\quad n'_1]^{\mathrm{T}}$，考虑到右端的正交向量，得到

$$\boldsymbol{R}_i(l_i l'_1+m_i m'_1+n_i n'_1)=-h\cos\Omega t_0+r\cos\Omega t \tag{4-92}$$

由于被动红外无法测量目标距离 R_i, $i=1,2,\cdots,N$, 可用式(4-91)、式(4-92)之比

$$\frac{l_i l'_1+m_i m'_1+n_i n'_1}{l_i l_\perp+m_i m_\perp+n_i n_\perp}=-\frac{h}{\boldsymbol{H}}\cos\Omega t_0+\frac{r}{\boldsymbol{H}}\cos\Omega t \triangleq -k'_{1c}+k'_2\cos\Omega t \tag{4-93}$$

式中:$k'_1=h/\boldsymbol{H}$, $k'_2=r/\boldsymbol{H}$; $k'_{1c}=k'_1\cos\Omega t_0$, $k'_{1s}=k'_1\sin\Omega t_0$, $\cot\Omega t_0=k'_{1c}/k'_{1s}$。

式(4-93)可整理成方程形式,其中 $i=1,2,\cdots,N$。

$$l_i(l'_1+k'_{1c}l_\perp)+m_i(m'_1+k'_{1c}m_\perp)+n_i(n'_1+k'_{1c}n_\perp)-k'_2(l_i l_\perp+m_i m_\perp+n_i n_\perp)\cos\Omega t_i=0 \tag{4-94}$$

令

$$\boldsymbol{T}_c=\begin{bmatrix}\cos\Omega t_1 & \cdots & 0\\ \vdots & \ddots & \vdots\\ 0 & \cdots & \cos\Omega t_N\end{bmatrix}$$

$$\boldsymbol{T}_s=\begin{bmatrix}\sin\Omega t_1 & \cdots & 0\\ \vdots & \ddots & \vdots\\ 0 & \cdots & \sin\Omega t_N\end{bmatrix}$$

$$\boldsymbol{S}_n=\begin{bmatrix}l_1 & m_1 & n_1\\ l_2 & m_2 & n_2\\ \vdots & \vdots & \vdots\\ l_n & m_n & n_n\end{bmatrix}$$

因此,式(4-94)可整理成矩阵形式

$$[\boldsymbol{S}_n \quad \boldsymbol{T}_c\boldsymbol{S}_n]\begin{bmatrix}\boldsymbol{L}_1+k'_{1c}\boldsymbol{L}_\perp\\ -k'_2\boldsymbol{L}_\perp\end{bmatrix}=0 \tag{4-95}$$

将式(4-89)两端乘以$[l'_2\ m'_2\ n'_2]^{\mathrm{T}}$,得到

$$\boldsymbol{R}_i(l_i l'_2+m_i m'_2+n_i n'_2)=-h\sin\Omega t_0+r\sin\Omega t \tag{4-96}$$

由于被动红外无法测量目标距离 $\boldsymbol{R}_i$, $i=1,2,\cdots,N$, 可用式(4-96)与式(4-91)之比有

$$\frac{l_i l'_2+m_i m'_2+n_i n'_2}{l_i l_\perp+m_i m_\perp+n_i n_\perp}=-h\sin\Omega t_0+r\sin\Omega t \triangleq -k'_{2s}+k'_2\sin\Omega t \tag{4-97}$$

同理,式(4-97)可整理成矩阵形式

$$[\boldsymbol{S}_n \quad \boldsymbol{T}_s\boldsymbol{S}_n]\begin{bmatrix}\boldsymbol{L}_2+k'_{1s}\boldsymbol{L}_\perp\\ -k'_2\boldsymbol{L}_\perp\end{bmatrix}=0 \tag{4-98}$$

可采用矩阵的奇异值分解方式对式(4-95)、式(4-98)求解。下面采用广义逆矩阵的形式和考虑正交向量,可得

$$\boldsymbol{L}_1+k'_{1c}\boldsymbol{L}_\perp=k'_2\boldsymbol{S}_n^+\boldsymbol{T}_c\boldsymbol{S}_n\boldsymbol{L}_\perp$$

$$k'_{1c}=\frac{\boldsymbol{L}_\perp^{\mathrm{T}}\boldsymbol{S}_n^+\boldsymbol{T}_c\boldsymbol{S}_n\boldsymbol{L}_\perp}{\boldsymbol{L}_1^{\mathrm{T}}\boldsymbol{S}_n^+\boldsymbol{T}_c\boldsymbol{S}_n\boldsymbol{L}_\perp} \tag{4-99a}$$

$$\boldsymbol{L}_2+k'_{1s}\boldsymbol{L}_\perp=k'_2\boldsymbol{S}_n^+\boldsymbol{T}_s\boldsymbol{S}_n\boldsymbol{L}_\perp$$

$$k'_{1s}=\frac{\boldsymbol{L}_\perp^{\mathrm{T}}\boldsymbol{S}_n^+\boldsymbol{T}_s\boldsymbol{S}_n\boldsymbol{L}_\perp}{\boldsymbol{L}_2^{\mathrm{T}}\boldsymbol{S}_n^+\boldsymbol{T}_s\boldsymbol{S}_n\boldsymbol{L}_\perp} \tag{4-99b}$$

$$k'_2=\frac{1}{\boldsymbol{L}_1^{\mathrm{T}}\boldsymbol{S}_n^+\boldsymbol{T}_c\boldsymbol{S}_n\boldsymbol{L}_\perp}=\frac{1}{\boldsymbol{L}_2^{\mathrm{T}}\boldsymbol{S}_n^+\boldsymbol{T}_s\boldsymbol{S}_n\boldsymbol{L}_\perp}$$

$$\cot\Omega t_0=\frac{k'_{1c}}{k'_{1s}}=\frac{\boldsymbol{L}_\perp^{\mathrm{T}}\boldsymbol{S}_n^+\boldsymbol{T}_c\boldsymbol{S}_n\boldsymbol{L}_\perp}{\boldsymbol{L}_\perp^{\mathrm{T}}\boldsymbol{S}_n^+\boldsymbol{T}_s\boldsymbol{S}_n\boldsymbol{L}_\perp} \tag{4-99c}$$

根据式(4-89)、式(4-90),可得任意时刻观测站指向目标的单位向量的预测公式

$$\begin{bmatrix} l_i \\ m_i \\ n_i \end{bmatrix}=\frac{\begin{bmatrix} l_\perp & l'_1 & l'_2 \\ m_\perp & m'_1 & m'_2 \\ n_\perp & n'_1 & n'_2 \end{bmatrix}\begin{bmatrix} 1 \\ -k'_{1c}+k'_2\cos\Omega t_i \\ -k'_{1s}+k'_2\sin\Omega t_i \end{bmatrix}}{\sqrt{1+k'^2_{1c}+k'^2_{1s}+k'^2_2-2k'_2(k'_{1c}\cos\Omega t_i+k'_{1s}\sin\Omega t_i)}} \tag{4-100}$$

由此可见,根据前面的角度测量序列估算出目标航迹参数 k'_{1c},k'_{1s},k'_2,利用式(4-100)可实现任意时刻目标位置的预测,达到目标的参数航迹跟踪。

OO_1 的单位向量

$$\begin{bmatrix} l_0 \\ m_0 \\ n_0 \end{bmatrix}=\frac{\begin{bmatrix} l_\perp & l'_1 & l'_2 \\ m_\perp & m'_1 & m'_2 \\ n_\perp & n'_1 & n'_2 \end{bmatrix}\begin{bmatrix} 1 \\ -k'_{1c} \\ -k'_{1s} \end{bmatrix}}{\sqrt{1+k'^2_{1c}+k'^2_{1s}}} \tag{4-101}$$

接着,还可依据式(4-89)估计出目标的速度方向的单位向量,对式(4-89)求微分,依据速度与角速度的关系 $V=r\Omega$,可得到

$$\begin{bmatrix} l_{vi} \\ m_{vi} \\ n_{vi} \end{bmatrix}=-\sin\Omega t\begin{bmatrix} l'_1 \\ m'_1 \\ n'_1 \end{bmatrix}+\cos\Omega t\begin{bmatrix} l'_2 \\ m'_2 \\ n'_2 \end{bmatrix} \tag{4-102}$$

最后,依据式(4-89)还可以估计出目标的加速度方向的单位向量,对式(4-89)

求二次微分，依据向心加速度与角速度的关系：$a=r\Omega^2$，得到

$$\begin{bmatrix} l_{ai} \\ m_{ai} \\ n_{ai} \end{bmatrix} = -\cos\Omega t \begin{bmatrix} l'_1 \\ m'_1 \\ n'_1 \end{bmatrix} - \sin\Omega t \begin{bmatrix} l'_2 \\ m'_2 \\ n'_2 \end{bmatrix} \tag{4-103}$$

若能计算出 $\boldsymbol{L}_\perp = [\cos\varepsilon_\perp \sin\beta_\perp \quad \cos\varepsilon_\perp \cos\beta_\perp \quad \sin\varepsilon_\perp]^{\mathrm{T}}$，则 $\boldsymbol{L}_1, \boldsymbol{L}_2$ 可根据某种原则设计出来，不同的假设只是匀速圆周运动的目标过 O_1O' 连线的时刻 t_0 不同而已，时刻 t_0 的值仅与式(4-95)、式(4-98)的两个系数 k'_{1c}, k'_{1s} 有关。

当 $\varepsilon_\perp \neq \dfrac{\pi}{2}$ 时，$\boldsymbol{L}_1 = [-\cos\beta_\perp \quad \sin\beta_\perp \quad 0]^{\mathrm{T}}$，$\boldsymbol{L}_2 = [-\sin\varepsilon_\perp \sin\beta_\perp \quad -\sin\varepsilon_\perp \cos\beta_\perp \quad \cos\varepsilon_\perp]^{\mathrm{T}}$

当 $\varepsilon_\perp = \dfrac{\pi}{2}$ 时，即 $\boldsymbol{L}_\perp = [0 \quad 0 \quad 1]^{\mathrm{T}}$，可设 $\boldsymbol{L}_1 = [1 \quad 0 \quad 0]^{\mathrm{T}}$，$\boldsymbol{L}_2 = [0 \quad 1 \quad 0]^{\mathrm{T}}$。在该情况下，目标等高圆周飞行。

这样不随站址变化的正交坐标系 $\boldsymbol{L}_\perp, \boldsymbol{L}_1, \boldsymbol{L}_2$，利于对式(4-95)、式(4-98)的三个系数的求解，对多观测站组网解算目标运动参数信息是非常有利的。

2）匀速圆周运动参数计算

如图4.39所示，设 $ABCD\cdots$ 为圆周等间距的点，而 $R_1, R_2, R_3\cdots$ 为在时刻 $t_1, t_2, t_3\cdots$（等间隔）的观测站 P 与圆周上对应点的距离，其单位向量为

$$\boldsymbol{L}_i = (l_i, m_i, n_i)^{\mathrm{T}}, i=1,2,\cdots$$

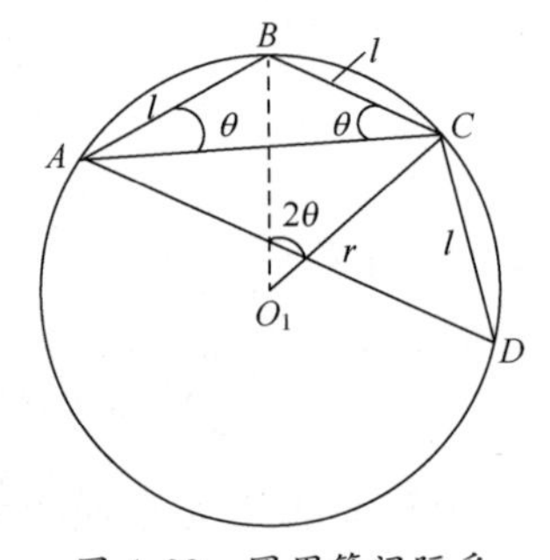

图4.39 圆周等间隔采样点的平面示意图

则相邻三个圆周点与 P 点形成的四面体体积为

$$V_{ABCP} = \frac{R_1R_2R_3}{6} \begin{vmatrix} l_1 & l_2 & l_3 \\ m_1 & m_2 & m_3 \\ n_1 & n_2 & n_3 \end{vmatrix} \triangleq \frac{R_1R_2R_3}{6} K_{123} = \frac{1}{3} S_{ABC} H \tag{4-104}$$

式中：H 为观测站相对于圆周平面的垂直高度，H 是一个不变量；S_{ABC} 为圆周上 ABC 三角形所围成的面积，显然有

$$S_{ABC} = S_{BCD} = l^2 \cos\theta \sin\theta \tag{4-105}$$

$$S_{ACD} = S_{ABD} = l^2 (1+2\cos 2\theta) \cos\theta \sin\theta \tag{4-106}$$

根据式(4-99)有

$$k \triangleq 4\cos^2\theta - 1 = 2\cos 2\theta + 1 = \frac{R_4^2 - R_1^2}{R_3^2 - R_2^2} \tag{4-107}$$

由式(4-104)~式(4-106)可知

$$R_1R_2R_3K_{123}=\frac{R_1R_3R_4K_{134}}{k}=\frac{R_1R_2R_4K_{124}}{k}=R_2R_3R_4K_{234}=2S_{ABC}H$$

$R_1R_2R_3R_4$ 除以上式,得到约束关系

$$\frac{R_1}{K_{234}}=\frac{kR_3}{K_{124}}=\frac{kR_2}{K_{134}}=\frac{R_4}{K_{123}}=\frac{R_1R_2R_3R_4}{2S_{ABC}H}\triangleq c \tag{4-108}$$

以 R_1 为参考,其他用 R_1 表示

$$R_4=\frac{K_{123}}{K_{234}}R_1,R_3=\frac{K_{124}}{kK_{234}}R_1,R_2=\frac{K_{134}}{kK_{234}}R_1 \tag{4-109}$$

式(4-109)代入式(4-107),约去 R_1,整理可得

$$k=\frac{K_{124}^2-K_{134}^2}{K_{123}^2-K_{234}^2}=4\cos^2\theta-1=2\cos2\theta+1 \tag{4-110}$$

根据测量的角度序列,由式(4-110)可估计出 $\hat{\theta}$。若 $\hat{\theta}=0$,则匀速圆周运动退化为匀速直线运动。若 $\hat{\theta}$ 不为零,则匀速圆周运动的角频率可估计为

$$\hat{\Omega}=\frac{2\hat{\theta}}{T} \tag{4-111}$$

比较一下国内流行的估计未知转弯角速度的随机微分方程处理方法:$\dot{\Omega}(t)=\frac{1}{\tau}\Omega(t)+w(t)$,其中 τ 表示角速度的时间常数,$w(t)$ 为白噪声。

另外,根据几何关系可得出四个点的位置关系为

$$R_1\boldsymbol{L}_1-kR_2\boldsymbol{L}_2+kR_3\boldsymbol{L}_3-R_4\boldsymbol{L}_4=0 \tag{4-112}$$

代入式(4-110),约去 R_1,整理可得

$$K_{234}\boldsymbol{L}_1-K_{134}\boldsymbol{L}_2+K_{124}\boldsymbol{L}_3-K_{123}\boldsymbol{L}_4=0 \tag{4-113}$$

设 $\boldsymbol{L}_i$ 为 t_i 时刻观测站到测量目标的单位向量,$\boldsymbol{L}_0$ 为观测站到圆心的单位向量,$\boldsymbol{L}_\perp$ 为观测站到圆平面的垂直单位向量。则有平面约束方程:$R_i\boldsymbol{L}_i\cdot\boldsymbol{L}_\perp=H$,不在一条直线上的四个点可解算出 $\boldsymbol{L}_\perp$

$$\begin{bmatrix} l_1 & m_1 & n_1 \\ l_2 & m_2 & n_2 \\ l_3 & m_3 & n_3 \\ l_4 & m_4 & n_4 \end{bmatrix}\begin{bmatrix} l_\perp \\ m_\perp \\ n_\perp \end{bmatrix}=\frac{H}{c}\begin{bmatrix} K_{234}^{-1} \\ kK_{134}^{-1} \\ kK_{124}^{-1} \\ K_{123}^{-1} \end{bmatrix} \tag{4-114}$$

式(4-114)在解 $\boldsymbol{L}_\perp$ 的归一化中,$\frac{H}{c}$可以不考虑。

以上计算仅是给出的新原理，实际应用中，增大跨度选取采样点，而不是选取连续的测量值，有利于降低噪声影响，提高跟踪精度。

各站在无其他站目标航迹参数支援的条件下，各自根据前面测量的角度序列，计算出目标的航迹参数，预测出目标下时刻的目标角度，并根据下时刻的测量角度进行相关、滤波处理，实现目标的参数航迹跟踪；在有其他站目标航迹参数支援的条件下，对有关参数进一步解算，可估计出距离和速度、加速度等目标信息，实现二维测量条件下的三维目标跟踪。

3）匀速圆周运动参数计算步骤

当估计出 $\boldsymbol{L}_{\perp}$、$\boldsymbol{\Omega}$ 后，假设$\boldsymbol{L}'_1$ 及$\boldsymbol{L}'_2$，进一步对式(4-99)进行求解，结果代入式(4-100)~式(4-103)可对任意时刻的目标观测方向、圆心方向、速度和加速度方向进行估计。

步骤(1)：计算参数 $\hat{\Omega}$，根据式(4-110)，采用多次平均计算 θ，进而估计 $\hat{\Omega}$；

步骤(2)：计算 $\boldsymbol{L}_{\perp}$，根据式(4-114)估算 $\hat{\boldsymbol{L}}_{\perp}$，采用多次平均方法；

步骤(3)：设计正交坐标系中的 $\boldsymbol{L}_1$，$\boldsymbol{L}_2$；

步骤(4)：计算参数 k'_{1c}，k'_{1s}，k'_2，t_0，根据式(4-99)计算；

步骤(5)：结果代入式(4-103)~式(4-110)。

4）匀速圆周运动参数计算仿真实验与结论

假设站点位置(0,0,0)m，空间目标初始位置为(5773.5,5773.5,5773.5)m，目标做匀速直线运动的初速度为(100,100,-100)m/s，初始向心加速度为(-7.0711,7.0711,0)m/s^2，采样间隔为1s，采样100次，假设方位仰角的测量噪声服从正态分布，噪声均值为0，标准差为1mrad，进行100次蒙特卡罗实验。目标飞行轨迹如图4.40所示。

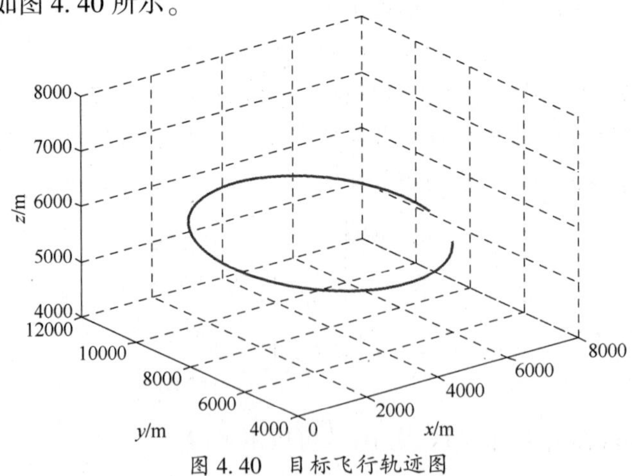

图4.40 目标飞行轨迹图

观测站到目标方向的估计值与真实值比较如图 4.41、图 4.42 所示。

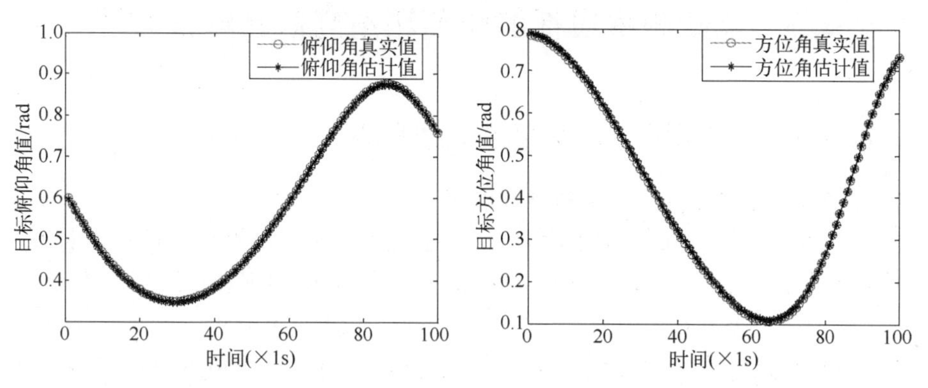

图 4.41　目标仰角估计值与真实值的比较　图 4.42　目标方位角估计值与真实值的比较

可以看出,目标方位与仰角的估计值与真实值曲线基本重合。说明根据式(4-99)得到的估计值是有效的。俯仰角和方位角的均方根误差(RMSE)如图 4.43 所示。

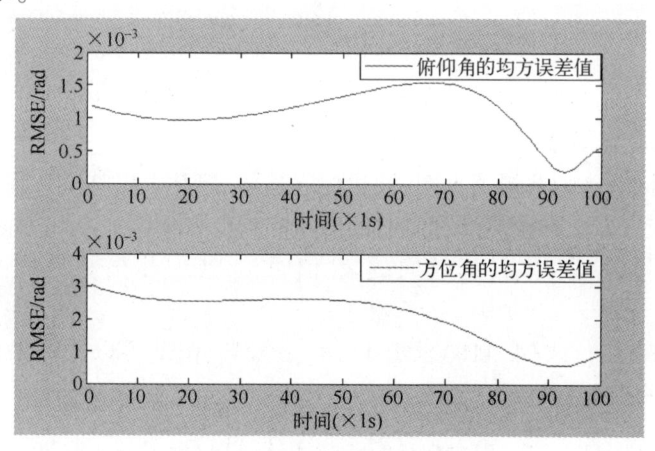

图 4.43　方位角、俯仰角均方根误差

从图 4.43 可以看出,虽然俯仰角和方位角的值有波动,但都保持在一个较小的值,俯仰角估计误差在 0.045rad 以下,而方位角估计均方误差在 0.09rad 以下。

式(4-99)中的航迹参数如表 4.1 所列。

表 4.1　各个航迹参数比较表

	$\boldsymbol{L}_{\perp}$	$\boldsymbol{L}'_1$	$\boldsymbol{L}'_2$	k'_{1c}	k'_{1s}	k_2
真实值	(0.4082,0.4082,0.8165)	(−0.7071,0.7071,0)	(−0.5774,−0.5774,0.5774)	0.3182	0.3536	0.3182
估计值	(0.4094,0.4037,0.8182)	(−0.7071,0.7071,0)	(−0.5826,−0.5745,0.5749)	0.3264	0.3540	0.3189

4.3 单站测量目标的距离和角度信息融合方法

4.3.1 距离和方位序列信息处理方法

1. 单站计算纯方位、纯距离参数航迹

设目标在三维空间匀速斜直线飞行，目标过航迹与观测站的垂直点时刻为 $t_{\perp}$，其距离为 $R_{\perp}$，该点与地面高度为 $h_{\perp}$，目标在 t 时刻的理想距离平方为

$$R_t^2 = R_{\perp}^2 + V^2 (t - t_{\perp})^2 = R_{\perp}^2 + V^2 t_{\perp}^2 - 2V^2 t_{\perp} t + V^2 t^2 \tag{4-115}$$

若观测站对目标位置数据采样 N 次，式(4-115)可写成矩阵形式，并利用总体最小二乘方法求解出纯距离参数 $V^2, t_{\perp}, R_{\perp}^2$。

同理，目标过航迹投影直线与观测站的垂直点时刻为 $t'_{\perp}$，其距离为 $r'_{\perp}$，r_t 为目标 t 时刻位置在观测站平面的投影点与观测站的距离，目标在 t 时刻的理想纯方位形成的航迹投影直线方程为

$$\cot(\alpha_0 - \beta_t) = \frac{V(t - t'_{\perp})\cos\varepsilon_0}{r'_{\perp}} \tag{4-116}$$

利用矩阵形式解出纯方位参数 $\cot\alpha_0, r'_{\perp}/V_1, t'_{\perp}$，且 $V_1 = V\cos\varepsilon_0$。

2. 求解目标仰角 ε_t

根据目标航迹的几何关系图，通过建立参数方程，求出高次方程的解作为航向仰角值，依据方位和距离序列随时间测量序列的变化的大小和方向，判断航向仰角的正负号。当求出目标航向的 ε_0 值时，可进一步估算目标的实时仰角序列。

由式(4-115)、式(4-116)求出 $V^2, R_{\perp}^2, r'_{\perp}/V_1$，由此可以计算出目标过航迹与观测站垂直时刻目标的飞行高度为

$$h_{\perp} = \cos\varepsilon_0 \sqrt{R_{\perp}^2 - (r'^2_{\perp}/V_1^2) V^2 \cos^2\varepsilon_0} \tag{4-117}$$

目标在 t 时刻的仰角 ε_t 的正弦值为

$$\sin\varepsilon_t = \frac{h'_{\perp} + V(t - t'_{\perp})\sin\varepsilon_0}{R_t} = \frac{h_{\perp} + V(t - t_{\perp})\sin\varepsilon_0}{R_t} \tag{4-118}$$

目标在 t 时刻的仰角 ε_t 的余弦值为

$$\cos\varepsilon_t = \frac{V\cos\varepsilon_0 \sqrt{(r'_{\perp}/V_1)^2 + (t - t'_{\perp})^2}}{R_t} \tag{4-119}$$

结论：单次测量目标的方位与距离是独立的。在匀速直线运动模型的假设下，通过目标的方位和距离序列可以估算出目标航向的方位角 α_0 和仰角 ε_0，进

而计算出目标的仰角序列,即方位与距离序列提供的目标航迹信息是完整的。

3. 估计目标仰角的仿真实验与结论

仿真设置 1:设测量系统在坐标原点,空中目标初始化位置为(0,500,4000)m,目标做匀速直线运动,速度为 200m/s,测量间隔设为 10s,航向角(与正北方向夹角)为 π/3,对目标进行 100 次测量,测量误差均值为 0,标准差为 0.01 的高斯白噪声,仿真结果如图 4.44 所示,图中误差的单位为弧度。

仿真设置 2:设目标初始化位置为(0,500,4000)m,速度为 200m/s,航向角(与正北方向夹角)为 π/3,加速度为 $10m/s^2$,测量间隔设为 10s,对目标进行 100 次测量,测量误差均值为 0,标准差为 0.01 的高斯白噪声,图 4.45 中误差单位为弧度。

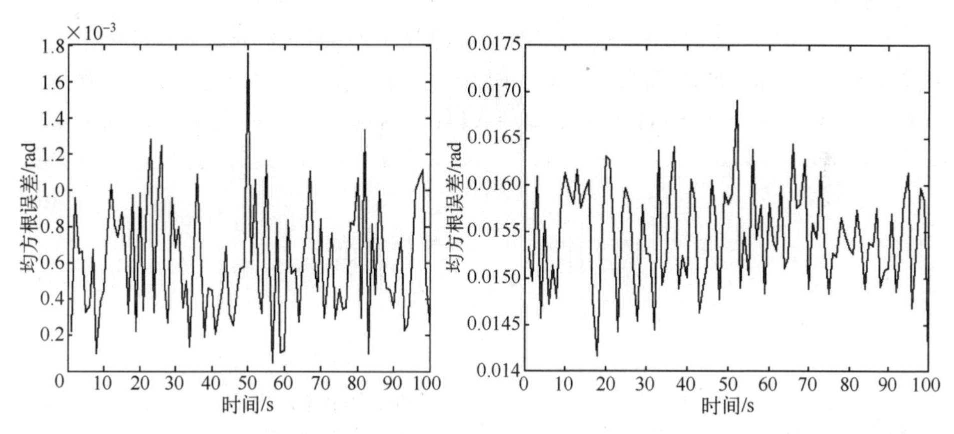

图 4.44　匀速直线运动的仰角估计 RMSE　　图 4.45　加速度直线运动的仰角估计 RMSE

由图 4.44 可知,当目标做匀速直线运动时,经过 100 次蒙特卡罗仿真,得出仰角的估计误差在 1.2mrad 以内,绝大多数集中在 0.2~1.0mrad 以内,误差相当小,能够应用到实际工程当中。由图 4.45 可知,当目标做匀加速直线运动时,同样利用 100 次仿真,得出仰角的估计误差在 16.5mrad 以内,绝大多数集中在 14.5~16.3mrad 以内,误差偏大。

图 4.44 和图 4.45 对比可得:由于本书上述的计算方法主要是针对匀速直线运动目标展开的,故当模型匹配时,误差比较小,在 10^{-3} 数量级;当模型不匹配时,如目标做匀加速直线运动,误差提高了一个数量级,为 10^{-2} 数量级。因此,探讨针对不同运动目标的仰角滤波与估计方法是比较重要的。

4.3.2　距离和仰角序列信息处理方法

1. 单站计算距离、仰角的参数航迹

设目标观测站 O 与航迹直线的垂直点为 $P_{\perp}$,目标过该点的时刻为 $t_{\perp}$,其距

离为 $R_\perp$,该点与地面高度为 $h_\perp$。由式(4-115),利用 4.3.1 节相同方法可解出 $V^2,t_\perp,R_\perp^2$,则有如下关系与矩阵表示

$$h_i = R_i\sin\varepsilon_i = h_\perp + V(t_i - t_\perp)\sin\varepsilon_0, i = 1,2,\cdots,N \tag{4-120}$$

$$\begin{bmatrix} 1 & t_1 \\ 1 & t_2 \\ \vdots & \vdots \\ 1 & t_n \end{bmatrix} \begin{bmatrix} h_\perp - Vt_\perp \sin\varepsilon_0 \\ V\sin\varepsilon_0 \end{bmatrix} = \begin{bmatrix} R_i\sin\varepsilon_i \\ R_i\sin\varepsilon_i \\ \vdots \\ R_i\sin\varepsilon_i \end{bmatrix} \tag{4-121}$$

采用总体最小二乘方法求解,综合考虑纯距离的解算参数 $V,t_\perp$,可以进一步得到 $\sin\varepsilon_0,h_\perp$。

设目标航线在水平面的投影直线与观测站的垂点距离为 $r'_\perp$,其目标过航迹投影直线的垂直点的时刻为 $t'_\perp$;在 t_i 时刻,设目标在水平面的投影点与观测站的距离为 r_i,目标做匀速直线运动,根据目标在航线上的几何关系和矩阵关系

$$r_i^2 = R_i^2\cos^2\varepsilon_i = r_\perp'^2 + V^2(t_i - t'_\perp)^2\cos^2\varepsilon_0, i = 1,2,\cdots,N \tag{4-122}$$

$$\begin{bmatrix} 1 & t_1 & t_1^2 \\ 1 & t_2 & t_2^2 \\ \vdots & \vdots & \vdots \\ 1 & t_n & t_n^2 \end{bmatrix} \begin{bmatrix} r_\perp'^2 + V^2 t_\perp'^2\cos^2\varepsilon_0 \\ -2V^2 t'_\perp\cos^2\varepsilon_0 \\ V^2\cos^2\varepsilon_0 \end{bmatrix} = \begin{bmatrix} R_1^2\cos^2\varepsilon_1 \\ R_2^2\cos^2\varepsilon_2 \\ \vdots \\ R_n^2\cos^2\varepsilon_n \end{bmatrix} \tag{4-123}$$

采用总体最小二乘方法求解,综合考虑纯距离的解算参数,可以进一步得到 $\cos^2\varepsilon_0,t'_\perp,r_\perp'^2$。

通过解出的航迹参数,采用式(4-120)、式(4-122),可实现目标的预测和跟踪。

2. 求解目标方位 $\boldsymbol{\beta_t}$

设目标航迹投影直线在 $t'_\perp$ 时刻的方位为 $\alpha' = \alpha_0 - \pi/2$,$\alpha_0$ 为水平航向角(与 Y 轴的夹角)。目标方位 β_t(目标在水平面上的投影点方向与 Y 轴的夹角)信息的估计可表示如下

$$\cos(\beta_t - \alpha') = r'_\perp/(R_t\cos\varepsilon_t) \tag{4-124}$$

$$\sin(\beta_t - \alpha') = \frac{V(t - t'_\perp)\cos\varepsilon_0}{R_t\cos\varepsilon_t} \tag{4-125}$$

$$\begin{aligned} \beta_t &= \alpha' + \tan^{-1}(k(t - t'_\perp)) \\ &= \beta_{t_1} + \tan^{-1}\left(\frac{k(t - t_1)}{1 + k^2(t - t'_\perp)(t_1 - t'_\perp)}\right), \quad k \triangleq (V\cos\varepsilon_0)/r'_\perp \end{aligned} \tag{4-126}$$

式中:β_{t_1} 为 t_1 时刻的方位角。

由于目标距离和仰角序列没有提供目标航迹投影的垂直方向 α'，即任何 α' 都满足传感器提供的目标距离和仰角序列。目标的方位差仅是时间参数的非线性函数。式(4-124)、式(4-125)的计算只是参考方向不同而已，减去 α' 相当于以方位 α' 为起算，并未带来任何不方便的影响。因此，计算的方位序列可称为相对方位序列。对同一批目标而言，在不同位置的观测站，具有相同的 α'，根据各站的 $t'_{\perp}$ 和站址位置，容易确定 α' 参数。

结论：单次测量目标的仰角与距离是独立的。在匀速直线运动模型的假设下，通过目标的仰角和距离序列可以估算出目标航迹的仰角值和航向角，进而计算出目标的相对方位序列，该测量序列提供的目标航迹信息是基本完整的。

3. 估计目标方位的仿真实验与结论

仿真设置 1：设测量系统在坐标原点，空中目标初始化位置为(0,500,4000)m，目标做匀速直线运动，目标速度 200m/s，测量间隔设为 10s，航向角(与正北方向夹角)为 π/3，对目标进行 100 次测量，测量误差均值为 0，方差为 0.01 的高斯白噪声，仿真结果如图 4.46 所示，图中误差的单位为弧度。

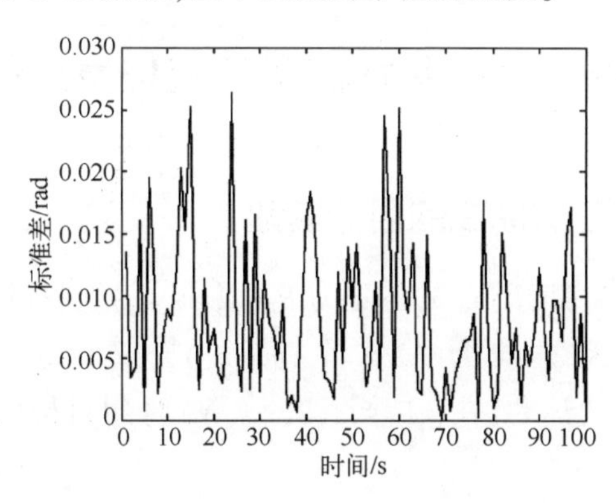

图 4.46　匀速直线运动的方位角估计误差

仿真设置 2：设目标初始化位置为(0,500,4000)m，目标速度 200m/s，航向角(与正北方向夹角)为 π/3，加速度为 $10m/s^2$，测量间隔设为 10s，进行 100 次测量，测量误差均值为 0，方差为 0.01 的高斯白噪声，结果如图 4.47 所示，误差单位为弧度。

由图 4.46 可知，当目标做匀速直线运动时，经过 100 次蒙特卡罗仿真，得出方位角的估计误差在 0.02rad 以内，绝大多数集中在 0.003～0.015rad 以内，误差相当小。由图 4.47 可知，当目标做匀加速直线运动时，同样经过 100 次仿真，得出仰角的估计误差在 0.05rad 以内，绝大多数集中在 0.03～0.045rad 以内，误差偏大。

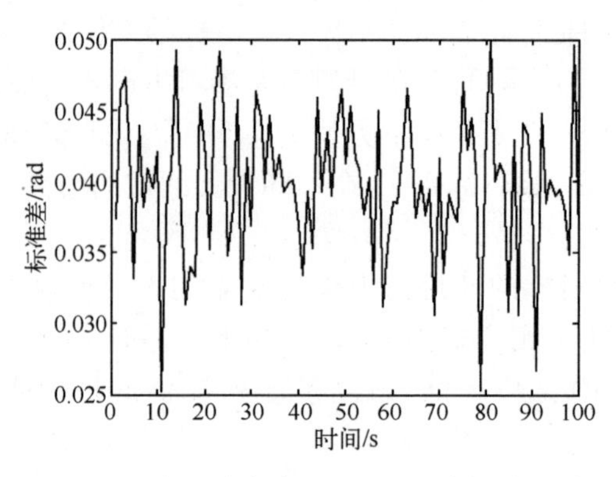

图 4.47　匀加速直线运动的方位角估计误差

图 4.46 和图 4.47 对比可得：当模型匹配时，误差为 10^{-2}数量级，比较小；当模型不匹配时，例如目标做匀加速直线运动，误差近似提高了半个数量级。本书给出的方位角估计方法还是比较有效的。

4.4　基于二次曲线的目标测量位置信息序列的滤波方法

4.4.1　基于二次曲线的目标模型

设空间目标在参考时刻 t_0 的位置为 $P_0(x_0,y_0,z_0)$，目标以初速度 V_0 做匀加速直线运动，其运动方向为 $\boldsymbol{L}_1=(l_1,m_1,n_1)^{\mathrm{T}}$，又以加速度值为 $a\boldsymbol{L}_2=a(l_2,m_2,n_2)^{\mathrm{T}}$ 做匀加速运动，在 $t_i(i=1,2,\cdots,N)$ 时刻目标的位置为 $P_i(x_e^i,y_e^i,z_e^i)$，目标运动模型为

$$\begin{bmatrix} x_e^i \\ y_e^i \\ z_e^i \end{bmatrix}=\begin{bmatrix} x_0 \\ y_0 \\ z_0 \end{bmatrix}+V_0(t_i-t_0)\boldsymbol{L}_1+\frac{a}{2}(t_i-t_0)^2\boldsymbol{L}_2 \tag{4-127}$$

设传感器的空间位置为 $P(xo,yo,zo)$，目标位置的测量模型为

$$\begin{bmatrix} x_e(t_i) \\ y_e(t_i) \\ z_e(t_i) \end{bmatrix}=\begin{bmatrix} xo \\ yo \\ zo \end{bmatrix}+R_i\boldsymbol{L}_i+\begin{bmatrix} n_x \\ n_y \\ n_z \end{bmatrix},\quad i=1,2,\cdots,N \tag{4-128}$$

式中：传感器测量目标的距离 R_i 和方向 $\boldsymbol{L}_i=(l_i,m_i,n_i)^{\mathrm{T}}$，$l_i=\cos\varepsilon_i\sin\beta_i$，$m_i=\cos\varepsilon_i\cos\beta_i$，$n_i=\sin\varepsilon_i$，而 ε_i，β_i 分别表示测量目标的仰角和方位角，n_x,n_y,n_z 为测

量噪声，均值为零，方差为 $\sigma_x^2=\sigma_y^2=\sigma_z^2=\sigma^2$，并假设各通道互不相关。

4.4.2　参量滤波平滑算法

在匀加速运动模型的假设下，由目标的一组测量估计目标的运动方向参数，构造参量加权最小二乘目标函数为

$$Q=\sum_{i=1}^{N}\left[\frac{(x_e^i-x_e(t_i))^2}{\sigma_x^2}+\frac{(y_e^i-y_e(t_i))^2}{\sigma_y^2}+\frac{(z_e^i-z_e(t_i))^2}{\sigma_z^2}\right] \tag{4-129}$$

式(4-129)经过化简整理可得

$$\begin{aligned}\sigma^2 Q=&R_0^2 N\boldsymbol{L}_0{}^{\mathrm{T}}\boldsymbol{L}_0+V_0^2\sum_{i=1}^{N}(t_i-t_0)^2\boldsymbol{L}_1^{\mathrm{T}}\boldsymbol{L}_1+\frac{a^2}{4}\sum_{i=1}^{N}(t_i-t_0)^4\boldsymbol{L}_2^{\mathrm{T}}\boldsymbol{L}_2\\&+2R_0V_0\sum_{i=1}^{N}(t_i-t_0)\boldsymbol{L}_0^{\mathrm{T}}\boldsymbol{L}_1+2R_0\frac{a}{2}\sum_{i=1}^{N}(t_i-t_0)^2\boldsymbol{L}_0^{\mathrm{T}}\boldsymbol{L}_2+2V_0\frac{a}{2}\sum_{i=1}^{N}(t_i-t_0)^3\boldsymbol{L}_1^{\mathrm{T}}\boldsymbol{L}_2\\&+\boldsymbol{R}^{\mathrm{T}}\boldsymbol{S}\boldsymbol{S}^{\mathrm{T}}\boldsymbol{R}-2R_0\boldsymbol{L}_0^{\mathrm{T}}\boldsymbol{S}^{\mathrm{T}}\boldsymbol{R}-2V_0\boldsymbol{L}_1^{\mathrm{T}}\boldsymbol{S}^{\mathrm{T}}\boldsymbol{T}_1\boldsymbol{R}-2\frac{a}{2}\boldsymbol{L}_2^{\mathrm{T}}\boldsymbol{S}^{\mathrm{T}}\boldsymbol{T}_1^2\boldsymbol{R}\end{aligned}$$

式中

$R_0\boldsymbol{L}_0=[x_0-xo\quad y_0-yo\quad z_0-zo]^{\mathrm{T}}$；$\boldsymbol{R}\triangleq[R_1\quad R_2\quad\cdots\quad R_N]^{\mathrm{T}}$；

$$\boldsymbol{S}=\begin{bmatrix}l_1&m_1&n_1\\l_2&m_2&n_2\\\vdots&\vdots&\vdots\\l_n&m_n&n_n\end{bmatrix};\boldsymbol{T}=\begin{bmatrix}t_1-t_0&\cdots&0\\\vdots&\ddots&\vdots\\0&\cdots&t_N-t_0\end{bmatrix}。$$

对式(4-129)求偏导数，令 $\sigma^2\dfrac{\partial Q}{\partial\boldsymbol{L}_1}=0$，整理可得

$$R_0\sum_{i=1}^{N}(t_i-t_0)\boldsymbol{L}_0+V_0\sum_{i=1}^{N}(t_i-t_0)^2\boldsymbol{L}_1+\frac{a}{2}\sum_{i=1}^{N}(t_i-t_0)^3\boldsymbol{L}_2=S^{\mathrm{T}}\boldsymbol{T}_1\boldsymbol{R} \tag{4-130}$$

对式(4-129)求偏导数，令 $\sigma^2\dfrac{\partial Q}{\partial\boldsymbol{L}_2}=0$，整理可得

$$R_0\sum_{i=1}^{N}(t_i-t_0)^2\boldsymbol{L}_0+V_0\sum_{i=1}^{N}(t_i-t_0)^3\boldsymbol{L}_1+\frac{a}{2}\sum_{i=1}^{N}(t_i-t_0)^4\boldsymbol{L}_2=\boldsymbol{S}^{\mathrm{T}}\boldsymbol{T}_1^2\boldsymbol{R} \tag{4-131}$$

式(4-130)、式(4-131)经整理可写成矩阵形式

$$\left[V_0\boldsymbol{L}_1\quad\frac{a}{2}\boldsymbol{L}_2\right]\boldsymbol{A}=-R_0\boldsymbol{L}_0\left[\sum_{i=1}^{N}(t_i-t_0)\ \sum_{i=1}^{N}(t_i-t_0)^2\right]+\boldsymbol{S}^{\mathrm{T}}[\boldsymbol{T}_1\boldsymbol{R}\quad\boldsymbol{T}_1^2\boldsymbol{R}]$$

式中：$\boldsymbol{A} \triangleq \begin{bmatrix} \sum_{i=1}^{N}(t_i - t_0)^2 & \sum_{i=1}^{N}(t_i - t_0)^3 \\ \sum_{i=1}^{N}(t_i - t_0)^3 & \sum_{i=1}^{N}(t_i - t_0)^4 \end{bmatrix}$，有

$$\boldsymbol{A}^{-1} = \frac{\begin{bmatrix} \sum_{i=1}^{N}(t_i - t_0)^4 & -\sum_{i=1}^{N}(t_i - t_0)^3 \\ -\sum_{i=1}^{N}(t_i - t_0)^3 & \sum_{i=1}^{N}(t_i - t_0)^2 \end{bmatrix}}{\sum_{i=1}^{N}(t_i - t_0)^2 \sum_{i=1}^{N}(t_i - t_0)^4 - \left[\sum_{i=1}^{N}(t_i - t_0)^3\right]^2}$$

估计速度和加速度关系如下

$$\begin{bmatrix} V_0\boldsymbol{L}_1 & \frac{a}{2}\boldsymbol{L}_2 \end{bmatrix} = -R_0\boldsymbol{L}_0\begin{bmatrix} \sum_{i=1}^{N}(t_i - t_0) & \sum_{i=1}^{N}(t_i - t_0)^2 \end{bmatrix}\boldsymbol{A}^{-1} + \boldsymbol{S}^{\mathrm{T}}\boldsymbol{T}_1[\boldsymbol{R} \quad \boldsymbol{T}_1\boldsymbol{R}]\boldsymbol{A}^{-1} \tag{4-132}$$

在任意时刻目标的预测位置

$$\hat{R}_t\hat{\boldsymbol{L}}_t = R_0\boldsymbol{L}_0 + V_0(t-t_0)\boldsymbol{L}_1 + \frac{a}{2}(t-t_0)^2\boldsymbol{L}_2 \tag{4-133}$$

$$\begin{aligned}\hat{R}_t\hat{\boldsymbol{L}}_t = {} & \boldsymbol{S}^{\mathrm{T}}\boldsymbol{T}_1[\boldsymbol{R} \quad \boldsymbol{T}_1\boldsymbol{R}]\boldsymbol{A}^{-1}\begin{bmatrix}(t - t_0) \\ (t - t_0)^2\end{bmatrix} \\ & + R_0\boldsymbol{L}_0\left\{1 - \begin{bmatrix} \sum_{i=1}^{N}(t_i - t_0) & \sum_{i=1}^{N}(t_i - t_0)^2 \end{bmatrix}\boldsymbol{A}^{-1}\begin{bmatrix}(t - t_0) \\ (t - t_0)^2\end{bmatrix}\right\}\end{aligned} \tag{4-134}$$

4.4.3 仿真实验

设目标初始位置为(300,400,500)m,以 200m/s 的初速度沿(2,-5,8)的方向运动,加速度大小为 10m/s^2,方向为(13,4,-2)。传感器的初始位置为(700,1200,200)m,观测周期 T=0.1s,角度测量误差 σ_n=0.003rad。利用前 10s 的观测数据作为先验值,计算航迹参数,将结果用于对目标在 10~20s 阶段的位置进行预测,结果如图 4.48~图 4.51 所示。

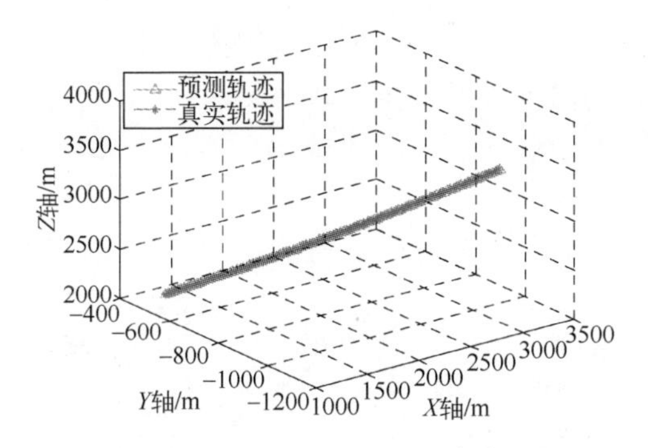

图 4.48 目标的预测轨迹和真实轨迹

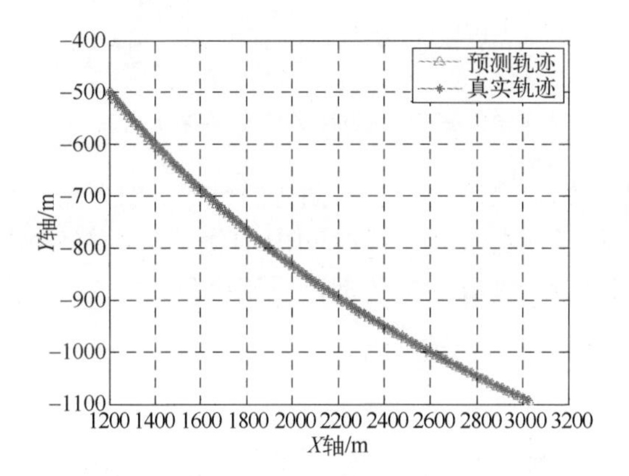

图 4.49 预测值和真实值在 X-Y 上的投影

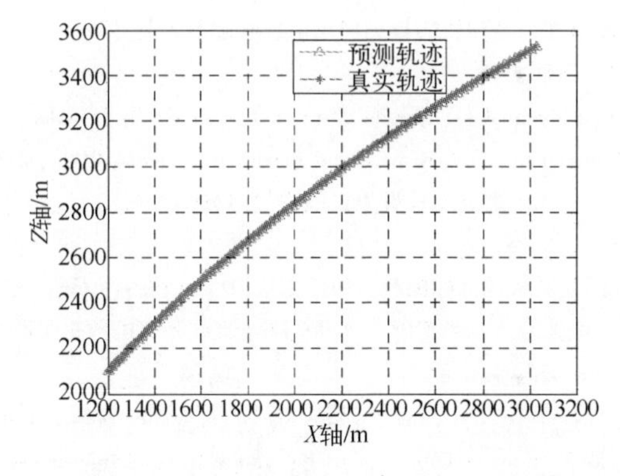

图 4.50 预测值和真实值在 X-Z 上的投影

从以上的仿真结果可知,由于加速度的影响,目标的轨迹呈现出二次曲线的特性。通过将前 10s 的观测数据作为先验值,能够预测出目标在 10~20s 阶段的位置,而且预测位置接近于目标的真实轨迹,这在目标轨迹的平面投影上更能清楚地反映出这种趋势。而由于观测噪声的影响,使得预测结果存在积累误差,因此,在预测时间较长的位置时误差会逐渐增大。

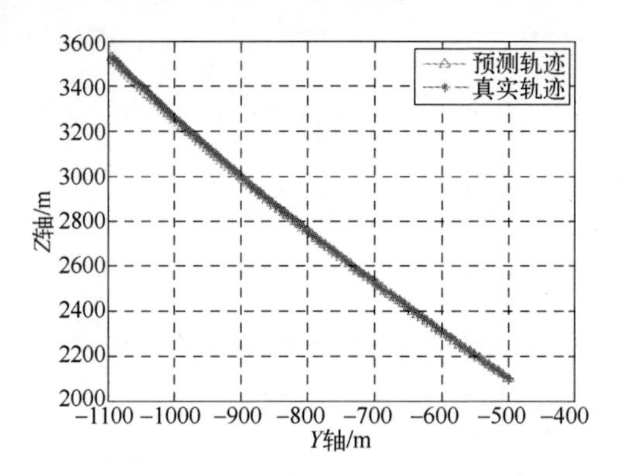

图 4.51　预测值和真实值在 Y-Z 上的投影

由此可见,当目标的轨迹处于二次曲线特性时,可以通过采样一段时间的目标参数,来准确预测目标在未来一段时间内的轨迹。本节模型算法为目标跟踪提供了相应的模型基础,具有一定的理论应用价值。

参考文献

[1] 刘进忙, 吴中林, 李延磊. 目标飞行不变量和方位支援的仰角参数估计方法[J]. 空军工程大学学报(自然科学版), 2011, 12(6): 26-31.

[2] 刘进忙, 杨万海, 杨柏胜. 一种新的目标仰角信息航迹不变量参数估计原理[J]. 西安电子科技大学学报, 2008,35(6): 986-988.

[3] Chan Y T, Towers J. Sequential localization of a radiating source by Doppler-shifted frequency measurements [J]. IEEE Transactions on Aerospace and Electronic Systems, 1992, 28(4): 1084-1090.

[4] 田野,姬红兵,欧阳成. 基于距离加权最小二乘的量测数据关联[J]. 系统工程与电子技术,2011, 33(11): 2353-2358.

[5] 刘宗香. 被动传感器组网系统目标探测与跟踪方法[D]. 西安:西安电子科技大学, 2005.

[6] 李良群, 谢维信, 黄敬雄等. 被动传感器阵列中基于视线距离的数据关联[J]. 系统工程与电子技术,2009, 31(4): 952-955.

[7] Liu J M, Wu Z L. Parameter trajectory tracking based on angle-only measurement arrays in uniform circular motion [J]. ICIC Express Letters, Part B: Applications an International Journal of Research and Surveys,2012, 3(2): 59-64.

第 5 章　多站目标参数航迹融合原理

针对实际战场环境,为充分利用多站测量中的有效信息,研究了多站目标参数航迹融合原理。分别从多站异步纯方位、纯距离、纯仰角和双/多基地雷达同步观测的纯距离和等方面展开研究,详细分析了相应的目标测量信息的特点,推导出对应的融合算法,提出了一套多站单—单坐标、单—复坐标、复—复坐标及纯距离和的参数航迹解算方法,实现了多站目标参数航迹的相关与解算,并分析了融合算法的误差与精度。

5.1　多站单坐标的目标参数航迹的解算与融合

5.1.1　多站纯方位目标参数航迹的解算与融合

1. 直线运动目标的两站目标航迹参数估计

设目标做匀速直线运动,在纯方位信息条件下,单观测站可根据式(3-16)~式(3-18)求解得到的目标航迹参数 $\cot\alpha_0, r'_\perp/V_1, t'_\perp$。具体来说,如 $r'_\perp$ 和 V_1 的比值是可以由单站求出的,而 $r'_\perp, V_1$ 的值是不能由单站解算的,需要其他站有关该目标航迹参数支援才能够求解。已知 $\cot\alpha_0, r'_\perp/V_1, t'_\perp$ 三参数,单站可实现对目标(一维序列)的预测与跟踪。若其他站对该目标航迹参数支援成功,可以实现对该目标更有效的(二维平面上)跟踪。

若观测坐标已校正,无系统误差,对不同的观测站,各站对应的航迹参数 $\cot\alpha_0, V_1$ 是相同的,而 $r'_\perp, t_\perp$ 不同。两站解算时,首先需要判断两个目标是同一批目标,这叫相关判断,比较相同的参量是否在允许的范围内,若在则认为粗相关,继续下面的工作,在参数解出后在后续跟踪中还要进一步判断。为便于区别,对各站目标的不同航迹参数标注站名到参数的右上角,如 $r'^A_\perp, t^A_\perp, r'^B_\perp, t^B_\perp$ 等,相同的参数不再标注。

两站分别异步跟踪目标,如图 5.1 所示。异步观测情况下的航迹参数解算是一种新的目标参数估计方法,该方法利用两观测站与目标的几何关系推导出目标的位置,不受异步观测的影响。

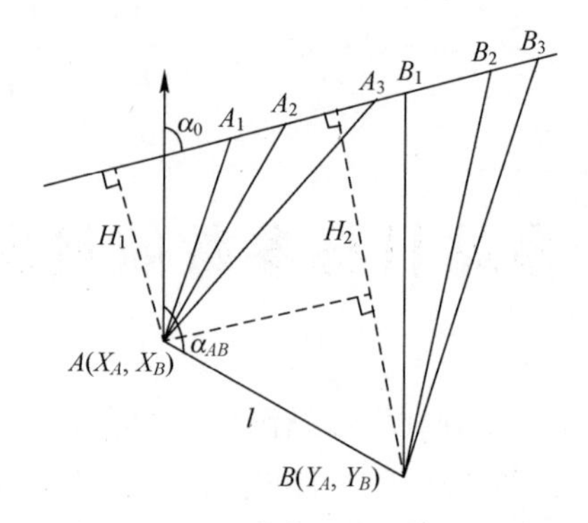

图 5.1　两站异步跟踪与参数计算

设目标匀速运动,A 站距目标航迹直线的垂直距离为 $r'^{A}_{\perp}$(图中为 H_1),B 站为 $r'^{B}_{\perp}$(图中为 H_2),A,B 之间距离为 l,其方位角为 α_{AB},则有

$$r'^{B}_{\perp}=r'^{A}_{\perp}+l\sin(\alpha_{AB}-\alpha_0) \tag{5-1}$$

依据 A,B 的位置和各站目标航迹参数,由式(5-1)可以解出

$$V_1=\frac{l\sin(\alpha_{AB}-\alpha_0)}{(r'^{B}_{\perp}/V_1)-(r'^{A}_{\perp}/V_1)} \tag{5-2a}$$

或

$$V_1=\frac{l\cos(\alpha_{AB}-\alpha_0)}{(t^{B}_{\perp}-t^{A}_{\perp})} \tag{5-2b}$$

无论两站位置如何,只要两站不重合,可用式(5-2a)或式(5-2b)解出 V_1。

由于式(5-2a)和式(5-2b)相等,可得

$$V_1=\frac{l}{\sqrt{[(r'^{B}_{\perp}/V_1)-(r'^{A}_{\perp}/V_1)]^2+(t^{B}_{\perp}-t^{A}_{\perp})^2}} \tag{5-3}$$

继而解出 A 站、B 站距目标航迹直线的垂直距离为 $r'^{A}_{\perp}$、$r'^{B}_{\perp}$。两站在计算得到目标航迹的垂直距离与目标的直线运动速度之比(不知目标航迹远近与快慢,只知比值关系 $r'^{A}_{\perp}/V_1$,$r'^{B}_{\perp}/V_1$)的情况下,可以在测量目标的一维方位条件下,解出目标的速度 V_1 以及目标航迹同各站之间的距离 $r'^{A}_{\perp}$,$r'^{B}_{\perp}$,实现对目标的二维跟踪,达到对目标作战的必要条件。

系统误差的校正方法较为简单,若能确认两个观测站所观测的目标为同一批目标,其两航迹方向的差 $\alpha^{A}_{0}-\alpha^{B}_{0}$ 为两观测站的正北方向的偏差,在实时方位测量序列中需要加上偏差的修正量再进行后续处理。

2. 两站纯方位目标参数航迹平面位置的解算

设两个纯方位观测站 A 站和 B 站,其中 A 站站址为(x_A, y_A),B 站站址为

(x_B,y_B),两站的正北轴已校正。A、B 两站在某时刻 t_i 同时观测(同步)或计算(异步)的目标方位角 β_{Ai},β_{Bi},目标的直角坐标(x_i,y_i),可以经过简单推导得

$$\begin{bmatrix}\cos\beta_{Ai} & -\sin\beta_{Ai}\\ \cos\beta_{Bi} & -\sin\beta_{Bi}\end{bmatrix}\begin{bmatrix}x_i\\ y_i\end{bmatrix}=\begin{bmatrix}x_A\cos\beta_{Ai}-y_A\sin\beta_{Ai}\\ x_B\cos\beta_{Bi}-y_B\sin\beta_{Bi}\end{bmatrix}\triangleq\begin{bmatrix}d_1\\ d_2\end{bmatrix} \tag{5-4}$$

异步观测情况下,A 站由参数计算的任意 t 时刻的方位函数为

$$\begin{bmatrix}\cos\beta_{At}\\ \sin\beta_{At}\end{bmatrix}=\frac{\begin{bmatrix}\dfrac{V_\perp}{R_\perp^A}(t-t_\perp^A) & 1\\ -1 & \dfrac{V_\perp}{R_\perp^A}(t-t_\perp^A)\end{bmatrix}\begin{bmatrix}\cos\alpha_0\\ \sin\alpha_0\end{bmatrix}}{\sqrt{1+\left(\dfrac{V_\perp}{R_\perp^A}\right)^2(t-t_\perp^A)^2}} \tag{5-5}$$

B 站方位函数类同。为方便起见,角度下标中的 A,B,C 可分别用 1,2,3 代替。在 $\beta_{Ai}\neq\beta_{Bi}$ 的条件下,可解出

$$\begin{aligned}\begin{bmatrix}x_i\\ y_i\end{bmatrix}&=\frac{1}{\sin(\beta_{1i}-\beta_{2i})}\begin{bmatrix}-\sin\beta_{2i} & \sin\beta_{1i}\\ -\cos\beta_{2i} & \cos\beta_{1i}\end{bmatrix}\begin{bmatrix}x_A\cos\beta_{1i}-y_A\sin\beta_{1i}\\ x_B\cos\beta_{2i}-y_B\sin\beta_{2i}\end{bmatrix}\\ &=\frac{1}{\sin(\beta_{1i}-\beta_{2i})}\begin{bmatrix}(x_B\sin\beta_{1i}\cos\beta_{2i}-x_A\cos\beta_{1i}\sin\beta_{2i})-(y_B-y_A)\sin\beta_{1i}\sin\beta_{2i}\\ (x_B-x_A)\cos\beta_{1i}\cos\beta_{2i}-(y_B\cos\beta_{1i}\sin\beta_{2i}-y_A\sin\beta_{1i}\cos\beta_{2i})\end{bmatrix}\end{aligned} \tag{5-6}$$

将各站参数代入式(5-5),可得到目标方位估计,这只是两站航迹参数和时间 t_i 的函数。该方法可适用同步观测的交叉定位,还可适用各站异步观测,软同步的方法,特别有利于两站的分布跟踪,减少数据通信的压力,对多目标跟踪较为合适,避免大量的目标点迹的相关处理。也适合于各站只给融合中心送目标航迹的几个参数就可实现融合中心的目标定位和跟踪。

3. 三站纯方位目标参数航迹平面位置的融合[1]

设三个纯方位观测站分别为 A 站、B 站和 C 站,其各站站址为(x_A,y_A),(x_B,y_B),(x_C,y_C)。各站的正北轴已校正。在某时刻 t_i 三站同时观测(同步)或计算(异步)的方位角 β_{1i},β_{2i},β_{3i},目标的直角坐标(x_i,y_i)。可以经过简单推导得

$$\begin{bmatrix}\cos\beta_{1i} & -\sin\beta_{1i}\\ \cos\beta_{2i} & -\sin\beta_{2i}\\ \cos\beta_{3i} & -\sin\beta_{3i}\end{bmatrix}\begin{bmatrix}x_i\\ y_i\end{bmatrix}=\begin{bmatrix}x_A\cos\beta_{1i}-y_A\sin\beta_{1i}\\ x_B\cos\beta_{2i}-y_B\sin\beta_{2i}\\ x_C\cos\beta_{3i}-y_C\sin\beta_{3i}\end{bmatrix}\triangleq\begin{bmatrix}d_1\\ d_2\\ d_3\end{bmatrix} \tag{5-7}$$

三站同时观测各自目标是否是同一批目标,需要简单地判断一下

$$\begin{vmatrix} \cos\beta_{1i} & -\sin\beta_{1i} & d_1 \\ \cos\beta_{2i} & -\sin\beta_{2i} & d_2 \\ \cos\beta_{3i} & -\sin\beta_{3i} & d_3 \end{vmatrix} \leqslant \eta \tag{5-8}$$

若式(5-8)成立,则各自观测目标初步判定为同一批目标,可进行后续工作。其中,η 为给定概率条件下的阈值,根据工程中具体情况而定。

设各站测量精度不同,加权系数为 w_1, w_2, w_3,可用加权广义逆求解

$$\begin{aligned} &\begin{bmatrix} \cos\beta_{1i} & \cos\beta_{2i} & \cos\beta_{3i} \\ -\sin\beta_{1i} & -\sin\beta_{2i} & -\sin\beta_{3i} \end{bmatrix} \begin{bmatrix} w_1 & 0 & 0 \\ 0 & w_2 & 0 \\ 0 & 0 & w_3 \end{bmatrix} \begin{bmatrix} \cos\beta_{1i} & -\sin\beta_{1i} \\ \cos\beta_{2i} & -\sin\beta_{2i} \\ \cos\beta_{3i} & -\sin\beta_{3i} \end{bmatrix} \begin{bmatrix} x_i \\ y_i \end{bmatrix} \\ &= \begin{bmatrix} \cos\beta_{1i} & \cos\beta_{2i} & \cos\beta_{3i} \\ -\sin\beta_{1i} & -\sin\beta_{2i} & -\sin\beta_{3i} \end{bmatrix} \begin{bmatrix} w_1 & 0 & 0 \\ 0 & w_2 & 0 \\ 0 & 0 & w_3 \end{bmatrix} \begin{bmatrix} d_1 \\ d_2 \\ d_3 \end{bmatrix} \end{aligned} \tag{5-9}$$

整理后可得目标位置估计及估计误差的方差阵

$$\begin{bmatrix} x_i \\ y_i \end{bmatrix} = \frac{\begin{bmatrix} \sum\limits_{k=1}^{3} d_k w_k \cos\beta_{ki} \sum\limits_{j=1}^{3} w_j \sin^2\beta_{ji} - \sum\limits_{k=1}^{3} d_k w_k \sin\beta_{ki} \sum\limits_{j=1}^{3} w_j \sin\beta_{ji}\cos\beta_{ji} \\ \sum\limits_{k=1}^{3} d_k w_k \cos\beta_{ki} \sum\limits_{j=1}^{3} w_j \sin\beta_{ji}\cos\beta_{ji} - \sum\limits_{k=1}^{3} d_k w_k \sin\beta_{ki} \sum\limits_{j=1}^{3} w_j \cos^2\beta_{ji} \end{bmatrix}}{\left(\sum\limits_{j=1}^{3} w_j \cos^2\beta_{ji}\right)\left(\sum\limits_{j=1}^{3} w_j \sin^2\beta_{ji}\right) - \left(\sum\limits_{j=1}^{3} w_j \sin\beta_{ji}\cos\beta_{ji}\right)^2} \tag{5-10}$$

$$\begin{bmatrix} \sigma_{x_i}^2 & \sigma_{x_i y_i} \\ \sigma_{y_i x_i} & \sigma_{y_i}^2 \end{bmatrix} = \frac{\begin{bmatrix} \sum\limits_{j=1}^{3} w_j \cos^2\beta_{ji} & -\sum\limits_{j=1}^{3} w_j \sin\beta_{ji}\cos\beta_{ji} \\ -\sum\limits_{j=1}^{3} w_j \sin\beta_{ji}\cos\beta_{ji} & \sum\limits_{j=1}^{3} w_j \sin^2\beta_{ji} \end{bmatrix}}{\left(\sum\limits_{j=1}^{3} w_j \cos^2\beta_{ji}\right)\left(\sum\limits_{j=1}^{3} w_j \sin^2\beta_{ji}\right) - \left(\sum\limits_{j=1}^{3} w_j \sin\beta_{ji}\cos\beta_{ji}\right)^2} \tag{5-11}$$

不同的加权可得到不同的结果。当观测站为 n 个时,只要将 3 换为 n 即可。

4. 纯方位目标参数航迹解算结果仿真实验

1）信息不完全下的参数计算比较

假设传感器 A 位置固定为(0,0)m，B 传感器的位置固定为(1000,1000)m，目标初始位置为(1200,1600)m，并以速度(60,80)m/s 做匀速直线运动。以位置定位后目标与传感器 A 距离的均方根误差(RMSE)来度量定位的精确程度，方位角测量误差服从正态分布，标准差为 $\sigma=3\text{mrad}$。令 M 为蒙特卡罗仿真的次数，则 k 时刻目标距传感器距离的均方根误差为

$$E_p(k)=\left[\frac{1}{M}\sum_{i=1}^{M}(r_{k,i}-\hat{r}_{k,i})^2\right]^{\frac{1}{2}} \tag{5-12}$$

式中：$r_{k,i}$为 k 时刻第 i 次仿真时目标距 A 传感器距离的真实值；$\hat{r}_{k,i}$代表 k 时刻第 i 次仿真时目标距 A 传感器的估计值。做 100 次仿真实验，结果如图 5.2 所示。

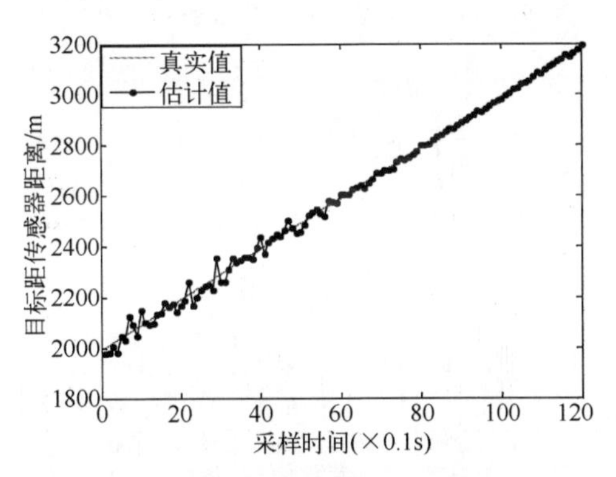

图 5.2　目标与传感器的真实和估计距离

如图 5.2 所示，随着采样时间积累，目标与传感器距离的估计值逼近真实值，说明双站融合的结果得到的目标定位值随着测量时间的增大与真实位置更接近，这是由于采样时间增大时，单站处理得到的航迹参数估计值更加精确，从而提高了双站融合时的定位精度。可以看出，图 5.3 表示目标与传感器距离的均方误差值，其趋势是随时间增大而逐渐减小的过程，最终的定位误差达到 10m 左右。图 5.4、图 5.5 表示目标位置在笛卡儿坐标系中横坐标与纵坐标的均方根误差情况。三站与二站定位有类似的结论，在此不再赘述。

2）信息完全下的参数计算比较

通过纯方位参数航迹滤波方法，可以求出目标航向角 α_0、速度与斜距的比值 μ_1 及垂直时刻 $t'_\perp$，进而求出任意时刻方位的预测值，实验可知，参数估计值越准确，方位估计值越接近真实值，单站纯方位的方法是一种不完全信息的处理方

法,如果对于单站测量而言,可以获取距离、方位与仰角信息,则称为完全可观测。此时,可将信息完全可测情况下的参数估计与纯方位条件下的参数进行对比。

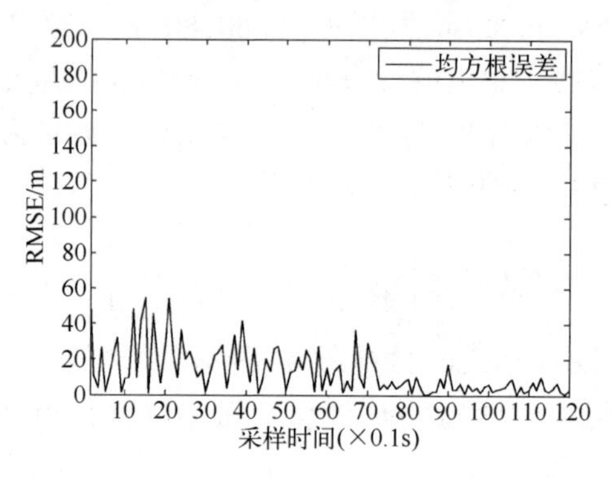

图 5.3 目标距传感器估计距离的均方误差

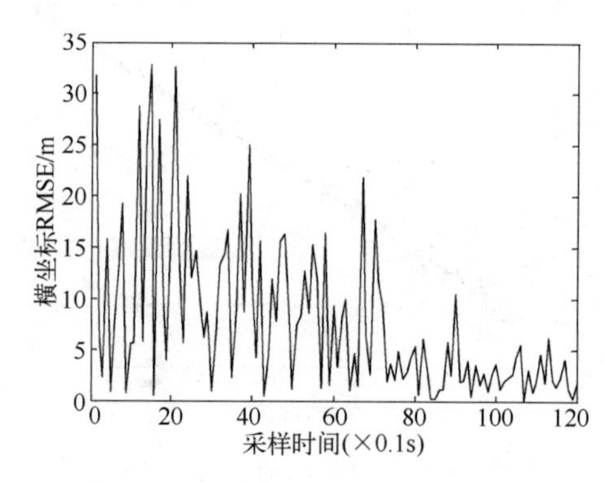

图 5.4 目标位置横坐标的均方误差

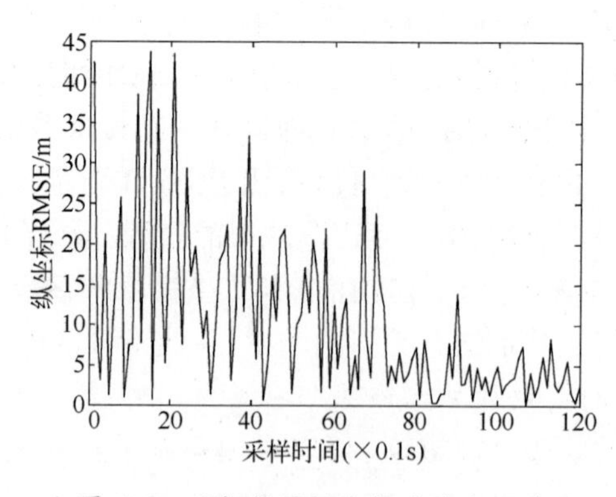

图 5.5 目标位置纵坐标的均方误差

假设在单站情况下,设观测站位置(0,0,0)m,目标初速度(80,50,100)m/s,初始点为(0,500,1000)m,采样间隔 $T=0.05$s,方位角的测量噪声服从均值为0的正态分布,迭代初值选为 $\alpha_0=1.2$rad,$\mu_1=0.2$,$t'_\perp=-3$s 方位角与仰角的测量误差 $\sigma_\beta=\sigma_\varepsilon=0.001$rad,距离测量误差的标准差为10m。目标的飞行航迹如图5.6所示。

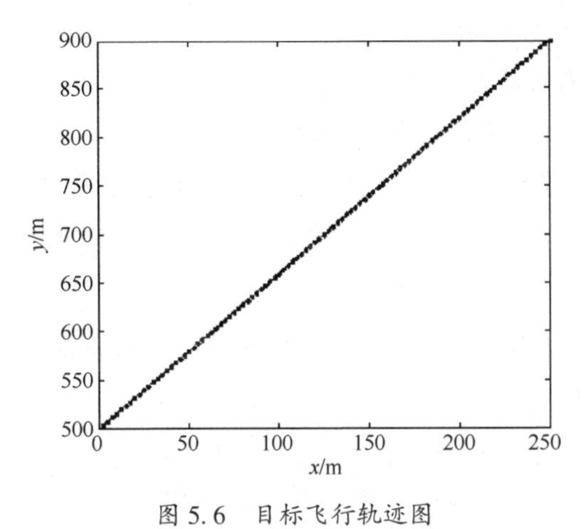

图5.6　目标飞行轨迹图

表5.1表示纯方位条件与方位、仰角和距离信息完全条件下的参数计算比较。

表5.1　三维测量与纯方位计算的航迹参数比较

参数 不同方法	速度与斜距的比值	垂直时刻/s	目标航向角/rad
真实值	0.2225	-2.8090	1.0122
完全可测	0.2106	-2.7325	1.1481
纯方位	0.2260	-2.8082	1.0054

可以看出,在信息完全可测下得到的参数值与真实值相差较大,而运用纯方位算法得到的参数值接近真实值,这是由于信息完全可测的条件下,对参数的计算引入了方位、仰角和距离测量误差,而纯方位条件下只受方位测量误差的影响。

5.1.2　多站纯距离目标参数航迹的解算与融合

1. 直线运动目标的三站目标航迹参数估计

设目标做匀速直线运动,在目标纯距离序列观测条件下,单观测站可求解得

到的目标航迹参数 $V,R_\perp,t_\perp$,从而进行纯距离的目标预测和跟踪。而目标航迹位置和方向是不能由单站解算的,需要其他站有关该目标航迹参数支援才能求解。

对不同位置的观测站和观测的同一批目标而言,V 是相同的,$R_\perp,t_\perp$ 根据各站的位置不同而异。相同的量可粗相关,不同的量可以解算其他未知的量。需要在 $R_\perp,t_\perp$ 右上方标注站名以示区别。

1) 三站纯距离目标航迹参数估计原理

设纯距离观测站 A,B,C,其中站址分别为 (x_A,y_A,z_A)、(x_B,y_B,z_B)、(x_C,y_C,z_C),各站之间的距离为 a,b,c。任意时刻各站到目标的距离为

$$\begin{aligned}(R_t^I)^2&=(R_\perp^I)^2+V^2(t-t_\perp^I)^2 \quad ,I=A,B,C\\&=(R_\perp^I)^2+V^2(t_\perp^I)^2-2V^2t_\perp^I t+V^2t^2\end{aligned} \tag{5-13}$$

由各站异步计算出在某时刻目标与观测站的距离平方,依据**定理 2.13** 可得到目标的空间位置

$$\begin{bmatrix}X_t\\Y_t\\Z_t\end{bmatrix}=\begin{bmatrix}x_A&x_B&x_C\\y_A&y_B&y_C\\z_A&z_B&z_C\end{bmatrix}\left\{\boldsymbol{M}\begin{bmatrix}(R_t^A)^2\\(R_t^B)^2\\(R_t^C)^2\end{bmatrix}+\begin{bmatrix}d_1\\d_2\\d_3\end{bmatrix}\right\}+\frac{H_t}{\sqrt{l^2+m^2+n^2}}\begin{bmatrix}l\\m\\n\end{bmatrix} \tag{5-14}$$

式中:H_t 为目标垂直 ABC 平面的高度,是三站距离的非线性函数;$[l\quad m\quad n]^{\mathrm T}$ 为 ABC 平面的法向量。

$$\boldsymbol{M}\triangleq\frac{1}{k}\begin{bmatrix}-2a^2&(b^2+a^2-c^2)&(a^2+c^2-b^2)\\(b^2+a^2-c^2)&-2b^2&(b^2+c^2-a^2)\\(a^2+c^2-b^2)&(b^2+c^2-a^2)&-2c^2\end{bmatrix},\begin{bmatrix}d_1\\d_2\\d_3\end{bmatrix}\triangleq\frac{1}{k}\begin{bmatrix}(b^2+c^2-a^2)a^2\\(a^2+c^2-b^2)b^2\\(b^2+a^2-c^2)c^2\end{bmatrix}$$

由于 $\boldsymbol{M}$ 矩阵的特殊结构,每行和为零,式(5-13)代入式(5-14)后在大括号中 V^2t^2 项被约去,仅剩下 t 的一次和零次项。

将式(5-13)代入式(2-99),经详细的整理和化简,可得

$$H_t^2=\frac{k_2'}{k}V^2t^2-2Vt\frac{k_1'}{k}+H_0^2 \tag{5-15}$$

式中:$H_0^2=\dfrac{f((R_\perp^A)^2,(R_\perp^B)^2,(R_\perp^C)^2,a^2,b^2,c^2)}{(a^2+b^2+c^2)^2-2(a^4+b^4+c^4)}$,$f(\cdot)$ 表达式见式(2-98)。

在式(2-99)非线性函数的代入运算中,三、四次时间 t 的多项式全部约去,只剩下二次以下的多项式。实际上,目标相对 ABC 平面的高度也应该是 t 的二次函数开根号。若三次方的高度基本相同,对式(5-15)有一元二次方程的 $B^2-4AC=0$ 要求,由于约束公式太长,k_1'、k_2' 计算式较长,在此略。可解出

$$H_t = \dot{H}t + H_0 \tag{5-16}$$

式中：$\dot{H} = \pm\sqrt{\frac{k_2'}{k}}V$，±可根据 k_1' 的符号来选取。

将式(5-13)、式(5-16)代入式(5-14)可以计算出任意 t 时刻的目标位置：

$$\begin{bmatrix} X_t \\ Y_t \\ Z_t \end{bmatrix} = \begin{bmatrix} x_A & x_B & x_C \\ y_A & y_B & y_C \\ z_A & z_B & z_C \end{bmatrix} \left\{ \boldsymbol{M} \begin{bmatrix} (R_\perp^A)^2 & -2V^2 t_\perp^A \\ (R_\perp^B)^2 & -2V^2 t_\perp^B \\ (R_\perp^C)^2 & -2V^2 t_\perp^C \end{bmatrix} \begin{bmatrix} 1 \\ t \end{bmatrix} + \begin{bmatrix} d_1 \\ d_2 \\ d_3 \end{bmatrix} \right\} + \frac{\dot{H}t + H_0}{\sqrt{l^2+m^2+n^2}} \begin{bmatrix} l \\ m \\ n \end{bmatrix} \tag{5-17}$$

由此可以看到，时间平方项消失，只剩下时间一次项和常数项。

由各站的航迹参数可推出目标零时刻的位置

$$\begin{bmatrix} X_0 \\ Y_0 \\ Z_0 \end{bmatrix} = \begin{bmatrix} x_A & x_B & x_C \\ y_A & y_B & y_C \\ z_A & z_B & z_C \end{bmatrix} \left\{ \boldsymbol{M} \begin{bmatrix} (R_\perp^A)^2 \\ (R_\perp^B)^2 \\ (R_\perp^C)^2 \end{bmatrix} + \begin{bmatrix} d_1 \\ d_2 \\ d_3 \end{bmatrix} \right\} + \frac{H_0}{\sqrt{l^2+m^2+n^2}} \begin{bmatrix} l \\ m \\ n \end{bmatrix} \tag{5-18}$$

目标在零时刻的位置（不计平面的垂直部分）与各站所观测的航线垂直点的距离有关，而与各垂直点的时刻与速度无关。

通过对式(5-17)求导可计算出任意 t 时刻的空间目标的速度向量为

$$\begin{bmatrix} V_X \\ V_Y \\ V_Z \end{bmatrix} = -2V^2 \begin{bmatrix} x_A & x_B & x_C \\ y_A & y_B & y_C \\ z_A & z_B & z_C \end{bmatrix} \boldsymbol{M} \begin{bmatrix} t_{A\perp} \\ t_{B\perp} \\ t_{C\perp} \end{bmatrix} + \frac{\dot{H}}{\sqrt{l^2+m^2+n^2}} \begin{bmatrix} l \\ m \\ n \end{bmatrix} \tag{5-19}$$

目标的速度向量（不计平面的垂直部分）与各站所观测的航线垂直点的时刻有关，而与各垂直点的距离无关。

由于假设目标做匀速直线运动，目标可能机动，但在某些较短的时间内，仍可认为目标近似做匀速直线运动，只是要求各站异步测量目标的时间区间尽可能相同。本书方法也适用于较复杂的目标运动模型，如匀加速直线、二次曲线、转弯等运动模型，也可给出较系统的表达式，但推导较繁长。

由式(5-18)容易估算出飞行目标相对于任意点的观测位置。

设空间目标相对任意点 g 的坐标为

$$\begin{bmatrix} x_g \\ y_g \\ z_g \end{bmatrix} = \begin{bmatrix} x_A & x_B & x_C \\ y_A & y_B & y_C \\ z_A & z_B & z_C \end{bmatrix} \left\{ \boldsymbol{M} \begin{bmatrix} (R_g^A)^2 \\ (R_g^B)^2 \\ (R_g^C)^2 \end{bmatrix} + \begin{bmatrix} d_1 \\ d_2 \\ d_3 \end{bmatrix} \right\} + \frac{H_g}{\sqrt{l^2+m^2+n^2}} \begin{bmatrix} l \\ m \\ n \end{bmatrix} \tag{5-20}$$

目标相对于该给定点 g 的空间位置

$$\begin{bmatrix} X_t-x_g \\ Y_t-y_g \\ Z_t-z_g \end{bmatrix} = \begin{bmatrix} x_A & x_B & x_C \\ y_A & y_B & y_C \\ z_A & z_B & z_C \end{bmatrix} \boldsymbol{M} \begin{bmatrix} (R_t^A)^2-(R_g^A)^2 \\ (R_t^B)^2-(R_g^B)^2 \\ (R_t^C)^2-(R_g^C)^2 \end{bmatrix} + \frac{H_t-H_g}{\sqrt{l^2+m^2+n^2}} \begin{bmatrix} l \\ m \\ n \end{bmatrix} \tag{5-21}$$

可以非常简单地算出目标的方位值、仰角值和距离值。在此 g 点的任何传感器进行系统误差校正,实现以空间任何点(虚拟点或中心站,含 ABC 三站点之一,特别是三角形 ABC 的外接圆心点)为观测点对目标进行跟踪。

2) 三站纯距离目标航迹参数等效估计原理

设 ABC 三角形所在的平面上重心点 G 坐标值为 x_G, y_G, z_G,与各顶点距离为

$$r_{GA}=\sqrt{2b^2+2c^2-a^2}/3, r_{GB}=\sqrt{2a^2+2c^2-b^2}/3, r_{GC}=\sqrt{2a^2+2b^2-c^2}/3$$

其对应的三点坐标系数为 $k_{O1}=k_{O2}=k_{O3}=1/3$,P 为空间目标所在位置,ABC 各站测量空中目标的距离分别为 R_{AP}, R_{BP}, R_{CP}。

根据等效原理,得到相对重心点的目标距离为

$$R_{GP}^2=\frac{R_{AP}^2+R_{BP}^2+R_{CP}^2}{3}-\frac{a^2+b^2+c^2}{9} \tag{5-22}$$

目标投影到 ABC 平面上的点 P' 与重心 G 之间的向量和距离为

$$\begin{bmatrix} X_{P'}-x_g \\ Y_{P'}-y_g \\ Z_{P'}-z_g \end{bmatrix} = \begin{bmatrix} x_A & x_B & x_C \\ y_A & y_B & y_C \\ z_A & z_B & z_C \end{bmatrix} \boldsymbol{M} \begin{bmatrix} (R_{AP})^2-(r_{GA})^2 \\ (R_{BP})^2-(r_{GB})^2 \\ (R_{CP})^2-(r_{GC})^2 \end{bmatrix} \tag{5-23}$$

$$\boldsymbol{R}_{GP'}^2 = \begin{bmatrix} (R_t^A)^2-(R_g^A)^2 \\ (R_t^B)^2-(R_g^B)^2 \\ (R_t^C)^2-(R_g^C)^2 \end{bmatrix}^{\mathrm{T}} \boldsymbol{M}^{\mathrm{T}} \begin{bmatrix} x_A & y_A & z_A \\ x_B & y_B & z_B \\ x_C & y_C & z_C \end{bmatrix} \begin{bmatrix} x_A & x_B & x_C \\ y_A & y_B & y_C \\ z_A & z_B & z_C \end{bmatrix} \boldsymbol{M} \begin{bmatrix} (R_t^A)^2-(R_g^A)^2 \\ (R_t^B)^2-(R_g^B)^2 \\ (R_t^C)^2-(R_g^C)^2 \end{bmatrix} \tag{5-24}$$

可以求出目标相对该平面的高度 $H=\sqrt{R_{GP}^2-R_{GP'}^2}$。等效方法是一种有效的快速计算方法,在工程应用中已表现出其计算优越性。

3) 三站纯距离目标航迹参数估计精度分析

根据误差理论,目标定位精度主要受 R^A、R^B、R^C 三个量的测量误差的影响(由于现代的 GPS 差分定位技术,使站址的定位精度较高,则三站间的距离误差相对较小,此处忽略)。设 $R^I=R_1^I+n_I, I=A,B,C$,其中,R_1^A, R_1^B, R_1^C 分别为真实的距离值,n_A, n_B, n_C 为测量误差,分别服从零均值、方差为 $\sigma_A^2, \sigma_B^2, \sigma_C^2$ 的正态分布,且三个测量误差相互独立。为方便起见,设 $z_A=z_B=z_C=0$,根据式(5-14)可得以下关系

$$
\begin{cases}
\begin{bmatrix} x \\ y \end{bmatrix} = \begin{bmatrix} x_A & x_B & x_C \\ y_A & y_B & y_C \end{bmatrix} \left\{ \boldsymbol{M} \begin{bmatrix} R_A^2 \\ R_B^2 \\ R_C^2 \end{bmatrix} + \frac{1}{k} \begin{bmatrix} (b^2+c^2-a^2)a^2 \\ (a^2+c^2-b^2)b^2 \end{bmatrix} \right\} \\
z = H
\end{cases} \tag{5-25}
$$

由式(5-25)中的向量取均值运算,可近似得到

$$
\begin{bmatrix} \mathrm{E}(x) \\ \mathrm{E}(y) \end{bmatrix} = \begin{bmatrix} x_A & x_B & x_C \\ y_A & y_B & y_C \end{bmatrix} \left\{ \boldsymbol{M} \begin{bmatrix} R_{A1}^2 + \sigma_A^2 \\ R_{B1}^2 + \sigma_B^2 \\ R_{C1}^2 + \sigma_C^2 \end{bmatrix} + \frac{1}{k} \begin{bmatrix} (b^2+c^2-a^2)a^2 \\ (a^2+c^2-b^2)b^2 \end{bmatrix} \right\}
$$

若 $\sigma_A^2 = \sigma_B^2 = \sigma_C^2 = \sigma^2$,根据性质 2.1 不变结构,上式是近似无偏的,即由相同类型的传感器组网,空间目标在三站所在平面的投影点,其平均误差的影响可互相抵消。

$$
\begin{bmatrix} x - \mathrm{E}(x) \\ y - \mathrm{E}(y) \end{bmatrix} = \begin{bmatrix} x_A & x_B & x_C \\ y_A & y_B & y_C \end{bmatrix} \boldsymbol{M} \begin{bmatrix} 2R_{A1} n_A + n_A^2 - \sigma_A^2 \\ 2R_{B1} n_A + n_B^2 - \sigma_B^2 \\ 2R_{C1} n_A + n_B^2 - \sigma_C^2 \end{bmatrix} \triangleq \boldsymbol{XML}
$$

$$
\sigma_{XY}^2 = \sigma_X^2 + \sigma_Y^2 = \mathrm{tr}\left\{ E\left[\begin{bmatrix} x - \mathrm{E}(x) \\ y - \mathrm{E}(y) \end{bmatrix} [x - E(x) \quad y - E(y)] \right] \right\} \triangleq \mathrm{tr}\{ \boldsymbol{XM}\mathrm{E}[\boldsymbol{LL}^{\mathrm{T}}] \boldsymbol{M}^{\mathrm{T}} \boldsymbol{X}^{\mathrm{T}} \} \tag{5-26}
$$

式中:$\mathrm{E}[\boldsymbol{LL}^{\mathrm{T}}] = \begin{bmatrix} 2\sigma_A^4 + 4R_{A1}^2 \sigma_A^2 & 0 & 0 \\ 0 & 2\sigma_B^4 + 4R_{B1}^2 \sigma_B^2 & 0 \\ 0 & 0 & 2\sigma_C^4 + 4R_{C1}^2 \sigma_C^2 \end{bmatrix}$

由式(5-25)可推出

$$
\sigma_Z^2 = \left(\frac{\partial H}{\partial R_A} \right)^2 \cdot \sigma_A^2 + \left(\frac{\partial H}{\partial R_B} \right)^2 \cdot \sigma_B^2 + \left(\frac{\partial H}{\partial R_C} \right)^2 \cdot \sigma_C^2 \tag{5-27}
$$

该系统定位目标位置的方差为

$$
\sigma_\Delta^2 = \sigma_Z^2 + \sigma_{XY}^2 \tag{5-28}
$$

4) 三站纯距离目标航迹参数估计仿真实验与结论

设 A,B,C 为 3 个具有相同跟踪精度的雷达,$\sigma_A = \sigma_B = \sigma_C = 5\mathrm{m}$。在地面笛卡儿坐标系下 3 站的坐标分别为 $A = [-5000, -2500\sqrt{3}, 0]$、$B = [5000, -2500\sqrt{3}, 0]$、$C = [0, 2500\sqrt{3}, 0]$,单位为 m。图 5.7 为利用式(5-28)在给定高度下对目标定位误差分布(其倒数为精度,以下同)精度的仿真结果,图中三角形表示雷达站。

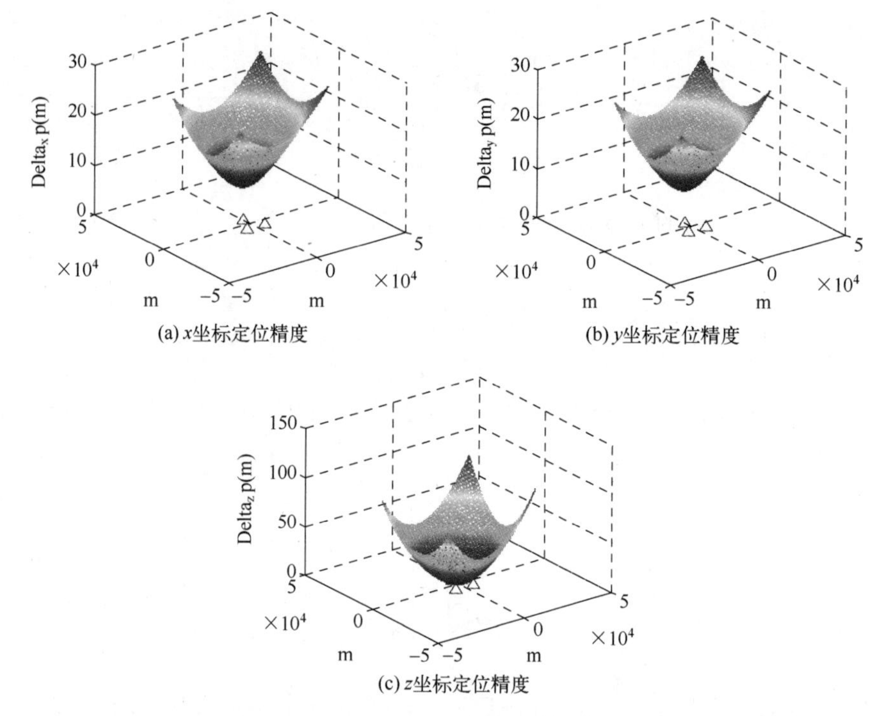

(a) x坐标定位精度

(b) y坐标定位精度

(c) z坐标定位精度

图 5.7 $H=10000$m,目标定位精度分布图

从图 5.7 中可以明显看出,目标越靠近雷达站分布中心,该方法对目标的定位精度越高,反之则越低。此外,目标的定位精度还受目标高度的影响,目标高度越小,则对目标的 x,y 坐标定位精度越高,对 z 坐标定位精度越低。

5) 三站纯距离目标定位与系统误差校正

利用三站同时(或异步计算)测量目标的距离,确定目标的空间位置,可计算出目标相对各站的方位和仰角值,与各站所测量的实际方位和仰角值进行比较,统计出各站系统误差,用于各站后续测量中对测量值的预处理,起到校正系统误差的作用。该方法可用于球心笛卡儿坐标系的组网系统,也适用于二维雷达绝对坐标的组网系统。

2. 匀速圆周运动目标的三站目标航迹参数估计

单站基于目标纯距离序列,计算出目标航迹有关参数,实现目标航迹的预测和跟踪。若计算出 R_0,r,α_0,Ω,t_0(参数含义同 3.2.3 节)五个航迹参数,给定时刻 t,可得到距离 R_t 的解析表达式。对于空间位置不同的观测站而言,圆周运动参数 r,Ω 是相同的,可进一步判断是否是同一批目标。而空间位置参数 R_0,α_0,t_0 是不相同的。需要标注以表示区别。

1）三站匀速圆周目标航迹参数估计原理

设三个观测站的空间坐标分别为(x_A,y_A,z_A)、(x_B,y_B,z_B)、(x_C,y_C,z_C)，A，B，C 各点形成的三角形所对应的边分别为 a,b,c。各观测时间已进行时间同步校准，各站可同步、异步测量距离序列，计算 $\Omega,k_{1i},k_{2i},k_{3i},i=A,B,C$（详见 3.2.3 节），可得到 t 时刻三站的计算距离平方为

$$\begin{bmatrix} R_{tA}^2 \\ R_{tB}^2 \\ R_{tC}^2 \end{bmatrix}=\begin{bmatrix} k_{1A} & k_{2A} & k_{3A} \\ k_{1B} & k_{2B} & k_{3B} \\ k_{1C} & k_{2C} & k_{3C} \end{bmatrix}\begin{bmatrix} 1 \\ \cos\Omega t \\ \sin\Omega t \end{bmatrix}\triangleq \boldsymbol{K}\begin{bmatrix} 1 \\ \cos\Omega t \\ \sin\Omega t \end{bmatrix} \tag{5-29}$$

式(5-29)代入式(5-14)，可得到目标位置向量

$$\begin{bmatrix} x \\ y \\ z \end{bmatrix}_t=\boldsymbol{X}\left\{\boldsymbol{MK}\begin{bmatrix} 1 \\ \cos\Omega t \\ \sin\Omega t \end{bmatrix}+\boldsymbol{b}\right\}+\frac{\dot{H}}{\sqrt{l^2+m^2+n^2}}\begin{bmatrix} l \\ m \\ n \end{bmatrix} \tag{5-30}$$

考虑到 H 的具体情况，可设

$$H=h_0+h_1\cos\Omega t+h_2\sin\Omega t \tag{5-31}$$

式中：h_0,h_1,h_2 为待定参数。

式(5-30)所对应的速度向量为

$$\begin{bmatrix} \dot{x} \\ \dot{y} \\ \dot{z} \end{bmatrix}_t=\begin{bmatrix} V_X \\ V_Y \\ V_Z \end{bmatrix}_t=\Omega\boldsymbol{XMK}\begin{bmatrix} 0 \\ -\sin\Omega t \\ \cos\Omega t \end{bmatrix}+\frac{\dot{H}}{\sqrt{l^2+m^2+n^2}}\begin{bmatrix} l \\ m \\ n \end{bmatrix} \tag{5-32}$$

式(5-30)所对应的加速度向量为

$$\begin{bmatrix} \ddot{x} \\ \ddot{y} \\ \ddot{z} \end{bmatrix}_t=\begin{bmatrix} a_X \\ a_Y \\ a_Z \end{bmatrix}_t=-\Omega^2\boldsymbol{XMK}\begin{bmatrix} 0 \\ \cos\Omega t \\ \sin\Omega t \end{bmatrix}+\frac{\ddot{H}}{\sqrt{l^2+m^2+n^2}}\begin{bmatrix} l \\ m \\ n \end{bmatrix} \tag{5-33}$$

可求式(5-32)、式(5-33)向量的模，得到目标匀速圆周运动的速度 V、加速度 $a_\perp$，及运动半径 $r=V^2/a_\perp$，有角频率关系

$$\Omega=a_\perp/V=V/r,\quad V^2=V_X^2+V_Y^2+V_Z^2,\quad a_\perp^2=a_X^2+a_Y^2+a_Z^2$$

满足 $V_Xa_X+V_Ya_Y+V_Za_Z=0$，即速度向量与加速度向量正交。且速度 V、加速度 $a_\perp$ 的大小不随时间变化。

空间圆周运动的圆心坐标为

$$\begin{bmatrix} x \\ y \\ z \end{bmatrix}_{O_1}=\boldsymbol{X}\left\{\boldsymbol{M}\begin{bmatrix} k_{1A} \\ k_{1B} \\ k_{1C} \end{bmatrix}+\boldsymbol{b}\right\}+\frac{h_0}{\sqrt{l^2+m^2+n^2}}\begin{bmatrix} l \\ m \\ n \end{bmatrix} \tag{5-34}$$

圆心坐标只与各站的 k_1 有关。其中 $\boldsymbol{b}$ 是三站 A,B,C 三角形的外接圆心坐标(在该平面上)系数。

2)三站匀速圆周目标航迹参数估计仿真实验

实验中将设 A,B,C 为3个具有相同跟踪精度的雷达,$\sigma_{R_A}=\sigma_{R_B}=\sigma_{R_C}=20\text{m}$。在地面笛卡儿坐标系下3站的坐标分别为 $A=[-5000,-2500\sqrt{3},0]$、$B=[5000,-2500\sqrt{3},0]$、$C=[0,2500\sqrt{3},0]$,单位为m。图5.8分别为利用上述模型在某一高度下对目标跟踪精度的仿真分布,图中三角形表示雷达站。

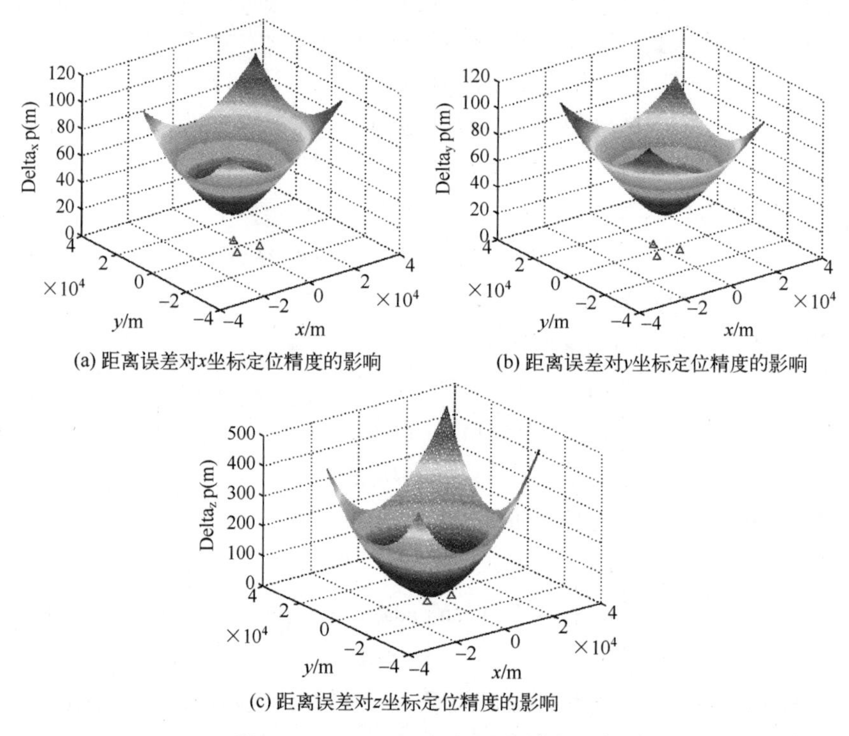

(a) 距离误差对x坐标定位精度的影响

(b) 距离误差对y坐标定位精度的影响

(c) 距离误差对z坐标定位精度的影响

图5.8 $H=8000\text{m}$,目标跟踪精度分布

由此可见,目标越靠近雷达站分布中心,利用该方法对目标的跟踪精度越高,反之则越低。对目标的跟踪精度还受目标高度的影响,目标高度越低,对目标的 x,y 坐标定位精度就越高,但对 z 坐标定位精度却越低,反之亦然。在远距目标跟踪中,应拉开各站的矩离,可得到较好的跟踪精度。

5.1.3　多站纯仰角目标参数航迹的解算与融合

1. 二站纯仰角目标航迹参数估计

设 A,B 站的坐标位置已知,均在水平面上,且位于目标航线的同一侧(单站同目标航迹之间的位置以及角度关系如图 3.29 所示)。A,B 站的测量坐标的系统误差已得到校正,各站异步测量同一空中目标的仰角序列,经过滤波可得到 A 观测站有关目标航迹四个参数 $\varepsilon_{\perp}^{A},\varepsilon_{0}^{A},\mu^{A},t_{\perp}^{A}$(详见 3.3.3 节)及 B 观测站有关目标航迹四个参数 $\varepsilon_{\perp}^{B},\varepsilon_{0}^{B},\mu^{B},t_{\perp}^{B}$。根据两站与目标航迹的几何关系,不难得到其约束条件

$$\varepsilon_{0}^{B}=\varepsilon_{0}^{A}\triangleq\varepsilon_{0} \tag{5-35}$$

$$\sin\varepsilon_{0}=\frac{\dfrac{R_{\perp}^{B}\sin\varepsilon_{\perp}^{B}}{\mu^{B}}-\dfrac{R_{\perp}^{A}\sin\varepsilon_{\perp}^{A}}{\mu^{A}}}{t_{\perp}^{B}-t_{\perp}^{A}} \tag{5-36}$$

且有关系为 $t_{\perp}^{\prime A}=t_{\perp}^{A}+\dfrac{\sin\varepsilon_{\perp}^{A}\sin\varepsilon_{0}}{\mu^{A}\cos^{2}\varepsilon_{0}}$, $t_{\perp}^{\prime B}=t_{\perp}^{B}+\dfrac{\sin\varepsilon_{\perp}^{B}\sin\varepsilon_{0}}{\mu^{B}\cos^{2}\varepsilon_{0}}$, $\sin\theta^{A}=\tan\varepsilon_{\perp}^{A}\tan\varepsilon_{0}$, $\sin\theta^{B}=\tan\varepsilon_{\perp}^{B}\tan\varepsilon_{0}$。其中,各站观测的 θ 角为目标航迹垂直点、各测量站、投影航迹垂直点形成的夹角。

设 A,B 站的连线距离为 l_{AB},连线与水平面 y 轴(正北)的夹角为 α_{AB},连线与目标航迹投影直线的夹角为 φ,则经详细推导有

$$\tan\varphi=d\,\frac{\dfrac{\cos\varepsilon_{\perp}^{B}\cos\theta^{B}}{\mu^{B}}-\dfrac{\cos\varepsilon_{\perp}^{A}\cos\theta^{A}}{\mu^{A}}}{t_{\perp}^{B}-t_{\perp}^{A}} \tag{5-37}$$

$$V^{2}=\frac{l_{AB}^{2}}{\left(\dfrac{\cos\varepsilon_{\perp}^{B}\cos\theta^{B}}{\mu^{B}}-\dfrac{\cos\varepsilon_{\perp}^{A}\cos\theta^{A}}{\mu^{A}}\right)^{2}+\dfrac{(t_{\perp}^{B}-t_{\perp}^{A})^{2}}{d^{2}}} \tag{5-38}$$

式中:$d\triangleq\dfrac{\cos^{2}\varepsilon_{0}}{\sin\varepsilon_{0}}$。由上式(5-37)和式(5-38)可解出 $R_{\perp}^{A}=\dfrac{V}{\mu^{A}}$,$R_{\perp}^{B}=\dfrac{V}{\mu^{B}}$。

设目标航迹投影直线与水平面 y 轴(正北)的夹角为 α,则有航向角、速度、位置的关系为

$$\alpha=\alpha_{AB}-\varphi \tag{5-39}$$

$$\begin{bmatrix}V_{x}\\V_{y}\\V_{z}\end{bmatrix}=V\begin{bmatrix}\cos\varepsilon_{0}\sin\alpha\\\cos\varepsilon_{0}\cos\alpha\\\sin\varepsilon_{0}\end{bmatrix} \tag{5-40}$$

A 站在 B 站目标航迹参数支援下，可以得到目标位置：

$$\begin{bmatrix} x_t \\ y_t \\ z_t \end{bmatrix}_A = R_{\perp}^{A} \begin{bmatrix} \cos\varepsilon_{\perp}^{A} \sin\left(\alpha - \dfrac{\pi}{2} - \theta^{A}\right) \\ \cos\varepsilon_{\perp}^{A} \cos\left(\alpha - \dfrac{\pi}{2} - \theta^{A}\right) \\ \sin\varepsilon_{\perp}^{A} \end{bmatrix} + V(t - t_{\perp}^{A}) \begin{bmatrix} \cos\varepsilon_0 \sin\alpha \\ \cos\varepsilon_0 \cos\alpha \\ \sin\varepsilon_0 \end{bmatrix} \tag{5-41}$$

同理，B 站也有类似的结果，在此略。

由此可见，各站用纯仰角序列进行滤波和异步参数航迹跟踪，估算出四个航迹参数（$\varepsilon_{\perp}, \varepsilon_0, \mu, t_{\perp}$），若用另外站关于该目标航迹的四参数支援，可以解算出目标的所有参数，实现目标的空间跟踪。

2. 三站纯仰角目标航迹参数估计

假定 ε_A、ε_B、ε_C 分别为三站所测目标的仰角值，可将 $r_A = H\cot\varepsilon_A$，$r_B = H\cot\varepsilon_B$，$c_C = H\cot\varepsilon_C$ 代入式（2-98）的距离函数并令其为零，求解高次方程得出 H，再计算出 r_A, r_B, r_C；并根据平面空间的不变结构，将 r_A, r_B, r_C 代入式（5-14）中的 R_t^A，R_t^B，R_t^C，求出目标的空间位置坐标，实现三站纯仰角目标的空间定位。

若采用多站参数支援，即可实现参数航迹融合。该方法对空间单目标的跟踪，可方便地校正各站的系统误差，实现各传感器的数据配准。该方法对多目标的跟踪更为有利，可减小对通信数据率和空间时间同步的压力，实现多站分布式信息处理，特别适用即插即用的方式实现有仰角的多传感器组网，灵活方便。

5.2 多站单/复合坐标目标参数航迹的解算

5.2.1 多站不同的单坐标目标参数航迹的解算

对于不在同一个地方的三站，每站只测目标坐标一次，且各站测得不同的坐标，在实际中是不能解算目标坐标的。这是由于各站之间的相关问题和非线性问题，使解算处理过程无法进行。若各站测量坐标序列，建立参数航迹进行预测与跟踪，这种数据处理困难将很小。而参数航迹融合属于分布式处理方式，其主要困难是同一航迹的不同单坐标航迹参数较少，相关性较弱，判断是同一批目标较困难。具体做法是：先解算，再根据后续测量数据加以判断，排除虚假的参数航迹，这种方法适合空中目标较少的场景。为描述方便，主要研究不同坐标的三个站间实现两两站航迹融合解算。

当各站测量目标序列，设 A, B, C 站址（X_A, Y_A, Z_A），（X_B, Y_B, Z_B），（X_C, Y_C，

Z_C)，分别测量目标的方位、仰角、距离序列，各站对单坐标进行处理，实现目标的预测与跟踪。判断目标点迹的运动是否同向，若同向，表示目标航迹在两站的一边，若相反，表示两站在目标航迹的两边。下面只讨论两站在一边的情况。设目标做匀速直线运动，对 A 站可测量到目标的纯方位序列，解出目标航迹参数 $\cot\alpha_0, r_\perp'^A/(V\cos\varepsilon_0), t_\perp'^A$(详见3.1.2节)。对 B 站，测量到目标的纯仰角序列，解出目标航迹参数 $\varepsilon_0, \varepsilon_\perp^B, R_\perp^B/V, t_\perp^B$(详见3.3.3节)。对 C 站，测量到目标的纯距离序列，解出目标航迹参数 $V, R_\perp^C, t_\perp^C$(详见3.2.1节)。对 A 站，若有别的站纯仰角目标航迹参数支援，在 $t_\perp^C$ 时刻目标的水平投影点 $P_\perp^B$ 与 B 的距离为 $V(R_\perp^B/V)\cos\varepsilon_\perp$，该 $P_\perp^B$ 点与 A 站的水平连线距离为

$$V\cos\varepsilon_0\sqrt{\left(\frac{r_\perp'^A}{V\cos\varepsilon_0}\right)^2+(t_\perp^A-t_\perp^B)^2}$$

该连线与目标航迹投影直线的夹角为 $\alpha_0-\beta_{t_\perp^B}$，$B$ 站相对 $P_\perp^B$ 点与 B 站的航迹投影的垂直点(时刻 $t_\perp'^B$)夹角为 $\Delta^B=\arcsin(\tan\varepsilon_0\tan\varepsilon_\perp^B)$，$P_\perp^B$ 与 A,B 的夹角为 $\theta\triangleq\pi-(\alpha_0-\beta_{t_\perp^B})-\Delta^B$，设 l_{AB} 为 A,B 站的水平投影距离，根据三角形余弦定理，可得到目标速度

$$V=\frac{l_{AB}}{\sqrt{\left\{\left(\frac{R_\perp^B}{V}\right)^2\cos^2\varepsilon_\perp^B+\cos^2\varepsilon_0\left[\left(\frac{r_\perp'^A}{V\cos\varepsilon_0}\right)^2+(t_\perp^A-t_\perp^B)^2\right]-2\left(\frac{R_\perp^B}{V}\right)\cos\varepsilon_\perp^B\cos\varepsilon_0\sqrt{\left(\frac{r_\perp'^A}{V\cos\varepsilon_0}\right)^2+(t_\perp^A-t_\perp^B)^2}\cos\theta\right\}}} \tag{5-42}$$

式(5.42)结果带入 A 站航迹参数中可得 $r_\perp'^A$，并计算目标的仰角

$$V\cos\varepsilon_0\sqrt{\left(\frac{r_\perp'}{V\cos\varepsilon_0}\right)^2+(t_\perp^B-t_\perp^B)^2}\tan\varepsilon_{t_\perp^B}^A=V\left(\frac{R_\perp^B}{V}\right)\sin\varepsilon_\perp^B=h_{t_\perp^B} \tag{5-43}$$

进一步可计算目标的空间距离。同理，对 B 站也有类似的结果。

当 A 站接受 C 站纯距离航迹参数的支援，设 A、C 站位于同一水平面上，假设航迹在 $t_\perp'^A$、$t_\perp^C$ 时刻的航迹点分别为 $P_\perp^A, P_\perp^C$，该两点在水平面上的投影为 $P_\perp'^A$，$P_\perp'^C$；C 站在 A 站水平面上的投影点为 C'，表示目标航迹在两站的一边。在目标航迹上 $P_\perp^A$、$P_\perp^C$ 两点的高度有关系

$$h_\perp^C=h_\perp'^A+V(t_\perp^C-t_\perp'^A)\sin\varepsilon_0 \tag{5-44}$$

在水平投影平面上，根据余弦定理可得到如下关系

$$(h_{\perp}^{C})^{2}=(R_{\perp}^{C})^{2}-\left\{\left[\left(\frac{r_{\perp}^{\prime A}}{V_{1}}\right)^{2}+(t_{\perp}^{C}-t_{\perp}^{\prime A})^{2}\right]V^{2}\cos^{2}\varepsilon_{0}+l_{AB}^{2}\right.$$
$$\left.-2l_{AB}\sqrt{\left(\frac{r_{\perp}^{\prime A}}{V_{1}}\right)^{2}+(t_{\perp}^{C}-t_{\perp}^{\prime A})^{2}}\,V\cos\varepsilon_{0}\cos(\alpha_{AB}-\beta_{t_{\perp}^{C}}^{A})\right\} \tag{5-45}$$

$$(h_{\perp}^{\prime A})^{2}=(R_{\perp}^{C})^{2}+V^{2}(t_{\perp}^{\prime A}-t_{\perp}^{C})^{2}-\left\{\left(\frac{r_{\perp}^{\prime A}}{V_{1}}\right)^{2}V^{2}\cos^{2}\varepsilon_{0}+l_{AB}^{2}\right.$$
$$\left.-2l_{AB}\left(\frac{r_{\perp}^{\prime A}}{V_{1}}\right)V\cos\varepsilon_{0}\cos\left(\alpha_{0}-\frac{\pi}{2}+\alpha_{AB}\right)\right\} \tag{5-46}$$

在以上三个关系中,只有 ε_0 未知,将后面式(5-45)和式(5-46)代入前面的高度关系式,解高次方程可得到 ε_0。从实际关系可以看出,其解包含以高度 $h_{\perp}^{C}$ 为定点的仰角为 $\pm\varepsilon_0$ 直线,该情况下不能区分,在实际中可分为两个通道分别处理这两种情况。

当 B 站接受 C 站纯距离航迹参数的支援,B 站根据目标的速度值可以解出 $R_{\perp}^{B}$,进而依据 $\varepsilon_{\perp}^{B}$ 可计算出该时刻目标的高度 $h_{\perp}^{B}$、目标航迹投影点与观测站的水平距离 $r_{\perp}^{B}$、航迹投影的垂直距离 $r_{\perp}^{\prime B}$ 和时刻 $t_{\perp}^{\prime B}$。根据 $h_{\perp}^{C}=h_{\perp}^{B}+V(t_{\perp}^{C}-t_{\perp}^{B})\sin\varepsilon_{0}$ 可以计算出 $h_{\perp}^{C}$,进而依据 ε_0 推算出航迹投影的垂直距离 $r_{\perp}^{\prime C}$ 和时刻 $t_{\perp}^{\prime C}$。解下列方程可求出 α_0

$$l_{BC}\cos(\alpha_{BC}-\alpha_{0})=V(t_{\perp}^{\prime C}-t_{\perp}^{\prime B})\cos\varepsilon_{0} \tag{5-47}$$

$$l_{BC}\sin(\alpha_{BC}-\alpha_{0})=r_{\perp}^{\prime C}-r_{\perp}^{\prime B} \tag{5-48}$$

当求出 α_0 后,B 站可实现单站的空间目标跟踪。同理,C 站也有相同的结果。

5.2.2 单坐标与复合坐标的直线目标参数航迹解算

目标测量的复合坐标中主要有三种情况,单坐标也有三种情况,其支援类型有九种情况。下面主要讨论单坐标支援方位和仰角的情况。

设 B 站可测目标的纯角度序列,其目标航迹参数为 $t_{\perp}^{B}$,$(R_{\perp}^{B}/V)$,$\alpha_{\perp}^{B}$,ε_{0}^{B},$\varepsilon_{\perp}^{B}$(由于可计算出 $\boldsymbol{L}_{\perp}$)。

实际上,还可解算出在时刻 $t_{\perp}^{B}$ 的目标高度及相关参数

$$h_{\perp}^{B}=V(R_{\perp}^{B}/V)\sin\varepsilon_{\perp}^{B},\ t_{\perp}^{\prime B}=t_{\perp}^{B}+(R_{\perp}^{B}/V)\frac{\sin\varepsilon_{\perp}^{B}\sin\varepsilon_{0}}{\cos^{2}\varepsilon_{0}},\ r_{\perp}^{\prime B}=V(R_{\perp}^{B}/V)\sqrt{1-\frac{\sin^{2}\varepsilon_{\perp}^{B}}{\cos^{2}\varepsilon_{0}}}$$

由上可知,匀速直线运动目标纯角度序列的航迹参数对于真实的航迹参数只差一个 V 未知(或 $R_{\perp}^{B}$)。若 A 站可测目标的纯距离序列,得到目标航迹参数

$V,R_{\perp}^{A},t_{\perp}^{A}$,$B$ 站的 V 可由 A 站得到,在此不多做讨论。

若 A 站可测目标的纯方位序列,其目标的航迹参数为 $t_{\perp}'^{A},r_{\perp}'^{A}/V_1,\alpha_{\perp}^{A}$。

先判断 $\alpha_0^A=\alpha_0^B$ 是否成立(考虑噪声情况下,判断 $|\alpha_0^A-\alpha_0^B|\leq g$ 是否成立,g 为判别门限),若成立,则可进一步解算和判断。主要的问题是求 V 值。设 AB 之间的距离为 l_{AB},依据该距离在航线上投影的三角关系,有

$$V=\frac{l_{AB}}{\sqrt{\left[\left(\frac{R_{\perp}^{B}}{V}\right)\sqrt{1-\frac{\sin^2\varepsilon_{\perp}^{B}}{\cos^2\varepsilon_0}}-\left(\frac{r_{\perp}'^{B}}{V_1}\right)\cos\varepsilon_0\right]^2+(t_{\perp}'^{B}-t_{\perp}'^{A})^2\cos^2\varepsilon_0}} \tag{5-49}$$

若 A 站可测目标的纯仰角序列,其目标航迹参数为 $\varepsilon_0,\varepsilon_{\perp}^{A},R_{\perp}^{A}/V,t_{\perp}^{A}$。

同理,纯仰角序列在匀速直线的假设条件下,也可解出 $h_{\perp}^{A},t_{\perp}'^{A},r_{\perp}'^{A}$。先判断是否 $\varepsilon_0^A=\varepsilon_0^B$,若相同可进一步解算和判断。主要的问题也是求 V 值。

设 AB 之间的距离为 l_{AB},依据该距离在航线上投影的三角关系,有

$$V=\frac{l_{AB}}{\sqrt{\left[\left(\frac{R_{\perp}^{B}}{V}\right)\sqrt{1-\frac{\sin^2\varepsilon_{\perp}^{B}}{\cos^2\varepsilon_0}}-\left(\frac{R_{\perp}^{A}}{V}\right)\sqrt{1-\frac{\sin^2\varepsilon_{\perp}^{A}}{\cos^2\varepsilon_0}}\right]^2+(t_{\perp}'^{B}-t_{\perp}'^{A})^2\cos^2\varepsilon_0}} \tag{5-50}$$

各站都采用分布式航迹参数处理,本站若能计算出目标未知的航迹参数,用参数航迹代替无测量的序列通道,实现目标的升维预测与跟踪。当该通道缺失的测量序列又出现时,可实现无缝衔接和顺利交班,完成目标的全程跟踪。

5.3　二站复合的目标坐标参数航迹的解算与融合

1. 二站纯角度观测的目标参数航迹的解算

1) 纯角度观测的直线运动目标参数航迹的解算

设两站观测坐标已校正,无系统误差。两个单站分别跟踪目标的航迹参数为 $t_{\perp}^{A},(R_{\perp}^{A}/V),\alpha_0^A,\varepsilon_0^A$ 及 $t_{\perp}^{B},(R_{\perp}^{B}/V),\alpha_0^B,\varepsilon_0^B$。

首先目标航迹相关判断,是否存在 $\alpha_0^A=\alpha_0^B$ 和 $\varepsilon_0^A=\varepsilon_0^B$ 同时成立(考虑噪声情况下,判断 $|\alpha_0^A-\alpha_0^B|\leq g_1$ 且 $|\varepsilon_0^A-\varepsilon_0^B|\leq g_2$ 是否同时成立,g_1,g_2 为判别门限),若不同时成立,则各站分别跟踪。否则,可初步判为同一批目标航迹,继续如下处理。设 A,B 站址为 (X_A,Y_A,Z_A) 和 (X_B,Y_B,Z_B),站址的距离为 L_{AB},A,B 两站可根据给定时刻分别求出目标所在的方向;求出在同一时刻 t_0,A,B 两站连线相对目标计算方向的夹角 θ_0^{AB},A,B 站与目标的距离平方为

$$\begin{cases}(R_0^A)^2=V^2\left[\left(\dfrac{R_\perp^A}{V}\right)^2+(t_0-t_\perp^A)^2\right]\\(R_0^B)^2=V^2\left[\left(\dfrac{R_\perp^B}{V}\right)^2+(t_0-t_\perp^B)^2\right]\end{cases}\tag{5-51}$$

根据余弦定理可解出

$$V=\frac{L_{AB}}{\sqrt{\left(\dfrac{R_\perp^A}{V}\right)^2+\left(\dfrac{R_\perp^B}{V}\right)^2+(t_0-t_\perp^A)^2+(t_0-t_\perp^B)^2-2S_AS_B\cos\theta_0^{AB}}}\tag{5-52}$$

式中：$S_A=\sqrt{\left(\dfrac{R_\perp^A}{V}\right)^2+(t_0-t_\perp^A)^2}$；$S_B=\sqrt{\left(\dfrac{R_\perp^B}{V}\right)^2+(t_0-t_\perp^B)^2}$。

只要分母不为零，可求出目标航迹的速度大小，各站进一步求出 $R_\perp^A$，$R_\perp^B$。实现了在有支援条件下目标的三维跟踪。当分母为零时，适当调整 t_0 可实现分母不为零。通常的做法是，对 A 站选用 $t_0=t_\perp^A$，计算较为简单。

2）纯角度观测的圆周运动目标参数航迹的解算

设有观测 A，B 两站，空间位置为 (X_A,Y_A,Z_A)，(X_B,Y_B,Z_B)，各站已经过坐标系统误差校正，对同一批目标而言，各站观测的圆周运动角频率应该相同，某时刻的目标运动速度、加速度、圆心位置、观测站与圆周平面垂直的单位向量等应该相同，这些都可用作判断两站的目标参数航迹的相关性。为简单起见，上面讨论的各参数与站址有关的量需要标注上标以示不同；其相同的量、单位向量均不采用标注以示相同。

根据圆周平面与观测站的位置关系，有

$$H^A=(X_B-X_A)l_\perp+(Y_B-Y_A)m_\perp+(Z_B-Z_A)n_\perp+H^B\tag{5-53}$$

两站在圆周平面的投影点之间的距离有以下关系

$$\begin{aligned}(L'^{AB})^2&=(X_B-X_A)^2+(Y_B-Y_A)^2+(Z_B-Z_A)^2\\&\quad-[(X_B-X_A)l_\perp+(Y_B-Y_A)m_\perp+(Z_B-Z_A)n_\perp]^2\\&=(h^A)^2+(h^B)^2-2h^Ah^B\cos\Omega(t_0^B-t_0^A)\\&=\left(\frac{h^A}{H^A}\right)^2(H^A)^2+\left(\frac{h^B}{H^B}\right)^2(H^B)^2-2\left(\frac{h^A}{H^A}\right)\frac{h^B}{H^B}H^AH^B\cos\Omega(t_0^B-t_0^A)\end{aligned}\tag{5-54}$$

设各站航迹参数 h^A/H^A，h^B/H^B 已经得到（详见式（4-99a）、式（4-99b）），联合式（5-53）和式（5-54）求解 H^A，H^B，进而可求出 h^A，h^B。可根据式（4-90）计算出各站与目标的距离。

还可采用另外的方法求出 H^A，H^B，采用两站不等的 r/H^A，r/H^B 的比值（详见

式(4-99c))联合求解可得

$$H^{B}=\frac{(X_{B}-X_{A})l_{\perp}+(Y_{B}-Y_{A})m_{\perp}+(Z_{B}-Z_{A})n_{\perp}}{\frac{r}{H^{B}}-\frac{r}{H^{A}}}\cdot\frac{r}{H^{A}} \tag{5-55}$$

各航迹参数 r/H^{A},r/H^{B} 已在单站目标跟踪时求出,式(5-55)中 H^{A},H^{B} 可求出,进而可求出 r。圆周运动的目标速度值 $V=r\Omega$ 及加速度值 $a=r\Omega^{2}$ 都可求出。

两站异步观测可对其航迹参数进行相关,联合计算出具体航迹参数,有利于目标的系统跟踪。

单站纯角度观测目标的情况下,各站在有其他站目标纯角度航迹参数的支援时,可实现目标的升维跟踪;各站采用异步工作方式,按照各自的工作周期运作,通过参数航迹插值与外推实现观测目标的空间、时间同步,大大减少了数据通信压力,特别适合分布式多目标跟踪情况。

2. 二站距离和仰角序列的直线目标参数航迹的解算

由于各站的距离和仰角序列能够较好地跟踪目标,只是目标航迹投影直线的航向不能确定,或投影直线的垂直方位不能确定。设 A,B 站址 $O_{A}(X_{A},Y_{A},Z_{A})$和 $O_{B}(X_{B},Y_{B},Z_{B})$,站址的水平投影距离为

$$l_{AB}=\sqrt{(X_{B}-X_{A})^{2}+(Y_{B}-Y_{A})^{2}}$$

经目标航迹的相关判断后,设 A,B 站方位角为 θ_{AB},相对目标航线投影直线的角度为 θ,有

$$\cos\theta=\frac{V(t_{\perp}^{B}-t_{\perp}^{A})\cos\varepsilon_{0}}{l_{AB}},\quad \sin\theta=\frac{r_{\perp}'^{B}-r_{\perp}'^{A}}{l_{AB}} \tag{5-56}$$

$$\cos\theta_{AB}=\frac{Y_{B}-Y_{A}}{l_{AB}}=\cos(\theta+\alpha_{0}),\quad \sin\theta_{AB}=\frac{X_{B}-X_{A}}{l_{AB}}=\sin(\theta+\alpha_{0}) \tag{5-57}$$

式(5-56)、式(5-57)很容易解出

$$\begin{bmatrix}\cos\alpha_{0}\\ \sin\alpha_{0}\end{bmatrix}=\begin{bmatrix}V(t_{\perp}^{B}-t_{\perp}^{A})\cos\varepsilon_{0} & -(r_{\perp}'^{B}-r_{\perp}'^{A})\\ r_{\perp}'^{B}-r_{\perp}'^{A} & V(t_{\perp}^{B}-t_{\perp}^{A})\cos\varepsilon_{0}\end{bmatrix}^{-1}\begin{bmatrix}Y_{B}-Y_{A}\\ X_{B}-X_{A}\end{bmatrix} \tag{5-58}$$

当有另外站目标航迹参数支援后,本站可解出目标的航向角 α_{0},实现目标的三维跟踪。

5.4　多基地纯距离和的目标信息的解算与融合

1. 多基地中心发射站目标距离和信息的解算[1]

以一发二收为例,O 站为照射站,A,C 分别为接收站,各站与照射站的距离

分别为 L_A, L_C，设三站在一条直线上，目标位置在 P 点，二接收站只能测量到目标的距离和信息：$R_{OPA}=R_O+R_A, R_{OPC}=R_O+R_C$，其中，$R_O$ 为目标到照射站的距离。根据斯特瓦尔特定理，可计算出目标与照射站的距离

$$R_O=\frac{L_A(R_{OPC})^2+L_C(R_{OPA})^2-L_AL_C(L_A+L_C)}{2(L_AR_{OPC}+L_CR_{OPA})} \tag{5-59}$$

容易计算出 $\cos\theta_{COP}$。当解出 R_O 后，两站等效为纯距离目标跟踪。

以一发三收为例，O 站为照射站，不在一条直线上的三站 A,B,C 为接收站，各站与照射站的平面距离分别为 L_A, L_B, L_C，设四站在一个平面上，目标为 P，三接收站只能测量到目标的距离和信息

$$R_{OPA}=R_O+R_A, R_{OPB}=R_O+R_B, R_{OPC}=R_O+R_C$$

式中：R_O 为目标到照射站的距离。O 站相对三站 A,B,C 的三点坐标系数为 k_{OA}, k_{OB}, k_{OC}，且 $k_{OA}+k_{OB}+k_{OC}=1$，各系数可由式(2-103)计算。根据三距离的等效原理，可计算出目标与照射站的距离

$$R_O=\frac{k_{OA}(R_{OPA}^2-L_{OA}^2)+k_{OB}(R_{OPB}^2-L_{OB}^2)+k_{OC}(R_{OPC}^2-L_{OC}^2)}{2(k_{OA}R_{OPA}+k_{OB}R_{OPB}+k_{OC}R_{OPC})} \tag{5-60}$$

继而可解出目标与各站的距离，套用式(2-101)可得到目标的空间位置。

以一发四收为例，O 站为照射站，四站 A,B,C,D 为接收站，各站与照射站的平面距离分别为 L_A, L_B, L_C, L_D，设四站在一个平面上，O 位于 AC 与 BD 连线的交点上，目标位置为 P，四接收站只能测量到目标的距离和信息：$R_{OPI}=R_O+R_I, I=A,B,C,D$。其中，$R_O$ 为目标到照射站的距离。在 ΔAPC 和 ΔBPD 中，分别应用斯特瓦尔特定理，有

$$\begin{cases}L_AR_C^2+L_CR_A^2-(L_A+L_C)R_O^2=L_AL_C(L_A+L_C)\\L_BR_D^2+L_DR_B^2-(L_B+L_D)R_O^2=L_BL_D(L_B+L_D)\end{cases} \tag{5-61}$$

代入距离和的关系，可解出 R_O（可参照一发二收的情况），并按测量精度平均两路计算数据。

设 AC, BD 连线的单位向量为 $\boldsymbol{L}_{AC}, \boldsymbol{L}_{BD}$，其夹角为 $\theta_{COD}=\frac{\pi}{2}$，$A,B,C,D$ 平面的单位法向量为 $\boldsymbol{L}_\perp=\boldsymbol{L}_{AC}\times\boldsymbol{L}_{BD}$，容易计算出 $\cos\theta_{COP}, \cos\theta_{DOP}$。照射站到目标的单位方向为 $\boldsymbol{L}_{OP}$，即

$$\boldsymbol{L}_{OP}=\cos\theta_{COP}\boldsymbol{L}_{AC}+\cos\theta_{DOP}\boldsymbol{L}_{BD}+\sqrt{1-\cos^2\theta_{COP}+\cos^2\theta_{DOP}})\boldsymbol{L}_\perp \tag{5-62}$$

当解出 R_O 和单位向量后，在 O 站有关目标的位置支援下，各站等效为三维目标跟踪。

2. 多基地平面四站目标距离和信息的解算

以一发三收为例，A 站为照射站，其他站 B,C,D 为接收站，且四站在一个平

面上,基线 AC 与 BD 的交点 O 与各站的平面距离分别为 L_A,L_B,L_C,L_D。

设 R_O 为目标到交点 O 的距离,在式(5-61)中代入距离和的关系,并消去 R_O,解出 R_A,即

$$R_A=\frac{\dfrac{L_BR_{APD}^2+L_DR_{APB}^2}{L_B+L_D}-\dfrac{L_AR_{APC}^2}{L_A+L_C}+L_AL_C-L_BL_D}{2\left[\dfrac{L_BR_{APD}+L_DR_{APB}}{L_B+L_D}-\dfrac{L_AR_{APC}}{L_A+L_C}\right]} \tag{5-63}$$

再由距离和的关系式,可求出 R_B,R_C 和 R_D。

当 $L_A=L_C,L_B=L_D$ 时,式(5-63)可化简为

$$R_A=\frac{R_{APB}^2+R_{APD}^2-R_{APC}^2+2(L_A^2-L_B^2)}{2(R_{APB}+R_{APD}-R_{APC})} \tag{5-64}$$

3. 多基地距离和与站址距离之差的目标定位模型

利用电视信号可以实现目标的定位,其原理是测量目标反射波(发射站—目标—接收站)与直达波(发射站—接收站)的时间差,计算目标的空间位置。

1) 距离解算原理

设 A 站为发射站,目标为 P,B,C,D 站测量到的时间间隔为 $\Delta t_B,\Delta t_C,\Delta t_D,v$ 为光速,有

$$\begin{cases}R_{APB}-L_{AB}=v\Delta t_B\\R_{APC}-L_{AC}=v\Delta t_C\\R_{APD}-L_{AD}=v\Delta t_D\end{cases} \tag{5-65}$$

将式(5-65)代入式(5-63)可解出 R_A,即

$$R_A=\frac{\dfrac{L_B\ (v\Delta t_B+L_{AD})^2+L_D\ (v\Delta t_D+L_{AD})^2}{L_B+L_D}-\dfrac{L_A\ (v\Delta t_C+L_{AC})^2}{L_A+L_C}+L_AL_C-L_BL_D}{2\left[\dfrac{L_B(v\Delta t_D+L_{AD})+L_D(v\Delta t_B+L_{AB})}{L_B+L_D}-\dfrac{L_A(v\Delta t_C+L_{AC})}{L_A+L_C}\right]} \tag{5-66}$$

再由距离和的关系式,可求出 R_B,R_C 和 R_D。

2) 定位精度分析

在式(5-63)中,求 R_A 对 $R_{\Sigma B}=R_A+R_B,R_{\Sigma C}=R_A+R_C,R_{\Sigma D}=R_A+R_D$ 的偏导,可得纯距离和定位距离解算误差,即

$$\sigma_{R_A}=\sqrt{\left(\frac{\partial R_A}{\partial R_{\Sigma B}}\cdot\sigma_{R_{\Sigma B}}\right)^2+\left(\frac{\partial R_A}{\partial R_{\Sigma C}}\cdot\sigma_{R_{\Sigma C}}\right)^2+\left(\frac{\partial R_A}{\partial R_{\Sigma D}}\cdot\sigma_{R_{\Sigma D}}\right)^2} \tag{5-67}$$

在式(5-66)中,求 R_A 对 $\Delta t_B,\Delta t_C,\Delta t_D$ 的偏导,可得距离和与站址差定位距离解算误差,即

$$\sigma_{R_A}=\sqrt{\left(\frac{\partial R_A}{\partial \Delta t_B}\cdot\sigma_{\Delta t_B}\right)^2+\left(\frac{\partial R_A}{\partial \Delta t_C}\cdot\sigma_{\Delta t_C}\right)^2+\left(\frac{\partial R_A}{\partial \Delta t_D}\cdot\sigma_{\Delta t_D}\right)^2} \tag{5-68}$$

3) 仿真实验与结论

为了便于对两种距离信息定位方法分析,坐标范围取±80km,设照射站 A 坐标为(-35,0,0)km,接收站 B,C,D 坐标分别为(0,25,0)km、(35,0,0)km、(0,-25,0)km,H 为目标飞行高度。绘制定位误差曲线如图 5.9 所示,误差单位为 m。

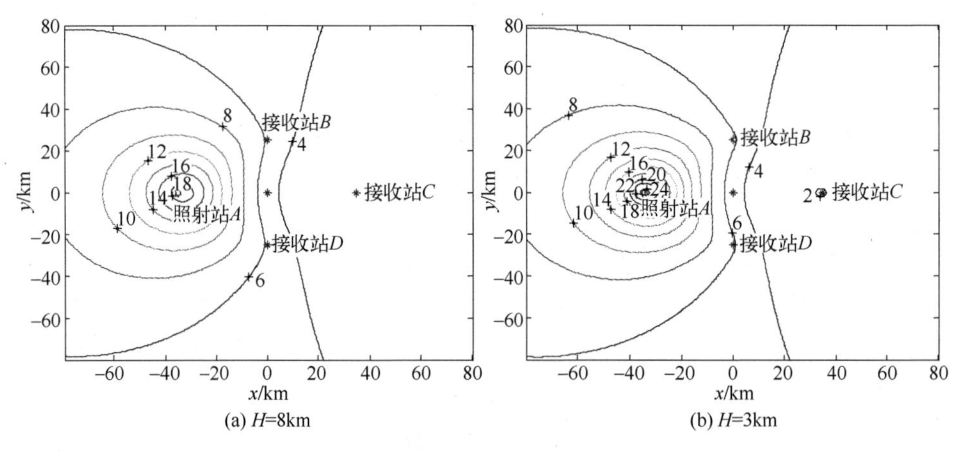

图 5.9 纯距离和定位误差曲线($\sigma_{R_{\sum B}}=\sigma_{R_{\sum C}}=\sigma_{R_{\sum D}}=5$m)

由图 5.9 可知,纯距离和定位具有较高的定位精度,在照射站附近,误差呈同心圆分布,越靠近照射站,误差越大。目标高度降低,在大部分空域都具有较高的定位精度,在靠近照射站处,误差相对较大。单个接收站测量距离和误差增大,引起整体空域距离解算误差增大。图 5.10 给出了距离与站址差定位曲线,误差单位为 m。

由图 5.10 可知,距离和与站址差定位在各站测时间误差很小的情况下具有较高的定位精度,在照射站附近,误差呈同心圆分布,越靠近照射站,误差越大。目标高度降低,在大部分空域都具有较高的定位精度,只是在靠近照射站处,误差相对较大。单个接收站测时间误差增大,引起部分空域距离解算误差随之增大。

目标在空中做匀速直线运动,在笛卡儿坐标系中速度为(150,-130,20)m/s,取目标航迹中 200 个数据进行距离和坐标解算。解算后,绘制曲线如图 5.11 所示。

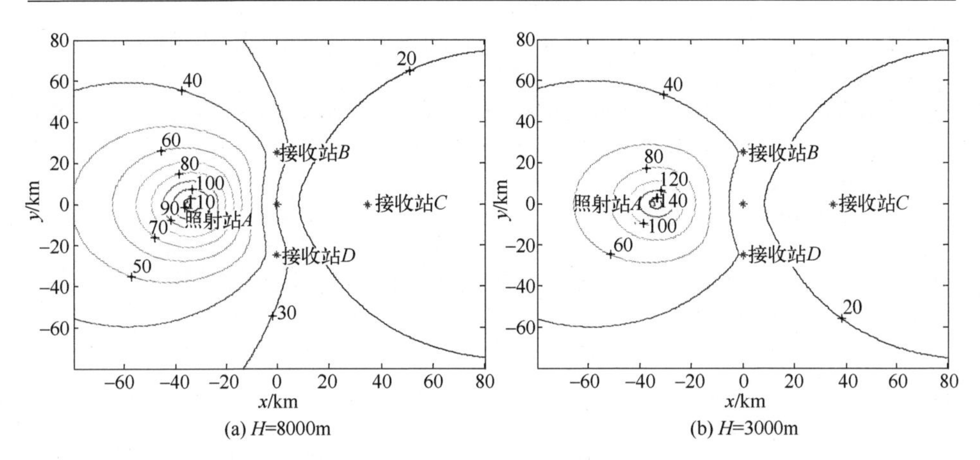

图 5.10　距离和与站址差定位误差曲线($\sigma_{\Delta t_B}=\sigma_{\Delta t_C}=\sigma_{\Delta t_D}=100\text{ns}$)

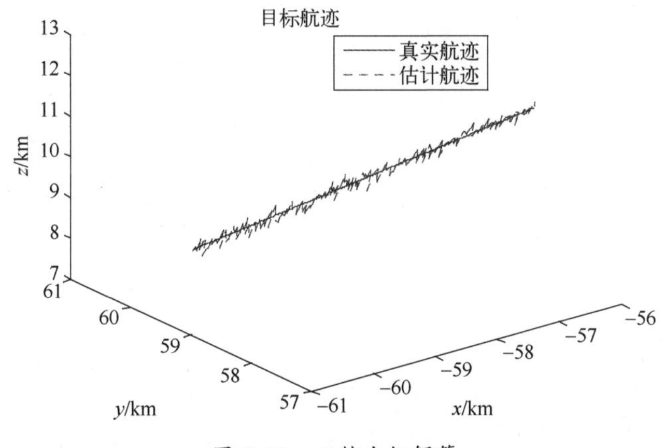

图 5.11　三维坐标解算

仿真实验表明,运用多基地雷达纯距离和信息定位,可以得到较高的定位精度和空间目标的运动航迹,经过坐标转换可以估计出目标三维坐标值。

对多基地雷达系统而言,各站同步测量目标序列,所测量距离和、角度序列是时间和空间同步的。各站纯角度同步观测目标,本站可按空间正弦角度的交比形式[3]与另外站测量序列相关处理,得到目标的航迹参数和确定目标的空间位置;纯距离和序列也可得到目标空间位置,两者可按协方差阵加权的形式融合,由于这种加权融合公式在有关的教科书和手册[4-7]中常见,在此略。

参考文献

[1]　刘进忙. 空中目标分坐标滤波与参数航迹融合技术研究[D]. 西安电子科技大学,2012.

[2] 冯广飞, 刘进忙, 谢军伟. 双/多基地制导雷达定位精度分析[J]. 火控雷达技术, 2010, 39(2): 12-16.

[3] 梅向明, 刘增贤,等. 高等几何[M]. 北京: 高等教育出版社, 2002: 43-56.

[4] Hall D L,Llinas J. 多传感器数据融合手册[M]. 杨露箐, 耿伯英,译. 北京: 电子工业出版社, 2008.

[5] Poisel R A. 电子战目标定位方法[M]. 屈晓旭, 罗勇,译. 北京: 电子工业出版社, 2008.

[6] 康耀红. 数据融合理论与应用[M]. 西安: 电子科技大学出版社, 1997.

[7] 杨靖宇. 战场数据融合技术[M]. 北京: 兵器工业出版社,1994.

第6章　分坐标处理的目标运动模型与滤波技术

根据目标运动特点,通常将目标运动形式建模为匀速直线运动、匀加速直线运动、空间二次曲线运动、匀速圆周运动等。这些模型在目标逃逸机动或在某些战场环境中,尽管可采用交互多模型(IMM)表示,但仍不能很好地表达目标运动规律,且存在模型集不够完全、计算概率较困难、不能达到最优结果等缺点。根据空中目标运动特点,作者定义了机动目标内、外加速度的概念,提出了匀加速圆周运动的目标模型,进一步改进后形成可描述空中目标的多种运动模式的统一模型,包括目标的各种飞行方式,有效地克服了原有模型的缺陷,为目标航迹的解算与跟踪提供了一种全新的思路。

介绍了机动目标运动的测量模型,反映了作者的分坐标目标运动模型的思想,即尽可能在测量坐标上建立运动模型,虽然非线性函数计算复杂,好在计算的维数不高。该部分在前面各章节有重要的应用。

非线性滤波算法主要是研究最优非线性滤波器的有限维近似方法。对于非线性滤波问题,目前主要有两种解决思路:一是基于批处理方法;二是基于递推方法。批处理算法适合于监控跟踪动态模型变化较慢的运动目标,并且系统对跟踪环境的实时性要求不高;递推算法适用于线性系统,满足实时性要求较高的场合。在两种类型算法的性能方面,批处理算法对观测数据的缺失不敏感,但是其迭代收敛性对初始条件和搜索步长敏感,对杂波数据鲁棒性不强;递推算法实时性强,适用于跟踪能用递推形式描述的运动目标,但对强机动目标、有数据缺失的观测序列的目标,其滤波与跟踪的鲁棒性不强。由于线性模型和递推形式的成功应用,国内外均在此进行大量改进和研究,而结合批处理算法的研究基本上停滞了多年。本章介绍了几种经过推导的批处理的平滑和滤波方法,包括如灰色系统的预测和参数处理方法、有约束的平差、增大跨度的参数平均方法等,主要想法是通过分坐标批处理提供目标的航迹参数,为基于递推滤波处理方法提供新的参数支援和补充描述,使其更加系统完善,以适应战场的特殊需要。

另外依据有些分坐标测量序列的函数关系属于多步递推的形式,作者推导出多步递推卡尔曼滤波方法,在纯距离方面的仿真实验验证了其方法的有效性。

针对分坐标处理存在的技术难题,介绍了几种矩阵模型的经典方法和现代滤波与航迹参数的估计方法，目的是提供一个选择平台及指出应用、改进的新方向。经过改进可以用于多目标分坐标处理。

考虑到本书篇幅所限，未进一步展开介绍这些改进方法，请读者进一步参考后续有关论文及专著。

6.1 空气动力学目标的运动与测量模型

对空间目标运动方程的分析可知，大多数飞机为固定机翼飞行器，目标的运动规律与推力向量和飞行姿态有关，从而可以认为空间目标运动的加速度有两种：一种加速度是给定值和方向，且不随目标运动轨迹的变化而变化，称为外加速度，如重力加速度；另一种加速度与目标的推力向量和飞行姿态有关，固定在目标机翼或姿态上，称为内加速度，如匀速圆周运动的向心加速度，目标的前向加速度等。为此，作者由匀速圆周运动的模型出发，提出了匀加速圆周模型，可兼容多种模型来描述目标的运动模型。综合这两种模型可得到统一的目标运动模型。

6.1.1 匀速圆周运动目标模型

设空中目标运动速度为 V，向心加速度为 $a_\perp$，转弯半径为 r，圆心与观测站的距离为 R_0，相对观测站的目标位置以笛卡儿坐标描述如下

$$
\begin{aligned}
\begin{bmatrix} X(t) \\ Y(t) \\ Z(t) \end{bmatrix} &= \begin{bmatrix} X_0 \\ Y_0 \\ Z_0 \end{bmatrix} + \frac{\sin\Omega(t-t_0)}{\Omega}\begin{bmatrix} V_X \\ V_Y \\ V_Z \end{bmatrix}_{t_0} + \frac{1-\cos\Omega(t-t_0)}{\Omega^2}\begin{bmatrix} a_{\perp X} \\ a_{\perp Y} \\ a_{\perp Z} \end{bmatrix}_{t_0} \\
&= \begin{bmatrix} X_{R_0} \\ Y_{R_0} \\ Z_{R_0} \end{bmatrix} + \frac{\sin\Omega(t-t_0)}{\Omega}\begin{bmatrix} V_X \\ V_Y \\ V_Z \end{bmatrix}_{t_0} - \frac{\cos\Omega(t-t_0)}{\Omega^2}\begin{bmatrix} a_{\perp X} \\ a_{\perp Y} \\ a_{\perp Z} \end{bmatrix}_{t_0}
\end{aligned} \tag{6-1a}
$$

式中：$\Omega=a_\perp/V=V/r$ 为目标的转弯角速率，$r=V^2/a_\perp$ 为转弯半径，$V^2=V_X^2+V_Y^2+V_Z^2$ 为目标机动速度；$a_\perp^2=a_{\perp X}^2+a_{\perp Y}^2+a_{\perp Z}^2$ 为目标向心加速度，需满足 $V_X a_{\perp X}+V_Y a_{\perp Y}+V_Z a_{\perp Z}=0$，即速度向量与加速度向量正交；$(X_{R_0},Y_{R_0},Z_{R_0})$ 为圆心的三维笛卡儿坐标；t_0 为起始时刻；(X_0,Y_0,Z_0)，(V_X,V_Y,V_Z)，$(a_{\perp X},a_{\perp Y},a_{\perp Z})$ 分别为 t_0 时刻目标位置向量、速度向量、加速度向量。当 $\Omega\to 0$ 时，目标的运动为匀速直线运动。

当 t_0 时刻目标的位置、速度、向心加速度向量给定时，由式(6-1b)、式(6-2)和式(6-3)很容易用 t_0 时刻目标的位置、速度、加速度的单位向量表示

t 时刻目标的瞬时位置、速度、加速度向量

$$\begin{bmatrix} X(t) \\ Y(t) \\ Z(t) \end{bmatrix} = r\sin\Omega(t-t_0)\begin{bmatrix} V_X \\ V_Y \\ V_Z \end{bmatrix}_{t_0}^0 - r\cos\Omega(t-t_0)\begin{bmatrix} a_{\perp X} \\ a_{\perp Y} \\ a_{\perp Z} \end{bmatrix}_{t_0}^0 + \begin{bmatrix} X_{R0} \\ Y_{R0} \\ Z_{R0} \end{bmatrix} \tag{6-1b}$$

$$\begin{bmatrix} \dot{X}(t) \\ \dot{Y}(t) \\ \dot{Z}(t) \end{bmatrix} = V\cos\Omega(t-t_0)\begin{bmatrix} V_X \\ V_Y \\ V_Z \end{bmatrix}_{t_0}^0 + V\sin\Omega(t-t_0)\begin{bmatrix} a_{\perp X} \\ a_{\perp Y} \\ a_{\perp Z} \end{bmatrix}_{t_0}^0 \tag{6-2}$$

$$\begin{bmatrix} \ddot{X}(t) \\ \ddot{Y}(t) \\ \ddot{Z}(t) \end{bmatrix} = -a_{\perp}\sin\Omega(t-t_0)\begin{bmatrix} V_X \\ V_Y \\ V_Z \end{bmatrix}_{t_0}^0 + a_{\perp}\cos\Omega(t-t_0)\begin{bmatrix} a_{\perp X} \\ a_{\perp Y} \\ a_{\perp Z} \end{bmatrix}_{t_0}^0 \tag{6-3}$$

式中：$[\cdot]^0$ 表示单位向量。显然，只要在 t_0 时刻目标的速度、垂直加速度的单位向量可确定，再用几个参数即可描述目标的匀速圆周运动。式(6-1b)可看成式(6-2)对时间积分的结果。

6.1.2　匀加速圆周运动目标模型

设空中目标在 t_0 时刻的运动速度为 V_{t_0}，固定在飞行体上的加速度为 a，可分解为在垂直速度方向的向心加速度 $a_{\perp}$ 和沿速度方向的加速度 $a_{\parallel}$，易得到

目标飞行的瞬时速度为

$$V_t = V_{t_0} + a_{\parallel}(t-t_0) \tag{6-4}$$

目标飞行的角频率为

$$\Omega_t = \frac{a_{\perp}}{V_t} = \frac{a_{\perp}}{V_{t_0} + a_{\parallel}(t-t_0)} \tag{6-5}$$

目标沿初始方向的偏移角为

$$\varphi_t = \int_{t_0}^{t} \Omega_\tau \mathrm{d}\tau = \int_{t_0}^{t} \frac{a_{\perp}}{V_{t_0} + a_{\parallel}(\tau - t_0)}\mathrm{d}\tau = \frac{a_{\perp}}{a_{\parallel}}\ln\left(1 + \frac{a_{\parallel}}{V_{t_0}}(t - t_0)\right) \tag{6-6}$$

而有

$$\frac{\ln\left(1+\dfrac{a_{\parallel}}{V_{t_0}}\tau\right)}{\dfrac{a_{\parallel}}{V_{t_0}}} = \tau - \frac{1}{2}\frac{a_{\parallel}}{V_{t_0}}\tau^2 + \frac{1}{3}\left(\frac{a_{\parallel}}{V_{t_0}}\right)^2\tau^3 - \frac{1}{4}\left(\frac{a_{\parallel}}{V_{t_0}}\right)^3\tau^4 + \cdots \tag{6-7}$$

式中：$\tau = t - t_0$。

相对观测站的以笛卡儿坐标描述速度如下

$$\begin{bmatrix} \dot{X}(t) \\ \dot{Y}(t) \\ \dot{Z}(t) \end{bmatrix} = V_t\cos\varphi_t \begin{bmatrix} V_X \\ V_Y \\ V_Z \end{bmatrix}_{t_0}^0 + V_t\sin\varphi_t \begin{bmatrix} a_{\perp X} \\ a_{\perp Y} \\ a_{\perp Z} \end{bmatrix}_{t_0}^0 \tag{6-8}$$

对式(6-8)求导,可以得到目标的加速度为

$$\begin{bmatrix} \ddot{X}(t) \\ \ddot{Y}(t) \\ \ddot{Z}(t) \end{bmatrix} = (a_{\parallel}\cos\varphi_t - a_{\perp}\sin\varphi_t) \begin{bmatrix} V_X \\ V_Y \\ V_Z \end{bmatrix}_{t_0}^0 + (a_{\parallel}\sin\varphi_t + a_{\perp}\cos\varphi_t) \begin{bmatrix} a_{\perp X} \\ a_{\perp Y} \\ a_{\perp Z} \end{bmatrix}_{t_0}^0 \tag{6-9}$$

接着,对式(6-8)求积分,可以得到目标的位置坐标:

$$\begin{bmatrix} X(t) \\ Y(t) \\ Z(t) \end{bmatrix} = \int_{t_0}^{t} V_\tau\cos\varphi_\tau \mathrm{d}\tau \begin{bmatrix} V_X \\ V_Y \\ V_Z \end{bmatrix}_{t_0}^0 + \int_{t_0}^{t} V_\tau\sin\varphi_\tau \mathrm{d}\tau \begin{bmatrix} a_{\perp X} \\ a_{\perp Y} \\ a_{\perp Z} \end{bmatrix}_{t_0}^0 + \begin{bmatrix} X_0 \\ Y_0 \\ Z_0 \end{bmatrix} \tag{6-10}$$

首先,分析被积函数 $V_\tau\cos\varphi_\tau$ 的特点,可以设它的原函数为

$$F(t) = [K_0 + K_1(t-t_0)][V_{t_0} + a_{\parallel}(t-t_0)]\cos\varphi_t + [K_0' + K_1'(t-t_0)][V_{t_0} + a_{\parallel}(t-t_0)]\sin\varphi_t \tag{6-11}$$

接着,对式(6-11)求导得

$$\begin{aligned} F'(t) &= [K_0a_{\parallel} + K_1V_{t_0} + 2K_1a_{\parallel}(t-t_0)]\cos\varphi_t - a_{\perp}[K_0 + K_1(t-t_0)]\sin\varphi_t \\ &\quad + [K_0'a_{\parallel} + K_1'V_{t_0} + 2K_1'a_{\parallel}(t-t_0)]\sin\varphi_t + a_{\perp}[K_0' + K_1'(t-t_0)]\cos\varphi_t \\ &= [K_0a_{\parallel} + K_1V_{t_0} + K_0'a_{\perp} + (2K_1a_{\parallel} + K_1'a_{\perp})(t-t_0)]\cos\varphi_t \\ &\quad + [K_0'a_{\parallel} + K_1'V_{t_0} - K_0a_{\perp} + (2K_1'a_{\parallel} - K_1a_{\perp})(t-t_0)]\sin\varphi_t \end{aligned} \tag{6-12}$$

而 $F'(t) = V_t\cos\varphi_t = [V_{t_0} + a_{\parallel}(t-t_0)]\cos\varphi_t$,因此利用对应项相等得到

$$\begin{cases} K_0a_{\parallel} + K_1V_{t_0} + K_0'a_{\perp} = V_{t_0} \\ 2K_1a_{\parallel} + K_1'a_{\perp} = a_{\parallel} \end{cases} \quad \text{和} \quad \begin{cases} K_0'a_{\parallel} + K_1'V_{t_0} = K_0a_{\perp} \\ 2K_1'a_{\parallel} = K_1a_{\perp} \end{cases}$$

解方程组得

$$\begin{cases} K_0 = \dfrac{2V_{t_0}a_{\parallel}}{4a_{\parallel}^2 + a_{\perp}^2} \\ K_1 = \dfrac{2a_{\parallel}^2}{4a_{\parallel}^2 + a_{\perp}^2} \end{cases} \tag{6-13a}$$

$$\begin{cases} K_0' = \dfrac{V_{t_0} a_\perp}{4a_\parallel^2 + a_\perp^2} \\ K_1' = \dfrac{a_\parallel a_\perp}{4a_\parallel^2 + a_\perp^2} \end{cases} \tag{6-13b}$$

同理,对于被积函数 $V_\tau \sin\varphi_\tau$,也可以按照类似方法进行求解。最后,将结果代入式(6-10),得

$$\begin{bmatrix} X(t) \\ Y(t) \\ Z(t) \end{bmatrix} = \left[\frac{V_t^2}{4a_\parallel^2 + a_\perp^2}(2a_\parallel \cos\varphi_t + a_\perp \sin\varphi_t) - \frac{2V_{t_0}^2 a_\parallel}{4a_\parallel^2 + a_\perp^2} \right] \begin{bmatrix} V_X \\ V_Y \\ V_Z \end{bmatrix}_{t_0}^0$$

$$+ \left[\frac{V_t^2}{4a_\parallel^2 + a_\perp^2}(2a_\parallel \sin\varphi_t - a_\perp \cos\varphi_t) + \frac{V_{t_0}^2 a_\perp}{4a_\parallel^2 + a_\perp^2} \right] \begin{bmatrix} a_{\perp X} \\ a_{\perp Y} \\ a_{\perp Z} \end{bmatrix}_{t_0}^0 + \begin{bmatrix} X_0 \\ Y_0 \\ Z_0 \end{bmatrix} \tag{6-14}$$

以上推导结果表明本书提出的模型属于通用模型,不仅可以描述匀加速圆周运动和匀减速圆周运动,还能描述匀速直线运动、匀加速直线运动以及匀速圆周运动。

6.1.3　匀加速圆周及二次曲线的复合运动目标模型

1. 复合运动模型

二次曲线的运动目标模型可以理解为在飞行体之外有一个固定的加速度向量的始终作用。考虑到外力主要为重力加速度 g,固定在飞行体上的加速度和外加速度复合后,目标位置可表示为

$$\begin{bmatrix} X(t) \\ Y(t) \\ Z(t) \end{bmatrix} = \left[\begin{bmatrix} V_X \\ V_Y \\ V_Z \end{bmatrix}_{t_0}^0 \quad \begin{bmatrix} a_{\perp X} \\ a_{\perp Y} \\ a_{\perp Z} \end{bmatrix}_{t_0}^0 \right] \left\{ V_{t_0}^2 \boldsymbol{I} - V_t^2 \begin{bmatrix} \cos\varphi_t & -\sin\varphi_t \\ \sin\varphi_t & \cos\varphi_t \end{bmatrix} \right\} \begin{bmatrix} \dfrac{-2a_\parallel}{4a_\parallel^2 + a_\perp^2} \\ \dfrac{a_\perp}{4a_\parallel^2 + a_\perp^2} \end{bmatrix}$$

$$+ \begin{bmatrix} X_0 \\ Y_0 \\ Z_0 \end{bmatrix} + \frac{g}{2}(t - t_0)^2 \begin{bmatrix} l \\ m \\ n \end{bmatrix}_{t_0}^0 \tag{6-15}$$

只要 t_0 时刻目标的速度、垂直加速度的单位向量可确定,再用几个参数即可描述目标的匀加速圆周运动,当沿速度方向的加速度 $a_\parallel < 0$ 时,此时描述的是目标的匀减速圆周运动。式(6-15)可表示内外加速度的目标位置模型,可描述多种目标运动曲线,在实际情况中,需要考虑重力的方向,即最右端一项实际为

$0.5(t-t_0)^2[0,0,-g]^{\mathrm{T}}$,其中 g 为重力加速度。主要有以下的目标运动形式:

(1) 当 $a_\perp=0, a_\parallel\neq 0$,即目标做匀加速直线运动时,$V_t=V_{t_0}+a_\parallel(t-t_0)$ 且 $\varphi_t=0$,代入式(6-14)可得

$$\begin{bmatrix}X(t)\\Y(t)\\Z(t)\end{bmatrix}=\frac{V_t^2-V_{t_0}^2}{2a_\parallel}\begin{bmatrix}V_X\\V_Y\\V_Z\end{bmatrix}_{t_0}^0+\begin{bmatrix}X_0\\Y_0\\Z_0\end{bmatrix}=\frac{1}{2}(V_t+V_{t_0})(t-t_0)\begin{bmatrix}V_X\\V_Y\\V_Z\end{bmatrix}_{t_0}^0+\begin{bmatrix}X_0\\Y_0\\Z_0\end{bmatrix}$$

$$=\left[V_{t_0}(t-t_0)+\frac{1}{2}a_\parallel(t-t_0)^2\right]\begin{bmatrix}V_X\\V_Y\\V_Z\end{bmatrix}_{t_0}^0+\begin{bmatrix}X_0\\Y_0\\Z_0\end{bmatrix}\tag{6-16}$$

式(6-16)的结果与匀加速直线运动的运动模型是相符的,说明本书模型可以描述目标的匀加速直线运动。

(2) 当 $a_\perp=0, a_\parallel=0$,即目标做匀速直线运动时,此时为了计算方便,可以假设 $a_\parallel$ 是一个非常小的值,因此代入式(6-16)可得

$$\begin{bmatrix}X(t)\\Y(t)\\Z(t)\end{bmatrix}=\left[V_{t_0}(t-t_0)+\frac{1}{2}a_\parallel(t-t_0)^2\right]\begin{bmatrix}V_X\\V_Y\\V_Z\end{bmatrix}_{t_0}^0+\begin{bmatrix}X_0\\Y_0\\Z_0\end{bmatrix}=[V_{t_0}(t-t_0)]\begin{bmatrix}V_X\\V_Y\\V_Z\end{bmatrix}_{t_0}^0+\begin{bmatrix}X_0\\Y_0\\Z_0\end{bmatrix}\tag{6-17}$$

式(6-17)的结果与匀速直线运动的运动模型是相符的,说明本书模型可以描述目标的匀速直线运动。

(3) 当 $a_\parallel=0, a_\perp\neq 0$,目标做匀速圆周运动时,代入式(6-15)可得

$$\begin{bmatrix}X(t)\\Y(t)\\Z(t)\end{bmatrix}=\left(\frac{V_{t_0}^2}{a_\perp}\sin\varphi_t\right)\begin{bmatrix}V_X\\V_Y\\V_Z\end{bmatrix}_{t_0}^0+\left[\frac{V_{t_0}^2}{a_\perp}(1-\cos\varphi_t)\right]\begin{bmatrix}a_{\perp X}\\a_{\perp Y}\\a_{\perp Z}\end{bmatrix}_{t_0}^0+\begin{bmatrix}X_0\\Y_0\\Z_0\end{bmatrix}$$

$$=r\sin\Omega(t-t_0)\begin{bmatrix}V_X\\V_Y\\V_Z\end{bmatrix}_{t_0}^0-r\cos\Omega(t-t_0)\begin{bmatrix}a_X\\a_Y\\a_Z\end{bmatrix}_{t_0}^0+\begin{bmatrix}X_{R0}\\Y_{R0}\\Z_{R0}\end{bmatrix}\tag{6-18}$$

式(6-18)模型包含了匀速直线、匀加速直线、二次曲线运动、匀速圆周、匀加速圆周等多种运动模型,有较强的适应性,对描述空中运动目标的轨迹有重要的作用。该模型可以称为统一目标运动模型。

2. 仿真实验

本书通过对两种不同场景下的运动目标的状态进行了仿真,来验证模型的有效性。设红外单站传感器位于坐标原点,采样率为 25 帧/s,对目标进行 500

帧观测。由于本书主要目的是检验运动模型的有效性,故假设测量噪声为零。

本书设置了五个场景,其中空中目标初始化位置都为(1000,2000,5000)m,以200m/s的速度沿(3,2,0)的方向运动。场景一:目标做匀加速圆周运动,向心加速度大小为$20m/s^2$,方向为(-2,3,0),速度方向的加速度为$10m/s^2$,方向为(3,2,0)。场景二:目标做匀速圆周运动,向心加速度为$20m/s^2$,沿(-2,3,0)的方向作匀速圆周运动。场景三:目标做匀减速圆周运动,向心加速度为$20m/s^2$,方向为(-2,3,0),速度方向的加速度为$4m/s^2$,方向为(-3,-2,0)。场景四:目标做匀速直线运动,向心加速度和速度方向加速度都为零。场景五:目标做匀加速直线运动,速度方向的加速度为$15m/s^2$,方向为(3,2,0)。运用本书提出的通用模型,得到的仿真结果如图6.1~图6.4所示。

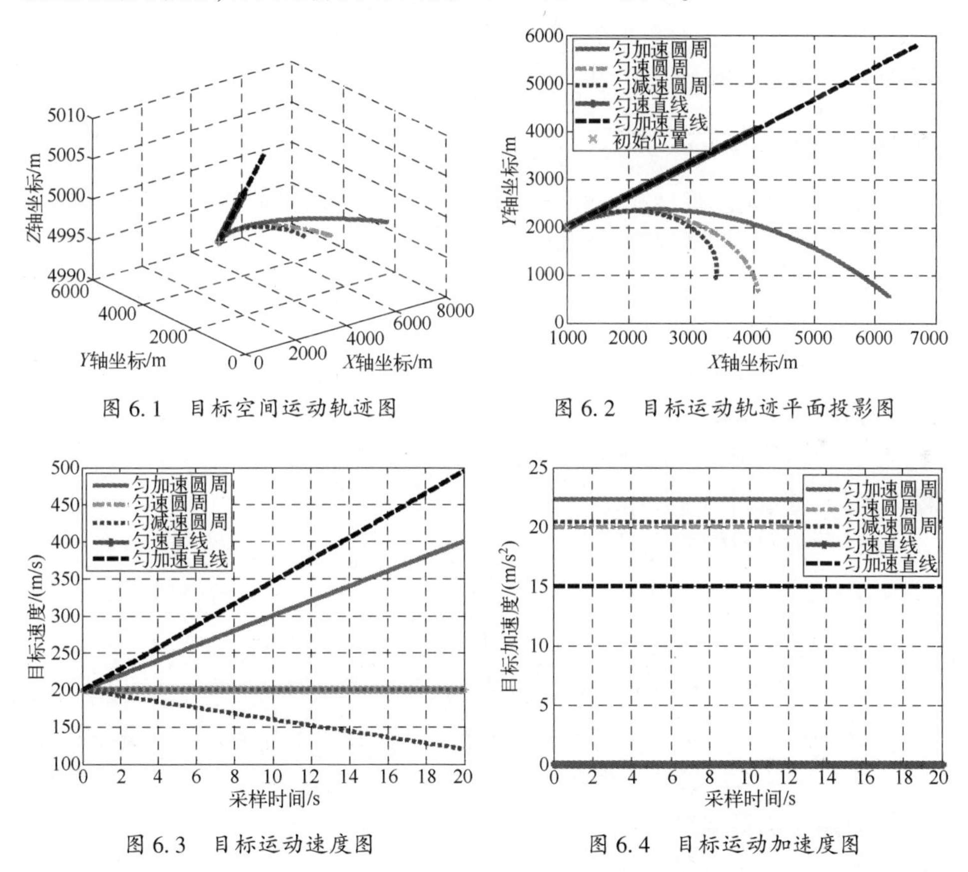

图6.1　目标空间运动轨迹图

图6.2　目标运动轨迹平面投影图

图6.3　目标运动速度图

图6.4　目标运动加速度图

从图6.1、图6.2的仿真结果中可知,由于速度方向加速度的影响,匀加速圆周运动状态相比匀速圆周运动状态,它的目标运动轨迹半径逐渐增大,而匀减速圆周运动的轨迹半径是逐渐减小的,在目标轨迹的平面投影上更能清楚地反映出这种趋势。而由于加速度的作用,匀加速直线运动的轨迹高于匀速直线运动轨迹。图 6.3、图 6.4 的仿真结果反映了五种运动形式的速度和加速度的变化情况,其中匀加速圆周运动的速度模值呈线性递增,而匀减速圆周运动的速度模值呈线性递减,而它们对应的加速度模值保持不变,这也与它们的运动规律相符,从而验证了本书模型的有效性。

通过仿真结果可知,本书提出的匀加速圆周运动模型可以描述多种目标的运动形式,因此只要依据观测的机动目标的初始参数,就能建立起目标的相应运动模型,从而准确估计出目标的轨迹、速度和加速度的变化大小与趋势。

由以上仿真结果可知,通过设置相关参数,基于目标运动的统一曲线模型能准确描述目标在空间的各种机动方式,克服了传统算法中模型集不够完全,计算多模型概率较困难等缺点,该模型算法为目标跟踪提供了相应的模型基础,具有一定的理论应用价值。

6.1.4 分坐标测量模型

分坐标目标运动模型和一般目标运动模型一致,也就是说能在笛卡儿坐标环境下描述的目标运动尽可能在笛卡儿坐标下描述,不能在笛卡儿坐标下描述的尽可能在测量坐标下描述,这样不需要非线性坐标转换。为较好地理解分坐标处理的基本思想,先讨论分坐标测量模型。

第 i 时刻的单通道、双通道测量坐标模型,其中 R_i、β_i、ε_i 分别为目标距离、方位和仰角的测量值,(X_i,Y_i,Z_i) 为第 i 时刻,目标在笛卡儿坐标系中的坐标,(X_A,Y_A,Z_A) 为测量站 A 的坐标,w 为测量噪声,$a_i,b_i,c_i(i=0,1,2)$ 为系数,$(a_0',b_0',c_0')=(a_0,b_0,c_0)-(X_A,Y_A,Z_A)$,$t$ 为时间。

1. 纯距离测量模型

$$
\begin{aligned}
R_i &= \sqrt{(X_i-X_A)^2+(Y_i-Y_A)^2+(Z_i-Z_A)^2}+v_{R_i} \\
&= \sqrt{\left(\frac{a_2}{2}t^2+a_1t+a_0'\right)^2+\left(\frac{b_2}{2}t^2+b_1t+b_0'\right)^2+\left(\frac{c_2}{2}t^2+c_1t+c_0'\right)^2}+v_{R_i}
\end{aligned}
\tag{6-19}
$$

测量一个距离数据,相当于目标可能出现在半球面上任意点,在半球面上的任意两点是该传感器不可区分的。

2. 纯方位测量模型

$$
\beta_i=\operatorname{arccot}\frac{Y_i-Y_A}{X_i-X_A}+v_{\beta_i}=\operatorname{arccot}\frac{\dfrac{b_2}{2}t^2+b_1t+b_0'}{\dfrac{a_2}{2}t^2+a_1t+a_0'}+v_{\beta_i}
\tag{6-20}
$$

测量一个方位数据,相当于目标可能出现在方位线平面(垂直于投影平面)上任意一点。

3. 纯仰角测量模型

$$
\begin{aligned}
\varepsilon_i &= \arctan \frac{Z_i - Z_A}{\sqrt{(X_i - X_A)^2 + (Y_i - Y_A)^2}} + v_{\varepsilon_i} \\
&= \arcsin \frac{Z_i - Z_A}{\sqrt{(X_i - X_A)^2 + (Y_i - Y_A)^2 + (Z_i - Z_A)^2}} + v_{\varepsilon_i} \\
&= \arctan \frac{\frac{c_2}{2}t^2 + c_1 t + c_0'}{\sqrt{\left(\frac{a_2}{2}t^2 + a_1 t + a'\right)^2 + \left(\frac{b_2}{2}t^2 + b_1 t + b_0'\right)^2}} + v_{\varepsilon_i}
\end{aligned}
\tag{6-21}
$$

测量一个仰角数据,相当于目标可能出现在过该仰角绕 Z 轴旋转的圆锥面上任意一点。

4. 纯角度测量模型

$$
\begin{aligned}
\sin(\beta_i - v_{\beta_i})\cot(\varepsilon_i - v_{\varepsilon_i}) &= \frac{X_i - X_A}{Z_i - Z_A} = \frac{\frac{a_2}{2}t^2 + a_1 t + a_0'}{\frac{c_2}{2}t^2 + c_1 t + c'} \\
\cos(\beta_i - v_{\beta_i})\cot(\varepsilon_i - v_{\varepsilon_i}) &= \frac{Y_i - Y_A}{Z_i - Z_A} = \frac{\frac{b_2}{2}t^2 + b_1 t + b_0'}{\frac{c_2}{2}t^2 + c_1 t + c'}
\end{aligned}
\tag{6-22}
$$

或

$$
\begin{aligned}
\begin{bmatrix} \cos(\varepsilon_i - v_{\varepsilon_i})\sin(\beta_i - v_{\beta_i}) \\ \cos(\varepsilon_i - v_{\varepsilon_i})\cos(\beta_i - v_{\beta_i}) \\ \sin(\varepsilon_i - v_{\varepsilon_i}) \end{bmatrix}
&= \frac{1}{\sqrt{(X_i - X_A)^2 + (Y_i - Y_A)^2 + (Z_i - Z_A)^2}} \begin{bmatrix} X_i - X_A \\ Y_i - Y_A \\ Z_i - Z_A \end{bmatrix} \\
&= \frac{1}{\sqrt{\left(\frac{a_2}{2}t^2 + a_1 t + a'\right)^2 + \left(\frac{b_2}{2}t^2 + b_1 t + b_0'\right)^2 + \left(\frac{c_2}{2}t^2 + c_1 t + c_0'\right)^2}} \begin{bmatrix} \frac{a_2}{2}t^2 + a_1 t + a_0' \\ \frac{b_2}{2}t^2 + b_1 t + b_0' \\ \frac{c_2}{2}t^2 + c_1 t + c' \end{bmatrix}
\end{aligned}
\tag{6-23}
$$

测量一组方位和仰角,相当于目标可能出现在仰角圆锥面和方位平面相交的一条射线(不知距离)上任意一点。

5. 仰角和距离测量模型

$$
\begin{aligned}
(R_i - v_{R_i})\sin(\varepsilon_i - v_{\varepsilon_i}) &= Z_i - Z_A = \frac{c_2}{2}t^2 + c_1 t + c' \\
(R_i - v_{R_i})\cos(\varepsilon_i - v_{\varepsilon_i}) &= \sqrt{(X_i - X_A)^2 + (Y_i - Y_A)^2} \\
&= \sqrt{\left(\frac{a_2}{2}t^2 + a_1 t + a_0'\right)^2 + \left(\frac{b_2}{2}t^2 + b_1 t + b_0'\right)^2}
\end{aligned}
\tag{6-24}
$$

测量一组仰角和距离,即目标可能出现在仰角的圆锥面和距离半球面的交线上任意一点,为一圆环。

6. 方位和距离测量模型

$$
\begin{aligned}
\beta_i &= \operatorname{arccot}\frac{Y_i - Y_A}{X_i - X_A} + v_{\beta_i} \\
R_i &= \sqrt{(X_i - X_A)^2 + (Y_i - Y_A)^2 + (Z_i - Z_A)^2} + v_{R_i}
\end{aligned}
\tag{6-25}
$$

测量一组方位和距离,即目标可能出现在方位线平面与距离半球面相交的1/4 圆周上任意一点。

7. 距离和/差测量模型

设 A, B, L 分别为两站及其之间的距离;两站分别对目标的测量距离为 R_{A_i},R_{B_i},距离和 $R_{\Sigma i}$,距离差 $R_{\Delta i}$。

$$
\begin{aligned}
R_{\Sigma i} &= R_{A_i} + R_{B_i} + v_{R\Sigma i} \\
&= \sqrt{(X_i - X_A)^2 + (Y_i - Y_A)^2 + (Z_i - Z_A)^2} + \sqrt{(X_i - X_B)^2 + (Y_i - Y_B)^2 + (Z_i - Z_B)^2} + v_{R\Sigma i} \\
R_{\Delta i} &= R_{A_i} - R_{B_i} + v_{R\Sigma i} \\
&= \sqrt{(X_i - X_A)^2 + (Y_i - Y_A)^2 + (Z_i - Z_A)^2} - \sqrt{(X_i - X_B)^2 + (Y_i - Y_B)^2 + (Z_i - Z_B)^2} + v_{R\Delta i}
\end{aligned}
\tag{6-26}
$$

8. 径向速度测量模型

$$
\begin{aligned}
\dot{R}_i &= \frac{(X_i - X_A)\dot{X}_i + (Y_i - Y_A)\dot{Y}_i + (Z_i - Z_A)\dot{Z}_i}{\sqrt{(X_i - X_A)^2 + (Y_i - Y_A)^2 + (Z_i - Z_A)^2}} + v_{\dot{R}_i} \\
&= V_X \cos\varepsilon_i \sin\beta_i + V_Y \cos\varepsilon_i \cos\beta_i + V_Z \sin\varepsilon_i + v_{\dot{R}_i}
\end{aligned}
\tag{6-27}
$$

9. 径向加速度测量模型

$$
\ddot{R}_i = \frac{(X_i - X_A)\ddot{X}_i + (Y_i - Y_A)\ddot{Y}_i + (Z_i - Z_A)\ddot{Z}_i}{\sqrt{(X_i - X_A)^2 + (Y_i - Y_A)^2 + (Z_i - Z_A)^2}} + \frac{V_X^2 + V_Y^2 + V_Z^2 - (\dot{R}_i - w_{\dot{R}_i})^2}{R_i} + v_{\ddot{R}_i}
\tag{6-28}
$$

由以上模型可以看出:假设各测量噪声为正态分布,相互统计独立。除噪声外,各测量通道均由(X_t,Y_t,Z_t)函数组成,存在信息的深层耦合。

从严格意义角度,测量通道噪声采用正态噪声是不充分的,角度误差具有周期性,距离误差有正向等特性,而正态分布不具有这些特性。采用正态分布是为了描述方便,大家都采用也就见怪不怪了。有些噪声分布是知道的,如角度测量噪声服从 Von Mises 分布,但是计算复杂,仿真麻烦。因此,最多的还是采用正态噪声来仿真。

另外,在测量的次数方面,空间的一个位置测量可能有一个值或一组值,在一定时间段多个测量站测量目标位置也是很有限的测量值,从理论上说应该是小样本事件,不是概率描述需要的大样本事件。仿真实验可以大量的重复实验,其结论只能是大样本事件的结论。

若大样本事件噪声的期望是零。对于小样本事件,如测量次数很少,其均值不能当零来处理,特别是非线性中有大数值乘噪声时更要慎重处理。理论上说大样本事件噪声的期望和小样本事件噪声均值是不同的,当测量次数增加时其均值趋向期望的,噪声的方差也需要重新估计。我们的处理方法是尽可能估计均值,实在难以估计时,可用标准差乘系数近似均值,该系数依据非线性函数和实际情况而定。

6.2　适用批处理形式的经典方法

6.2.1　有限记忆滤波

1. 二次曲线模型下的状态估计

根据文献[1]介绍估计过程,作者采用矩阵方法化简原方法,改进方法更加直观和清晰。设某坐标分量的二阶动态模型为

$$\begin{cases} x_{k+1}=x_k+\dot{x}_kT+\dfrac{1}{2}\ddot{x}_kT^2 \\ \dot{x}_{k+1}=\dot{x}_k+\ddot{x}_kT \\ \ddot{x}_{k+1}=\ddot{x}_k \end{cases} \tag{6-29}$$

式中:T 为测量时间间隔。l 步外推位置

$$x_{k+l}=x_k+\dot{x}_k(lT)+\frac{1}{2}\ddot{x}_k(lT)^2 \tag{6-30}$$

观测模型

$$y_k = x_k + v_k,\quad k = -N, -(N-1), \cdots, -1, 0, 1, \cdots (N-1), N \tag{6-31}$$

式中：v_k 为测量白噪声，数字特征为 $E(v_k)=0, E(v_k v_j)=\sigma^2\delta_{kj}$。

设目标运动向量的估计模型为

$$\begin{bmatrix} \hat{x}_k \\ \hat{\dot{x}}_k \\ \hat{\ddot{x}}_k \end{bmatrix} = \begin{bmatrix} a_{-N} & \cdots & a_N \\ b_{-N} & \cdots & b_N \\ c_{-N} & \cdots & c_N \end{bmatrix} \begin{bmatrix} y_{k-N} \\ \vdots \\ y_{k+N} \end{bmatrix} = \boldsymbol{AY} \tag{6-32}$$

根据外推公式和无偏性的要求，有

$$E\left(\begin{bmatrix} \hat{x}_k \\ \hat{\dot{x}}_k \\ \hat{\ddot{x}}_k \end{bmatrix}\right) = \boldsymbol{A}E(\boldsymbol{Y}) = \boldsymbol{AN}\begin{bmatrix} x_k \\ \dot{x}_k T \\ \dfrac{1}{2}\ddot{x}_k T^2 \end{bmatrix} = \begin{bmatrix} x_k \\ \dot{x}_k \\ \ddot{x}_k \end{bmatrix} \tag{6-33}$$

式中：$\boldsymbol{AN} = \begin{bmatrix} 1 & 0 & 0 \\ 0 & \dfrac{1}{T} & 0 \\ 0 & 0 & \dfrac{2}{T^2} \end{bmatrix} = \boldsymbol{D}$；$\boldsymbol{N} = \begin{bmatrix} 1 & -N & (-N)^2 \\ \vdots & \vdots & \vdots \\ 1 & 0 & 0 \\ \vdots & \vdots & \vdots \\ 1 & N & N^2 \end{bmatrix}$。

估计模型的误差向量为

$$\begin{bmatrix} \hat{x}_k - E\hat{x}_k \\ \hat{\dot{x}}_k - E\hat{\dot{x}}_k \\ \hat{\ddot{x}}_k - E\hat{\ddot{x}}_k \end{bmatrix} = \boldsymbol{A}\begin{bmatrix} v_{k-N} \\ \vdots \\ v_{k+N} \end{bmatrix} \tag{6-34}$$

需要计算估计模型的协方差矩阵：

$$\boldsymbol{P} = E\left\{\begin{bmatrix} \hat{x}_k - E\hat{x}_k \\ \hat{\dot{x}}_k - E\hat{\dot{x}}_k \\ \hat{\ddot{x}}_k - E\hat{\ddot{x}}_k \end{bmatrix}\begin{bmatrix} \hat{x}_k - E\hat{x}_k \\ \hat{\dot{x}}_k - E\hat{\dot{x}}_k \\ \hat{\ddot{x}}_k - E\hat{\ddot{x}}_k \end{bmatrix}^{\mathrm{T}}\right\} = \boldsymbol{AP}_v\boldsymbol{A}^{\mathrm{T}} \tag{6-35}$$

式中：$\boldsymbol{P}_v = \sigma^2\boldsymbol{I}$ 为测量噪声的协方差矩阵。

构造一个目标函数，在满足无偏性约束的条件下，使误差的协方差矩阵最小

$$U_{\min} = \mathrm{tr}[\boldsymbol{AP}_v\boldsymbol{A}^{\mathrm{T}}] + \mathrm{tr}[(\boldsymbol{AN}-\boldsymbol{D})\boldsymbol{\lambda}] \tag{6-36}$$

式(6-36)对 $\boldsymbol{A}$ 求偏导数并令其为零，代入约束条件，可解出

$$\begin{cases} \boldsymbol{A} = \boldsymbol{D}\{\boldsymbol{N}^{\mathrm{T}}\boldsymbol{P}_v^{-1}\boldsymbol{N}\}^{-1}\boldsymbol{N}^{\mathrm{T}}\boldsymbol{P}_v^{-1} \\ \boldsymbol{P}_{\min} = \boldsymbol{D}\{\boldsymbol{N}^{\mathrm{T}}\boldsymbol{P}_v^{-1}\boldsymbol{N}\}^{-1}\boldsymbol{D}^{\mathrm{T}} \end{cases} \tag{6-37}$$

外推的形式为

$$\begin{bmatrix} \hat{x}_{k+m} \\ \hat{\dot{x}}_{k+m} \\ \hat{\ddot{x}}_{k+m} \end{bmatrix} = \begin{bmatrix} 1 & mT & \dfrac{(mT)^2}{2} \\ 1 & mT & 0 \\ 1 & 0 & 0 \end{bmatrix} \boldsymbol{AY} \tag{6-38}$$

2. 测量数据的平滑滤波

平滑滤波的实质是在时间域上构造一个低通滤波器，使得采样序列经滤波处理后消弱或减少高频误差，输出相对平滑、更能合理地体现目标变化趋势的数据序列[2]。

设目标的测量序列为 $X_{-n},\cdots,X_0,\cdots,X_n$，采用中心平滑技术，采样间隔为 h。

位置一阶中心平滑

$$\hat{\dot{X}} = \frac{1}{N}\sum_{i=-n}^{n} X_i, \quad N = 2n + 1 \tag{6-39}$$

位置二阶中心平滑

$$\hat{X}_0 = \frac{15}{N^2(N^2-4)}\sum_{i=-n}^{n}\left(i^2 - \frac{N^2-1}{12}\right)X_i \tag{6-40}$$

速度二阶中心平滑

$$\hat{\dot{X}}_0 = \frac{12}{hN(N^2-1)}\sum_{i=-n}^{n} iX_i \tag{6-41}$$

速度估计输出方差与输入方差比值

$$\frac{\sigma_{\hat{\dot{X}}}^2}{\sigma_X^2} = \frac{12}{h^2N(N^2-1)} \tag{6-42}$$

速度四阶中心平滑

$$\hat{\dot{X}}_0 = \frac{12}{hN(N^2-1)}\sum_{i=-n}^{n}\left[i + \frac{7(3N^2-7)^2 i}{12N(N^2-4)(N^2-9)} - \frac{140i(3N^2-7)i^3}{12(N^2-1)N(N^2-1)}\right]X_i \tag{6-43}$$

加速度中心平滑

$$\hat{\ddot{X}}_0 = \frac{30}{h^2N(N^2-1)(N^2-4)}\sum_{i=-n}^{n}[12i^2 - (N^2-1)]X_i \tag{6-44}$$

加速度中心平滑的输出方差与输入方差比值

$$\frac{\sigma_{\hat{\ddot{X}}}^2}{\sigma_X^2} = \frac{720}{h^4N(N^2-1)(N^2-4)} \tag{6-45}$$

6.2.2 样条平滑方法

1. 样条平滑基本原理

以二阶动态模型为例,在 k 时刻的前面加速度为 $\ddot{x}_k^-$,在后面的加速度为 $\ddot{x}_k^+$,且前后的位置、速度保持连续,在前后段的外推位置模型为

$$x_{k-i}=x_k-\dot{x}_k(iT)+\frac{1}{2}\ddot{x}_k^-(iT)^2,\quad i=0,1,\cdots,N_1 \tag{6-46}$$

$$x_{k+i}=x_k+\dot{x}_k(iT)+\frac{1}{2}\ddot{x}_k^+(iT)^2,\quad i=0,1,\cdots,N_2 \tag{6-47}$$

观测模型同上。设目标运动向量的估计模型为

$$\begin{bmatrix}\hat{x}_k\\ \hat{\dot{x}}_k\\ \hat{\ddot{x}}_k^-\\ \hat{\ddot{x}}_k^+\end{bmatrix}=\begin{bmatrix}a_{-N_1} & \cdots & a_{N_2}\\ b_{-N_1} & \cdots & b_{N_2}\\ c_{-N_1} & \cdots & c_{N_2}\\ d_{-N_1} & \cdots & d_{-N_1}\end{bmatrix}\begin{bmatrix}y_{k-N_1}\\ \vdots\\ y_{k+N_2}\end{bmatrix}=\boldsymbol{A}_1\boldsymbol{Y} \tag{6-48}$$

根据外推公式和无偏性的要求

$$E\left(\begin{bmatrix}\hat{x}_k\\ \hat{\dot{x}}_k\\ \hat{\ddot{x}}_k^-\\ \hat{\ddot{x}}_k^+\end{bmatrix}\right)=\boldsymbol{A}_1E(\boldsymbol{Y})=\boldsymbol{A}_1\boldsymbol{N}_1\begin{bmatrix}x_k\\ \dot{x}_kT\\ \frac{1}{2}\ddot{x}_k^-T^2\\ \frac{1}{2}\ddot{x}_k^+T^2\end{bmatrix}=\begin{bmatrix}x_k\\ \dot{x}_k\\ \ddot{x}_k^-\\ \ddot{x}_k^+\end{bmatrix} \tag{6-49}$$

式中:$\boldsymbol{A}_1\boldsymbol{N}_1=\mathrm{diag}\left\{1,\frac{1}{T},\frac{2}{T^2},\frac{2}{T^2}\right\}=\boldsymbol{D}_1,\boldsymbol{N}_1=\begin{bmatrix}1 & -N_1 & (-N_1)^2 & 0\\ \vdots & \vdots & \vdots & \vdots\\ 1 & 0 & 0 & 0\\ \vdots & \vdots & \vdots & \vdots\\ 1 & N_2 & 0 & N_2^2\end{bmatrix}$。

估计模型的误差向量为

$$\begin{bmatrix}\hat{x}_k-E\hat{x}_k\\ \hat{\dot{x}}_k-E\hat{\dot{x}}_k\\ \hat{\ddot{x}}_k^--E\hat{\ddot{x}}_k^-\\ \hat{\ddot{x}}_k^+-E\hat{\ddot{x}}_k^+\end{bmatrix}=\boldsymbol{A}_1\begin{bmatrix}v_{k-N}\\ \vdots\\ v_{k+N}\end{bmatrix} \tag{6-50}$$

需要计算估计模型的协方差矩阵

$$\boldsymbol{P}=E\left\{\begin{bmatrix}\hat{x}_k-E\hat{x}_k\\ \hat{\dot{x}}_k-E\hat{\dot{x}}_k\\ \hat{\ddot{x}}_k-E\hat{\ddot{x}}_k\end{bmatrix}\begin{bmatrix}\hat{x}_k-E\hat{x}_k\\ \hat{\dot{x}}_k-E\hat{\dot{x}}_k\\ \hat{\ddot{x}}_k-E\hat{\ddot{x}}_k\end{bmatrix}^{\mathrm{T}}\right\}=\boldsymbol{A}_1\boldsymbol{P}_v\boldsymbol{A}_1^{\mathrm{T}} \tag{6-51}$$

同理,可以求出在无偏约束条件下使估计误差协方差矩阵最小的估计模型

$$\boldsymbol{A}_1=\boldsymbol{D}_1\{\boldsymbol{N}_1^{\mathrm{T}}\boldsymbol{P}_v^{-1}\boldsymbol{N}_1\}^{-1}\boldsymbol{N}_1^{\mathrm{T}}\boldsymbol{P}_v^{-1} \tag{6-52}$$

$$\boldsymbol{P}_{\min}=\boldsymbol{D}_1\{\boldsymbol{N}_1^{\mathrm{T}}\boldsymbol{P}_v^{-1}\boldsymbol{N}_1\}^{-1}\boldsymbol{D}_1^{\mathrm{T}} \tag{6-53}$$

如果某时刻的加速度出现不连续的情况,或称为机动,可采用滑动的形式,根据 $\boldsymbol{P}_{\min}$ 位置出现的时刻估计目标机动时刻。

2. 仿真实验

目标初始状态:$X(1)=[x(1),v_x(1),a_x(1),y(1),v_y(1),a_y(1)]=[-3000,200,0,1000,400,0]$。在 $t=[0,10]$s 内,做匀速直线运动;在 $t=[11,30]$s 内,加速度突变为[-5,10]m/s^2,在[31,40]s 内,目标运动加速度为[0,-20]m/s^2,在[41-50]s 内做匀速直线运动,传感器位于坐标原点。样条平滑的窗口宽度取 $N=N1+N2+1=101$,其中,$N1=N2=100$。蒙特卡罗次数为 100 次。

场景一:纯方位测量。采样周期 $T=0.05$s,即 20 帧/s,相邻两帧的时间间隔为 0.05s,仿真场景中的方位观测噪声 $n_{\beta_i}\sim N(0,\sigma_t^2)$,$\sigma_t=0.01$rad。场景二:纯距离测量。传感器采样周期与场景一相同,仿真场景中距离测量噪声 $n_{r_i}\sim N(0,\sigma_r^2)$,$\sigma_r=20$m。

图 6.5~图 6.7 为对场景一的仿真图。图 6.5 中,(a)~(d)分别给出了目标的真实运动轨迹以及在运动过程中相对于传感器的方位角、角速度、角加速度随时间的变化图。需要注意的是,图 6.5(c)和图 6.5(d)分别表示的是方位角的变化速度和方位角加速度。

图 6.6 给出了样条平滑方法对纯方位相关状态的估计结果。其中,图 6.6(a)和图 6.6(b)分别给出了样条平滑方法对目标方位角、方位角速度的估计值。图 6.6(c)和图 6.6(d)为对目标方位角加速度的估计,分别对应式(6-49)中的 $\hat{\ddot{x}}_k^-$ 和 $\hat{\ddot{x}}_k^+$。

图 6.7 中,(a)~(d)分别给出了图 6.6 中对应参数估计结果的均方根误差,从图中可以看出,样条平滑方法在纯方位条件下能够对目标方位角、方位角速度、方位角加速度有较好的跟踪效果。从图 6.7(c)和图 6.7(d)可以看出,目标加速度的突变会造成估计误差的急剧增加,且图 6.7(c)表明,角加速度突变时,对 $\hat{\ddot{x}}_k^-$ 的估计误差先突变到最大值,再逐渐收敛,图 6.7(d)表明,角加速度突变时,对 $\hat{\ddot{x}}_k^+$ 的估计误差逐渐增加到最大值,再急剧收敛。

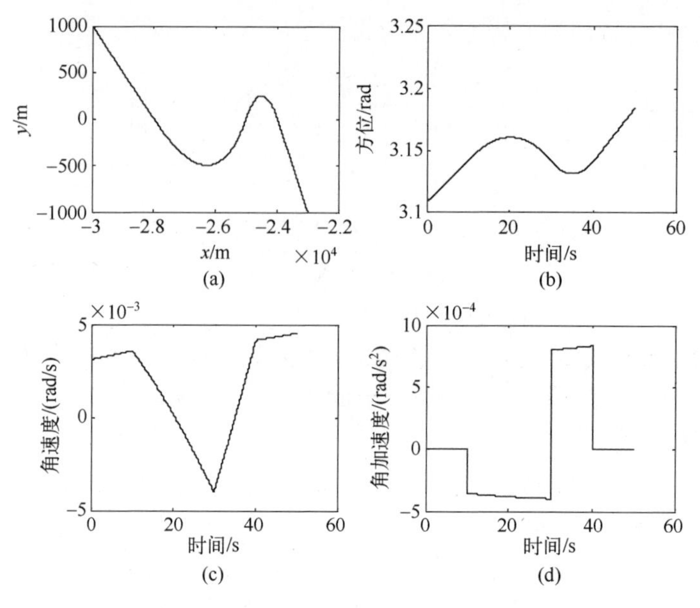

图 6.5　目标运动轨迹及相关运动状态

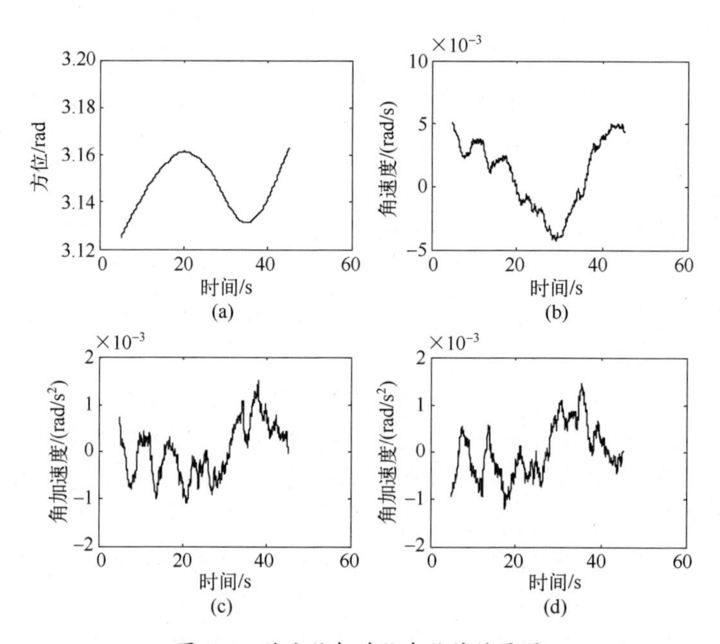

图 6.6　纯方位相关状态估计结果图

图 6.8~图 6.10 为场景二的仿真图。图 6.8(a)~图 6.8(c)分别给出了目标运动的距离、径向速度、径向加速度的真实状态。

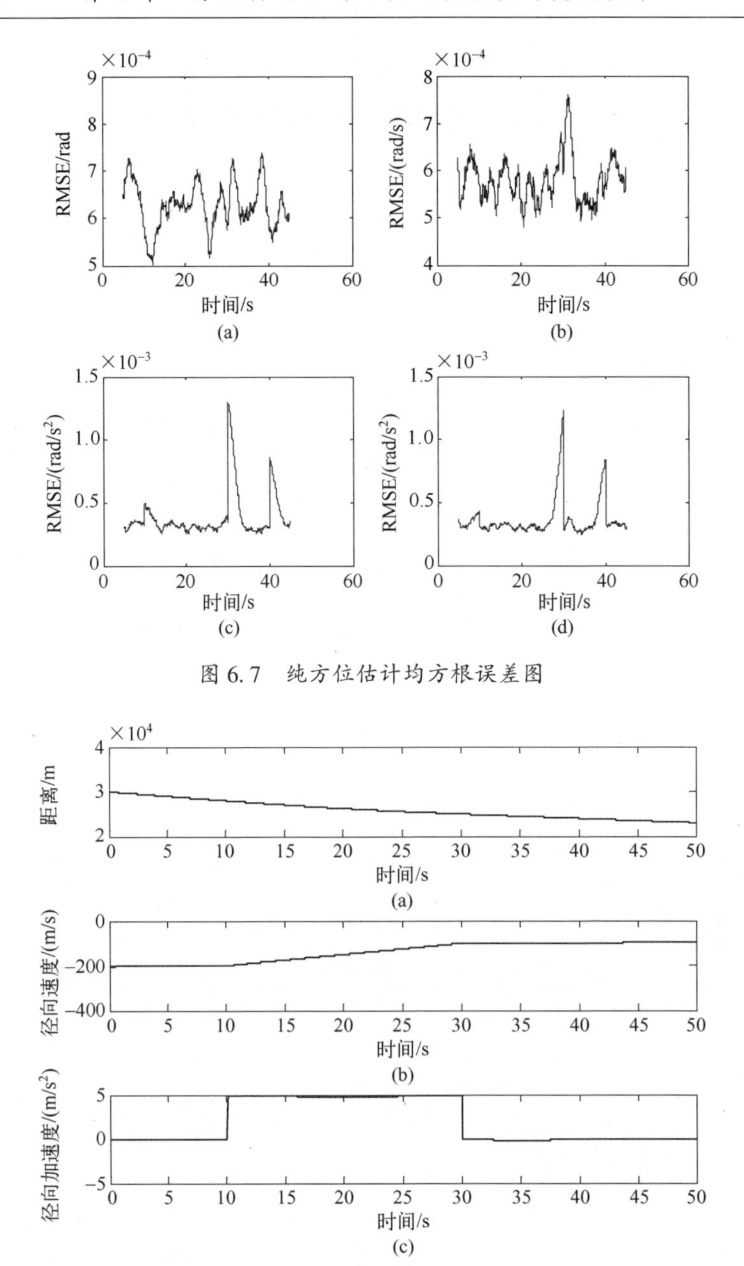

图 6.7　纯方位估计均方根误差图

图 6.8　目标纯距离相关的真实运动状态

图 6.9(a)~图 6.9(b)分别给出了样条平滑方法在纯距离观测条件下对目标距离和径向速度的估计结果,图 6.9(c)~图 6.9(d)为对目标径向加速度的估计结果,分别对应式(6-49)中的$\hat{x}_k^-$和$\hat{x}_k^+$。图 6.10 给出了估计结果的均方根误

差,从图中可以看出,目标径向速度的突变将会造成距离、径向速度、径向加速度等参数估计误差的迅速增加。对径向加速度 $\hat{\ddot{x}}_k^-$ 和 $\hat{\ddot{x}}_k^+$ 的估计误差变化规律与纯方位估计的角加速度误差变化规律相似。

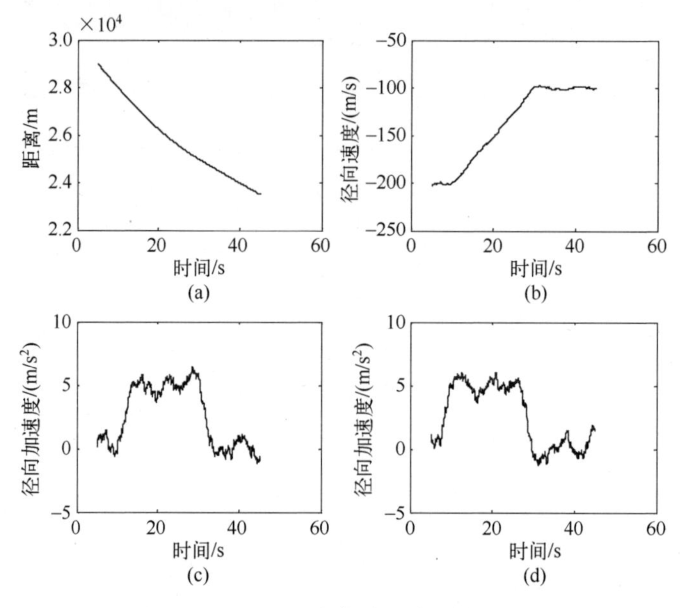

图 6.9　目标纯距离相关状态估计结果图

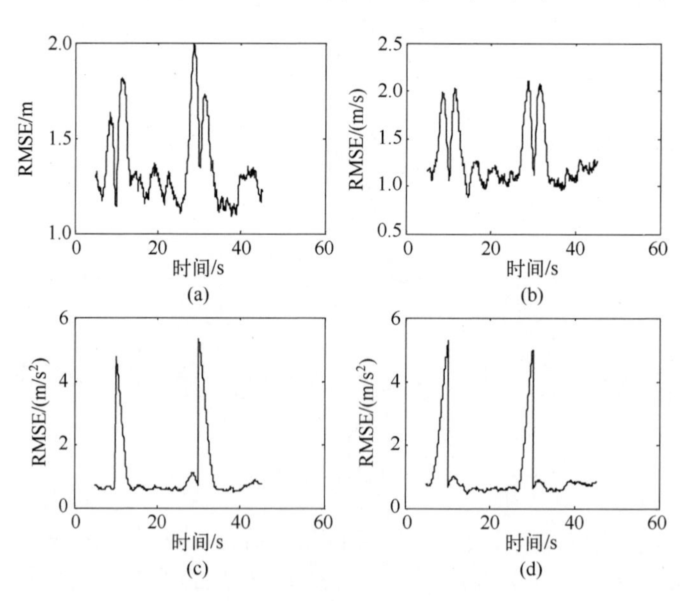

图 6.10　估计均方根误差图

6.2.3　总体最小二乘方法

总体最小二乘方法,其模型为 $\boldsymbol{Ax}=\boldsymbol{Y}$,由于 $\boldsymbol{A}$,$\boldsymbol{Y}$ 都包含测量噪声,各元素是非线性函数,不易分析得到其概率分布,甚至其数字特征也难以求出。方程是在最小二乘意义下的等式,主要问题是在均方极误差最小的条件下求 $\boldsymbol{x}$。采用增广矩阵 $[\boldsymbol{A}\quad \boldsymbol{Y}]$ 的形式改变模型为

$$[\boldsymbol{A}\quad \boldsymbol{Y}]\begin{bmatrix}\boldsymbol{x}\\-1\end{bmatrix}=0 \tag{6-54}$$

对增广矩阵进行奇异值分解

$$[\boldsymbol{A}\quad \boldsymbol{Y}]=\boldsymbol{U\Sigma V}^{\mathrm{T}}=\sum_{i=1}^{d}\sigma_i\boldsymbol{u}_i\boldsymbol{v}_i^{\mathrm{T}} \tag{6-55}$$

根据 $\boldsymbol{V}$ 矩阵的正交性,不难得出:$\begin{bmatrix}\boldsymbol{x}\\-1\end{bmatrix}=\boldsymbol{v}_{d+1}$,解出 $\boldsymbol{x}$ 是很方便的。

其中 d 值反映了增广矩阵线性无关的维数,在计算过程中,d 变化反映了目标的机动特性。

$$[\boldsymbol{A}\quad \boldsymbol{Y}]^{+}=\boldsymbol{V\Sigma}^{+}\boldsymbol{U}^{\mathrm{T}}=\sum_{i=1}^{r}\sigma_i^{+}\boldsymbol{v}_i\boldsymbol{u}_i^{\mathrm{T}},\quad \sigma_i^{+}=\begin{cases}\dfrac{1}{\sigma_i}, & \sigma_i\neq 0\\ 0, & \sigma_i=0\end{cases} \tag{6-56}$$

根据齐次方程的广义逆矩阵通解形式,可写成

$$\begin{aligned}\begin{bmatrix}\boldsymbol{x}\\-1\end{bmatrix}&=\{\boldsymbol{I}-[\boldsymbol{A}\quad \boldsymbol{Y}]^{+}[\boldsymbol{A}\quad \boldsymbol{Y}]\}\boldsymbol{g}=\{\boldsymbol{I}-\boldsymbol{V}\Sigma^{+}\Sigma\boldsymbol{V}^{\mathrm{T}}\}\boldsymbol{g}\\&=\left\{\boldsymbol{I}-\sum_{i=1}^{d}\boldsymbol{v}_i\boldsymbol{v}_i^{\mathrm{T}}\right\}\boldsymbol{g}=\sum_{i=d+1}^{r}\boldsymbol{v}_i\boldsymbol{v}_i^{\mathrm{T}}\boldsymbol{g}=\sum_{i=d+1}^{r}(\boldsymbol{v}_i,\boldsymbol{g})\boldsymbol{v}_i\end{aligned} \tag{6-57}$$

式中:$\boldsymbol{g}$ 为任意向量。当 $\boldsymbol{g}=\sum_{i=d+1}^{r}k_i\boldsymbol{v}_i$ 时,$\begin{bmatrix}\boldsymbol{x}\\-1\end{bmatrix}=\sum_{i=d+1}^{r}k_i\boldsymbol{v}_i=\boldsymbol{g}$。上面的结果完善了线性代数中有关基空间分解的求法。

6.2.4　奇异值分解滤波

文献[3]介绍了线性回归问题,测量模型为

$$\boldsymbol{y}=\boldsymbol{Xc}+\boldsymbol{e} \tag{6-58}$$

式中:$\boldsymbol{e}$ 为误差白噪声向量,$E(\boldsymbol{e})=0$,$\mathrm{Var}(\boldsymbol{e})=\sigma^2\boldsymbol{I}$。

当 $\boldsymbol{X}$ 的列向量线性无关时,可得到该问题的解

$$\boldsymbol{c}=(\boldsymbol{X}^{\mathrm{T}}\boldsymbol{X})^{-1}\boldsymbol{X}^{\mathrm{T}}\boldsymbol{y} \tag{6-59}$$

当 $\boldsymbol{X}$ 的列向量线性相关时,可利用奇异值分解(Singular Value

Decomposition,SVD)形式,在抑制噪声的影响方面有许多优点。

奇异值分解定理:若 $X \in R^{k\times m}$,则存在矩阵 $U=[u_1,u_2,\cdots,u_r]\in R^{k\times r}$,和 $V=[v_1,v_2,\cdots,v_r]\in R^{m\times r}$,使 $X=U\Sigma V^{\mathrm{T}}$,其中,$UU^{\mathrm{T}}=I$,$VV^{\mathrm{T}}=I$,$\Sigma=\mathrm{diag}(\sigma_1,\sigma_2,\cdots,\sigma_r)$,且 $\sigma_1\geqslant\sigma_2\geqslant\cdots\geqslant\sigma_r>0$,$r=\min\{k,m\}$。

最小二乘估计为

$$\hat{c}_{ols}=V\Sigma^{-1}U^{\mathrm{T}}y=\sum_{i=1}^{r}\frac{(u_i,y)}{\sigma_i}v_i \tag{6-60}$$

式中:$(u_i,y)=u_i^{\mathrm{T}}y$。计算最小二乘估计的均方误差

$$\mathrm{MSE}(\hat{c}_{ols})=\sigma^2\sum_{i=1}^{r}\frac{1}{\sigma_i^2} \tag{6-61}$$

可以采用正则化估计、主成分回归(Principal Components Regression,PCR)估计和岭回归(Ridge Regression,RR)估计引入了过滤因子等方法,使估计的均方误差进一步减小。

采用矩阵加列求广义逆的计算形式,可得到目标的预测值。

6.2.5 灰色系统理论与应用

灰色系统是由华中科技大学邓聚龙教授在1982年首次提出来的,是用于研究样本数少、信息不完全等不确定性问题的理论方法[4]。该理论方法的核心内容是灰色预测模型,是基于常微分理论的基础上发展起来的,主要是生成函数和灰色微分方程。灰色预测是通过原始数据的处理和灰色模型的建立,发现、掌握系统发展规律,对系统的未来状态作出科学的定量预测。

卡尔曼滤波技术是预测目标航迹的常用方法,需要建立航迹模型和测量模型,且跟踪目标时产生的计算量大,在缺乏先验知识的情况下,该方法的预测精度会受到影响。灰色系统预测需要的数据少,且几乎不需要知道除数据本身以外的先验知识,较适合于对先验知识匮乏的目标航迹进行预测。本部分通过仿真计算和对预测误差的分析表明此方法对目标航迹的分坐标预测有效果。

1. GM(1,1)模型原理

设 $x^{(0)}=(x^{(0)}(1),x^{(0)}(2),\cdots,x^{(0)}(n))$ 为原始数列,其1次累加运算后生成新的数列

$$\begin{aligned}x^{(1)}&=(x^{(1)}(1),x^{(1)}(2),\cdots,x^{(1)}(n))\\&=(x^{(0)}(1),x^{(0)}(1)+x^{(0)}(2),\cdots,x^{(0)}(1)+\cdots+x^{(0)}(n))\end{aligned} \tag{6-62}$$

式中:$x^{(1)}(k)=\sum_{i=1}^{k}x^{(0)}(i)$,$k=1,2,\cdots,n$。

而 $x^{(1)}(k)$ 的紧邻均值序列为

$$z^{(1)}=(z^{(1)}(2),z^{(1)}(3),z^{(1)}(4),z^{(1)}(5),\cdots,z^{(1)}(n)) \tag{6-63}$$

式中：$z^{(1)}(k)=\alpha x^{(1)}(k)+(1-\alpha)x^{(1)}(k-1),k=2,3,4,\cdots,n,\alpha$ 为权重系数，会直接影响模型预测的精度，一般取 0.5。

定义 GM(1,1)模型的灰微分方程为

$$x^{(0)}(k)+az^{(1)}(k)=b \tag{6-64}$$

式中：a 为发展系数，反映了序列 $x^{(1)}$ 与 $x^{(0)}$ 的发展趋势；b 为灰作用量，反映了数据间的变化关系；$z^{(1)}(k)$ 为背景值。

相应的白化微分方程为

$$\frac{d\boldsymbol{x}^{(1)}}{t}+a\boldsymbol{x}^{(1)}=b \tag{6-65}$$

令 $\boldsymbol{u}=[a,b]^{\mathrm{T}},\boldsymbol{Y}=[x^{(0)}(2),x^{(0)}(3),\cdots,x^{(0)}(n)]^{\mathrm{T}},\boldsymbol{B}=\begin{bmatrix}-z^{(1)}(2) & 1\\ -z^{(1)}(3) & 1\\ \vdots & \vdots\\ -z^{(1)}(n) & 1\end{bmatrix}$，那么 GM(1,1)模型可表示为 $\boldsymbol{Y}=\boldsymbol{B}\boldsymbol{u}$。由最小二乘法求出 a,b 之值为

$$\hat{\boldsymbol{u}}=[\hat{a},\hat{b}]^{\mathrm{T}}=(\boldsymbol{B}^{\mathrm{T}}\boldsymbol{B})^{-1}\boldsymbol{B}^{\mathrm{T}}\boldsymbol{Y} \tag{6-66}$$

式中：$\hat{\boldsymbol{u}}$为求出来的是近似值。

综上所述，可求得 GM(1,1)模型的解为

$$\hat{x}^{(1)}(k+1)=\left(x^{(0)}(1)-\frac{b}{a}\right)e^{-ak}+\frac{b}{a},k=1,2,\cdots,n \tag{6-67}$$

再将数据进行累减，求得模型的还原数据值为

$$\hat{x}^{(0)}(k+1)=\hat{x}^{(1)}(k+1)-\hat{x}^{(1)}(k),k=1,2,\cdots,n \tag{6-68}$$

2. GM(1,1)模型的检验

模型建立之后，不能立即使用，需要判断灰色预测模型的可行性，可以通过相对残差检验和级比偏差值检验的方法去检测模型。

1）相对残差检验

设原始数列为$\boldsymbol{x}^{(0)}=(x^{(0)}(1),x^{(0)}(2),\cdots,x^{(0)}(n))$，其对应的灰色预测序列为$\hat{x}^{(0)}=(\hat{x}^{(0)}(1),\hat{x}^{(0)}(2),\cdots,\hat{x}^{(0)}(n))$，则残差序列为

$$\begin{aligned}\boldsymbol{\varepsilon}^{(0)}&=(\varepsilon_1,\varepsilon_2,\varepsilon_3,\cdots,\varepsilon_n)\\&=(x^{(0)}(1)-\hat{x}^{(0)}(1),x^{(0)}(2)-\hat{x}^{(0)}(2),\cdots,x^{(0)}(n)-\hat{x}^{(0)}(n))\end{aligned} \tag{6-69}$$

相对误差序列为

$$\boldsymbol{\Delta}=(\Delta_1,\Delta_2,\Delta_3,\cdots,\Delta_n)=\left(\frac{\varepsilon_1}{x^{(0)}(1)},\frac{\varepsilon_2}{x^{(0)}(2)},\frac{\varepsilon_3}{x^{(0)}(3)},\cdots,\frac{\varepsilon_n}{x^{(0)}(n)}\right) \tag{6-70}$$

由式(6-70)可以看出,相对误差越小,模型则越精确。

2) 级比偏差值检验

对于已知序列 $\boldsymbol{x}^{(0)}$,通过数列间的错位相除得到相应的级比 $\lambda(k)$,该方法可用来预先判定已知序列是否可用 GM(1,1)模型来预测。级比的定义如下

$$\lambda(k)=\frac{x^{(0)}(k-1)}{x^{(0)}(k)},\quad k=2,3,4,\cdots \tag{6-71}$$

如果求解得到的 $\lambda(k)$ 能够落在 $(e^{-\frac{2}{n+1}},e^{\frac{2}{n+1}})$ 区间内,则表明可以用 GM(1,1)模型来进行预测。

3. 用灰色模型预测空中目标航迹

1) 等维新信息 GM(1,1)模型

一般来说,取不同的数据,建立的模型也不一样。设 $x^{(0)}(n+1)$ 为最新信息,将最新信息 $x^{(0)}(n+1)$ 置入 $\boldsymbol{x}^{(0)}$ 序列中,并去掉其中的最老信息 $x^{(0)}(1)$,称用 $\boldsymbol{x}^{(0)}=(x^{(0)}(2),\cdots,x^{(0)}(n),x^{(0)}(n+1))$ 建立的模型为等维新信息 GM(1,1)模型,也被称为新陈代谢 GM(1,1)模型。防空作战中,由于空袭目标是运动的,探测目标的航迹是以目标航迹的历史信息为依据,对于目标下一时刻航迹点的预测,与预测时间更接近的时刻的信息更有价值。基于这种思想,可以将新信息 GM(1,1)模型运用于目标的预测中,把探测到的新信息置入原始数列中,去掉最老的一个数据,使序列保持维数不变。

2) 目标航迹的灰色预测方法

对空袭目标的航迹点预测,在防空作战中是需要快速而准确,并且是实时进行的。但是由于干扰和外界因素等的影响,用 GM 模型对目标进行预测,其预测的下 1 到 2 个数据的精度是比较高的。雷达对目标的距离 $R(t)$、高低角 $\beta(t)$ 和方位角 $\varepsilon(t)$ 进行预测,建立实时的等维新信息 GM 预测模型,将探测的新信息置入序列中,去掉最老的原始数据。

空中目标航迹的灰色预测步骤如下[5]

(1) 设目标参数信息原始序列为 $\boldsymbol{x}_p^{(0)}=(x_p^{(0)}(1),x_p^{(0)}(2),\cdots,x_p^{(0)}(n))$,其中 $x_p^{(0)}(k)$,$p=1,2,3$,分别为目标的距离、高低角和方位角。

(2) 对原始序列进行累加,生成累加序列 $\boldsymbol{x}_p^{(1)}=(x_p^{(1)}(1),x_p^{(1)}(2),\cdots,x_p^{(1)}(n))$。

(3) 建立 GM(1,1)预测模型,并对模型进行检验。

(4) 建立残差模型,考虑残差的修正来提高预测精度。

(5) 利用已建立的 GM(1,1)预测模型对目标航迹进行预测。

4. 仿真实例

1）目标在空中做匀速直线运动

假设目标的航路轨迹为

$$\begin{bmatrix} X(t) \\ Y(t) \\ Z(t) \end{bmatrix} = \begin{bmatrix} X_0 \\ Y_0 \\ Z_0 \end{bmatrix} + (t-t_0) \begin{bmatrix} V_X \\ V_Y \\ V_Z \end{bmatrix} \tag{6-72}$$

式中：(X_0,Y_0,Z_0)为探测到的目标初始位置；(V_x,V_y,V_z)为目标的速度向量；t_0为起始时刻。设定(X_0,Y_0,Z_0)为(200000,300000,10000)m，速度向量(V_x,V_y,V_z)为(250,-200,-50)m/s，仿真出该目标的航迹，其航迹如图 6.11 所示。

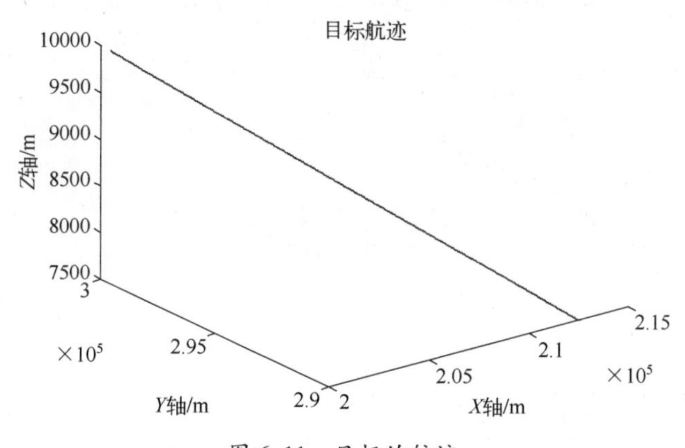

图 6.11　目标的航迹

在 $t=6$s 运用灰色预测模型分别对目标的距离、高低角和方位角进行预测。如图 6.12~图 6.17 所示。

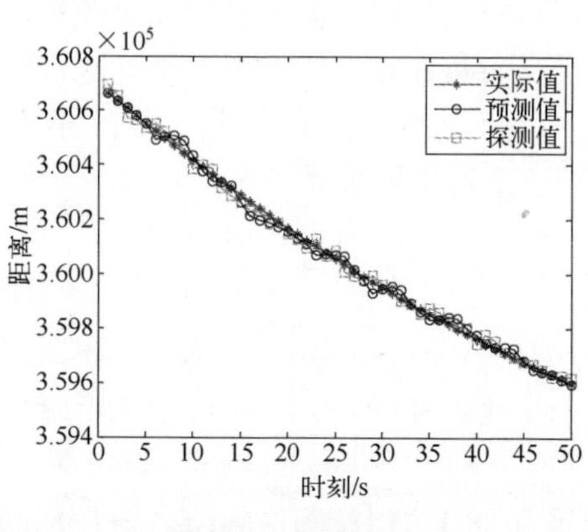

图 6.12　距离预测

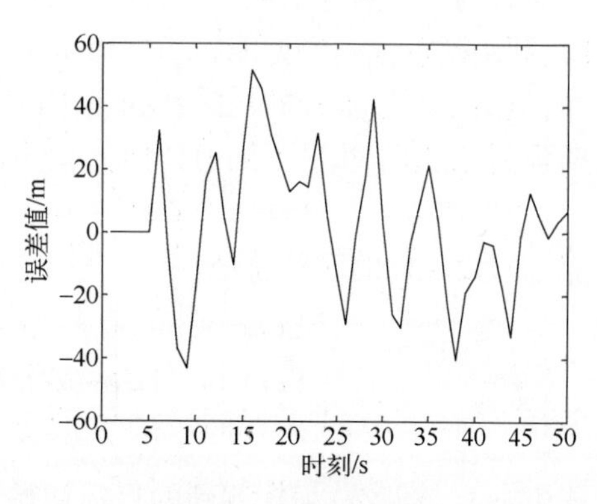

图 6.13　距离预测误差

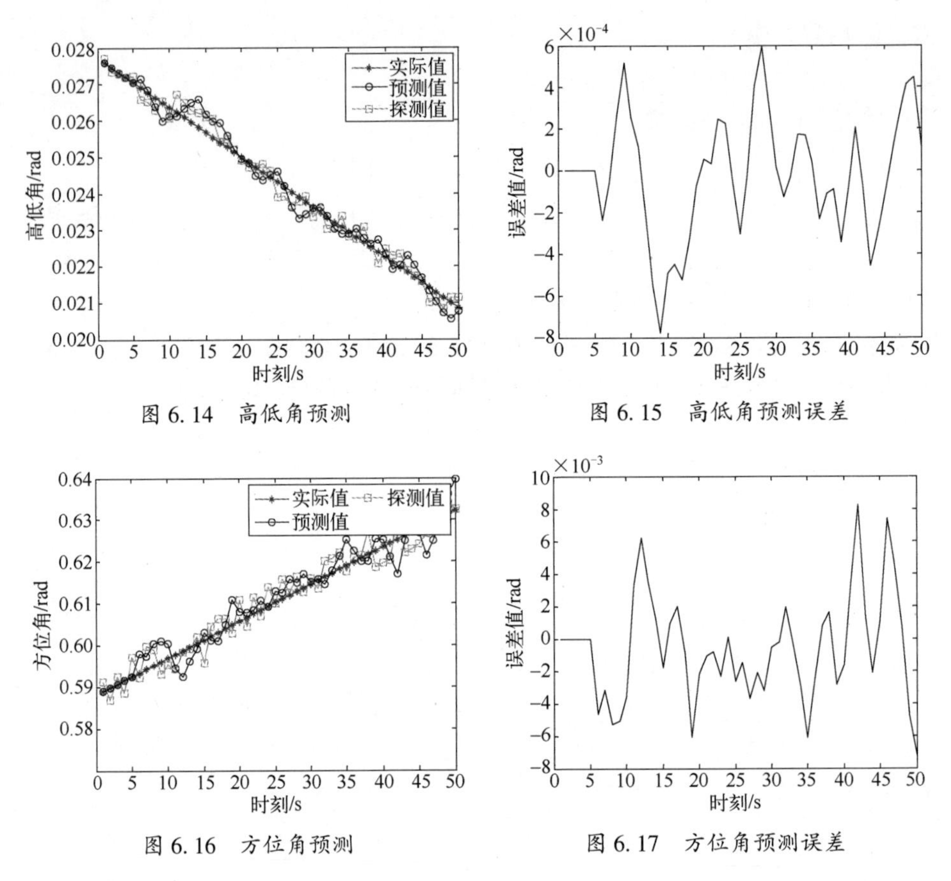

图 6.14　高低角预测

图 6.15　高低角预测误差

图 6.16　方位角预测

图 6.17　方位角预测误差

如图 6.12、图 6.14 和图 6.16 所示,星号为目标的距离、高低角和方位角的实际变化,方框为雷达对目标的探测值,圆圈则为运用灰色预测模型对目标的各项参数进行预测的结果。仿真结果显示,当目标在空间中做水平匀速直线运动时,利用灰色预测模型能够通过单维测量信息对目标在短周期内分坐标进行预测,但由于方法本身的局限性和噪声的影响,存在较大的预测误差,不适合作长期预测,适用于几乎不知道任何先验知识情况下的目标航迹预测。

2) 目标在空中作水平曲线运动

假设目标的航路轨迹为

$$\begin{bmatrix} X(t) \\ Y(t) \\ Z(t) \end{bmatrix} = \begin{bmatrix} X_0 \\ Y_0 \\ Z_0 \end{bmatrix} + (t-t_0) \begin{bmatrix} V_X \\ V_Y \\ V_Z \end{bmatrix}_{t_0} + (t-t_0)^2 \begin{bmatrix} a_X \\ a_Y \\ a_Z \end{bmatrix}_{t_0} \tag{6-73}$$

式中:(X_0, Y_0, Z_0)为探测到的目标初始位置;(V_x, V_y, V_z),(a_X, a_Y, a_Z)为目标的速度向量和加速度向量;t_0 为起始时刻。设定(X_0, Y_0, Z_0)为(30000,20000,

8000)m,速度向量(V_x,V_y,V_z)为(-80,-25,0)m/s,加速度向量(a_X,a_Y,a_Z)为(0,2,0)m/s^2,仿真出该目标的航迹,其航迹如图 6.18 所示。

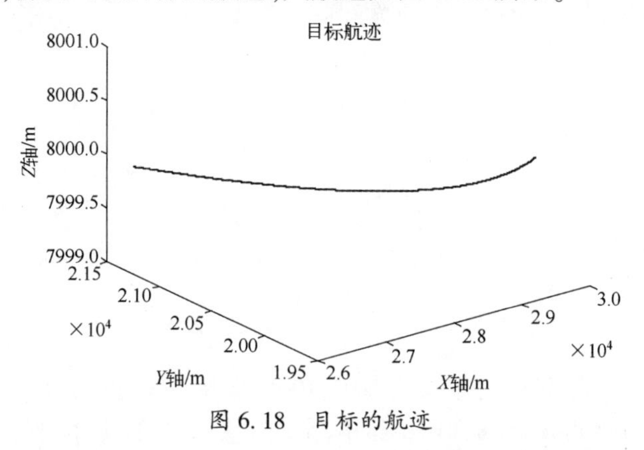

图 6.18　目标的航迹

在 $t=6$s 运用灰色预测模型分别对目标的距离、高低角和方位角进行预测。如图 6.19~图 6.24 所示。

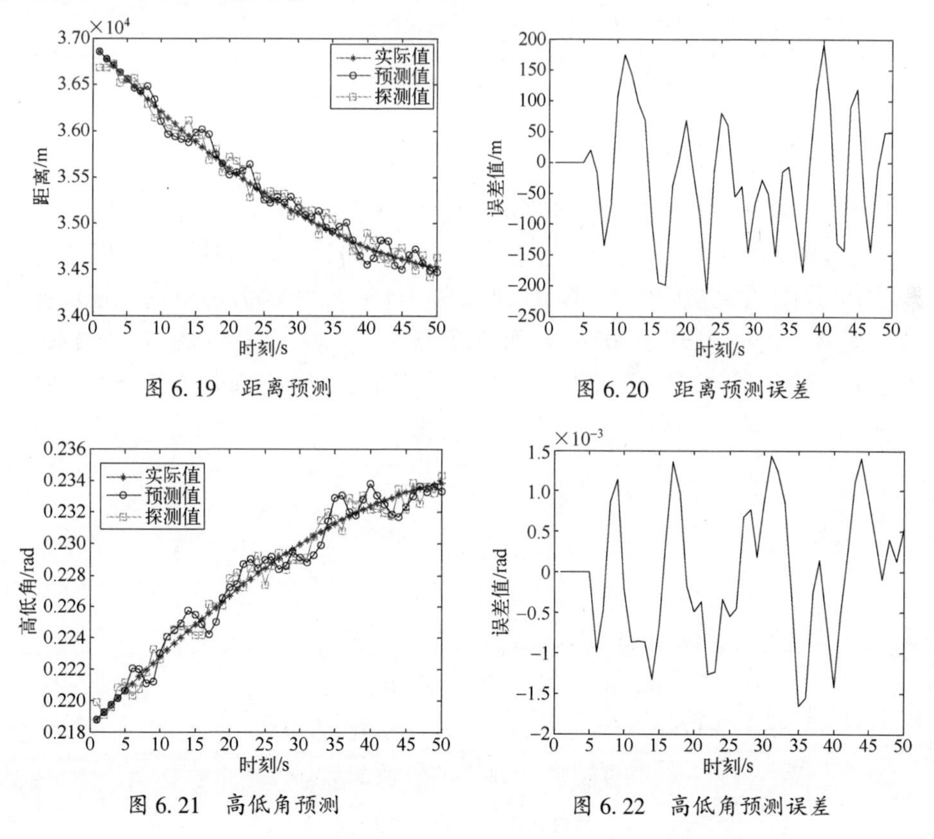

图 6.19　距离预测

图 6.20　距离预测误差

图 6.21　高低角预测

图 6.22　高低角预测误差

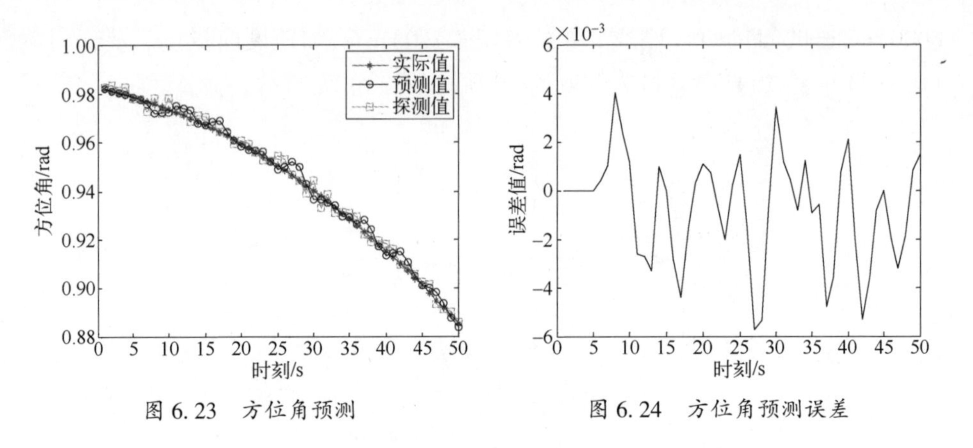

图 6.23　方位角预测　　　　图 6.24　方位角预测误差

仿真结果显示,目标的运动轨迹中,由于噪声干扰,探测值在目标真实值上下浮动,灰色预测方法能够利用单维的测量信息,通过数据本身的关系对二次曲线运动规律的目标分坐标进行预测。

3) 目标在空中作圆周运动

假设目标的航路轨迹为

$$\begin{bmatrix} X(t) \\ Y(t) \\ Z(t) \end{bmatrix} = \begin{bmatrix} X_0 \\ Y_0 \\ Z_0 \end{bmatrix} + \frac{\sin\Omega(t-t_0)}{\Omega}\begin{bmatrix} V_X \\ V_Y \\ V_Z \end{bmatrix}_{t_0} + \frac{1-\cos\Omega(t-t_0)}{\Omega^2}\begin{bmatrix} a_X \\ a_Y \\ a_Z \end{bmatrix}_{t_0} \tag{6-74}$$

式中:$\Omega=a_\perp/V=V/r$ 为目标的转弯角速度,$r=V^2/a_\perp$ 为转弯半径;(X_0,Y_0,Z_0)、(V_x,V_y,V_z)、(a_X,a_Y,a_Z) 分别为 t_0 时刻目标位置向量、速度向量、加速度向量;t_0 为起始时刻。设定初始位置 (X_0,Y_0,Z_0) 为(100000,200000,10000)m,速度向量 (V_x,V_y,V_z) 为(300,200,100)m/s,加速度向量 (a_X,a_Y,a_Z) 为(20,30,50)$\mathrm{m/s^2}$,转弯角速度 Ω=0.1282rad/s,仿真出该目标的航迹,其航迹如图 6.25 所示。

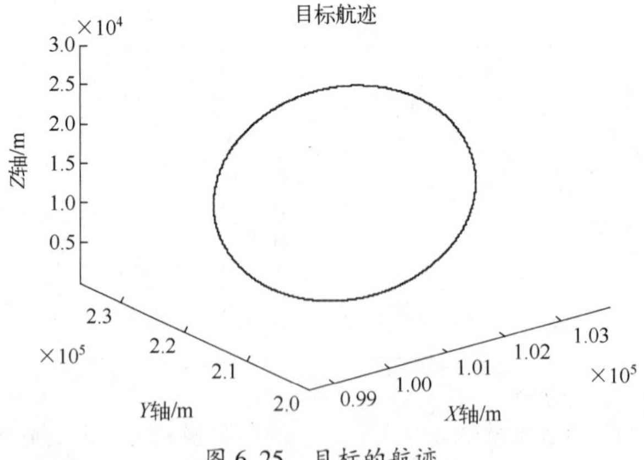

图 6.25　目标的航迹

在 $t=6\mathrm{s}$ 运用灰色预测模型分别对目标的距离、高低角和方位角进行预测。如图 6.26~图 6.31 所示。

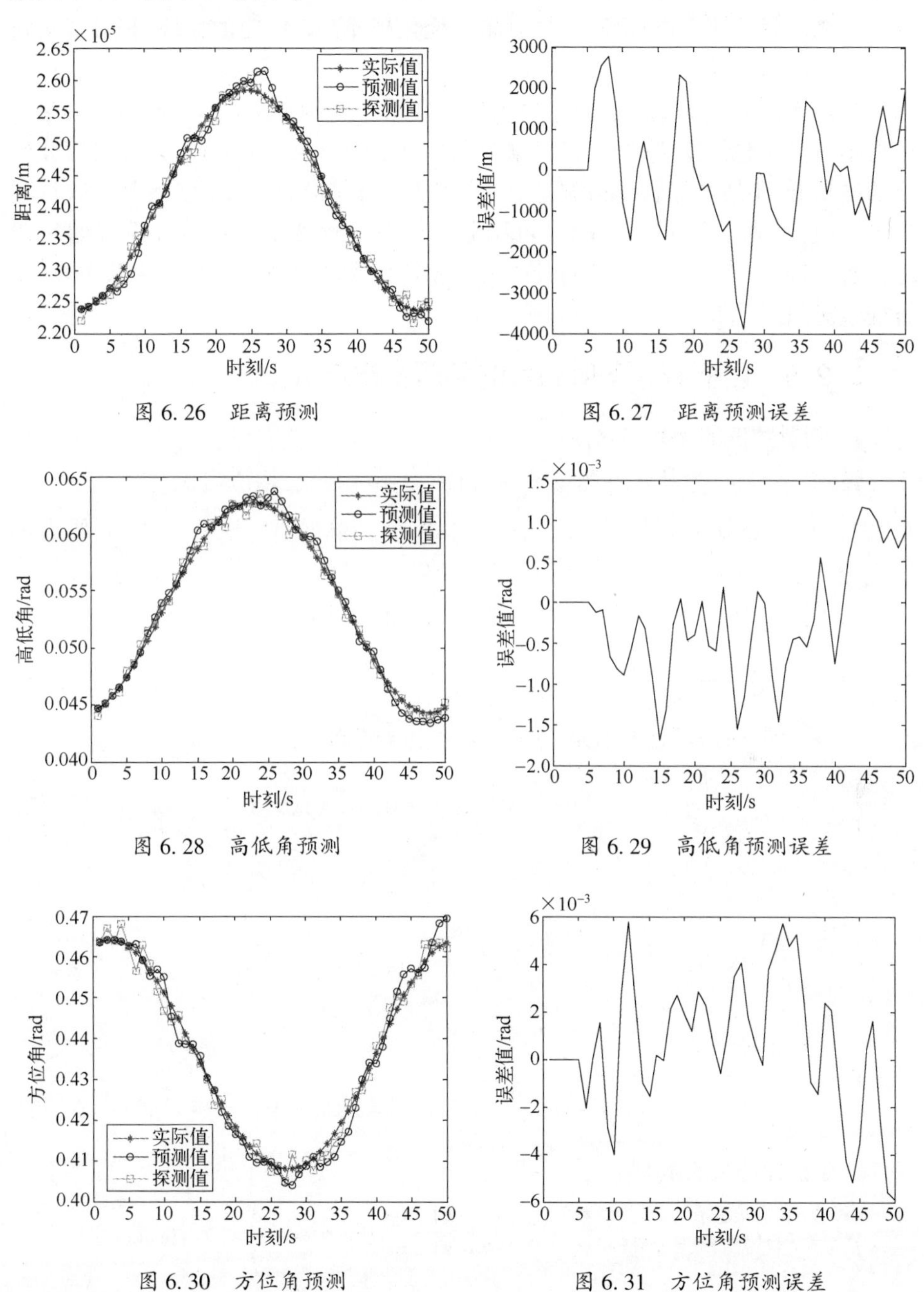

图 6.26　距离预测

图 6.27　距离预测误差

图 6.28　高低角预测

图 6.29　高低角预测误差

图 6.30　方位角预测

图 6.31　方位角预测误差

仿真结果显示,目标分坐标轨迹越接近线性变化,预测结果越准确,分坐标轨迹非线性越强,预测误差越大,同时由于本方法利用的是前一段时间的测量序列对未来的运动轨迹进行预测,预测轨迹变化规律存在一定的惯性,相对真实轨迹存在一定的延时。

通过实例仿真说明灰色预测模型可以应用于目标的分坐标航迹预测。由于模型本身对先验信息要求低,只根据数据本身之间存在的关系进行预测,因此预测精度较低,不适合作长期预测,但在某些战场环境条件下,当传感器获取目标信息受限,其他方法难以工作时,可用分坐标灰色预测实现对目标航迹的粗跟踪,保持航迹的不丢失,在条件允许时,快速转换成其他精度更高的跟踪手段,节省搜索时间。

6.2.6 目标测量多值约束的平滑滤波方法

1. 测量数据的平差方法

设 r_1,r_2,r_3,r_4 为某航迹测量值,各自测量噪声独立,均值为0,方差为 $\sigma_{r_i}^2,i=1,2,3,4$ 的正态分布噪声,$\hat{r}_1,\hat{r}_2,\hat{r}_3,\hat{r}_4$ 为真实值。根据目标运动规律,需要满足非线性函数约束 $g(\hat{r}_1,\hat{r}_2,\hat{r}_3,\hat{r}_4)=0$。

采用拉格朗日乘子法,寻求满足约束条件的最小误差解

$$Q=\left(\frac{\hat{r}_1-r_1}{\sigma_{r_1}}\right)^2+\left(\frac{\hat{r}_2-r_2}{\sigma_{r_2}}\right)^2+\left(\frac{\hat{r}_3-r_3}{\sigma_{r_3}}\right)^2+\left(\frac{\hat{r}_4-r_4}{\sigma_{r_4}}\right)^2+\lambda g(\hat{r}_1,\hat{r}_2,\hat{r}_3,\hat{r}_4) \tag{6-75}$$

式(6-75)分别对真实值求偏导数并令其为零可得

$$\left.\frac{\partial Q}{\partial \hat{r}_i}\right|_{\hat{r}_i=r_i}=2\frac{\hat{r}_i-r_i}{\sigma_{r_i}^2}+\lambda\left.\frac{\partial g}{\partial \hat{r}_i}\right|_{\hat{r}_i=r_i}=0,\quad i=1,2,3,4 \tag{6-76}$$

$$\lambda=\left.\frac{2\dfrac{\hat{r}_1-r_1}{\sigma_{r_1}^2}}{\dfrac{\partial g}{\partial \hat{r}_1}}\right|_{\hat{r}_1=r_1}=\left.\frac{2\dfrac{\hat{r}_2-r_2}{\sigma_{r_2}^2}}{\dfrac{\partial g}{\partial \hat{r}_2}}\right|_{\hat{r}_2=r_2}=\left.\frac{2\dfrac{\hat{r}_3-r_3}{\sigma_{r_3}^2}}{\dfrac{\partial g}{\partial \hat{r}_3}}\right|_{\hat{r}_3=r_3}=\left.\frac{2\dfrac{\hat{r}_4-r_4}{\sigma_{r_4}^2}}{\dfrac{\partial g}{\partial \hat{r}_4}}\right|_{\hat{r}_4=r_4} \tag{6-77}$$

线性修正模型为

$$\hat{r}_i-r_i=-\lambda\sigma_{r_i}^2\left.\frac{\partial g}{2\partial \hat{r}_i}\right|_{\hat{r}_i=r_i},\quad i=1,2,3,4 \tag{6-78}$$

将非线性约束泰勒展开

$$g(\hat{r}_1,\hat{r}_2,\hat{r}_3,\hat{r}_4)\approx g(r_1,r_2,r_3,r_4)+\frac{1}{1!}\sum_{i=1}^{4}(\hat{r}_i-r_i)\frac{\partial}{\partial \hat{r}_i}g(r_1,r_2,r_3,r_4)$$

$$+\frac{1}{2!}\sum_{i=1}^{4}\left[(\hat{r}_i-r_i)\frac{\partial}{\partial\hat{r}_i}\right]^2 g(r_1,r_2,r_3,r_4)+\cdots \tag{6-79}$$

近似用前两项表示令其为零,代入线性修正模型可得

$$\lambda=\frac{2g(r_1,r_2,r_3,r_4)}{\sum_{i=1}^{4}\sigma_{r_1}^2\left(\frac{\partial g}{\partial\hat{r}_1}\right)^2} \tag{6-80}$$

$$\hat{r}_i=r_i-\frac{\sigma_{r_i}^2\frac{\partial g}{\partial\hat{r}_i}}{\sum_{i=1}^{4}\sigma_{r_i}^2\left(\frac{\partial g}{\partial\hat{r}_i}\right)^2}g(r_1,r_2,r_3,r_4),\quad i=1,2,3,4 \tag{6-81}$$

修正后最小误差

$$Q_{\min}=\frac{g^2(r_1,r_2,r_3,r_4)}{\sum_{i=1}^{4}\sigma_{r_i}^2\left(\frac{\partial g}{\partial\hat{r}_i}\right)^2} \tag{6-82}$$

由于测量值带有测量误差,不能使约束函数为零,可以进一步迭代处理。在迭代过程中,需要减少修正的步长。

$$Q_{\min}^{(n+1)}=\frac{\mu^2 g^2(\hat{r}_1^{(n)},\hat{r}_2^{(n)},\hat{r}_3^{(n)},\hat{r}_4^{(n)})}{\sum_{i=1}^{4}\sigma_{r_i}^2\left(\frac{\partial g}{\partial\hat{r}_i}\right)^2} \tag{6-83}$$

$$\hat{r}_i^{(n+1)}=\hat{r}_i^{(n)}-\mu\frac{\sigma_{r_i}^2\frac{\partial g}{\partial\hat{r}_i}}{\sum_{i=1}^{4}\sigma_{r_i}^2\left(\frac{\partial g}{\partial\hat{r}_i}\right)^2}g(\hat{r}_1^{(n)},\hat{r}_2^{(n)},\hat{r}_3^{(n)},\hat{r}_4^{(n)}) \tag{6-84}$$

$$\hat{r}_i^{(1)}=r_i,n=1,2,3,\cdots,\quad i=1,2,3,4 \tag{6-85}$$

迭代次数可通过设置前后误差平方的差满足某门限来选取。

根据最优化理论,对于二次型函数描述一个椭球面的目标函数:

$$f(\boldsymbol{x})=\frac{1}{2}\boldsymbol{x}^{\mathrm{T}}\boldsymbol{Q}\boldsymbol{x}+\boldsymbol{b}^{\mathrm{T}}\boldsymbol{x}+c \tag{6-86}$$

式中:$\boldsymbol{Q}$ 矩阵为 n 阶对称正定矩阵。

可以求出目标函数极小点的解:$\boldsymbol{x}^*=-\boldsymbol{Q}^{-1}\boldsymbol{b}$,最小目标函数为

$$f_{\min}(\boldsymbol{x}^*)=-\frac{1}{2}\boldsymbol{b}^{\mathrm{T}}\boldsymbol{Q}^{-1}\boldsymbol{b}+c \tag{6-87}$$

该解有二次收敛性质。若目标函数是二次的近似描述,可以采用牛顿法、共

轭梯度法、变尺度法、DFP 等方法迭代出目标函数的极小点。

对平面三角形内角做了独立的测量，得到的结果是$(\theta_1\pm\sigma_1)$，$(\theta_2\pm\sigma_2)$，$(\theta_3\pm\sigma_3)$。由上面可得到

$$\hat{\theta}_i=\theta_i-\frac{\sigma_i^2}{\sigma_1^2+\sigma_2^2+\sigma_3^2}(\theta_1+\theta_2+\theta_3-\pi),\quad i=1,2,3 \tag{6-88}$$

测量直角三角形的三个边，并得到它们的值为 a，b 和 c，测量方差相同。则有

$$\begin{aligned}\hat{a}&=a\left[1-\frac{a^2+b^2-c^2}{2(a^2+b^2+c\sqrt{a^2+b^2})}\right]\\ \hat{b}&=b\left[1-\frac{a^2+b^2-c^2}{2(a^2+b^2+c\sqrt{a^2+b^2})}\right]\\ \hat{c}&=c\left[1+\frac{a^2+b^2-c^2}{2(c^2+c\sqrt{a^2+b^2})}\right]\end{aligned} \tag{6-89}$$

斯特瓦尔特定理的距离约束为

$$l_2r_1^2-(l_1+l_2)r_2^2+l_1r_3^2=l_1l_2(l_1+l_2) \tag{6-90}$$

等精度采样

$$\begin{cases}\hat{r}_1=r_1(1-l_2k)\\ \hat{r}_2=r_2(1+(l_1+l_2)k),\\ \hat{r}_3=r_3(1-l_1k)\end{cases} \tag{6-91}$$

其中 $k=\dfrac{l_2r_1^2-(l_1+l_2)r_2^2+l_1r_3^2-l_1l_2(l_1+l_2)}{2(l_2^2r_1^2+(l_1+l_2)^2r_2^2+l_1^2r_3^2)}$。

$$Q_{\min}=\frac{[l_2r_1^2-(l_1+l_2)r_2^2+l_1r_3^2-l_1l_2(l_1+l_2)]^2}{4(l_2^2r_1^2+(l_1+l_2)^2r_2^2+l_1^2r_3^2)} \tag{6-92}$$

由匀速运动的余切关系定理 1 有

$$l_1\cot\theta_3+l_2\cot\theta_1=(l_1+l_2)\cot\theta_2 \tag{6-93}$$

可以很容易求出修正关系

$$\begin{cases}\hat{\theta}_1=\theta_1+\dfrac{l_2\sigma_1^2}{\sin^2\theta_1}k,\\ \hat{\theta}_2=\theta_2-\dfrac{(l_1+l_2)\sigma_2^2}{\sin^2\theta_2}k,\\ \hat{\theta}_3=\theta_3+\dfrac{l_1\sigma_1^2}{\sin^2\theta_3}k\end{cases} \tag{6-94}$$

其中 $k=\dfrac{l_1\cot\theta_3+l_2\cot\theta_1-(l_1+l_2)\cot\theta_2}{\dfrac{l_2^2\sigma_1^2}{\sin^4\theta_1}+\dfrac{(l_1+l_2)^2\sigma_2^2}{\sin^4\theta_2}+\dfrac{l_1^2\sigma_3^2}{\sin^4\theta_3}}$

$$Q_{\min}=\frac{[l_1\cot\theta_3+l_2\cot\theta_1-(l_1+l_2)\cot\theta_2]^2}{\dfrac{l_2^2\sigma_1^2}{\sin^4\theta_1}+\dfrac{(l_1+l_2)^2\sigma_2^2}{\sin^4\theta_2}+\dfrac{l_1^2\sigma_3^2}{\sin^4\theta_3}} \tag{6-95}$$

同理,对于纯仰角关系有

$$\cot^2\varepsilon_1-3\cot^2\varepsilon_2+3\cot^2\varepsilon_3-\cot^2\varepsilon_4=0 \tag{6-96}$$

可作出如下修正

$$\begin{cases}\hat{\varepsilon}_1=\varepsilon_1+\dfrac{\sigma_1^2}{\sin^2\theta_1}k,\\ \hat{\varepsilon}_2=\varepsilon_2-\dfrac{3\sigma_2^2}{\sin^2\theta_2}k,\\ \hat{\varepsilon}_3=\varepsilon_3+\dfrac{3\sigma_3^2}{\sin^2\theta_3}k,\\ \hat{\varepsilon}_4=\varepsilon_4-\dfrac{\sigma_4^2}{\sin^2\theta_4}k\end{cases} \tag{6-97}$$

其中 $k=\dfrac{\cot^2\varepsilon_1-3\cot^2\varepsilon_2+3\cot^2\varepsilon_3-\cot^2\varepsilon_4}{\dfrac{\sigma_1^2}{\sin^4\varepsilon_1}+\dfrac{9\sigma_2^2}{\sin^4\varepsilon_2}+\dfrac{9\sigma_3^2}{\sin^4\varepsilon_3}+\dfrac{\sigma_4^2}{\sin^4\varepsilon_4}}$。

$$Q_{\min}=\frac{[\cot^2\varepsilon_1-3\cot^2\varepsilon_2+3\cot^2\varepsilon_3-\cot^2\varepsilon_4]^2}{\dfrac{\sigma_1^2}{\sin^4\varepsilon_1}+\dfrac{9\sigma_2^2}{\sin^4\varepsilon_2}+\dfrac{9\sigma_3^2}{\sin^4\varepsilon_3}+\dfrac{\sigma_4^2}{\sin^4\varepsilon_4}} \tag{6-98}$$

从以上分析可以看出,在修正过程中不容易一步达到误差平方和最小值,需要多次迭代。其分母对计算精度的影响很大,适当加大计算的周期间隔,有利于提高约束的分辨力。

采用这些方法对于滤波过程中稳定航迹参数的解算有重要的意义。还有其他一些现代方法,如自适应滤波、粒子滤波等方法也可以参考,根据需要选择,依据结果改进。

2. 基于增大跨度的分坐标处理航迹参数估计方法

在测量模型的分析中,考虑噪声的影响约束关系近似成立,某测量通道的参数航迹与很多因素有关,如假设运动模型、测量间隔、测量精度、处理方法等。下面主要通过仿真对增加测量间隔（即增大跨度）及采用平均值的方法计算航迹参数。

1）纯方位

假设在雷达探测到一目标正以 150m/s 的速度向东北方向做匀速直线运动，方位角为 $\alpha_0=\pi/3(1.0472\text{rad})$，方位角的测量噪声服从均值为 0、方差为 $2\times10^{-5}\text{rad}^2$ 的正态分布，在 t_0 时刻，测得目标的位置坐标（以雷达所在位置为坐标原点）为(4000,6000)m，t_i 表示目标运动的时刻，假设采样间隔为 T，则通过 t_i，t_{i+T}，t_{i+2T}三个时刻测得的方位角就能求出目标航迹方位角，若 k 为采样次数，则采样次数与采样间隔有如下约束关系：因为每次算需要三个数据（相邻采样点之间的间隔称为跨度），需要多次平均，则应该取 k 个测量数据，当跨度为 mT 时，需要采样次数为 $k=3m$，$m=1,2,3,\cdots$。设运动目标在 t_i 采样时刻的测量方位角为β_i，相邻测量方位角间的变化量为 $\Delta_i=\beta_i-\beta_{i-1}$。

以下仿真都假设采样间隔为 $T=1$s，当跨度为 5s 时，采样次数为 15 次，计算方式如图 6.32 所示，则第 1 个、第 6 个和第 11 个采样点的测量方位角为一组数据，第 2 个、第 7 个和第 12 个采样点的测量方位角为一组数据，以此类推，这样每三个采样点计算一次目标航迹方位角，最后采用平均的方法得到平均值即为估计的目标航迹方位角，并与真实值比较。

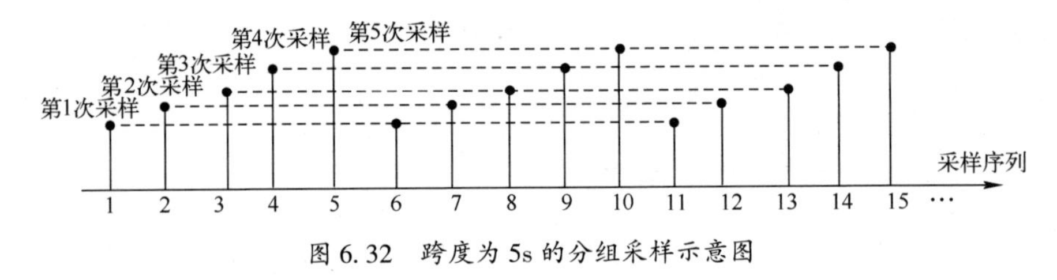

图 6.32　跨度为 5s 的分组采样示意图

(1) 采用余切关系 1：

目标航迹方位角的估计公式为

$$\hat{\alpha}_{i_1}=\frac{1}{n}\sum_{i=1}^{n}\operatorname{arccot}\left\{\frac{-\left[\begin{array}{l}\sin(-\beta_i+\beta_{i+T}+\beta_{i+2T})-2\sin(\beta_i-\beta_{i+T}+\beta_{i+2T})\\+\sin(\beta_i+\beta_{i+T}-\beta_{i+2T})\end{array}\right]}{\begin{array}{l}\cos(-\beta_i+\beta_{i+T}+\beta_{i+2T})-2\cos(\beta_i-\beta_{i+T}+\beta_{i+2T})\\+\cos(\beta_i+\beta_{i+T}-\beta_{i+2T})\end{array}}\right\} \tag{6-99}$$

式中：n 为数据组数，$i=1,2,3,\cdots$。

分别计算跨度为 1s、5s 和 10s 时的目标航迹方位角预测值，类似图 6.32 所描述的分组方式计算 5 组目标航迹方位角数据及平均值如表 6.1 所列。

表 6.1　3 种不同采样间隔下的目标航迹方位角　单位:rad

组数＼跨度	1s	5s	10s
1	0.9844	1.0464	1.0467
2	1.0438	1.0476	1.0470
3	1.1643	1.0490	1.0476
4	1.0489	1.0440	1.0483
5	1.1360	1.0519	1.0471
平均值	1.0755	1.0478	1.0473

比较表 6.1 结果和目标航迹真实方位角 α_0,可以看出,对匀速直线运动的目标,增加采样跨度有利于抑制噪声对目标航迹方位角预测的影响,提高基于余切关系定理 1 的纯方位方法的估计精度。

(2) 采用余切关系 2

目标航迹方位角的计算公式为

$$\hat{\alpha}_{i_2} = \frac{1}{n}\sum_{i=1}^{n}\left\{\beta_{i+T} + \operatorname{arccot}\left[\frac{-\cot(\beta_{i+T} - \beta_i) + \cot(\beta_{i+2T} - \beta_{i+T})}{2}\right]\right\} \tag{6-100}$$

式中:n 为数据组数,$i=1,2,3,\cdots$。

分别计算跨度为 1s、5s 和 10s 时的目标航迹方位角预测值,类似图 6.32 所描述的分组方式计算 5 组目标航迹方位角数据及平均值如表 6.2 所列。

表 6.2　3 种不同采样间隔下的目标航迹方位角　单位:rad

组数＼跨度	1s	5s	10s
1	1.1909	1.0443	1.0457
2	1.1908	1.0429	1.0464
3	1.0641	1.0464	1.0470
4	0.9489	1.0429	1.0469
5	1.0705	1.0489	1.0466
平均值	1.0931	1.0451	1.0465

比较表 6.2 结果和目标航迹真实方位角 α_0,可以看出,对匀速直线运动的目标,增加采样跨度有利于抑制噪声对目标航迹方位角预测的影响,提高基于余切关系定理 2 的纯方位方法的估计精度。此外,还可采用方位角函数(如 $\sin\beta_i$,

$\tan\beta_i$ 等)求平均的方法改善纯方位方法的跟踪性能。

2) 纯距离

若以雷达为坐标原点,则目标的初始位置为$(x_0,y_0,z_0)=(4000,6000,8000)$m,假设目标的真实速度为 $v_0=300$m/s,且做匀速直线运动,其仰角为 $\varepsilon=\pi/6$,方位角为 $\beta=\pi/3$,测量噪声 w_i 服从均值为0、标准差为50m的正态分布,采样方式与纯方位情况相同,那么每三个采样点能够估计一次目标速度。

采样间隔为 T,则三个采样时刻 t_i, t_{i+T}, t_{i+2T} 目标的距离分别为

$$R_i=\sqrt{(x_0+\cos\varepsilon\sin\beta vt_i)^2+(y_0+\cos\varepsilon\cos\beta vt_i)^2+(z_0+\sin\varepsilon vt_i)^2}+w_i \tag{6-101}$$

$$R_{i+T}=\sqrt{(x_0+\cos\varepsilon\sin\beta vt_{i+T})^2+(y_0+\cos\varepsilon\cos\beta vt_{i+T})^2+(z_0+\sin\varepsilon vt_{i+T})^2}+w_{i+T} \tag{6-102}$$

$$R_{i+2T}=\sqrt{(x_0+\cos\varepsilon\sin\beta vt_{i+2T})^2+(y_0+\cos\varepsilon\cos\beta vt_{i+2T})^2+(z_0+\sin\varepsilon vt_{i+2T})^2}+w_{i+2T} \tag{6-103}$$

根据斯特瓦尔特定理,目标速度的计算公式为

$$\hat{v}_i=\frac{1}{n}\sum_{i=1}^{n}\sqrt{\frac{R_i^2+R_{i+T}^2-2R_{i+2T}^2}{2T^2}} \tag{6-104}$$

式中:n 为数据组数,$i=1,2,3\cdots$。

分别计算跨度1s和跨度5s时的目标航迹方位角,按图6.32计算5组目标航迹方位角数据及平均值如表6.3所列:

表6.3 3种不同采样间隔下的目标速度 单位:m/s

组数 \ 跨度	1s	5s	10s
1	358.45	349.25	315.16
2	697.34	246.19	287.05
3	358.98	277.50	294.22
4	442.46	335.40	309.65
5	239.00	351.47	314.94
平均值	419.25	311.96	304.21

可见,增大跨度后,计算得到的结果更加稳定且更加接近真实值 v_0,说明跨度增大能够提高纯距离方法对匀速运动目标速度的估计精度。

在增大跨度的基础上,除了式(6-104)之外,求平均值的方法还有以下几种:

$$\hat{v}_i' = \frac{n}{\sum_{i=1}^{n}\sqrt{\dfrac{2T^2}{R_i^2 + R_{i+T}^2 - 2R_{i+2T}^2}}} \tag{6-105}$$

$$\hat{v}_i'' = \sqrt[n]{\prod_{i=1}^{n}\sqrt{\frac{R_i^2 + R_{i+T}^2 - 2R_{i+2T}^2}{2T^2}}} \tag{6-106}$$

$$\hat{v}_i''' = \sqrt{\frac{\sum_{i=1}^{n}\dfrac{R_i^2 + R_{i+T}^2 - 2R_{i+2T}^2}{2T^2}}{n}} \tag{6-107}$$

计算结果如表 6.4 所列。

表 6.4　大采样间隔下采用不同方法计算的目标速度

单位:m/s

速度	$\hat{v}_i'$	$\hat{v}_i''$	v_i	v_i'''
平均值	303.76	303.99	304.21	304.42

由于其测量噪声是随机产生的,进行多次仿真计算,结果可能会发生变化,但始终有关系:$v_i'\leqslant v_i''\leqslant v_i\leqslant v_i'''$。并且存在三种情况:①真实值大于四种方法的计算结果;②真实值小于四种方法的计算结果;③真实值介于四者之间。而四种方法计算的结果相差不大,且精度较高,所以在同样的情况下都可以使用。但是直接对速度求平均(式(6-104))计算相对简便。

需要特别指出的是:增大跨度虽然能在一定程度上有效抑制噪声的影响,但同样会导致算法对目标机动检测的敏感度降低,计算量增加。因此,算法分组的跨度应根据目标机动情况和噪声强度适当选取。

6.2.7　经典方法存在问题与研究方向

经典方法在实际使用中主要存在序列长度不易确定、在某时间点目标机动不易确定、目标机动模型不易确定等问题。基于样条函数的平滑能在一定程度上克服这些问题,但计算复杂度较大,确定变参数时刻点有一定的时延。特别是目标圆周运动时,每点的加速度方向都在改变,由于非线性和测量噪声的影响,这些方法应用的效果都不够理想。需要加强与其他方法(如 6.3 节介绍的现代方法)的进一步融合,才能取得较好的效果。还可采用自适应格型和 ARMA 模型[6]实现分坐标滤波处理。

上述方法未限制在笛卡儿坐标系中,可在分坐标处理应用。分坐标处理时,测量坐标处理的维数可能较少,无需考虑各单坐标之间的耦合,但目标模型是非线性时变函数形式,对笛卡儿坐标系中分段(速度、加速度保持不变)机动的目标模型,而在目标的测量坐标系中,其速度、加速度可能是时变的。当采用二、三次函数逐段样条逼近,发现误差较大时,可更换模型。

6.3 几种分坐标滤波与估计的现代方法

6.3.1 分坐标测量的多步递推滤波方法

为了建立分坐标处理模型,需要了解传统的处理方法。采用马尔科夫过程模型,实现位置、速度和加速度的一步递推。用噪声扰动加速度或加加速度,描述目标运动的机动性,形成状态方程。一步递推的状态方程有效描述目标的运动特性,通过新息加权实现了卡尔曼滤波算法的状态更新。

1. 多步递推卡尔曼滤波模型

在分坐标处理方法中,后续研究表明,测量序列有多步的相关关系,用一步递推需要高阶导数,且不易实现。采用多步递推的目标运动模型描述方法,本书改进卡尔曼滤波方法,可实现与传统方法完全对称的处理形式,这是卡尔曼滤波器的一种新的应用。

下面以二次函数为例,说明多步递推模型的建立过程

设 $X_t=\frac{a_2}{2}t^2+a_1t+a_0$,等时间间隔取样并差分处理,则有

$$\begin{cases}X_{t_2}-X_{t_1}=(t_2-t_1)\left[\frac{a_2}{2}(t_2+t_1)+a_1\right]\\X_{t_3}-2X_{t_2}+X_{t_1}=\Delta^2a_2\end{cases}\tag{6-108}$$

式中:Δ 为采样时间间隔;$a_i(i=0,1,2)$为系数;$t_j(j=1,2,\cdots)$为测量时刻。

对二次曲线有

$$X_{t_4}-3X_{t_3}+3X_{t_2}-X_{t_1}=0\tag{6-109}$$

对三次曲线来说,式(6-109)左端的结果应表示加加速度。

多步递推卡尔曼滤波是一种新的建模方法,适用于分坐标的序列处理方法。利用测量序列的前后相关性,建立目标运动模型和测量模型,套用卡尔曼滤波公式,实现分坐标处理算法。卡尔曼滤波是以最小均方误差为估计准则,寻求一套通用递推估计的算法,其基本思想是:采用信号与噪声的状态空间模型,利用前一时刻的状态估计值和当前时刻的观测值来更新对状态变量的估计,求出当前时刻的状态估计值。卡尔曼滤波提出的递推最优估计理论,采用状态空间描述

法,算法采用递推形式,能处理多维和非平稳的随机过程。卡尔曼滤波不需要过去时刻的全部观测信号,它只是根据前一时刻状态的估计值和当前状态的观测值来计算当前状态的估计值,估计信号的波形,其信号模型是由状态方程和观测方程组成的。

对于向量卡尔曼滤波模型,其状态方程为

$$\boldsymbol{x}_k=\boldsymbol{\Phi}\boldsymbol{x}_{k-1}+\boldsymbol{\Gamma}_{k-1}\boldsymbol{w}_{k-1} \tag{6-110}$$

观测方程为

$$\boldsymbol{z}_k=\boldsymbol{M}_k\boldsymbol{x}_k+\boldsymbol{v}_k \tag{6-111}$$

式中:$\boldsymbol{x}_k$ 为在 t_k 时刻信号的 M 维状态向量;$\boldsymbol{\Phi}$ 为信号从时刻 t_{k-1} 到 t_k 时刻的 $M\times M$ 维状态(一步)转移矩阵;$\boldsymbol{w}_{k-1}$ 为 t_{k-1} 时刻的过程噪声,为 l 维高斯白噪声向量,其协方差阵为 $\boldsymbol{Q}_{k-1}$;$\boldsymbol{\Gamma}_{k-1}$ 为采样间隔向量;$\boldsymbol{z}_k$ 为 t_k 时刻的 N 维观测向量,$\boldsymbol{M}_k$ 为 t_k 时刻的 $N\times M$ 观测矩阵;$\boldsymbol{v}_k$ 为 t_k 时刻的 N 维观测扰动信号,为高斯白噪声,协方差矩阵为 $\boldsymbol{R}_k$。

1) 多步递推卡尔曼的矩阵向量形式

若有矩阵$[\boldsymbol{x}_k,\dot{\boldsymbol{x}}_k,\ddot{\boldsymbol{x}}_k]^{\mathrm{T}}$ 表示的是目标 t_k 时刻的位置、速度和加速的状态向量矩阵,那么多步递推的状态方程可以表示为

$$\begin{bmatrix}[\boldsymbol{x}_k,\dot{\boldsymbol{x}}_k,\ddot{\boldsymbol{x}}_k]^{\mathrm{T}}\\ [\boldsymbol{x}_{k-1},\dot{\boldsymbol{x}}_{k-1},\ddot{\boldsymbol{x}}_{k-1}]^{\mathrm{T}}\\ [\boldsymbol{x}_{k-2},\dot{\boldsymbol{x}}_{k-2},\ddot{\boldsymbol{x}}_{k-2}]^{\mathrm{T}}\end{bmatrix}=\begin{bmatrix}\boldsymbol{\Phi}_1&\boldsymbol{\Phi}_2&\boldsymbol{\Phi}_3\\ \boldsymbol{I}&\boldsymbol{0}&\boldsymbol{0}\\ \boldsymbol{0}&\boldsymbol{I}&\boldsymbol{0}\end{bmatrix}\begin{bmatrix}[\boldsymbol{x}_{k-1},\dot{\boldsymbol{x}}_{k-1},\ddot{\boldsymbol{x}}_{k-1}]^{\mathrm{T}}\\ [\boldsymbol{x}_{k-2},\dot{\boldsymbol{x}}_{k-2},\ddot{\boldsymbol{x}}_{k-2}]^{\mathrm{T}}\\ [\boldsymbol{x}_{k-3},\dot{\boldsymbol{x}}_{k-3},\ddot{\boldsymbol{x}}_{k-3}]^{\mathrm{T}}\end{bmatrix}+\begin{bmatrix}\boldsymbol{\Gamma}_{k-1}\\ \boldsymbol{0}\\ \boldsymbol{0}\end{bmatrix}\boldsymbol{w}_{k-1} \tag{6-112}$$

设 $k-1$ 时刻状态的均方误差阵 $\boldsymbol{P}_{k-1}$ 为

$$\boldsymbol{P}_{k-1}=\begin{bmatrix}\boldsymbol{P}_{11}&\boldsymbol{P}_{12}&\boldsymbol{P}_{13}\\ \boldsymbol{P}_{21}&\boldsymbol{P}_{22}&\boldsymbol{P}_{23}\\ \boldsymbol{P}_{31}&\boldsymbol{P}_{32}&\boldsymbol{P}_{33}\end{bmatrix} \tag{6-113}$$

从 $k-1$ 时刻到 k 时刻状态的一步状态的预测为

$$\hat{\boldsymbol{x}}_{k|k-1}=\boldsymbol{\Phi}\hat{\boldsymbol{x}}_{k-1|k-1} \tag{6-114}$$

其误差协方差阵为

$$\boldsymbol{P}_{k|k-1}=\begin{bmatrix}\boldsymbol{\Phi}_1&\boldsymbol{\Phi}_2&\boldsymbol{\Phi}_3\\ \boldsymbol{I}&\boldsymbol{0}&\boldsymbol{0}\\ \boldsymbol{0}&\boldsymbol{I}&\boldsymbol{0}\end{bmatrix}\boldsymbol{P}_{k-1}\begin{bmatrix}\boldsymbol{\Phi}_1&\boldsymbol{\Phi}_2&\boldsymbol{\Phi}_3\\ \boldsymbol{I}&\boldsymbol{0}&\boldsymbol{0}\\ 0&\boldsymbol{I}&\boldsymbol{0}\end{bmatrix}^{\mathrm{T}}+\begin{bmatrix}\boldsymbol{\Gamma}_{k-1}\\ \boldsymbol{0}\\ \boldsymbol{0}\end{bmatrix}\boldsymbol{Q}_{k-1}[\boldsymbol{\Gamma}_{k-1}^{\mathrm{T}}\quad\boldsymbol{0}\quad\boldsymbol{0}] \tag{6-115}$$

上式经运算化简简写为

$$\boldsymbol{P}_{k|k-1}=\begin{bmatrix}\boldsymbol{A} & \boldsymbol{D} & \boldsymbol{E}\\ \boldsymbol{B} & \boldsymbol{P}_{11} & \boldsymbol{P}_{12}\\ \boldsymbol{C} & \boldsymbol{P}_{21} & \boldsymbol{P}_{22}\end{bmatrix} \tag{6-116}$$

其中：

$$\begin{aligned}\boldsymbol{A}=&\boldsymbol{\Phi}_1\boldsymbol{P}_{11}\boldsymbol{\Phi}_1^{\mathrm{T}}+\boldsymbol{\Phi}_2\boldsymbol{P}_{21}\boldsymbol{\Phi}_1^{\mathrm{T}}+\boldsymbol{\Phi}_3\boldsymbol{P}_{31}\boldsymbol{\Phi}_1^{\mathrm{T}}+\boldsymbol{\Phi}_2\boldsymbol{P}_{22}\boldsymbol{\Phi}_2^{\mathrm{T}}+\boldsymbol{\Phi}_1\boldsymbol{P}_{12}\boldsymbol{\Phi}_2^{\mathrm{T}}\\&+\boldsymbol{\Phi}_3\boldsymbol{P}_{32}\boldsymbol{\Phi}_2^{\mathrm{T}}+\boldsymbol{\Phi}_3\boldsymbol{P}_{33}\boldsymbol{\Phi}_3^{\mathrm{T}}+\boldsymbol{\Phi}_1\boldsymbol{P}_{13}\boldsymbol{\Phi}_3^{\mathrm{T}}+\boldsymbol{\Phi}_2\boldsymbol{P}_{23}\boldsymbol{\Phi}_3^{\mathrm{T}}+\boldsymbol{\Gamma}_{k-1}\boldsymbol{Q}_{k-1}\boldsymbol{\Gamma}_{k-1}^{\mathrm{T}}\end{aligned}$$

$$\boldsymbol{B}=\boldsymbol{P}_{11}\boldsymbol{\Phi}_1^{\mathrm{T}}+\boldsymbol{P}_{12}\boldsymbol{\Phi}_2^{\mathrm{T}}+\boldsymbol{P}_{13}\boldsymbol{\Phi}_3^{\mathrm{T}},\ \boldsymbol{C}=\boldsymbol{P}_{21}\boldsymbol{\Phi}_1^{\mathrm{T}}+\boldsymbol{P}_{22}\boldsymbol{\Phi}_2^{\mathrm{T}}+\boldsymbol{P}_{23}\boldsymbol{\Phi}_3^{\mathrm{T}},$$

$$\boldsymbol{D}=\boldsymbol{\Phi}_1\boldsymbol{P}_{11}+\boldsymbol{\Phi}_2\boldsymbol{P}_{21}+\boldsymbol{\Phi}_3\boldsymbol{P}_{31},\ \boldsymbol{E}=\boldsymbol{\Phi}_1\boldsymbol{P}_{12}+\boldsymbol{\Phi}_2\boldsymbol{P}_{22}+\boldsymbol{\Phi}_3\boldsymbol{P}_{32}。$$

由卡尔曼滤波滤波公式：

$$\hat{\boldsymbol{x}}_{k|k}=\boldsymbol{\Phi}\hat{\boldsymbol{x}}_{k-1|k-1}+\boldsymbol{K}_k(\boldsymbol{z}_k-\boldsymbol{M}_k\boldsymbol{\Phi}\hat{\boldsymbol{x}}_{k-1|k-1}) \tag{6-117}$$

滤波的增益矩阵 $\boldsymbol{K}_k$ 可表示为

$$\boldsymbol{K}_k=\boldsymbol{P}_{k|k-1}\boldsymbol{M}_k^{\mathrm{T}}[\boldsymbol{M}_k\boldsymbol{P}_{k|k-1}\boldsymbol{M}_k^{\mathrm{T}}+\boldsymbol{R}_k]^{-1} \tag{6-118}$$

其中，设观测矩阵 $\boldsymbol{M}_k=[\boldsymbol{H}_k\quad \boldsymbol{0}\quad \boldsymbol{0}]$。式(6-118)可表示为

$$\boldsymbol{K}_k=\begin{bmatrix}\boldsymbol{A}\boldsymbol{H}_k^{\mathrm{T}}(\boldsymbol{H}_k\boldsymbol{A}\boldsymbol{H}_k^{\mathrm{T}}+\boldsymbol{R}_k)^{-1}\\ \boldsymbol{B}\boldsymbol{H}_k^{\mathrm{T}}(\boldsymbol{H}_k\boldsymbol{A}\boldsymbol{H}_k^{\mathrm{T}}+\boldsymbol{R}_k)^{-1}\\ \boldsymbol{C}\boldsymbol{H}_k^{\mathrm{T}}(\boldsymbol{H}_k\boldsymbol{A}\boldsymbol{H}_k^{\mathrm{T}}+\boldsymbol{R}_k)^{-1}\end{bmatrix} \tag{6-119}$$

那么 k 时刻状态滤波的误差协方差阵为

$$\boldsymbol{P}_k=[\boldsymbol{I}-\boldsymbol{K}_k\boldsymbol{M}_k]\boldsymbol{P}_{k|k-1} \tag{6-120}$$

将式(6-116)、式(6-119)代入式(6-120)化简得

$$\boldsymbol{P}_k=\begin{bmatrix}\widetilde{\boldsymbol{P}}_{11} & \widetilde{\boldsymbol{P}}_{12} & \widetilde{\boldsymbol{P}}_{13}\\ \widetilde{\boldsymbol{P}}_{21} & \widetilde{\boldsymbol{P}}_{22} & \widetilde{\boldsymbol{P}}_{23}\\ \widetilde{\boldsymbol{P}}_{31} & \widetilde{\boldsymbol{P}}_{32} & \widetilde{\boldsymbol{P}}_{33}\end{bmatrix} \tag{6-121}$$

式中：

$$\widetilde{\boldsymbol{P}}_{11}=\boldsymbol{A}(\boldsymbol{I}-\boldsymbol{H}_k^{\mathrm{T}}(\boldsymbol{H}_k\boldsymbol{A}\boldsymbol{H}_k^{\mathrm{T}}+\boldsymbol{R}_k)^{-1}\boldsymbol{H}_k\boldsymbol{A}),\ \widetilde{\boldsymbol{P}}_{21}=\boldsymbol{B}(\boldsymbol{I}-\boldsymbol{H}_k^{\mathrm{T}}(\boldsymbol{H}_k\boldsymbol{A}\boldsymbol{H}_k^{\mathrm{T}}+\boldsymbol{R}_k)^{-1}\boldsymbol{H}_k\boldsymbol{A})$$

$$\widetilde{\boldsymbol{P}}_{31}=\boldsymbol{C}(\boldsymbol{I}-\boldsymbol{H}_k^{\mathrm{T}}(\boldsymbol{H}_k\boldsymbol{A}\boldsymbol{H}_k^{\mathrm{T}}+\boldsymbol{R}_k)^{-1}\boldsymbol{H}_k\boldsymbol{A}),\ \widetilde{\boldsymbol{P}}_{12}=(\boldsymbol{I}-\boldsymbol{A}\boldsymbol{H}_k^{\mathrm{T}}(\boldsymbol{H}_k\boldsymbol{A}\boldsymbol{H}_k^{\mathrm{T}}+\boldsymbol{R}_k)^{-1}\boldsymbol{H}_k)\boldsymbol{D}$$

$$\widetilde{\boldsymbol{P}}_{22}=\widetilde{\boldsymbol{P}}_{11}-\boldsymbol{B}\boldsymbol{H}_k^{\mathrm{T}}(\boldsymbol{H}_k\boldsymbol{A}\boldsymbol{H}_k^{\mathrm{T}}+\boldsymbol{R}_k)^{-1}\boldsymbol{H}_k\boldsymbol{D},\ \widetilde{\boldsymbol{P}}_{32}=\boldsymbol{P}_{21}-\boldsymbol{C}\boldsymbol{H}_k^{\mathrm{T}}(\boldsymbol{H}_k\boldsymbol{A}\boldsymbol{H}_k^{\mathrm{T}}+\boldsymbol{R}_k)^{-1}\boldsymbol{H}_k\boldsymbol{D}$$

$$\widetilde{\boldsymbol{P}}_{13}=(\boldsymbol{I}-\boldsymbol{A}\boldsymbol{H}_k^{\mathrm{T}}(\boldsymbol{H}_k\boldsymbol{A}\boldsymbol{H}_k^{\mathrm{T}}+\boldsymbol{R}_k)^{-1}\boldsymbol{H}_k)\boldsymbol{E},\ \widetilde{\boldsymbol{P}}_{23}=\boldsymbol{P}_{12}-\boldsymbol{B}\boldsymbol{H}_k^{\mathrm{T}}(\boldsymbol{H}_k\boldsymbol{A}\boldsymbol{H}_k^{\mathrm{T}}+\boldsymbol{R}_k)^{-1}\boldsymbol{H}_k\boldsymbol{E}$$

$$\widetilde{\boldsymbol{P}}_{33}=\boldsymbol{P}_{22}-\boldsymbol{C}\boldsymbol{H}_k^{\mathrm{T}}(\boldsymbol{H}_k\boldsymbol{A}\boldsymbol{H}_k^{\mathrm{T}}+\boldsymbol{R}_k)^{-1}\boldsymbol{H}_k\boldsymbol{E}$$

经运算,便可得到以下状态滤波公式:

设

$$\widetilde{\boldsymbol{Z}}_k=\boldsymbol{Z}_k-\boldsymbol{H}_k\left\{\boldsymbol{\Phi}_1\begin{bmatrix}\hat{\boldsymbol{x}}_{k-1|k-1}\\ \hat{\dot{\boldsymbol{x}}}_{k-1|k-1}\\ \hat{\ddot{\boldsymbol{x}}}_{k-1|k-1}\end{bmatrix}+\boldsymbol{\Phi}_2\begin{bmatrix}\hat{\boldsymbol{x}}_{k-2|k-1}\\ \hat{\dot{\boldsymbol{x}}}_{k-2|k-1}\\ \hat{\ddot{\boldsymbol{x}}}_{k-2|k-1}\end{bmatrix}+\boldsymbol{\Phi}_3\begin{bmatrix}\hat{\boldsymbol{x}}_{k-3|k-1}\\ \hat{\dot{\boldsymbol{x}}}_{k-3|k-1}\\ \hat{\ddot{\boldsymbol{x}}}_{k-3|k-1}\end{bmatrix}\right\} \tag{6-122}$$

则有

$$\begin{bmatrix}\hat{\boldsymbol{x}}_{k|k}\\ \hat{\dot{\boldsymbol{x}}}_{k|k}\\ \hat{\ddot{\boldsymbol{x}}}_{k|k}\end{bmatrix}=\boldsymbol{\Phi}_1\begin{bmatrix}\hat{\boldsymbol{x}}_{k-1|k-1}\\ \hat{\dot{\boldsymbol{x}}}_{k-1|k-1}\\ \hat{\ddot{\boldsymbol{x}}}_{k-1|k-1}\end{bmatrix}+\boldsymbol{\Phi}_2\begin{bmatrix}\hat{\boldsymbol{x}}_{k-2|k-1}\\ \hat{\dot{\boldsymbol{x}}}_{k-2|k-1}\\ \hat{\ddot{\boldsymbol{x}}}_{k-2|k-1}\end{bmatrix}+\boldsymbol{\Phi}_3\begin{bmatrix}\hat{\boldsymbol{x}}_{k-3|k-1}\\ \hat{\dot{\boldsymbol{x}}}_{k-3|k-1}\\ \hat{\ddot{\boldsymbol{x}}}_{k-3|k-1}\end{bmatrix}+\boldsymbol{A}\boldsymbol{H}_k^{\mathrm{T}}(\boldsymbol{H}_k\boldsymbol{A}\boldsymbol{H}_k^{\mathrm{T}}+\boldsymbol{R}_k)^{-1}\widetilde{\boldsymbol{Z}}_k \tag{6-123}$$

$$\begin{bmatrix}\hat{\boldsymbol{x}}_{k-1|k}\\ \hat{\dot{\boldsymbol{x}}}_{k-1|k}\\ \hat{\ddot{\boldsymbol{x}}}_{k-1|k}\end{bmatrix}=\begin{bmatrix}\hat{\boldsymbol{x}}_{k-1|k-1}\\ \hat{\dot{\boldsymbol{x}}}_{k-1|k-1}\\ \hat{\ddot{\boldsymbol{x}}}_{k-1|k-1}\end{bmatrix}+\boldsymbol{B}\boldsymbol{H}_k^{\mathrm{T}}(\boldsymbol{H}_k\boldsymbol{A}\boldsymbol{H}_k^{\mathrm{T}}+\boldsymbol{R}_k)^{-1}\widetilde{\boldsymbol{Z}}_k \tag{6-124}$$

$$\begin{bmatrix}\hat{\boldsymbol{x}}_{k-2|k}\\ \hat{\dot{\boldsymbol{x}}}_{k-2|k}\\ \hat{\ddot{\boldsymbol{x}}}_{k-2|k}\end{bmatrix}=\begin{bmatrix}\hat{\boldsymbol{x}}_{k-2|k-1}\\ \hat{\dot{\boldsymbol{x}}}_{k-2|k-1}\\ \hat{\ddot{\boldsymbol{x}}}_{k-2|k-1}\end{bmatrix}+\boldsymbol{C}\boldsymbol{H}_k^{\mathrm{T}}(\boldsymbol{H}_k\boldsymbol{A}\boldsymbol{H}_k^{\mathrm{T}}+\boldsymbol{R}_k)^{-1}\widetilde{\boldsymbol{Z}}_k \tag{6-125}$$

式(6-123)、式(6-124)和式(6-125)实现了状态滤波和平滑,即已知 t_k 时刻的状态滤波而估计出 t_{k-1}、t_{k-2} 和 t_{k-3} 时刻的状态滤波。式(6-122)、(6-123)反映了向量约束条件下的状态滤波。

2) 多步递推卡尔曼滤波的标量形式

若已知前三个时刻的目标运动的标量状态 x_{k-1}、x_{k-2} 和 x_{k-3},那么由式(6-108),可得出当前时刻 x_k 的状态方程为

$$x_k=\Phi_1x_{k-1}+\Phi_2x_{k-2}+\Phi_3x_{k-3}+\Gamma_{k-1}w_{k-1} \tag{6-126}$$

则其状态方程可化为

$$\begin{bmatrix}x_k\\ x_{k-1}\\ x_{k-2}\end{bmatrix}=\begin{bmatrix}\Phi_1 & \Phi_2 & \Phi_3\\ 1 & 0 & 0\\ 0 & 1 & 0\end{bmatrix}\begin{bmatrix}x_{k-1}\\ x_{k-2}\\ x_{k-3}\end{bmatrix}+\begin{bmatrix}\Gamma_{k-1}\\ 0\\ 0\end{bmatrix}w_{k-1} \tag{6-127}$$

套用上面向量公式,在此略。

3) 仿真分析

以纯距离测量做匀速直线运动目标为例。

(1) 纯距离多步递推滤波。

状态方程为

$$R_k^2 = 3R_{k-1}^2 - 3R_{k-2}^2 + R_{k-3}^2 + \Gamma_{k-1}^3 w_{k-1} \tag{6-128}$$

式中:Γ 为采样间隔;$w_k \sim N(w_k;0,\sigma_w^2)$ 为过程噪声。

观测方程为

$$Z_k = \sqrt{R_k^2} + v_k \tag{6-129}$$

式中:$v_k \sim N(v_k;0,\sigma_v^2)$ 为观测噪声,滤波方程的形式为

$$\begin{aligned}\hat{R}_{k|k}^2 =& 3\hat{R}_{k-1|k-1}^2 - 3\hat{R}_{k-2|k-1}^2 + \hat{R}_{k-3|k-1}^2 \\ &+ K_{R_k}[R_k^2 - (3\hat{R}_{k-1|k-1}^2 - 3\hat{R}_{k-2|k-1}^2 + \hat{R}_{k-3|k-1}^2) - \sigma_v^2]\end{aligned} \tag{6-130}$$

后项是考虑量测方程两边平方引起的系统偏差,需要去偏。现令 $X_k = R_k^2$ 可得

$$\begin{aligned}\begin{bmatrix}\hat{X}_{k|k}\\ \hat{X}_{k-1|k}\\ \hat{X}_{k-2|k}\end{bmatrix} =& \begin{bmatrix}3 & -3 & 1\\ 1 & 0 & 0\\ 0 & 1 & 0\end{bmatrix}\begin{bmatrix}\hat{X}_{k-1|k-1}\\ \hat{X}_{k-2|k-1}\\ \hat{X}_{k-3|k-1}\end{bmatrix} \\ &+ \begin{bmatrix}A(A+\sigma_v^2)^{-1}\\ B(A+\sigma_v^2)^{-1}\\ C(A+\sigma_v^2)^{-1}\end{bmatrix}\left\{Z_k^2 - \begin{bmatrix}1\\0\\0\end{bmatrix}^{\mathrm{T}}\begin{bmatrix}3 & -3 & 1\\ 1 & 0 & 0\\ 0 & 1 & 0\end{bmatrix}\begin{bmatrix}\hat{X}_{k-1|k-1}\\ \hat{X}_{k-2|k-1}\\ \hat{X}_{k-3|k-1}\end{bmatrix}\right\}\end{aligned} \tag{6-131}$$

化简得

$$\hat{X}_{k|k} = \frac{AZ_k^2}{A+\sigma_v^2} + \frac{\sigma_v^2}{A+\sigma_v^2}(3\hat{X}_{k-1|k-1} - 3\hat{X}_{k-2|k-1} + \hat{X}_{k-3|k-1}) \tag{6-132}$$

$$\hat{X}_{k-1|k} = \hat{X}_{k-1|k} + \frac{B}{A+\sigma_v^2}[Z_k^2 - (3\hat{X}_{k-1|k-1} - 3\hat{X}_{k-2|k-1} + \hat{X}_{k-3|k-1})] \tag{6-133}$$

$$\hat{X}_{k-2|k} = \hat{X}_{k-2|k} + \frac{C}{A+\sigma_v^2}[Z_k^2 - (3\hat{X}_{k-1|k-1} - 3\hat{X}_{k-2|k-1} + \hat{X}_{k-3|k-1})] \tag{6-134}$$

(2) 场景设置。目标初始坐标为(4000,5000,6000)m,以 $\boldsymbol{V}=(100,-60,0)$ m/s 的速度做匀速直线运动。假设雷达测得 3 个时刻的距离分别为没有偏差,过程噪声服从均值为 0、方差为 1m^2 的正态分布,观测噪声服从均值为 0、方差为 400m^2 的正态分布,初始误差矩阵为 $\boldsymbol{P}_0 = \begin{bmatrix}20 & 0 & 0\\ 0 & 20 & 0\\ 0 & 0 & 30\end{bmatrix}$,状态转移矩阵为 $\boldsymbol{\Phi}_k =$

$\begin{bmatrix} 3 & -3 & 1 \\ 1 & 0 & 0 \\ 0 & 1 & 0 \end{bmatrix}$，观测矩阵为 $\boldsymbol{H}=[1 \quad 0 \quad 0]$。通过多步递推卡尔曼滤波方法对目标进行跟踪，从第 4 个时刻开始比较算法的滤波和平滑性能。目标真实距离与滤波距离 $\hat{R}_{k|k}$、平滑距离 $\hat{R}_{k-1|k}$，$\hat{R}_{k-2|k}$ 之间的比较如图 6.33～图 6.35 所示。其中，$\hat{R}_{s|k}=\sqrt{\hat{X}_{s|k}}$，$s=k,k-1,k-2 \quad k\geqslant 4$。

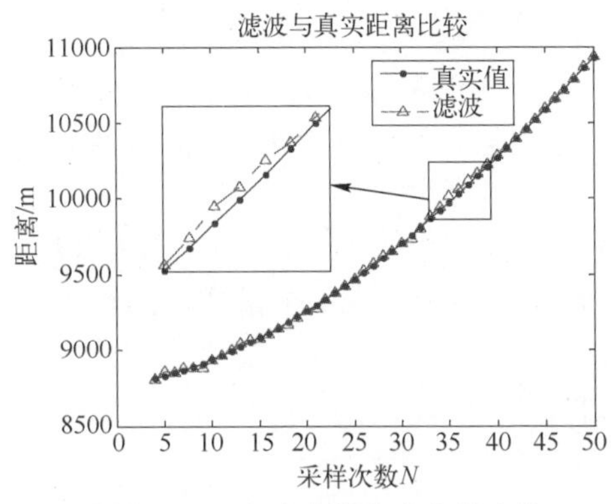

图 6.33　距离滤波值与真实值比较

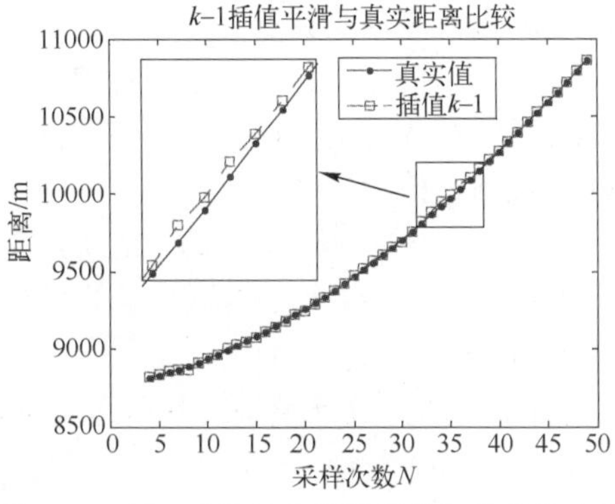

图 6.34　$k-1$ 时刻插值平滑距离与真实值比较

图 6.36 对多步递推卡尔曼滤波方法对目标距离的滤波与平滑的均方根误差（RMSE）进行了比较，从图中可以看出，对 $k-1$ 和 $k-2$ 时刻平滑比直接滤波的 RMSE 小，对 $k-2$ 时刻进行插值滤波得到的目标平滑距离的 RMSE 最小，因为平滑过程比直接滤波多用到了后续 $k-1$ 和 k 时刻的目标信息。

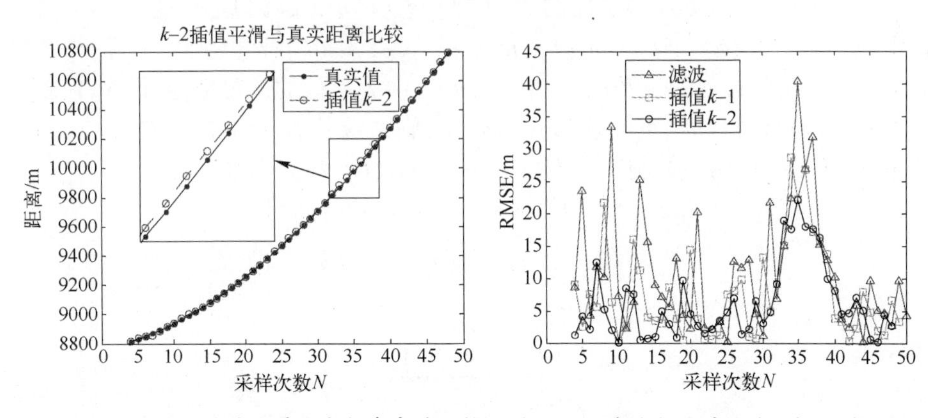

图 6.35　$k-2$ 时刻插值平滑距离与真实值比较　图 6.36　滤波与平滑的均方根误差比较

本部分提出的将多步递推卡尔曼滤波器应用于对分坐标测量序列的处理拓展了卡尔曼滤波器的应用范围，为分坐标目标跟踪提供了新的研究思路，特别是预测、滤波、平滑一体的处理方法有重要的意义。

6.3.2 基于“当前”统计模型的纯距离三站目标跟踪

针对常规观测的机动目标跟踪模型和算法的研究已经取得了大量成果，“当前”统计模型假设加速度含有非 0 均值，解决了 singer 模型在高机动情况下与实际不符的问题，在机动目标跟踪中具有重要应用。但针对纯距离跟踪的“当前”统计模型却鲜有研究，本节主要研究量测坐标下基于“当前”统计模型的纯距离自适应跟踪算法。

以三站目标航迹融合为例，建立问题模型。设三个雷达站的坐标分别为 $(R_{x0}^1, R_{y0}^1, R_{z0}^1)$，$(R_{x0}^2, R_{y0}^2, R_{z0}^2)$，$(R_{x0}^3, R_{y0}^3, R_{z0}^3)$。在纯距离条件下，各雷达站对目标的观测方程为

$$Z^i(k) = R^i(k) + W^i(k) \quad (i=1,2,3) \tag{6-135}$$

式中：$R^i(k)$ 为第 i 个雷达站测量的目标距离；$W^i(k)$ 表示第 i 个雷达站的距离量测噪声。

1. “当前”统计模型及其自适应跟踪算法[7]

1）“当前”统计模型的状态方程和量测方程

“当前”统计模型算法采用修正瑞利分布来描述目标机动加速度的统计特性，这种算法在估计目标运动状态的同时，还可以辨识出机动加速度的均值，进而实时地修正加速度分布，并通过方差反馈到下一时刻的滤波增益中，实现闭环自适应跟踪。

设离散目标运动状态方程为

$$\boldsymbol{X}(k+1) = \boldsymbol{F}(k+1,k)\boldsymbol{X}(k) + \boldsymbol{G}(k)\bar{\boldsymbol{a}}(k) + \boldsymbol{V}(k) \tag{6-136}$$

式中：$\boldsymbol{X}(k) = [R_x(k), V_x(k), A_x(k), R_y(k), V_y(k), A_y(k), R_z(k), V_z(k), A_z(k)]^{\mathrm{T}}$ 为 k 时刻系统状态变量，$(R_x(k), R_y(k), R_z(k))$ 为目标的位置坐标，设 X, Y, Z 三个方向上的目标机动频率分别为 $\alpha_x, \alpha_y, \alpha_z$，则系统状态转移矩阵 $\boldsymbol{F}(k+1,k) = \mathrm{diag}(\boldsymbol{F}_x, \boldsymbol{F}_y, \boldsymbol{F}_z)$，输入控制矩阵 $\boldsymbol{G}(k) = \mathrm{diag}(\boldsymbol{G}_x, \boldsymbol{G}_y, \boldsymbol{G}_z)$，其中

$$\boldsymbol{F}_x(k) = \begin{bmatrix} 1 & T & (\alpha_x T - 1 + e^{-\alpha_x T})/\alpha_x^2 \\ 0 & 1 & (1 - e^{-\alpha_x T})/\alpha_x \\ 0 & 0 & e^{-\alpha_x T} \end{bmatrix}$$

$$\boldsymbol{G}_x(k) = \begin{bmatrix} \dfrac{1}{\alpha_x}\left(-T + \dfrac{\alpha_x T^2}{2} + \dfrac{1 - e^{-\alpha_x T}}{\alpha_x}\right) \\ T - \dfrac{1 - e^{-\alpha_x T}}{\alpha_x} \\ 1 - e^{-\alpha_x T} \end{bmatrix}$$

同理可得 $\boldsymbol{F}_y,\boldsymbol{F}_z,\boldsymbol{G}_y,\boldsymbol{G}_z$。

机动加速度均值为

$$\bar{\boldsymbol{a}}(k)=(\bar{a}_x,\bar{a}_y,\bar{a}_z) \tag{6-137}$$

$\boldsymbol{V}(k)$ 是离散时间白噪声序列,且

$$\boldsymbol{Q}(k)=E[\boldsymbol{V}(k)\boldsymbol{V}^T(k)]=\mathrm{diag}(\boldsymbol{Q}_x,\boldsymbol{Q}_y,\boldsymbol{Q}_z) \tag{6-138}$$

$$\boldsymbol{Q}_x=2\alpha_x\sigma_x^2\begin{bmatrix} q_{11} & q_{12} & q_{13} \\ q_{21} & q_{22} & q_{23} \\ q_{31} & q_{32} & q_{33} \end{bmatrix} \tag{6-139}$$

其中:

$$q_{11}=\frac{1}{2\alpha_x^5}\left[1-e^{-2\alpha_xT}+2\alpha_xT+\frac{2\alpha_x^3T^3}{3}-2\alpha_x^2T^2-4\alpha_xTe^{-\alpha_xT}\right]$$

$$q_{12}=\frac{1}{2\alpha_x^4}[e^{-2\alpha_xT}+1-2e^{-\alpha_xT}+2\alpha_xTe^{-\alpha_xT}-2\alpha_xT+\alpha_x^2T^2]$$

$$q_{13}=\frac{1}{2\alpha_x^3}[1-e^{-2\alpha_xT}-2\alpha_xTe^{-\alpha_xT}]$$

$$q_{22}=\frac{1}{2\alpha_x^3}[4e^{-\alpha_xT}-e^{-2\alpha_xT}-3+2\alpha_xT]$$

$$q_{23}=\frac{1}{2\alpha_x^2}[e^{-2\alpha_xT}-1-2e^{-\alpha_xT}]$$

$$q_{33}=\frac{1}{2\alpha_x}[1-e^{-2\alpha_xT}]$$

σ_x^2 为 X 方向上目标机动加速度方差,且

$$\sigma_x^2=\frac{4-\pi}{\pi}[a_{\max x}-\bar{a}_x(k)]^2 \tag{6-140}$$

式中:$a_{\max x}$为 X 方向的最大加速度。同理可得 $\boldsymbol{Q}_y,\boldsymbol{Q}_z$。

纯距离条件下,量测方程为

$$\mathbf{Z}(k)=h(\boldsymbol{X}(k))+\mathbf{W}(k) \tag{6-141}$$

$$\mathbf{Z}(k)=\begin{bmatrix} Z^1(k) \\ Z^2(k) \\ Z^3(k) \end{bmatrix}=\begin{bmatrix} \sqrt{[R_x(k)-R_{x0}^1]^2+[R_y(k)-R_{y0}^1]^2+[R_z(k)-R_{z0}^1]^2} \\ \sqrt{[R_x(k)-R_{x0}^2]^2+[R_y(k)-R_{y0}^2]^2+[R_z(k)-R_{z0}^2]^2} \\ \sqrt{[R_x(k)-R_{x0}^3]^2+[R_y(k)-R_{y0}^3]^2+[R_z(k)-R_{z0}^3]^2} \end{bmatrix}+\begin{bmatrix} W^1(k) \\ W^2(k) \\ W^3(k) \end{bmatrix} \tag{6-142}$$

根据文献[8]中空间目标三距离定位模型,将量测方程转换到笛卡儿坐标系中可得

$$\boldsymbol{Z}(k)=\begin{bmatrix}Z_x(k)\\Z_y(k)\\Z_z(k)\end{bmatrix}=\begin{bmatrix}R_{x0}^1 & R_{x0}^2 & R_{x0}^3\\R_{y0}^1 & R_{y0}^2 & R_{y0}^3\\R_{z0}^1 & R_{z0}^2 & R_{z0}^3\end{bmatrix}\begin{bmatrix}k_A\\k_B\\k_C\end{bmatrix}\pm\frac{H}{\sqrt{l^2+m^2+n^2}}\begin{bmatrix}l\\m\\n\end{bmatrix} \tag{6-143}$$

式中:各部分参量含义与计算同式(2-101)。

2）基于“当前”统计模型的自适应卡尔曼滤波

由于$\bar{\boldsymbol{a}}(k)=(\bar{a}_x,\bar{a}_y,\bar{a}_z)$很难直接计算得到,所以在CS模型中实际蕴含了如下近似[3]:

$$\bar{a}_x \triangleq \hat{A}_x(k+1\mid k)\approx E[A_x\mid \boldsymbol{Z}^k]\triangleq \hat{A}_x(k\mid k) \tag{6-144}$$

则有

$$\sigma_{a_x}^2=\frac{4-\pi}{\pi}[a_{\max x}-\hat{A}_x(k+1\mid k)]^2 \tag{6-145}$$

同理可以求得$\sigma_{a_y}^2,\sigma_{a_z}^2$。这样扰动协方差矩阵$\boldsymbol{Q}$即可以实时更新,从而达到自适应跟踪滤波的目的。如果用$\hat{A}_x(k+1\mid k)$代替$\bar{a}_x(k)$,可以得到预测表达式和转移矩阵$\boldsymbol{\Phi}_1(k)$。

$$\hat{\boldsymbol{X}}(k+1\mid k)=\boldsymbol{\Phi}_1(k)\hat{\boldsymbol{X}}(k\mid k) \tag{6-146}$$

式中:$\boldsymbol{\Phi}_1(k)=\mathrm{diag}(\boldsymbol{\Phi}',\boldsymbol{\Phi}',\boldsymbol{\Phi}')$,$\boldsymbol{\Phi}'=\begin{bmatrix}1 & T & T^2/2\\0 & 1 & T\\0 & 0 & 1\end{bmatrix}$。

则笛卡儿坐标系下自适应卡尔曼滤波算法方程为

状态预测方程:

$$\hat{\boldsymbol{X}}(k+1/k)=\boldsymbol{\Phi}_1(k)\hat{\boldsymbol{X}}(k/k) \tag{6-147}$$

预测协方差矩阵:

$$\boldsymbol{P}(k+1\mid k)=\boldsymbol{\Phi}_1(k)\boldsymbol{P}(k\mid k)\boldsymbol{\Phi}_1^{\mathrm{T}}(k)+\boldsymbol{Q}(k) \tag{6-148}$$

增益矩阵:

$$\boldsymbol{K}(k+1)=\boldsymbol{P}(k+1\mid k)\boldsymbol{H}^{\mathrm{T}}(k+1)[\boldsymbol{H}(k+1)\boldsymbol{P}(k+1/k)\boldsymbol{H}^{\mathrm{T}}(k+1)+\boldsymbol{\Omega}(k+1)]^{-1} \tag{6-149}$$

式中:$\boldsymbol{H}(k+1)$为笛卡儿坐标系下的测量矩阵;$\boldsymbol{\Omega}(k+1)$为量测噪声协方差。

状态滤波估计值:

$$\hat{\boldsymbol{X}}(k+1\mid k+1)=\hat{\boldsymbol{X}}(k+1\mid k)+\boldsymbol{K}(k+1)[\boldsymbol{Z}(k+1)-\boldsymbol{H}(k+1)\hat{\boldsymbol{X}}(k+1\mid k)] \tag{6-150}$$

估计误差协方差矩阵:

$$\boldsymbol{P}(k+1\mid k+1)=\boldsymbol{P}(k+1\mid k)-\boldsymbol{K}(k+1)\boldsymbol{H}(k+1)\boldsymbol{P}(k+1\mid k) \tag{6-151}$$

对于非线性量测方程,标准的卡尔曼滤波算法就无法直接使用了。本节所提出的自适应算法,是利用拟合的思想,在量测坐标系下进行的,避免了出现非线性量测方程的问题。

2. 量测坐标系下的自适应跟踪模型及算法

量测坐标系下的"当前"自适应跟踪算法基于这样一种思想:任何一条运动轨迹都可以用系数不断更新的一元二次多项式来逼近[9]。在纯距离的条件下,可以利用多个雷达站的距离信息分别进行自适应滤波,再经过解算得到目标的预测和滤波航迹点。以二维空间目标航迹为例,如图 6. 37 所示。

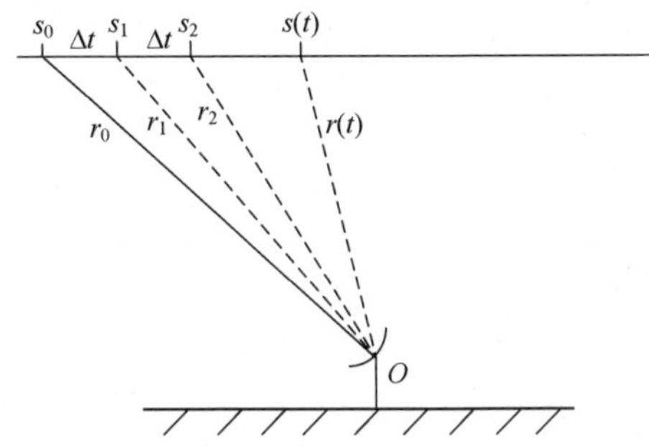

图 6. 37　雷达观测二维空间目标航迹示意图

目标在 t 时刻的位置可表示为

$$r(t)=r_0+v_r(t)t+\frac{1}{2}a_r(t)t^2 \tag{6-152}$$

则在三维笛卡儿坐标系中,目标的运动轨迹可准确地描述为

$$\begin{cases}x(t)=x_0+v_x(t)t+\dfrac{1}{2}a_x(t)t^2\\ y(t)=y_0+v_y(t)t+\dfrac{1}{2}a_y(t)t^2\\ z(t)=z_0+v_z(t)t+\dfrac{1}{2}a_z(t)t^2\end{cases} \tag{6-153}$$

在量测坐标系中,目标运动轨迹也可用相似的式子准确表示,即

$$\begin{cases}r^1(t)=r_0^1+v_{r1}(t)t+\dfrac{1}{2}a_{r1}(t)t^2\\ r^2(t)=r_0^2+v_{r2}(t)t+\dfrac{1}{2}a_{r2}(t)t^2\\ \cdots\\ r^i(t)=r_0^i+v_{ri}(t)t+\dfrac{1}{2}a_{ri}(t)t^2\end{cases} \tag{6-154}$$

与笛卡儿坐标系不同的是,在量测坐标系中,目标的加速度由两部分组成,一部分是目标的真实加速度在径向上的分量,另一部分是由于目标在量测坐标系中的运动而产生"伪加速度"。由文献[10]可知,"伪加速度"的大小只与目标的径向距离、速度以及俯仰角有关,与目标真实加速度无关,可利用目标的状态信息对其进行更新。因此,量测坐标系下对目标加速度的跟踪,本质是对其真实加速度在径向上的分量进行跟踪,与"伪加速度"无关。

从图 6.38 可以看出,径向加速度的变化倍数随俯仰角变化非常小,相邻时刻加速度变化范围不大,"当前"统计模型的滤波算法可以满足跟踪要求。

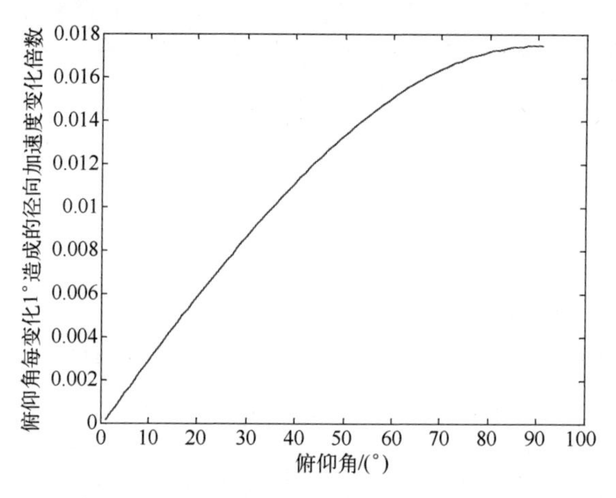

图 6.38 目标径向加速度随仰角的变化情况

因此,在量测坐标系下,可将目标的运动状态等效为笛卡儿坐标系下的变加速运动进行跟踪。在雷达数据更新频率满足要求时,第 i 个雷达站的目标运动状态一步预测方程可表示为

$$\hat{\boldsymbol{X}}^i(k+1/k)=\boldsymbol{F}^i(k)\hat{\boldsymbol{X}}^i(k/k)+\boldsymbol{G}^i(k)\bar{a}^i(k) \tag{6-155}$$

式中:系统状态 $\boldsymbol{X}^i(k)=[R^i(k),V^i(k),A^i(k)]^{\mathrm{T}}$;$\bar{a}^i(k)$ 为径向机动加速度均值。

$$\boldsymbol{F}^i(k)=\begin{bmatrix}1 & T & (\alpha^iT-1+e^{-\alpha^iT})/(\alpha^i)^2\\ 0 & 1 & (1-e^{-\alpha^iT})/\alpha^i\\ 0 & 0 & e^{-\alpha^iT}\end{bmatrix} \tag{6-156}$$

$$\boldsymbol{G}^i(k)=\begin{bmatrix}\dfrac{1}{\alpha^i}\left(-T+\dfrac{\alpha^iT^2}{2}+\dfrac{1-e^{-\alpha^iT}}{\alpha^i}\right)\\ T-\dfrac{1-e^{-\alpha^iT}}{\alpha^i}\\ 1-e^{-\alpha^iT}\end{bmatrix} \tag{6-157}$$

由于“伪加速度”并不是由于目标本身的机动造成的，与目标下一时刻真实加速度的分布无关，因而在对目标进行自适应跟踪时，应先排除“伪加速度”的影响。所以目标机动加速度的方差为

$$\sigma_a^2=\frac{4-\pi}{\pi}[a_{\max}-(\bar{a}(k)-a_{wei}(k))]^2 \tag{6-158}$$

$$\bar{a}(k)=A(k+1\mid k) \tag{6-159}$$

$$a_{wei}(k)=\frac{(V^i(k))^2}{R^i(k)}\tan^2\left(\frac{R_z(k)-R_{z0}^i}{\sqrt{(R^i(k))^2-(R_z(k)-R_{z0}^i)^2}}\right) \tag{6-160}$$

一步预测方程可表示为

$$\hat{\boldsymbol{X}}^i(k+1\mid k)=\boldsymbol{\Phi}'_1(k)\hat{\boldsymbol{X}}^i(k\mid k) \tag{6-161}$$

$$\boldsymbol{\Phi}'_1(k)=\begin{bmatrix}1 & T & \frac{T^2}{2}\\ 0 & 1 & T\\ 0 & 0 & 1\end{bmatrix} \tag{6-162}$$

在量测坐标系下，量测方程为线性方程，即

$$Z^i(k)=\boldsymbol{H}(k)\boldsymbol{X}^i(k)+W^i(k) \tag{6-163}$$

式中：$\boldsymbol{H}=[1\quad 0\quad 0]$；$W^i(k)$为均值为零，方差为$\Omega^i(k)=(\sigma^i)^2$的高斯白噪声。则量测坐标系下的自适应跟踪滤波算法如下：

（1）第 i 个雷达站对目标航迹状态的一步预测值为

$$\hat{\boldsymbol{X}}^i(k+1\mid k)=\boldsymbol{\Phi}'_1(k)\hat{\boldsymbol{X}}^i(k\mid k),i=1,2,3 \tag{6-164}$$

（2）计算一步预测协方差矩阵：

$$\boldsymbol{P}^i(k+1/k)=\boldsymbol{\Phi}'_1(k)\boldsymbol{P}^i(k\mid k)\boldsymbol{\Phi}'^T_1(k)+\boldsymbol{Q}^i(k) \tag{6-165}$$

（3）根据新息协方差计算滤波增益

$$\boldsymbol{K}^i(k+1)=\boldsymbol{P}^i(k+1\mid k)\boldsymbol{H}^T(k+1)[\boldsymbol{H}(k+1)\boldsymbol{P}^i(k+1/k)\boldsymbol{H}^T(k+1)+\Omega^i(k+1)]^{-1} \tag{6-166}$$

（4）更新状态矩阵和协方差矩阵

$$\hat{\boldsymbol{X}}^i(k+1\mid k+1)=\hat{\boldsymbol{X}}^i(k+1\mid k)+\boldsymbol{K}^i(k+1)[Z^i(k+1)-\boldsymbol{H}(k+1)\hat{\boldsymbol{X}}^i(k+1\mid k)] \tag{6-167}$$

$$\boldsymbol{P}^i(k+1\mid k+1)=\boldsymbol{P}^i(k+1\mid k)-\boldsymbol{K}^i(k+1)\boldsymbol{H}(k+1)\boldsymbol{P}^i(k+1\mid k) \tag{6-168}$$

（5）利用空间目标三距离定位模型，将滤波后的距离信息推算到笛卡儿坐标系中，即可得到目标航迹点。

3. 三站纯距离机动目标跟踪仿真实验

以三维空间中三个相同雷达站在仅有距离信息条件下进行仿真。通过对一

个螺旋上升的机动目标进行跟踪来验证量测坐标系下自适应跟踪算法的有效性。

为简化仿真运算，假设三个雷达站在笛卡儿坐标系中的位置坐标分别为(0km,0km,0km)，(100km,0km,0km)，(0km,100km,0km)。目标的初始位置为(200km,0km,5km)；在水平面上，目标以0.1km/h的速度做匀速圆周运动，机动半径为500m。竖直方向上，目标做匀速运动，速度为0.1km/h。雷达站的距离标准差$\sigma=30$m，$\alpha=0.05$，采样周期$T=1$s。与之进行对比进行分析的是笛卡儿坐标系下的"当前"自适应跟踪算法，参数设置与基于量测坐标系的算法相同。经过200次蒙特卡罗仿真，得到如下结果(距离误差分析和速度误差分析仅以Y轴为例)。

图6.39对目标的真实轨迹以及不同测量坐标系下获得的目标量测进行了对比，从图中可以看出，将测量值从测量坐标转换到笛卡儿坐标会使得到的测量值误差增大。

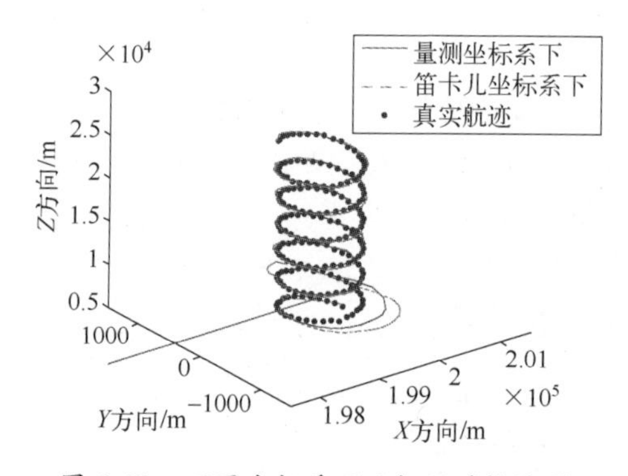

图6.39　不同坐标系下目标运动轨迹图

从图6.40和图6.41的量测坐标系和笛卡儿坐标系下Y轴距离和速度误差的比较可以看出，量测坐标系下"当前"统计模型对机动目标的纯距离跟踪性能优于笛卡儿坐标系，这是因为量测坐标系下的跟踪避免了坐标转换过程中产生的耦合误差。

本节提出了一种量测坐标系下基于"当前"统计模型的纯距离自适应跟踪算法。在量测坐标系下对雷达数据进行处理，有效避免了滤波过程中因坐标系的变换而导致的误差耦合问题，提高了雷达的跟踪精度。同时，算法实现了对机动目标的自适应性调整，提高了系统对机动目标的跟踪能力。应当注意的是，本节所提出的跟踪算法，是基于拟合的思想提出的，需要满足一定的数据更新频率，因此不适用于扫描周期较长的雷达系统。

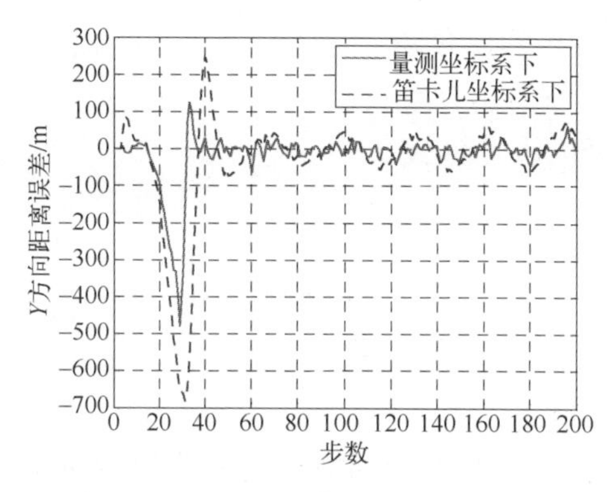

图 6.40　不同坐标系下 Y 方向跟踪的距离误差比较

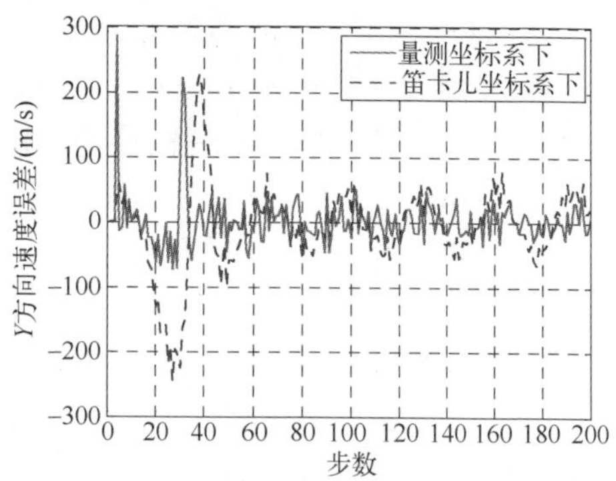

图 6.41　不同坐标系下 Y 方向跟踪的速度误差比较

6.3.3　非线性滤波方法

1. 扩展与无迹卡尔曼滤波滤波方法

扩展卡尔曼滤波(EKF)是一种应用最广泛的非线性系统滤波方法。EKF 通过对非线性函数的泰勒展开式进行一阶线性化截断,从而将非线性问题转化为线性问题。将状态方程和观测方程分别围绕 $k-1$ 时刻的滤波值和 k 时刻的预测值进行泰勒级数展开,略去二次及以上项后得到新的状态矩阵和观测矩阵并进行卡尔曼滤波。所得到的状态滤波值仅仅是非线性系统一阶近似的结果。EKF 算法存在的不足有:当非线性函数泰勒展开式的高阶项无法忽略时,线性化会使系统产生较大的误差,甚至会导致滤波器发散;传统的 EKF 算法存在精度不高、稳定性差、对目标机动反应迟缓等缺点,在许多实际问题中可能很难得到非线性函数的雅可比矩阵。

文献[11]提出了一种被称为无迹(或不敏)卡尔曼滤波(UKF)的非线性滤波算法。UKF 是基于无迹(Unscented Transform,UT)变换的递归式贝叶斯估计方法,用一组确定的取样点来近似状态的后验概率分布。UT 变换是基于近似非线性概率分布往往比直接近似非线性函数要容易得多这一思想,近似计算出非线性传递的随机向量数字特征。UKF 根据变换前高斯分布型随机向量的均值和协方差阵选取一组确定的取样点和加权值,利用这组取样点的非线性变换进行加权值平均可得到非线性函数的数字特征(如均值和协方差阵),再进行卡尔曼滤波。UKF 被应用于被动目标跟踪[12-14]和导航等领域。

国内外学者提出了大量的改进算法,如迭代扩展卡尔曼滤波(IEKF)、求积分卡尔曼滤波(QKF)[15]、求容积卡尔曼滤波(CKF)[16]等,而这些算法均是基于高斯假设的,都属于高斯滤波的范畴。

2. 基于粒子滤波的系统参数和状态联合估计方法

粒子滤波 PF(Particle Filter,PF)是另一类具有代表性的非线性滤波算法,因能处理非线性、非高斯系统,成为近年来的研究热点[17-21]。

1) 参数的估值

运动模型为

$$x_k = f(x_{k-1}) + w_k \tag{6-169}$$

观测模型为

$$y_k = h(x_k) + v_k \tag{6-170}$$

式中:$f(\cdot)$、$h(\cdot)$分别为系统的状态转移函数和测量函数;w_k、v_k 分别为独立的状态和测量噪声;已知测量序列 y_k,需要估计目标的 x_k。

2) 粒子滤波原理

粒子滤波使用一组随机状态采样和带权值的粒子近似表示系统的后验概率密度,计算后验均值作为系统的状态估计。当粒子数目足够大时,粒子滤波趋于最优贝叶斯滤波。它主要由序贯重要性采样和重采样两部分构成。

通过观测量 $y_{1:k}$估计后验密度函数。需要用$\{z_{0:k}^i,\omega_k^i\}_{i=1}^N$完全描述后验概率密度$p(z_{0:k}\mid y_{1:k})$,其中$\{z_{0:k}^i\}_{i=1}^N$是支持样本集,其权重$\omega_k^i$ 满足归一性: $\sum_{i=1}^N \omega_k^i = 1$。联合后验概率密度可近似表示为$p(z_{0:k}\mid y_{1:k}) \approx \sum_{i=1}^N \omega_k^i \delta(z_{0:k} - z_{1:k}^i)$ 。

直接从后验概率密度$p(z_{0:k}\mid y_{1:k})$中采样是比较困难的,需要引入重要性函数$q(z_{0:k}\mid y_{1:k})$为概率分布,接近$p(z_{0:k}\mid y_{1:k})$且容易采样。

采样 N 个粒子 $z_{1:k}^i \sim q(z_{0:k}\mid y_{1:k})$,$i=1,2,\cdots,N$。

为实现对后验分布的递推估计,重要性函数需要满足

$$q(z_{0:k}\mid y_{1:k}) = q(z_k\mid z_{0:k-1},y_{1:k})\,q(z_{0:k-1}\mid y_{1:k-1}) \tag{6-171}$$

权值递推可表示为

$$\omega_k^i = \frac{p(y_{1:k}\mid z_k^i,y_{1:k})\,p(z_k^i)}{q(z_k^i\mid z_{0:k-1}^i,y_{1:k})\,q(z_{0:k-1}^i\mid y_{1:k-1})} = \omega_{k-1}^i\frac{p(y_k\mid z_k^i)\,p(z_k^i\mid z_{k-1}^i)}{q(z_k^i\mid z_{0:k-1}^i,y_{1:k})},i=1,2,\cdots,N \tag{6-172}$$

若重要性函数满足$q(z_k\mid z_{0:k-1},y_{1:k}) = p(z_k\mid z_{k-1},y_k)$,该函数被称为最优重要性函数。其权值公式为

$$\omega_k^i = \omega_{k-1}^i\frac{p(y_k\mid z_k^i)\,p(z_k^i\mid z_{k-1}^i)}{p(z_k^i\mid z_{k-1}^i,y_k)} = \omega_{k-1}^i p(y_k\mid z_{k-1}^i) \tag{6-173}$$

3) 仿真实验

假设目标做匀速直线运动,在纯距离观测条件下对目标进行跟踪。其运动

模型和观测模型分别为

$$\boldsymbol{x}_k = \boldsymbol{F}\boldsymbol{x}_{k-1} + \boldsymbol{w}_k \tag{6-174}$$

$$\boldsymbol{z}_k = \boldsymbol{h}(\boldsymbol{x}_k) + \boldsymbol{v}_k \tag{6-175}$$

式中:目标状态为 $\boldsymbol{x}_k = [x_k, \dot{x}_k, y_k, \dot{y}_k, z_k, \dot{z}_k]'$,其初始值为[1000,100,2000,-50,5000,50]′其单位位置为 m,速度为 m/s;$\boldsymbol{F}_1 = \begin{bmatrix} 1 & T \\ 0 & 1 \end{bmatrix}$,$\boldsymbol{F} = \mathrm{diag}(\boldsymbol{F}_1, \boldsymbol{F}_1, \boldsymbol{F}_1)$,$T = 1\mathrm{s}$为采样周期;$\boldsymbol{w}_k$ 和 $\boldsymbol{v}_k$ 为零均值的高斯白噪声,其方差分别为 $1(\mathrm{m/s})^2$ 和 $10\mathrm{m}^2$;$\boldsymbol{z}_k$ 为测量值;$\boldsymbol{h}(\boldsymbol{x}_k) = \sqrt{x_k^2 + y_k^2 + z_k^2}$。采样粒子数为 500,仿真长度为 40 个周期。

图 6.42 给出了目标三维位置采样的概率密度变化图。从图中可以看出,采样粒子能够较集中地分布在目标真实位置周围,保证了对目标位置估计的准确性。且粒子随着时间变化,目标真实状态附近概率密度逐渐降低,导致算法对目标跟踪的效果有所下降。图 6.43 给出了目标真实轨迹和估计轨迹的比较图,从图中可以看出,纯距离观测条件下,粒子滤波方法能够对目标运动实现较好跟踪。

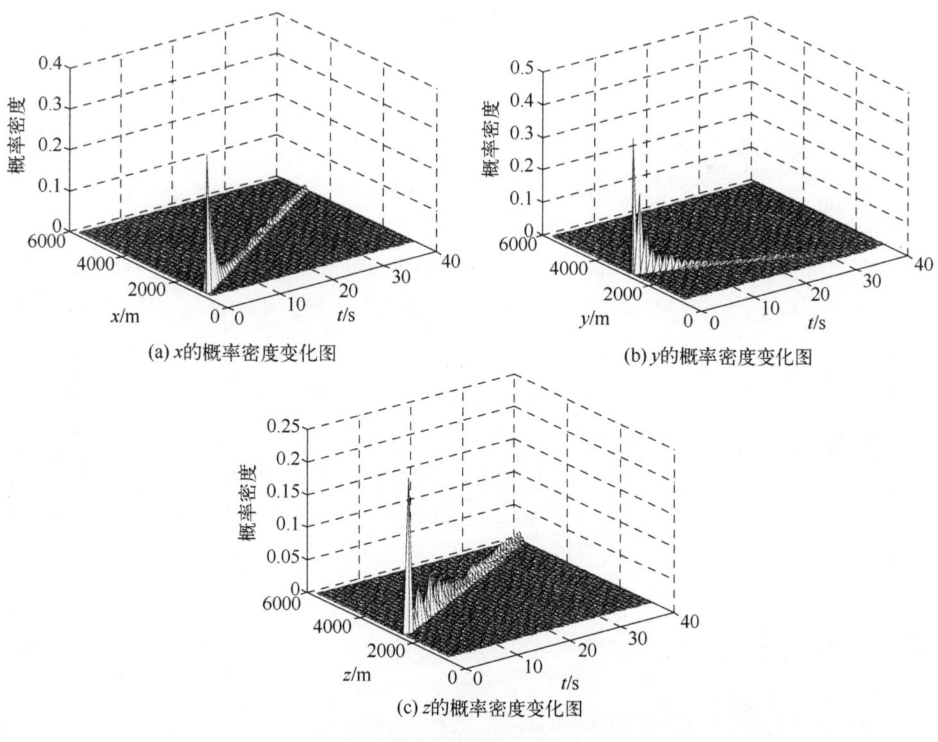

(a) x的概率密度变化图

(b) y的概率密度变化图

(c) z的概率密度变化图

图 6.42　三维位置的概率密度变化图

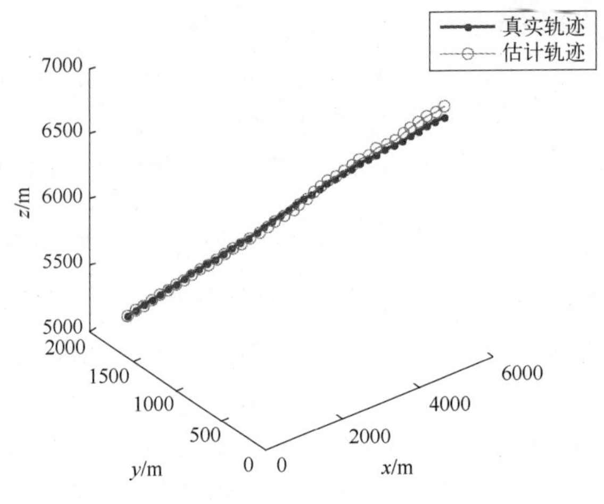

图 6.43　真实轨迹与估计轨迹比较图

6.3.4　现代方法存在问题与进一步研究方向

由于目标分坐标的运动描述是非线性参数形式,存在状态方程采用多步递推的非线性形式,描述目标运动的航迹参数为一组单位和分布不同的参数,可能互相存在耦合,目标机动带来更复杂的随时间变化的计算模型等问题,而粒子滤波对非线性系统和非高斯分布表现出良好的应用特性,因此,需要结合特点适当地改进算法。在实际使用中还存在另外的问题,如目标分段机动可能在分坐标上处处机动,目标的测量序列前后的适应模型需要调整,需要放弃(保持一个合适的窗)或逐步加大衰减以前的测量序列;对状态与参数同时估计,需要估计角度分布,一般可设为 Von Mises 分布和相关模型等改进粒子滤波器,其粒子可以认为是分坐标的高维投影空间,这提供了分坐标处理整体框架下的局部研究新思路,进一步结合 UKF 改进粒子滤波方法,可实现在该框架下的分坐标滤波与参数航迹融合技术。箱粒子滤波器是近年提出的一种关于粒子滤波器的推广,用区间化的箱粒子代替传统粒子滤波器的点粒子进行迭代和递推,在处理区间数据和有限不确定性方面具有较大优势,且能够在保证性能相当的情况下,极大减小粒子滤波器的运算时间,将箱粒子滤波器应用于分坐标处理当中,是分坐标理论与应用的一个新发展方向。

参考文献

[1]　贾沛璋,朱征桃．最优估计及其应用[M]．北京:科学出版社,1984:5-16,230-237.

[2]　李益民,弹道测量雷达及在兵器试验中的应用[M]．北京:国防工业出版社,2110:253-254.

[3] 王海燕,卢山. 非线性时间序列分析及应用[M]. 北京:科学出版社,2006:117-123.
[4] 刘思峰,郭天榜,党耀国. 灰色系统理论及其应用[M]. 北京:科学出版社,1999:1-2.
[5] 孙炜,白剑林,一种空中目标航迹的灰色预测方法[J]. 光电与控制,2009,16(6):12-15.
[6] 何振亚. 自适应信号处理[M]. 北京:科学出版社,2003.
[7] 周宏仁,敬忠良,王培德. 机动目标跟踪[M]. 北京:国防工业出版社,1991.
[8] 刘进忙. 空中目标分坐标滤波与参数航迹融合技术研究[D]. 西安:西安电子科技大学,2012.
[9] 石章松,刘忠. 目标跟踪与数据融合理论及方法[M]. 北京:国防工业出版社,2010.
[10] 何友,修建娟,张晶炜等. 雷达数据处理及应用[M]. 北京:电子工业出版社,2006.
[11] Julier S,Uhlmann J,Durrant-Whyte H F. A New Method for the Nonlinear Transformation of Means and Covariances in Filters and Estimators[J]. IEEE Transactions on Automatics Control,2000,45(3):477-482.
[12] 吴玲,卢发兴,刘忠. UKF算法及其在目标被动跟踪中的应用[J]. 系统工程与电子技术,2005,27(1):49-51.
[13] 刘济,顾幸生. 基于UKF的参数和状态联合估计[J]. 华东理工大学学报,2009,35(5):92-96.
[14] 胡振涛,潘泉,杨峰. 基于广义UT变换的交互式多模型粒子滤波算法[J]. 电子学报,2010,38(6):1443-1448.
[15] Ienkaran A, Simon H, Robert J E. Discrete-time nonlinear filtering algorithms using Gauss-Hermite quadrature[J]. Proceedings of the IEEE,2007,95(5):953-977.
[16] Ienkaran A,Simon H. Cubature Kalman Filters[J]. IEEE Transactions on Automatic Control,2009,54(6):1254-1269.
[17] Arulampalam M S,Maskell S,Gordon N et al. A tutorial on particle filters for on-line nonlinear non-Gaussian Bayesian tracking[J]. IEEE Transaction on Signal Processing,2002,50(2):174-188.
[18] 胡士强,敬忠良. 粒子滤波原理及应用[M]. 北京:科学出版社,2010.
[19] 胡振涛. 面向复杂系统的粒子滤波方法及应用[D]. 西安:西北工业大学,2010.
[20] 杨小军,潘泉,张洪才. 基于粒子滤波和似然比的联合检测与跟踪[J],控制与决策,2005,20(7):837-840.
[21] 侯代文,殷福亮. 非线性系统中状态和参数联合估计的双重粒子滤波[J]. 电子与信息学报,2008,30(9):2128-2133.

第7章　目标分坐标处理的应用实践

为适应复杂战场环境,分坐标处理在不完全信息条件下尽可能利用已有的测量通道,对一些有工程背景的课题和项目具有重要的应用价值。作者将分坐标处理方法应用于多项国家基金项目、陕西省基金项目和工程项目,对分坐标处理方法进行了大量的的理论研究和技术改进。由于该方法属于战时应急部分,对原有的信息融合系统是必要的补充和完善,其主要软件运行在后台,该部分的验证方法主要是通过对该部分调试、工程系统的测试及结论的间接验证。

下面将简要介绍该方法在三个项目的应用情况。

7.1　某型红外目标跟踪车应用实践

电子工程学院与北京某研究所联合开发的“侦察与干扰软件系统”项目,采用雷达、红外、激光测距及烟雾产生等部分组成系统,可接收系统外部雷达和红外信息的坐标支援。作者主要工作在于采用分坐标处理和融合技术的新模型研究和指导软件实现,项目在实现仿真训练平台、实战测量与干扰方法方面有重要的进展。

1. 仿真平台的实现

仿真平台对该系统进行仿真测试和系统训练有重要作用。需要模拟多目标运动数据,利用仿真程序发送数据。数据的模拟应该按战场要求包含各种情况,以此来测试系统对多源数据的处理、目标威胁判定和系统决策结果是否正确等。

仿真平台模拟了一次真实作战场景,整个作战过程中共有三个目标,目标运动轨迹如图7.1所示,目标A先朝向阵地运动,在接近阵地时突然机动转弯,并远离阵地而去;目标B一直朝向阵地匀速运动;目标C先在阵地前方横向运动,然后转弯,朝阵地加速飞来。雷达探测的目标轨迹和红外探测到的目标轨迹分别如图7.2和图7.3所示。

2. 红外侦察软件界面

实现的软件界面如图7.4~图7.8所示。

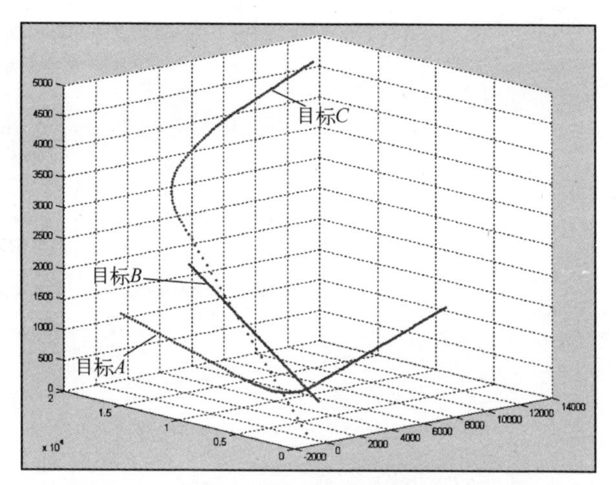

图 7.1 利用 MATLAB 产生的目标运动轨迹

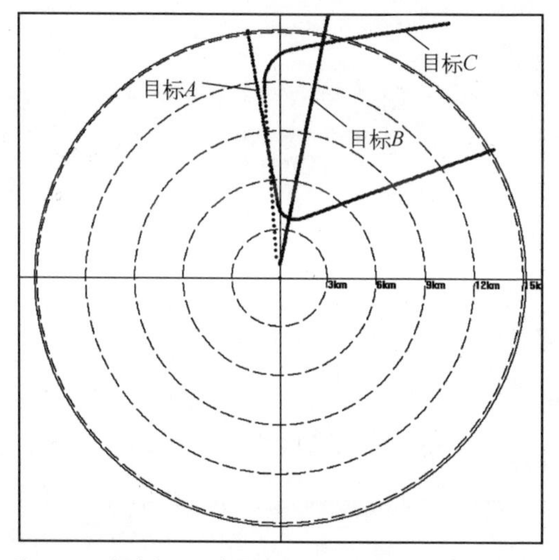

图 7.2 雷达探测到的目标轨迹(距离–方位关系)

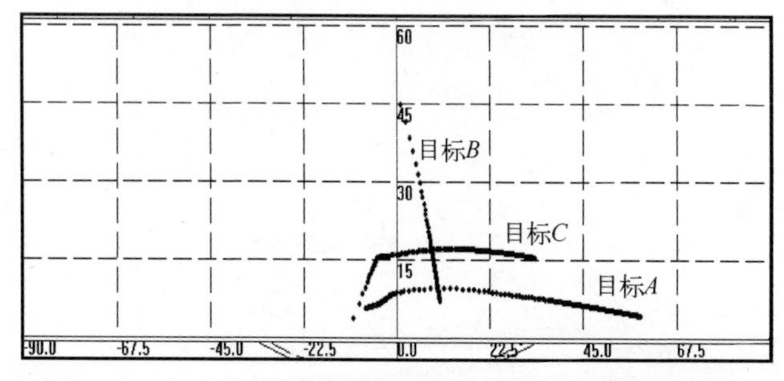

图 7.3 红外侦察探测到的目标轨迹(方位–仰角关系)

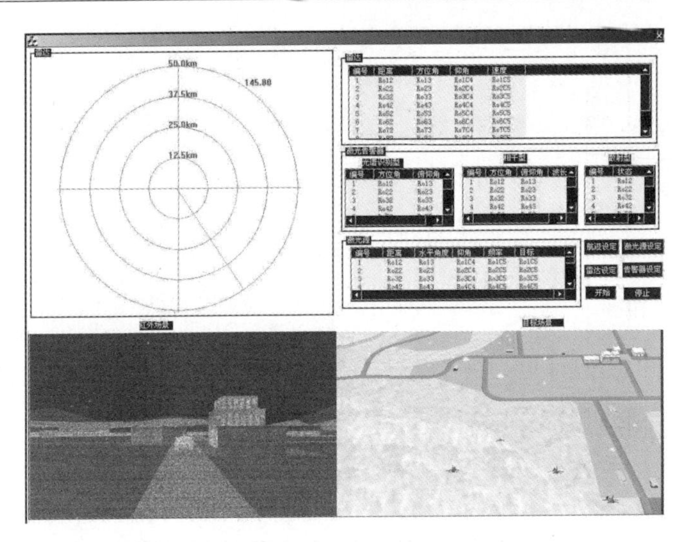

图 7.4　主界面效果图

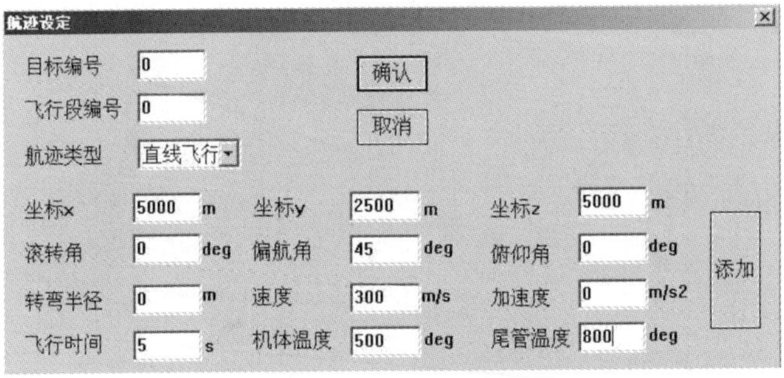

航迹设定

目标编号	0							确认
飞行段编号	0							取消
航迹类型	直线飞行							
坐标x	5000	m	坐标y	2500	m	坐标z	5000	m
滚转角	0	deg	偏航角	45	deg	俯仰角	0	deg
转弯半径	0	m	速度	300	m/s	加速度	0	m/s2
飞行时间	5	s	机体温度	500	deg	尾管温度	800	deg

添加

图 7.5　航迹设定界面效果图

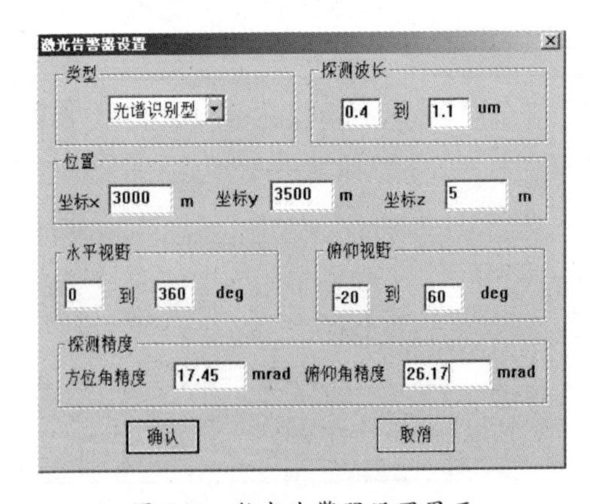

图 7.6　激光告警器设置界面

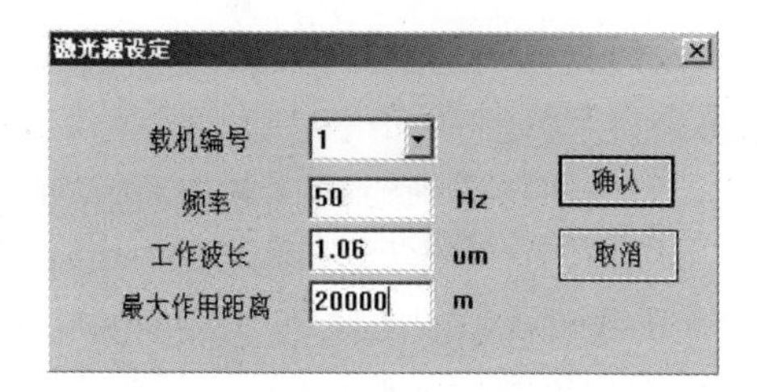

图 7.7 激光源设定界面

图 7.8 雷达设定界面

3. 项目主要工作与结论

对几路红外目标信息序列采用分坐标实时相关判断,分别建立了目标参数航迹,并进行威胁评估和目标分配,以完成有关的作战任务。

系统实测和验收结论表明,系统运行正常,达到了指标设计要求。

7.2 某型雷达网络化工程项目的应用实践

以某单位研制"某型雷达网络化工程"项目为应用背景,针对战场环境下空中的隐身和电子干扰目标,利用多部单基地雷达组网,动态实现双(多)基地雷达系统,完成对隐身和电子干扰目标的有效定位与跟踪,实现有效的火力摧毁。

在该项目中,作者的主要工作是雷达网络化工程的误差分析和模型原理方面的理论研究与实现。根据项目对复杂干扰环境的特殊需要,要求各种算法在目标的测量维数变化(降维、升维)情况具有适应性和有效性。作者提出了分坐标处理的应对思路,推导了一整套数学表达式,实现了动态系统误差的补偿,在组网方面采用参数航迹融合方法,使组网系统更加灵活,能充分利用各种战场传感器的情报资源,有效地实现雷达网络化系统。该部分作为在特殊环境下的应急方法,其主要技术实现软件在后台运行。

1. 雷达网络化工程的数据融合原理

雷达网络化工程的数据融合原理如图 7.9 所示。雷达组网系统中的各个雷达站将获取的目标信息先经过自相关数据处理，通过数据传输系统送到中心处理站。在中心处理站将来自于各雷达站的航迹信息经过数据校准、数据相关和融合处理，再将融合处理后的信息送到指挥控制中心，中心对目标进行搜索、截获、跟踪及目标识别等指挥控制。数据融合系统是构成数据中心处理站的核心部分，其特点是中心数据的精度高、范围大，可实现对目标的精确定位、识别、态势和威胁估计，充分发挥雷达组网的优势。

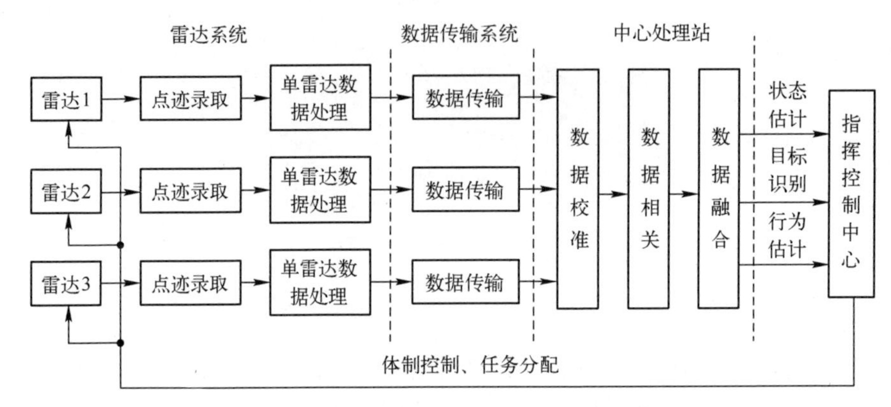

图 7.9　雷达网络化工程的数据融合原理框图

2. 测量雷达的系统误差与坐标精度的方法

由于某型雷达的特殊性，系统测量目标的坐标精度可分为绝对和相对坐标精度。对绝对精度校准，采用装有 GPS 的飞行目标实时测量目标的位置、速度、加速度等，地面雷达也测量目标的位置、速度、加速度等，经时间对准可统计出两者之间的差别，经反复对比和调试，统计出两航迹之差的均值和方差，其均值为坐标的系统误差，其方差为系统的绝对坐标精度。

对相对精度校准，采用目标飞行规定航线，用多部雷达异步测量目标的位置、速度、加速度等，经时间对准可统计出某雷达相对于指定（如中心站）雷达的目标航迹之间的差别，经反复对比和调试，统计出两航迹差别的均值和方差，其均值为坐标的相对系统误差，其方差为系统的相对坐标精度。对于雷达和导弹的相对精度测量，可通过飞机加挂导弹应答机方式进行雷达测量，比较该雷达的导弹与飞机的航迹之差可得到飞机和导弹的相对坐标精度。

在测量系统设计时，可将绝对和相对精度一起测量，分开处理。考虑到不同的目标与雷达位置对测量系统误差与坐标精度的影响不同，需要设计多条目标航线，其中精度测量飞行航迹示意图如图 7.10 所示。

实验结果表明经系统误差补偿后，系统的相对坐标精度均满足指标要求。

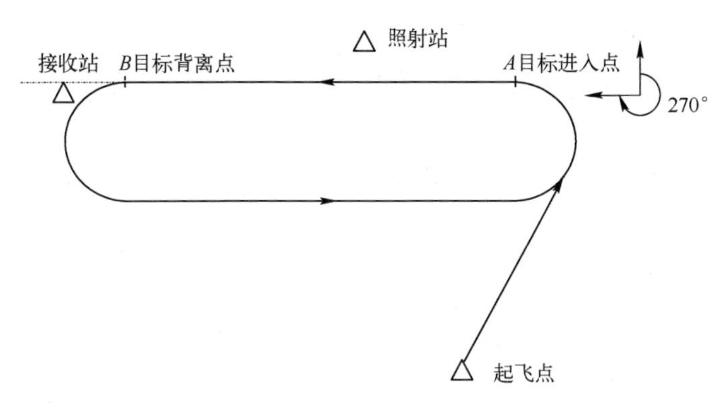

图7.10　精度测量的目标航线示意图

3. 网络化系统实验方法

为了测试系统的性能，主要采用系统模拟、半实物仿真、飞行实验、系统联调等环节。特别是需要检验双(多)基地雷达系统的工作状况，进行了必要的测试实验。根据项目任务，对接收站与照射站的配置关系进行了系统设计，对数据融合系统进行了整体优化，经半实物仿真和飞行实验得到有关系统参数，进行了系统误差补偿，通过信息融合进一步降低了随机测量误差的影响。系统联调和系统工作测试表明目标跟踪正常，雷达网络系统运行良好。

4. 项目主要工作与结论

针对项目的特殊要求，采用分坐标处理原理，参考目标精度飞行实验数据，根据战场目标的参数航迹，提出了实时的系统误差校正方法。对系统提出用分坐标处理原理进行完善与补充的思想，建立了目标参数航迹，推导了有关分坐标处理算法，部分理论成果被采用。

该项目试验结果表明，系统运行正常，达到了指标设计要求。试验结果表明本书所涉及的有关技术的正确性和适用性。

7.3　抗击无人机关键技术研究项目的应用实践

无人机在现代战场的大量使用，已构成对防空系统和重要地面设施的严重威胁。以某单位研究抗击无人机关键技术的相关项目为背景，针对抗击反辐射无人机的特点，需要使用被动红外目标传感器跟踪空中目标，同时考虑无人电子干扰机的战场使用，采用分坐标处理有重要的作用。主要工作是对抗击系统进行总体设计和采用分坐标处理对空中目标进行跟踪研究。

1. 无人机目标的检测与目标跟踪

1）无人机目标雷达检测跟踪模块

该模块包括雷达分布式网络检测算法和分布式多目标数据融合跟踪算法，用来检测识别跟踪信号，每个算法根据无人机目标特征和雷达组网的特点，分别建立仿真模型。

2）红外图像序列检测跟踪模块

该模块包括无人机目标红外图像的检测预处理算法、检测算法和跟踪算法，用来对原始图像序列进行预处理，提取分割出无人机目标，增加信噪比，并进行后续的检测和跟踪处理。

3）不同传感器的信息融合处理模块

该模块包括神经网络设计建模算法和基于雷达、红外传感器的神经网络融合跟踪算法，用来对来自雷达和红外传感器的信息进行建模融合处理，以提高对无人机目标的跟踪精度。

仿真方案的总体流程如图 7.11 所示。

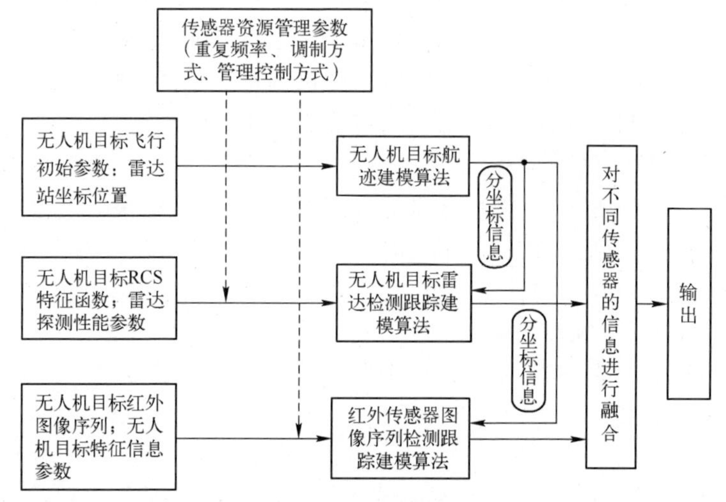

图 7.11 仿真方案总体流程

2. 仿真软件设计

根据抗无人机目标检测与跟踪设计思想和算法流程，设计可视化的仿真软件。仿真软件具有友好的人机界面和简单易操作的特点，如图 7.12 所示。

分别在距离、方位、仰角上滤波，建立参数航迹解算与融合软件后台处理，其融合前后距离、高低角、俯仰角滤波效果对比仿真结果如图 7.13 所示。

3. 项目主要工作与结论

针对项目特点和无人机的新特征，分析了其关键技术，需要采用多型传感器,特别是被动传感器组网,融入以网络为中心的作战系统,建立了目标参数航迹,部分应用分坐标处理原理,完善了有关分坐标处理框架体系。

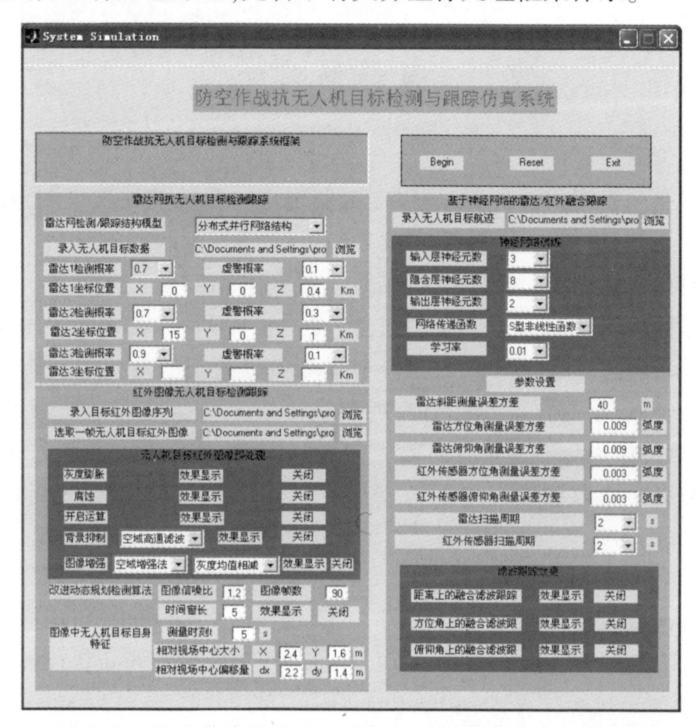

图 7.12　防空作战抗无人机目标检测与跟踪系统仿真界面

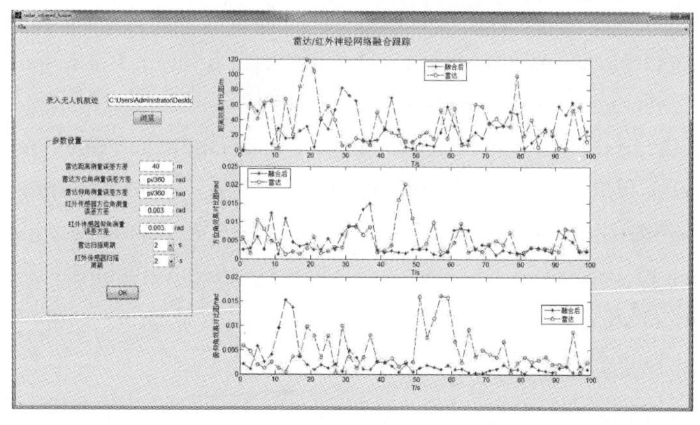

图 7.13　融合前后距离、高低角、俯仰角滤波效果对比图

该项目验收和鉴定结果表明,所研究的理论和技术适应性强,对未来防空装备建设有重要的作用。

内 容 简 介

本书以战场目标跟踪为背景,以传感器对空中目标的缺维量测为研究对象,提出了基于纯方位、纯仰角、纯距离及其组合的分坐标跟踪方法,建立相应的目标运动模型和传感器测量模型。以几何代数基本结构研究为基础,寻找目标航迹的分坐标特征不变量作为航迹参数,实现测量序列的滤波、预测和波门计算、相关、跟踪等处理。通过组网,采用分布式参数航迹进行相关、解算、跟踪,建立的分坐标处理框架和目标跟踪流程,能解决传统方法不能有效跟踪缺维测量目标的问题,与传统目标跟踪方法形成互补。

本书的主要读者对象为从事防空反导目标跟踪与融合应用方面的科技人员,同时也可作为高等院校相关专业研究生和科研工作者的参考书。

Aiming at target tracking in battlefield, considering the dimension-lacking measurement of airspace targets from sensors, tracking methods of independent coordinate are proposed, which are based on Bearing-Only measurements, Elevation-Only measurements, Range-Only measurements and hybrid measurements of them, furthermore corresponding target motion and sensor measurement model is established. Based on the basic structure of geometric algebra, characteristic invariants of independent coordinates measurements on target tracking are searched as trajectory parameters, to realize the filtering, prediction, gate calculation, data correlation, and tracking of measurements sequence. With sensors networking, the distributed parametric trajectory can be adopted to correlate, calculate and track, thus independent coordinates framework and target tracking process are established, providing an effective solution to the problem of dimension-lacking measurements on target tracking, and being a supplement to the traditional tracking methods.

Main readers of the work are researchers who are engaged in target tracking and fusion application for air defense and anti-missile, meanwhile the work can also be a reference to postgraduates and scholars with relevant majors in colleges and universities.